THE

개 백과사전

# THE DOG ENCYCLOPEDIA

# THE DOG ENCYCLOPEDIA

개 백과사전

지식의날개

ORIGINAL TITLE: THE DOG ENCYCLOPEDIA: THE DEFINITIVE VISUAL GUIDE
COPYRIGHT © DORLING KINDERSLEY LIMITED, 2013
A PENGUIN RANDOM HOUSE COMPANY

**옮긴이** 이진구

경북대학교 수의과대학 석사
現 바른번역 소속 전문번역가

**한국어판 감수** 서강문

서울대학교 수의과대학 박사
前 서울대학교 동물병원장
現 서울대학교 수의과대학 교수, 세계수의안과협회 회장

**DK 개 백과사전**
-영국 DK 출판사가 만든 개 가이드북의 결정판-

**초판 1쇄 펴낸날** | 2019년 9월 30일
**초판 3쇄 펴낸날** | 2022년 9월 30일

**펴낸이** | 류수노
**출판위원장** | 백삼균
**기획** | 박혜원
**편집** | 신경진

**펴낸곳** | (사)한국방송통신대학교출판문화원
출판등록 1982년 6월 7일 제1-491호
주소 03088 서울시 종로구 이화장길 54
전화 1644-1232
팩스 02-742-0956
http://press.knou.ac.kr

ISBN 978-89-20-99240-7 04490
ISBN 978-89-20-99242-1 (세트)



이 책에는 정확한 정보만 담기 위해 최선을 다했습니다. 이 책의 정보는 일반적인 개에 대한 내용으로, 개별 애완견이 아프거나 문제 행동을 보이면 수의사나 행동 전문가 등 자격을 갖춘 전문가와 상담하시기 바랍니다. 이 책의 내용을 따르다 발생하는 상해, 부상, 기타 피해나 손실에 대해서 출판사나 저자들은 법적 책임을 지지 않습니다.

이 도서의 국립중앙도서관 출판예정도서목록(CIP)은 서지정보유통지원시스템 홈페이지(http://seoji.nl.go.kr)와 국가자료공동목록시스템(http://www.nl.go.kr/kolisnet)에서 이용하실 수 있습니다. (CIP제어번호: CIP2019021201)

책값은 뒤표지에 있습니다.
잘못 만들어진 책은 바꿔드립니다.

**For the curious**

**www.dk.com**

# CONTENTS

## 1 개 입문



## 2 품종 카탈로그

# 3 개 기르기

# CHAPTER 1

# 개요

# 개의 진화

**세계에 존재하는 약 50억 마리의 개는 모두 관련이 있다. 진화의 계보는 회색늑대에서 시작해서 다른 여러 품종까지 이어져 내려왔다. 유전학자들은 개와 늑대의 DNA에 차이가 없음을 발견했다. 자연선택으로 서로 구분되는 다양한 품종이 생겼지만, 인간의 개입이 가져온 영향력은 훨씬 크다. 오늘날 존재하는 수백 종의 개는 모두 인간이 만들었다고 할 수 있다.**

## 개의 출현

개의 역사, 즉 늑대가 가축으로 변모한 사건은 수렵채집 생활을 하던 인류가 정착을 시작한 선사시대까지 거슬러 올라간다. 원시 공동체에서 늑대는 정착지 주변에서 나오는 쓰레기를 뒤지고, 인간은 늑대의 가죽과 고기를 취했을 것이다. 또한 늑대는 외부인이나 침입자가 정착지로 다가올 때 경고하는 역할도 겸했을 것으로 보인다. 늑대를 사육 대상으로 삼은 계기는 인간이 본능적으로 동물을 놀이 상대나 지위의 상징물로 사용했다는 사실에서 일부 설명이 가능하다. 우리가 작고 복슬복슬한 늑대 새끼를 좋아하듯 원시인들도 어린 늑대가 마음에 들었을 것이다. 늑대는 사회적 동물이므로 정착지 근처의 개체들은 원래 무리보다 음식과 보금자리 측면에서 유리한 인간과의 유대감을 만드는 데 어려움이 없었다.

사냥꾼이었던 초기 인류는 늑대의 습성에 익숙했으며, 무리를 지어 사냥감을 쫓고 쓰러뜨리는 늑대의 끈기와 기술에 주목했을 것이다. 길들여진 늑대가 가진 예리한 후각과 타고난 공격성이 사냥에 도움이 되는 자원임을 깨달으면서 인간과 개의 공생관계가 시작되었다. 사냥 용도에 맞는 가장 탁월한 개체를 고르는 과정은 오늘날 브리더들이 원하는 특징을 가진 개체를 선별하는 과정의 시작으로 볼 수 있다.

**협동 정신**
무리 지어 생활하는 늑대는 다른 개체와 협동해서 사냥을 하거나 새끼를 돌본다. 이런 생활방식 덕분에 초기 인류는 개를 어렵지 않게 가축화했다. 일부 늑대 새끼는 늑대 간의 유대관계 대신 인간 무리와의 생활에 잘 적응했다.

**고고학적 증거**
이스라엘에서 발견된 1만 2,000년 전 인간과 개(우측 상단)의 골격은 개가 가축화된 최초의 동물 중 하나라는 증거로 여겨진다.

늑대의 가축화는 개별적인 사건이 아니라 서로 다른 시기에 광범위한 지역에서 반복적으로 일어났다. 개가 인간과 함께 매장된 고고학적 증거는 최초로 가축화가 이루어진 장소로 추정되는 중동을 비롯해, 중국, 독일, 스칸디나비아 지역, 북미 지역까지 폭넓게 발견되었다. 최근까지 1만 4,000년 전 유해가 가장 오래된 것으로 알려졌지만, 시베리아에서 발견된 개 두개골 화석을 분석한 2011년 연구에 따르면 이미 3만 년 전에 늑대가 가축화되었음을 보여 준다.

늑대는 동시다발적으로 가축화되는 과정에서 형태와 기질이 바뀌기 시작했다. 새로운 형태의 갯과 동물이 출현하고 다른 무리와 교배를 통해 점점 다양해졌다. 식량 사정과 기후에 따라서 일부 수렵채집 부족은 세대가 바뀌면서 고립되었지만, 다른 이동하는 부족을 따라다니던 개는 원래 무리 이외의 개체를 만나고 교배하게 되었다.

개들 사이에 특성과 기질이 교환되면서 수많은 종류로 발전하는 토대가 마련되었다. 하지만 진정한 의미의 품종은 수천 년의 세월이 더 흐른 후에 등장했다.

## 갯과 동물의 유연관계

여우 에티오피아 늑대 황금자칼 코요테 회색늑대 개

위의 도표는 유전학적 증거에 따라 개와 다른 갯과 동물의 유연관계를 정리한 것이다. 개와 회색늑대는 DNA가 가장 유사하며 같은 특징이 많아 가장 가까운 조상에서 갈라졌다. 개와 늑대에서 멀어질수록 DNA 유사성이 적은 갯과 동물이라고 본다.

### 현대의 품종

사냥용 하운드, 사유지 경비용 마스티프, 가축몰이용 셰퍼드 등 처음에는 정해진 작업을 하기 위해 특정 형태로 개를 발전시켰다. 사람들은 개가 사냥에 필요한 예민한 후각, 경주에 유리한 긴 다리, 야외 작업에 필요한 힘과 지구력, 경비 업무에 맞는 보호 본능 등 용도에 적합한 신체와 기질을 갖도록 선택적으로 교배시켰다. 이후 테리어종과 애완용 개도 등장했다. 유전법칙의 이해로 선택교배가 쉬워지면서 변화의 속도는 더욱 빨라졌다. 원래 목적보다 애완용으로 키우는 경우가 늘어나자 실용성보다 개의 외형이 중요해지기 시작했다. 19세기 말 최초로 브리딩 협회가 세워진 이후 좋은 혈통의 기준이 우후죽순 생겨나기 시작했다. 이 기준에서는 해당 종의 이상적인 유형, 색상, 형태뿐만 아니라 스패니얼의 귀 형태나 달마시안(p.286)의 반점 패턴까지 모든 요소를 명시한다.

가축화된 개의 다양성은 20세기 이후 비교적 짧은 시간 동안 폭발적으로 늘어났다. 현대의 품종은 패션 액세서리로 전락한 듯 보이지만 인간의 개입으로 발생한 더 큰 문제가 있다. 일부 품종에서 만들어진 바른 외모의 기준이 건강에 악영향을 가져온 것이다. 호흡 불량을 일으키는 납작한 코, 출산이 어려운 큰 두상, 척추 질환을 부르는 긴 몸통은 일부 사례에 불과하다. 오늘날 책임감 있는 브리더들은 이에 대한 해결책을 모색하고 있다. 최근 실험에서는 다른 품종끼리 계획적으로 교배해서 양쪽 부모에게서 곱슬한 털과 순종적인 기질을 각각 가져오는 등 유전적 특성이 뒤섞인 새로운 품종을 만들어 냈다.

개는 늑대였을 때보다 외모나 특징에서 오랜 변화를 겪었고, 사람들이 개를 원하는 한 앞으로도 계속 변할 것이다. 허스키 타입이나 저먼 셰퍼드 독(p.42) 같은 일부 품종에는 늑대의 특징이 아직 남아 있지만, 다른 종들은 모든 면에서 몰라볼 정도로 바뀌었다. 선사시대 사냥꾼이 페키니즈(p.270) 같은 품종을 본다면 첫눈에 개라고 알아보지 못할 것이다.

**외모의 차이**
그림 속 세인트 버나드나 잉글리시 토이 스패니얼 등 많은 품종이 1800년대에 생겨났다. 견종표준이 세워지기 전까지는 개들의 형태가 꾸준히 변했다.

# 골격과 근육

**모든 포유류의 골격근은 인대와 힘줄, 근육으로 이루어져 있어 안정된 구조와 운동성을 지닌다. 특히 개의 골격근은 빠른 육식동물이었던 조상의 조건에 맞춰 진화했다. 하지만 가축화된 이후 사람들이 여러 종류의 개를 만들어 다양한 작업을 시켰고, 그 과정에서 골격근의 형태도 변했다. 왜소증 등 일부 변화는 자연 발생한 돌연변이가 원인이기는 하지만 특정 개체를 의도적으로 선별해서 브리딩한 결과 오늘날 다양한 품종이 만들어졌다.**

## 특별한 골격

스피드와 민첩성은 포식자가 가져야 할 가장 중요한 요소다. 앞서 달리는 먹잇감을 성공적으로 쫓아가려면 사냥견은 재빨리 뛰어나가고 순간적으로 방향전환이 가능해야 한다.

개의 스피드는 걸을 때마다 가볍게 접히고 펴지는 엄청나게 유연한 척추가 큰 역할을 한다. 강력한 엉덩이 부위는 추진력을 제공함과 동시에 앞다리의 움직임에 맞춰 보폭을 증가시킨다. 상시 돌출된 발톱은 운동선수의 스파이크처럼 견인력을 만들어 낸다. 네발짐승인 개는 네 다리로 체중을 지탱한다. 앞다리 골격은 인간의 쇄골처럼 근육으로만 몸통과 연결되어 있다. 덕분에 앞다리가 흉곽 위에서 앞뒤로 움직이며 보폭이 커진다. 앞다리에서 긴 뼈인 요골과 척골은 인간의 팔과는 달리 견고하게 결합된 상태다. 이렇게 결합된 뼈는 동물이 빠르게 방향전환을 하기 위해 적응한 결과다. 견고한 결합은 뼈의 뒤틀림을 방지해서 골절 위험을 줄인다. 안정성을 높이기 위해 발목에서 일부 작은 뼈들은 서로 융합되어 발의 뒤틀림을 제한하고 관련 부상을 최소화한다. 부상을 당하면 사냥 성공률이 떨어지고 심할 경우 굶어 죽을 수도 있으므로 부상을 당하지 않는 것은 포식자에게 중요한 문제다.

개는 독특하게 발가락으로 걷는 첨족 보행을 한다. 각 다리마다 체중을 지탱하는 발가락이 4개씩 있고, 앞다리 안쪽에는 인간의 엄지에 해당하

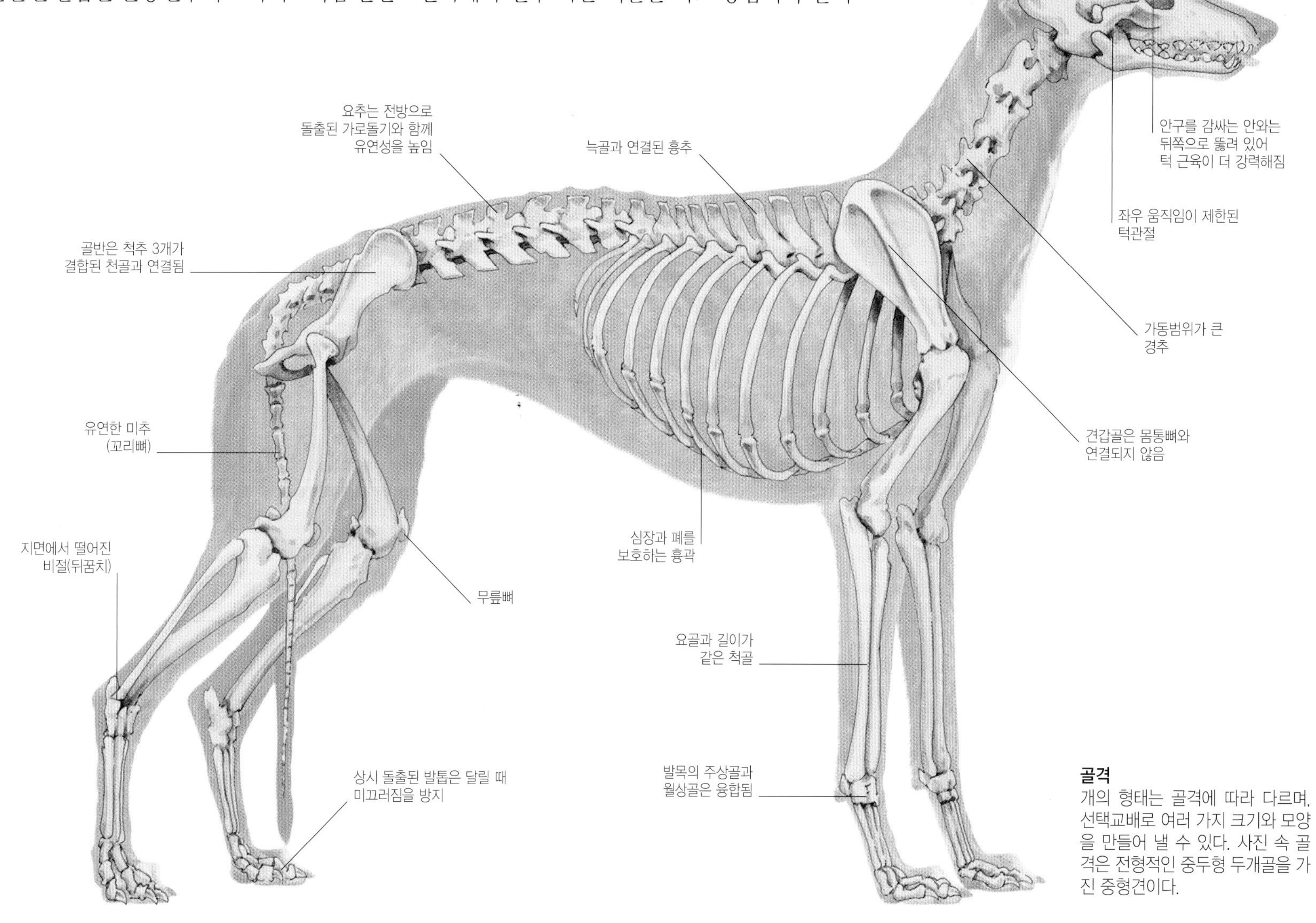


**골격**
개의 형태는 골격에 따라 다르며, 선택교배로 여러 가지 크기와 모양을 만들어 낼 수 있다. 사진 속 골격은 전형적인 중두형 두개골을 가진 중형견이다.

## 두개골 형태

개의 두상은 머리가 길고 좁은 장두형, 두개골 폭과 비강 길이가 늑대와 유사한 중두형, 머리가 납작하고 넓은 단두형의 세 가지로 분류된다. 가축화된 개는 선택교배로 원래 머리 형태가 변하면서 다양한 두상을 지니게 되었다.

장두형 (살루키)　중두형 (저먼 쇼트헤어드 포인터)　단두형 (불독)

며 현재는 흔적기관으로 남은 며느리발톱이 있다. 하지만 티베탄 마스티프(p.80) 같은 일부 품종은 뒷다리에도 며느리발톱이 있고, 피레니언 마운틴 독(p.78)처럼 며느리발톱이 2개인 품종도 있다. 이렇게 발가락이 추가로 생기는 현상을 다지증이라고 한다.

골격 크기는 선택교배로 변형이 비교적 용이해서 인간은 개의 골격비율을 바꿔 치와와(p.282)나 그레이트 데인(p.96) 같은 초소형 혹은 초대형 품종을 만들어 낼 수 있었다. 개의 두개골 형태에도 큰 변화가 생겼다(상단 박스 참조).

### 근력

개의 다리는 주로 상부에서 움직임을 조절한다. 하부는 근육보다 힘줄이 많아서 더 가볍고 에너지 소비도 적다. 에너지 생성방식이 다르기 때문에 그레이하운드(p.126)처럼 매우 빠른 품종은 순간적으로 스피드를 폭발시키는 속근섬유 비율이 높다. 반면에 허스키나 리트리버처럼 지구력을 강하게 만든 품종은 오래 달릴 수 있고 더 길이가 긴 지근섬유가 많다.

사냥견은 먹잇감을 따라잡을 뿐만 아니라 물어서 제압할 수 있어야 한다. 다른 육식동물과 마찬가지로 개의 두개골은 턱을 구동하는 근육이 많이 연결된 형태로 진화해서 발버둥치는 먹잇감을 물었을 때 턱이 좌우로 흔들리거나 빠지지 않도록 한다. 두꺼운 목 근육으로 사냥한 동물을 물어 올리거나 운반할 수 있다. 개는 인간보다 잔근육을 더 잘 활용한다. 개는 다양한 몸짓으로 개체간에 의사소통을 하므로 입술을 말아 올려 으르렁거리거나, 귀를 쫑긋 세워 집중하거나, 환영이나 화해의 표시로 꼬리를 흔드는 등 지속적으로 근육을 움직인다.

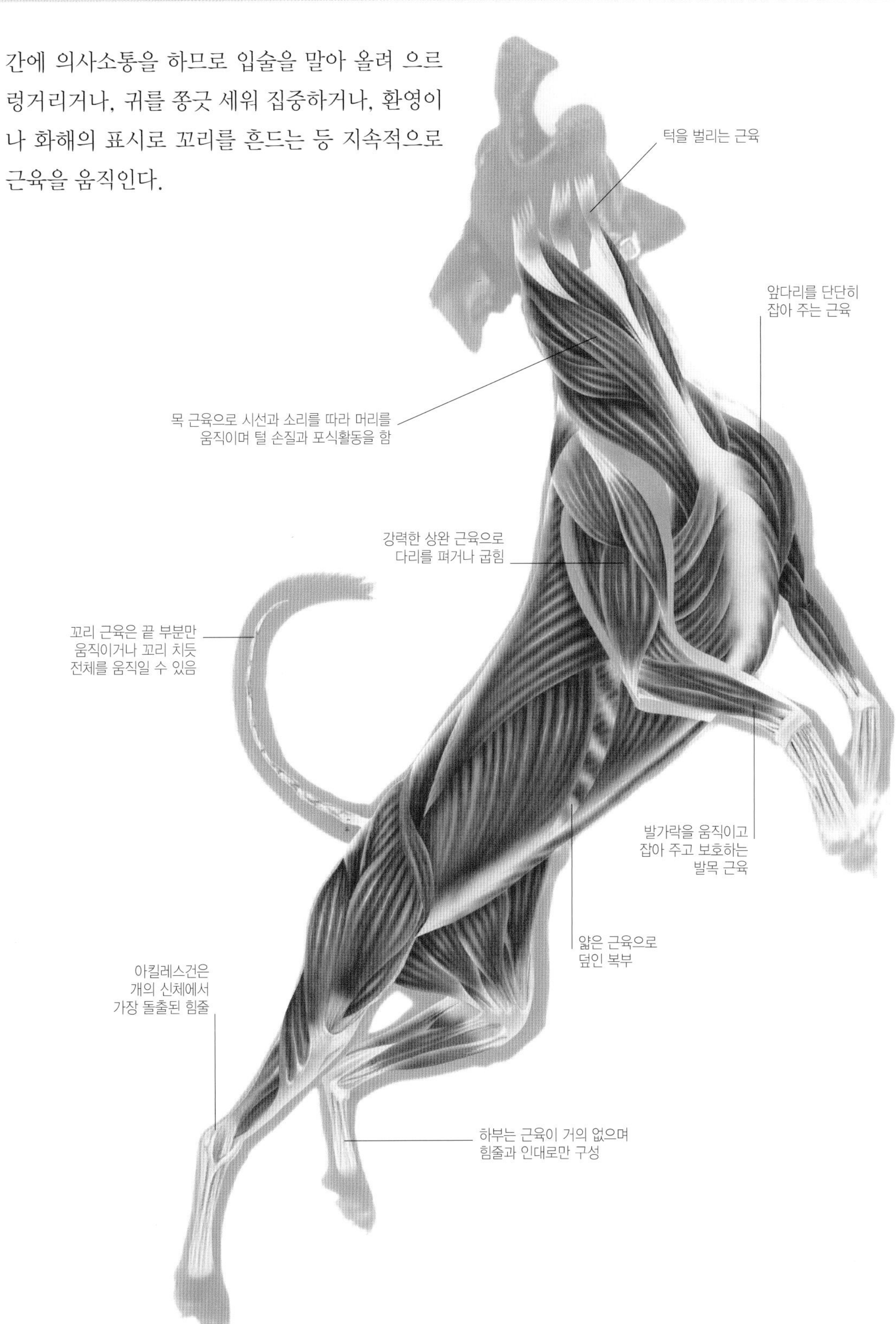


**근육**
모든 개는 동일한 근육을 가지고 있다. 근육은 몸의 움직임과 의사소통에 중요한 역할을 한다. 다리에서 일부 근육은 펴는 근육과 굽히는 근육이 한 조가 되어 상호작용한다.

# 감각

**개는 주변 환경을 잘 감지하고 감각기관에서 얻은 정보에 예민하게 반응한다. 개는 인간이 하는 것처럼 보고 들으며 주변 사물을 감지한다. 인간은 낮에 사물을 선명하게 보지만 밤에는 개가 사물을 더 잘 본다. 그리고 개는 훌륭한 후각을 가지고 있고 인간보다 더 다양한 음역대의 소리를 듣는다. 후각은 개의 가장 강력한 무기이자 세상을 자세하게 이해하는 수단이다.**

## 시각

개는 인간만큼 다양한 색상을 인지할 수 없지만 일부 색깔은 볼 수 있다. 색상 인지가 제한적인 이유는 개의 망막에 색상을 인지하는 세포가 두 종류밖에 없기 때문이다. 개 눈에는 세상이 적색, 주황색, 녹색이 빠진 회색, 청색, 노란색 음영으로 보이며, 이는 적록색맹인 사람과 비슷하다. 하지만 개는 훌륭한 장거리 시력을 가지고 있다. 특히 움직임을 재빨리 감지하고, 손쉬운 사냥을 노리는 포식동물에 걸맞게 절뚝거림도 알아차릴 수 있다. 갯과 동물은 새벽과 해질녘의 희미한 빛에서 가장 잘 볼 수 있는데, 이는 야생에서 최적의 사냥시간이기도 하다. 하지만 단거리 시력은 정밀함이 떨어져서 가까이 있는 사냥감을 노릴 때는 후각에 더 의존하거나 예민한 수염으로 주변 사물을 살핀다.

### 귀의 모양

쫑긋한 모양
(알래스칸 맬러뮤트)

촛불 모양
(잉글리시 토이 테리어)

장미 모양
(그레이하운드)

반쯤 접힌 모양
(퍼그)

늘어진 모양
(브로홀머)

펜던트 모양
(블러드하운드)

**귀의 형태**
개의 귀는 크게 직립형(상단), 반직립형(중단), 늘어진 형(하단)으로 나누어지지만 세부적인 형태는 더 다양하다. 귀는 개의 전체적인 인상에 큰 영향을 미치므로, 많은 종이 견종표준에서 양쪽 귀의 배열과 모양, 자세를 세밀하게 정해 두고 있다.

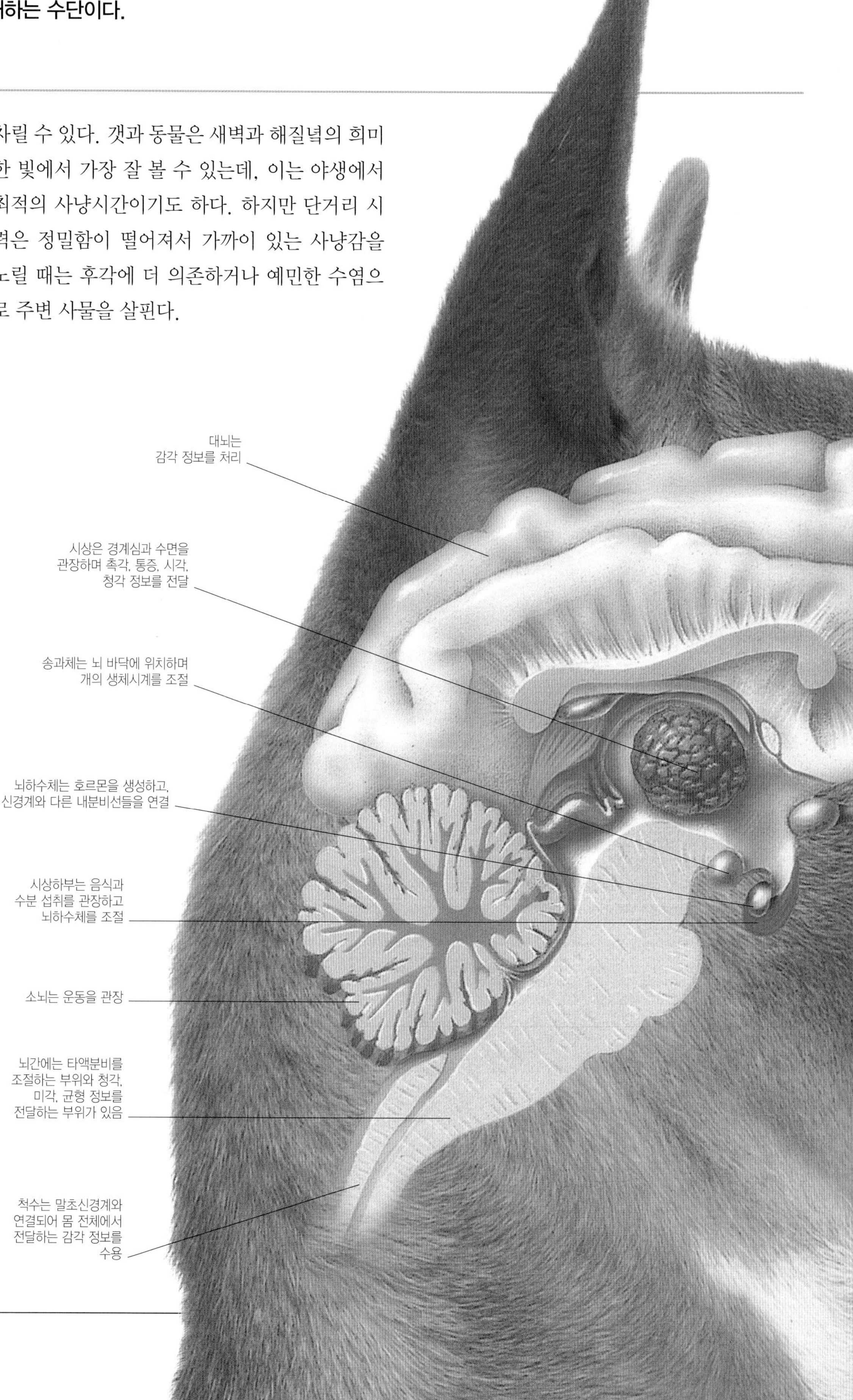

## 청각

강아지는 귀가 들리지 않는 상태로 태어나지만 성장하면서 인간보다 4배 더 예민한 청각을 가지게 된다. 인간이 듣기에는 너무 높거나 낮은 소리도 들을 수 있고 소리가 들려오는 방향도 잘 감지해 낸다. 소리를 깔때기처럼 모으기에 최적인 쫑긋한 귀를 가진 품종은 늘어진 모양이나 펜던트 모양의 귀를 가진 품종보다 청각이 더 예리하다. 개의 귀는 가동성이 매우 좋다. 친밀함을 보일 때 귀를 살짝 뒤로 젖히고, 공포 또는 복종의 의미로 귀를 늘어뜨리거나 눕히고, 공격성을 나타낼 때 귀를 세우는 등 다른 개체와의 의사소통에 빈번하게 활용된다.

## 후각

개는 대부분의 정보를 코를 통해 받아들이고, 인간이 감지할 수 없는 냄새에서 복잡한 신호를 읽어 들인다. 한번 냄새를 맡기만 해도 암컷의 교배 준비, 연령, 성별, 사냥감의 상태, 주인의 기분까지 알 수 있다. 더욱 놀라운 것은 누가 또는 무엇이 지나갔는지 알아차리고 해석할 수 있어 추적에 매우 능하다는 점이다. 잘 훈련된 개는 마약 냄새뿐만 아니라 질병까지 감지할 수 있다.

개의 뇌에서 후각 신호를 처리하는 영역은 인간보다 40배 이상 넓다. 개의 크기와 주둥이 형태에 따라 후각 능력이 어느 정도 차이가 있지만, 평균적으로 2억 개의 후각 수용체가 있어 500만 개를 가진 인간과 비교된다.

## 미각

포유류는 미각과 후각이 밀접하게 연관되어 있다. 하지만 개는 코를 통해 자신이 먹는 음식 정보를 많이 얻지만 미각은 덜 발달되었다. 인간은 약 1만 개의 미뢰가 쓴맛, 신맛, 짠맛, 단맛 등 기본적인 맛을 느끼지만, 개의 미뢰는 2,000개를 넘지 않는다. 인간과 달리 개는 짠맛에 강하게 반응하지 않는다. 이는 아마도 개의 조상이 진화 과정에서 주식으로 삼던 고기는 이미 염분이 풍부해서 따로 염분이 포함된 음식을 찾아서 먹을 필요가 없었기 때문일 것이다. 균형 잡힌 염분 섭취를 위해 개의 혀끝에는 수분에 매우 민감한 미각 수용체가 있다.

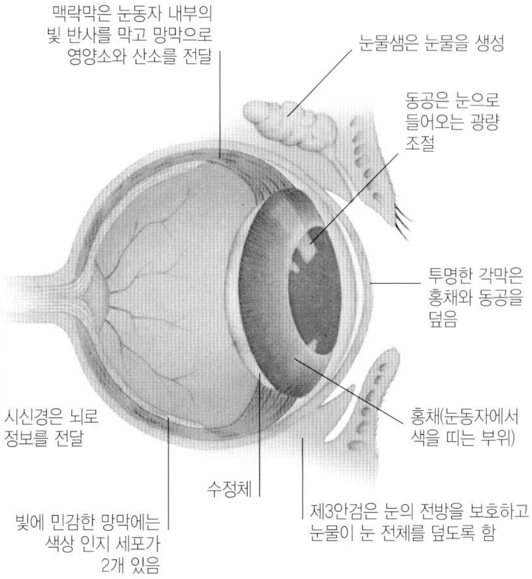

맥락막은 눈동자 내부의 빛 반사를 막고 망막으로 영양소와 산소를 전달
눈물샘은 눈물을 생성
동공은 눈으로 들어오는 광량 조절
투명한 각막은 홍채와 동공을 덮음
시신경은 뇌로 정보를 전달
홍채(눈동자에서 색을 띠는 부위)
수정체
빛에 민감한 망막에는 색상 인지 세포가 2개 있음
제3안검은 눈의 전방을 보호하고 눈물이 눈 전체를 덮도록 함

**눈**
개의 눈은 인간보다 납작해서 초점 거리를 맞추는 데 비효율적이다. 개의 시각은 섬세함이 떨어지는 반면 빛과 움직임에 훨씬 더 민감하다.

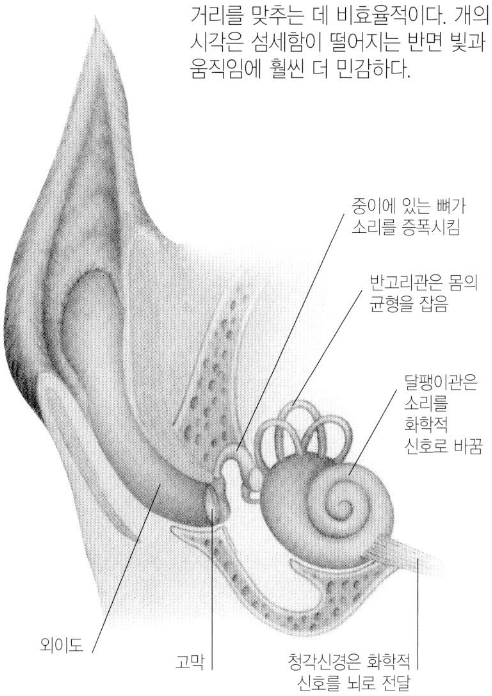

중이에 있는 뼈가 소리를 증폭시킴
반고리관은 몸의 균형을 잡음
달팽이관은 소리를 화학적 신호로 바꿈
외이도
고막
청각신경은 화학적 신호를 뇌로 전달

**귀**
외이는 움직이면서 음파를 탐지하고 깔때기처럼 모아 중이와 내이로 전달한다. 중이에서 증폭된 신호는 내이에서 뇌가 해석할 수 있는 화학적 신호로 바뀐다.

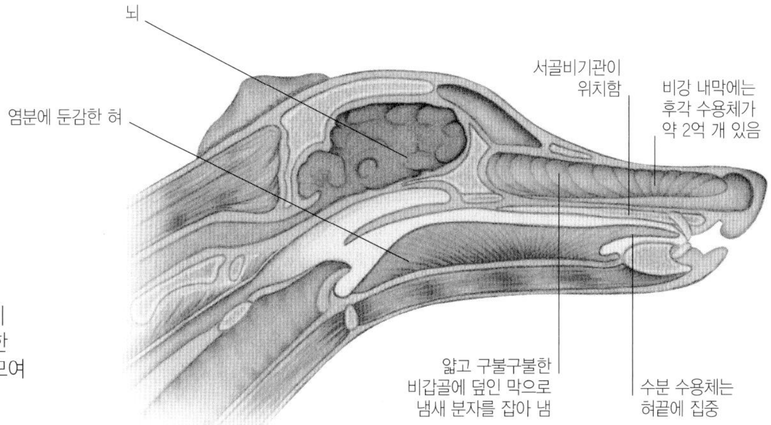

뇌
서골비기관이 위치함
비강 내막에는 후각 수용체가 약 2억 개 있음
염분에 둔감한 혀
얇고 구불구불한 비갑골에 덮인 막으로 냄새 분자를 잡아 냄
수분 수용체는 혀끝에 집중

**두뇌**
개가 받아들이는 모든 감각 정보는 신경을 따라 뇌로 전달되어 해석된 다음 적절한 행동을 취하게 된다. 이 과정은 0.06초 만에 소리가 들린 방향을 알아차릴 정도로 순식간에 일어난다.

**코와 혀**
냄새와 맛은 개의 주둥이에서 화학적으로 감지한다. 비강 바닥에 있는 서골비기관은 다른 개에 대한 정보를 수집하는 후각 수용체가 모여 있는 중요한 기관이다.

# 심혈관계와 소화기계

**개를 포함한 모든 포유류가 일어서고 달릴 수 있는 것은 신체의 주요 시스템이 함께 작용하기 때문이다. 폐를 통해 들어온 산소와 소화기관에서 전달된 영양소는 생명활동에 꼭 필요한 연료이기 때문에 신체 구석구석까지 운반되어야 한다. 혈액은 일정하게 뛰는 심장과 동맥, 정맥을 타고 순환하며 생체 에너지를 공급한다.**

### 순환과 호흡

개의 심장은 인간과 마찬가지로 일정한 리듬으로 뛰며 몸 전체로 피를 보내는 기능을 한다. 심장 내부는 근육 벽으로 둘러싸인 심방과 심실이 박동할 때마다 수축과 이완을 반복한다. 이 힘으로 혈액을 심장에서 동맥으로 밀어내 몸 전체로 순환시키고, 정맥으로 되돌아온 혈액을 다시 심장에 채워 넣는다.

이와 같은 순환기계인 심혈관계는 호흡기계와 함께 체내 세포 구석구석까지 산소를 전달하며 세포활동으로 생성된 이산화탄소 같은 노폐물을 치운다. 혈류는 지속적으로 순환하면서 폐가 들이마신 공기에서 산소를 받아 장벽에서 흡수된 영양소와 함께 몸 전체로 운반한다. 폐에서 산소를 받아들이는 동시에 이산화탄소는 혈류에서 빠져나와 숨을 내쉴 때 몸 밖으로 배출된다.

또한 호흡기계는 개의 신체가 과열되지 않고 적정 체온을 유지하는 데 중요한 역할을 한다. 개는 얼마 안 되는 땀샘이 발바닥에 집중되어 있어 땀을 흘려서 체온을 낮출 수 없다. 대신 입안의 타액을 마르게 하는 더운 공기를 헐떡거림으로 배출해서 잠열을 낮추어 체온을 떨어뜨린다.

또 다른 특이점으로 추운 기후에 적응한 스피츠 같은 품종은 차가운 지면에 발바닥이 닿을 때 과다한 열손실이 일어나지 않도록 심혈관계가 진화했다.

발바닥을 오가는 혈류는 동맥과 정맥의 위치가 매우 가깝다. 따뜻한 동맥혈이 발바닥으로 들어

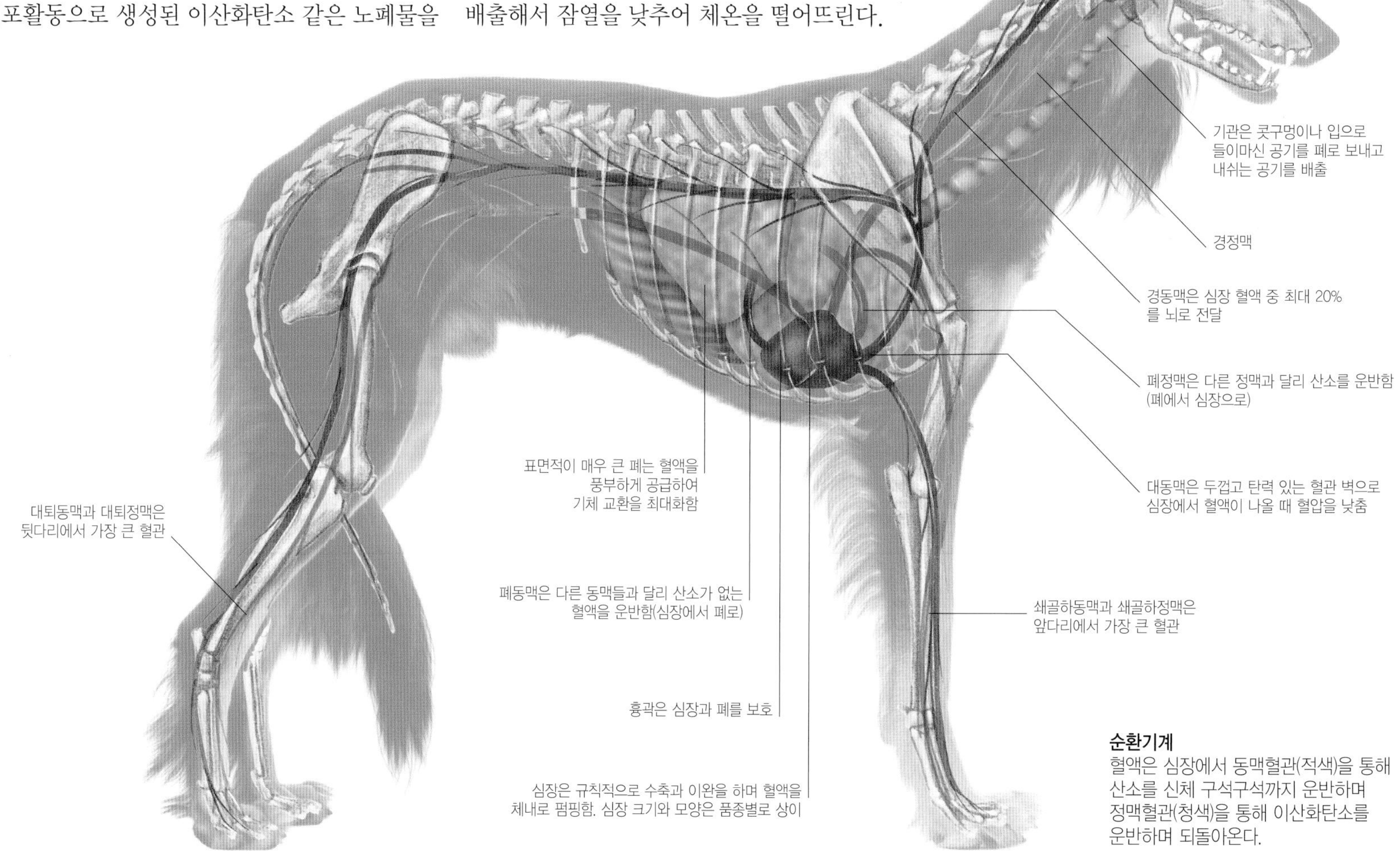


**순환기계**
혈액은 심장에서 동맥혈관(적색)을 통해 산소를 신체 구석구석까지 운반하며 정맥혈관(청색)을 통해 이산화탄소를 운반하며 되돌아온다.

오면 식혀진 정맥혈로 열기가 전달되어 외부 환경에 열을 빼앗기는 대신 체내의 열을 지킨다. 이를 역류열교환이라고 하는데, 바다코끼리의 피부나 펭귄의 발에도 같은 원리로 작용해서 매서운 극지방에서도 살아남을 수 있다.

## 음식물 소화

건강한 개는 한 입씩 먹는 와중에도 쉬지 않고 씹어 먹어 밥그릇을 비우는 데 시간이 오래 걸리지 않는다. 갯과 동물은 식탐이 아닌 필요에 의해서 본능적으로 빨리 먹는다. 야생에서 천천히 먹는 개체는 다른 게걸스러운 개체에게 먹이를 빼앗길 위험이 크다. 인간은 입속에서 맛을 음미하기 위해 타액과 잘 섞어 씹어 먹는 등 삼키기도 전에 이미 소화 과정이 시작된다. 개는 인간에 비해 맛을 느끼는 미뢰가 비교적 적어 음식의 맛을 음미하지 않고 크게 한 입 물고 그대로 삼켜 버린다. 대신 부작용 방지를 위해 구토반사가 잘 발달되어 있다. 개는 먹고 불편함을 느끼면 쉽게 토해낼 수 있다.

개의 소화관은 길이가 짧고 고기 소화에 특화되어 있어 식물성 음식보다 고기를 더 빠르고 쉽게 소화시킨다. 위에서는 고농도 위산이 고기, 뼈, 지방도 빠르게 분해해서 액상으로 변한 음식을 소장으로 보낸다. 소장에서는 간과 췌장에서 분비된 소화효소가 음식을 영양소로 분해해서 장벽을 통해 혈류로 흡수되도록 돕는다. 소화되지 않은 물질은 대장으로 이동해 분변 형태로 배출된다. 개의 음식물 체류시간은 섭취에서 배변까지 약 8-9시간이며, 인간은 평균 36-48시간이 걸린다.

### 이빨

7-8개월령이 되면 대부분의 개는 고기 섭취에 적합한 영구치 42개가 모두 자라난다. 상악과 하악에는 앞니가 6개씩 있으며, 좌우로 과거 사냥감을 붙들고 꿰뚫었던 큰 송곳니가 위치한다. 턱 측면에는 작은어금니와 큰어금니가 있다. 상악 네 번째 작은어금니와 하악 첫 번째 큰어금니는 열육치라고 하며 모든 육식동물목 포유류에서 발견되는 특징이다. 이런 이빨은 한 쌍의 가위처럼 뼈를 부러뜨리고 가죽을 찢는 기능을 한다.

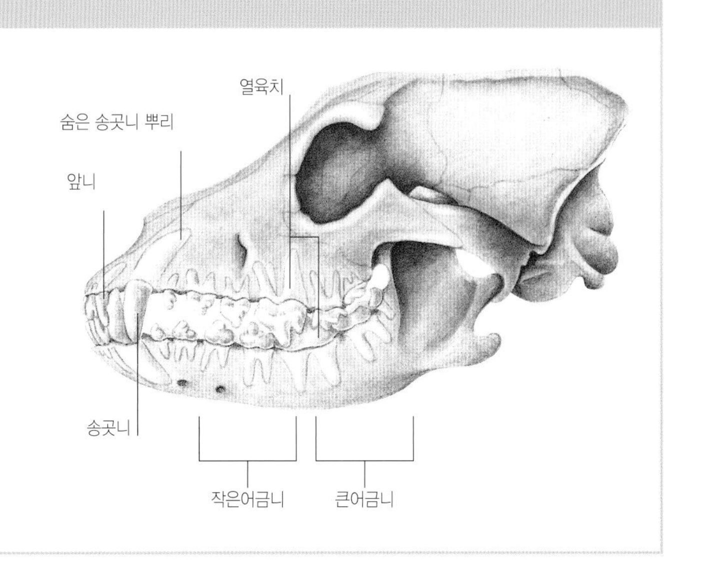


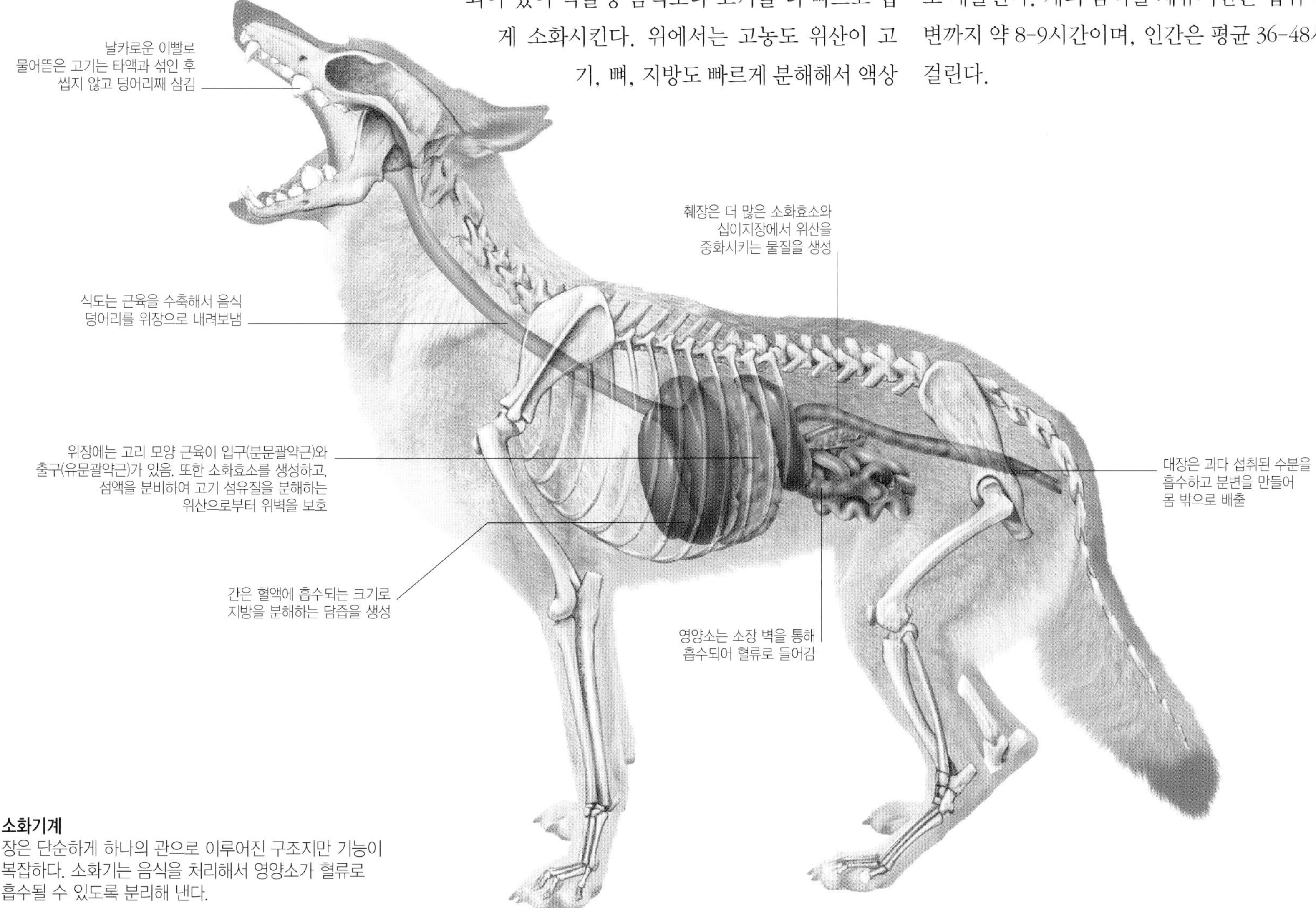


**소화기계**
장은 단순하게 하나의 관으로 이루어진 구조지만 기능이 복잡하다. 소화기는 음식을 처리해서 영양소가 혈류로 흡수될 수 있도록 분리해 낸다.

# 비뇨기계와 생식기계, 호르몬계

**개는 다른 포유류와 마찬가지로 비뇨기계와 생식기계가 복강 뒤쪽 공간에 함께 자리 잡고 있다. 수컷에서 이들 기관을 잇는 관은 서로 연결되어 소변과 정액이 동일한 출구를 통해 음경에서 배출된다. 다른 신체 기능처럼 비뇨기계와 생식기계는 호르몬 작용으로 정교하게 조절된다. 호르몬은 소변을 만들거나 양을 조절하고 암컷의 생리가 적기에 일어나도록 한다.**

## 비뇨기계

비뇨기계는 혈액에서 노폐물을 제거하고 불필요한 수분과 함께 오줌 형태로 몸 밖으로 배출하는 기능을 한다. 비뇨기계 장기는 여과기 역할을 하며 오줌을 만들어 내는 신장, 신장에서 오줌을 운반하는 통로인 요관, 오줌을 보관하는 방광, 오줌이 배출되는 요도로 구성된다. 이런 과정은 신장에 작용하는 호르몬으로 조절되어 체내 염분과 다른 화학물질의 균형을 맞춘다.

개는 방광을 비울 때 외에도 영역을 표시하고 다른 개들과 의사소통하는 수단으로 오줌을 눈다. 개는 오줌에 포함된 호르몬과 화학물질의 냄새로 조금 전에 지나간 개체가 암컷인지 수컷인지 등과 같은 정보를 알 수 있다. 냄새는 야외에서 금방 흩어지기 때문에 수컷은 부지런히 적은 양의 오줌으로 영역 표시를 하고 같은 장소에 되돌아와 표시를 덧입히기도 한다. 암컷은 보통 한 곳에서 방광을 완전히 비우는 편이다. 암컷과 수컷 모두 오줌에 질소가 포함되어 있어 개가 있던 잔디에는 갈색 반점이 나타난다.

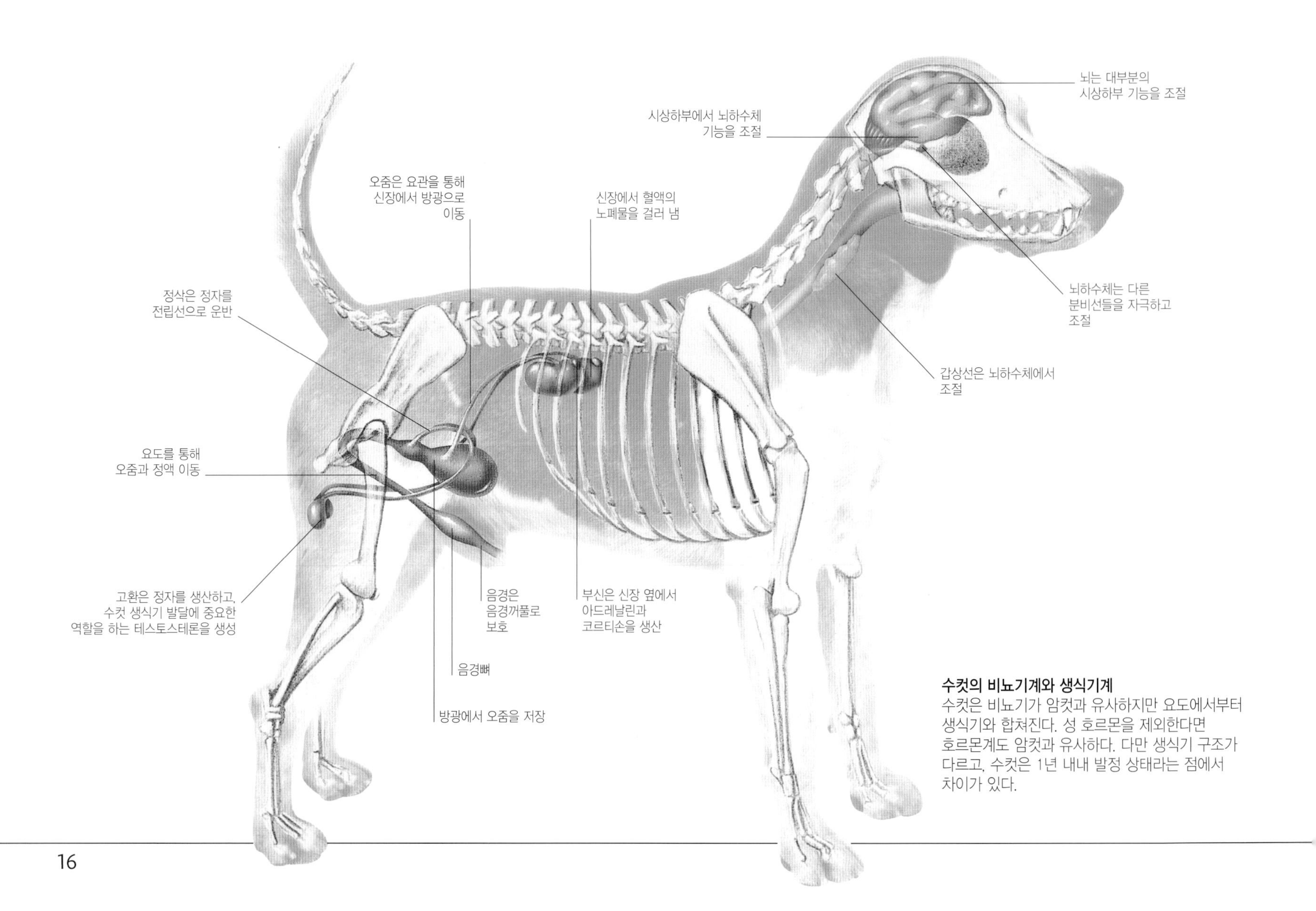


**수컷의 비뇨기계와 생식기계**
수컷은 비뇨기가 암컷과 유사하지만 요도에서부터 생식기와 합쳐진다. 성 호르몬을 제외한다면 호르몬계도 암컷과 유사하다. 다만 생식기 구조가 다르고, 수컷은 1년 내내 발정 상태라는 점에서 차이가 있다.

## 생식

개는 6-12개월령이면 성 성숙에 이른다. 늑대와 같은 야생 갯과는 연 1회 발정기(번식기)가 찾아올 때 배란을 하고 교미할 수 있다. 바센지 등 일부 품종을 제외하면 가축화된 개는 연 2회 발정기가 온다. 발정기가 시작되면 암컷은 소량의 혈액을 9일 이상 분비한 후 교미를 받아들인다.

수컷은 음경 내에 음경뼈를 가지고 있다. 교미 중에는 뼈 주위가 부풀어 올라 음경이 암컷 생식기 내에 고정되어 몇 분 동안 결합된 상태가 된다. 교미 후 암컷의 난자가 수정되면 60-68일 동안 임신 기간을 거친다. 새끼의 크기는 품종에 따라 다른데 큰 품종일수록 대체로 큰 새끼를 낳는다. 새끼는 1-14마리까지 태어날 수 있지만 6-8마리가 일반적이다.

## 호르몬

호르몬은 특수한 분비선이나 조직에서 생성된 후 혈류로 분비되어 특정 세포에 작용하는 화학물질이다. 호르몬의 작용으로 성장, 대사, 성적 발달, 생식 등을 포함하는 여러 가지 신체 기능을 조절한다.

중성화 수술은 수컷의 테스토스테론이나 암컷의 에스트로겐 같은 성 호르몬이 생성되는 곳을 제거하는 수술로 우발적인 임신을 방지한다. 테스토스테론이 감소하면 수컷은 암컷을 찾아 헤매는 욕구가 감소하고 암컷은 공격성이 감소한다. 그리고 호르몬의 영향을 받아서 중성화된 암컷은 일반적으로 연 2회 빠지던 털이 연중 빠지게 된다. 또한 중성화는 노령견의 비만 확률도 높인다.

### 임신과 호르몬

임신 기간에는 여러 호르몬의 분비가 늘어난다. 예를 들어, 에스트로겐은 새끼에게 젖을 먹일 유선 발달을 자극해서 암컷의 출산 준비를 돕는다. 수유기 동안은 프로락틴이라는 호르몬이 증가하면서 젖 생산량이 유지된다. 프로락틴은 모성 행동에도 영향을 미치는데, 강력한 모성 본능을 불러일으켜 새끼가 완전히 홀로서기를 할 때까지 어미가 버리지 않도록 한다.

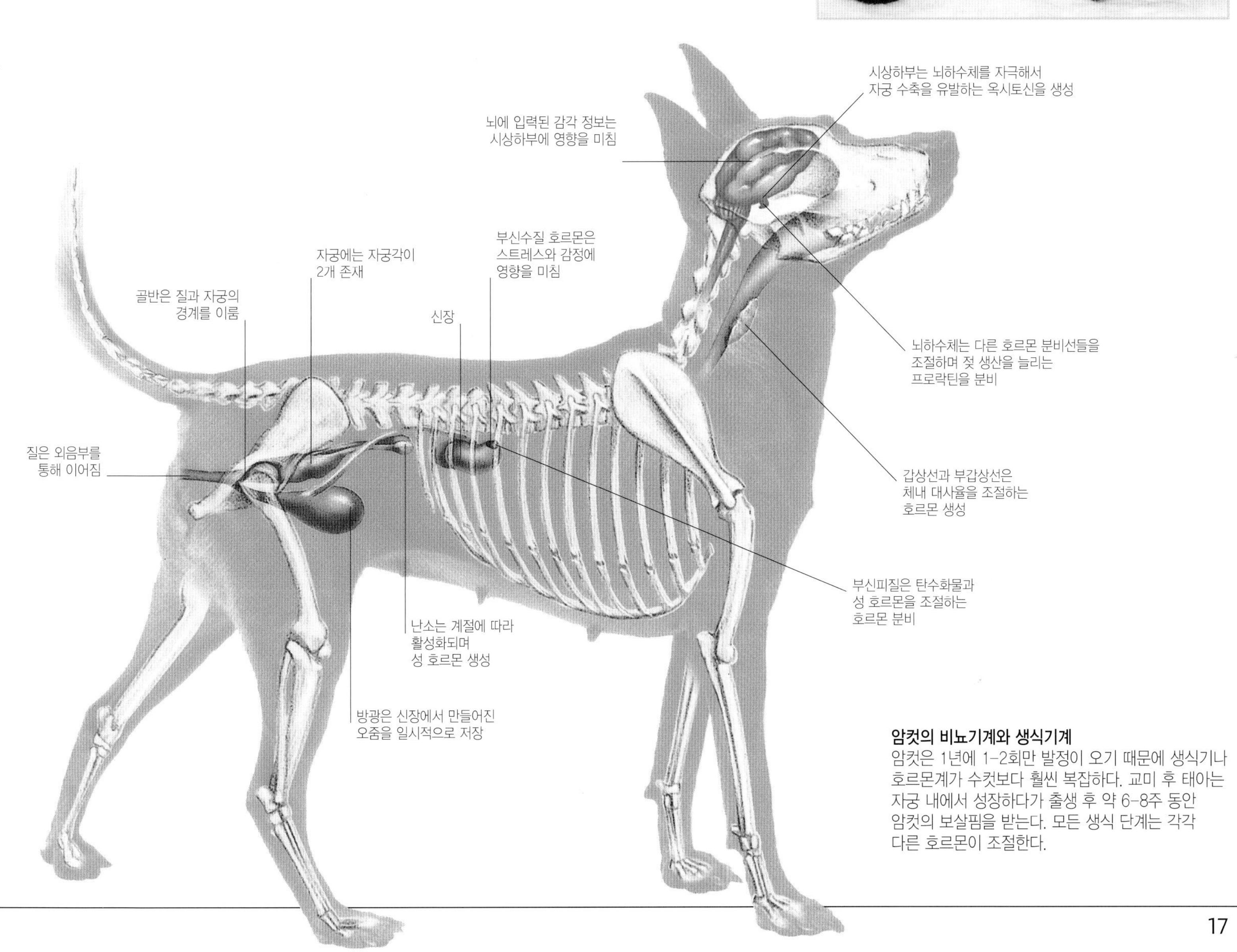


**암컷의 비뇨기계와 생식기계**
암컷은 1년에 1-2회만 발정이 오기 때문에 생식기나 호르몬계가 수컷보다 훨씬 복잡하다. 교미 후 태아는 자궁 내에서 성장하다가 출생 후 약 6-8주 동안 암컷의 보살핌을 받는다. 모든 생식 단계는 각각 다른 호르몬이 조절한다.

# 피부와 털

**개는 피부가 얇지만 몸 전체에 털이 덮여 있다. 털은 몸을 충분히 따뜻하게 하고 보호한다. 개는 털 종류가 무척 다양하다. 풍성한 털을 가진 품종이 있는가 하면 짧은 털, 빳빳한 털, 곱슬하거나 꼬인 털을 가진 품종도 있다. 털이 없는 품종은 극소수이며 그중 일부는 발끝 등에 드문드문 털이 나 있다. 자연선택으로 개의 털이 다양해졌지만, 대부분 기능보다는 패션을 목적으로 인간이 변화시킨 것이다.**

## 피부 구조

개는 다른 포유동물처럼 가장 바깥쪽에 표피층, 중간에 진피층, 주로 지방세포로 이루어진 피하층이라는 세 층의 피부를 가진다. 인간과 비교했을 때 개는 표피가 얇은데, 이는 일부 털이 없는 품종을 제외하면 털이 몸을 충분히 따뜻하게 하고 보호하기 때문이다.

개는 복합모낭에서 보호털을 중심으로 여러 가닥의 가느다란 속털이 함께 나서 겉털의 한 모공에서 털이 자라는 형태다. 또한 촉모라고 하는 예민한 털이 안면에 자라는데 모낭이 깊고 혈관과 신경이 잘 연결되어 있다. 수염, 눈썹, 귀털이 여기에 해당한다.

지방 분비선(혹은 피지선)은 모낭과 연결되어 피지를 분비한다. 피지는 피부 윤활제로 털에 윤기와 방수효과를 부여한다. 대부분의 모낭은 근육과 연결되어 있어서 털을 세워서 따뜻한 공기를 가두거나, 공포나 분노의 신호로 목덜미 털을 부풀릴 수 있다. 인간과 다르게 개는 피부에서 땀을 흘리지 않고, 실제 땀샘이 주로 발바닥에 분포되어 있다.

## 털 종류

대표적인 털 종류가 하단에 소개되어 있다. 대부분의 품종은 한 종류의 털을 가지지만 피레니언 쉽독(p.50) 같은 일부 품종은 여러 털이 혼재한다. 많은 품종이 외부에는 보호털, 내부에는 짧고 부드러운 속털로 이중 구조를 지닌다. 차우차우(p.112) 같은 스피츠 종은 이중 구조가 매우 두껍다. 이런 단열효과 덕분에 그린란드 독(p.100)

털 없는 헤어리스

짧은 단일모

곱슬한 털

뻣뻣한 털(와이어 타입)

풍성한 이중모

중간 길이의 털

길고 비단결 같은 털

꼬인 털

처럼 북반구에서 전통적으로 썰매를 끌던 품종은 매서운 추위에 영향을 받지 않는다. 또 발가락 사이에 긴 털이 나 있어 눈이나 얼음에서 마찰력을 높이고, 추위에 적응한 발바닥 혈관으로(p.14) 열손실을 방지한다.

오늘날 지나치게 긴 털을 가진 품종은 외모가 주요 목적이지만, 일부는 야외 활동을 위해 태생적으로 풍성한 털이 필요했다. 예를 들어 시각 하운드인 아프간 하운드(p.136)는 아프가니스탄의 춥고 높은 산맥에서 유래했고, 비어디드 콜리(p.57)는 가축몰이로 활용했던 배경이 있다. 그런가 하면 비단처럼 흘러내리는 털을 가진 작은 요크셔 테리어(p.190)는 품종의 역사가 길지만 기능성보다 관상용에 더 가까웠던 것으로 보인다. 코커 스패니얼(p.222)이나 잉글리시 세터(p.241)처럼 매력이 넘치는 품종은 비단결 같은 털이 어우러진 중간 길이의 털과 함께 꼬리, 몸통 아래, 다리에 깃털 같은 긴 장식 털이 나 있다.

일부 단모종은 피모가 보호털로만 이루어져 반질반질한 느낌을 준다. 달마시안(p.286)과 일부 포인터나 하운드 종이 대표적이다. 뻣뻣한 털을 가진 품종은 테리어 그룹에 많으며, 보호털의 끝이 말려 있어 거칠고 탄력 있는 느낌을 준다. 이런 털은 추운 기후에서 작업이 용이하고 땅을 파거나 덤불 밑을 뒤지는 활기찬 테리어의 습성과 잘 들어맞는다. 곱슬한 털을 가진 품종은 흔치 않지만, 그중 가장 유명한 푸들(p.229, 276)은 쇼무대에서 가끔 멋지게 털을 다듬은 모습으로 나오기도 한다. 코몬도르(p.66)나 헝가리언 풀리(p.65)처럼 더 희귀한 품종은 털이 곱슬하다 못해 레게머리처럼 길게 꼬여서 개의 몸 전체를 뒤덮고 있다. 자연적인 유전자 돌연변이로 털이 없는 품종도 몇몇 탄생했다. 숄로이츠퀸틀(p.37)과 차이니즈 크레스티드(p.280)는 몇 세기 전부터 존재했지만, 현대에 들어서야 털이 없는 개체를 유지시킬 목적으로 선택교배가 이루어졌다. 털 없는 품종 중 일부는 머리와 발에 몇 가닥 털이 있거나 꼬리에 장식 털이 남아 있다.

개를 키운 사람이라면 누구나 동감하듯이 모든 개는 어느 정도 털이 빠진다. 털 빠짐은 계절에 따라 바뀌는 일조량에 자연적으로 반응하는 현상으로, 따뜻한 날씨를 대비해 숱이 줄어드는 봄철에 최고조에 달한다. 이중모를 가진 개는 장모종이든 단모종이든 굵은 속털이 빠지기 때문에 그 양이 상당하다. 난방이 잘되는 실내에서 주로 생활한다면 연중 털이 조금씩 빠지는 형태로 바뀔 수도 있다.

## 털 색상

단색이나 한 가지 계통 색으로만 이루어진 개도 있지만 많은 경우 두세 가지 혹은 그 이상의 색이 조합되어 있다. 이 책은 품종별로 견본 색상을 제시해서 해당 품종의 특징적인 색상과 최대한 맞출 수 있도록 했다.

견본 색상은 사진 외에 추가로 볼 수 있는 색상을 표현하는데, 색의 범위를 나타내기도 한다. 견종표준에서 명시하는 색상과 동일하지만 명칭이 달라질 수 있다. 예를 들어, 많은 품종에서 볼 수 있는 적색은 잉글리시 토이 스패니얼과 캐벌리어 킹 찰스 스패니얼의 경우 루비색으로 통칭한다. '다양한 색상 또는 모든 색상 가능'은 특정 계통이라고 볼 색상이 적거나 어떤 색상이든 가질 수 있는 품종을 나타낸다.

크림색, 흰색, 하얀 베이지색, 금색, 황색

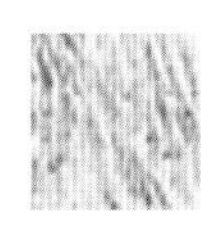
회색, 잿빛 회색, 청회색, 강철색이 도는 회색, 얼룩이 섞인 회색, 늑대회색, 은색

금색, 적갈색이 도는 금색, 살구색, 옅은 황갈색, 밀색, 모래색, 밝은 모래색, 겨자색, 담황색, 담황색을 띠는 금빛 갈색, 밀짚색, 모든 색조의 황갈색, 옅은 갈색, 황적색, 세이블

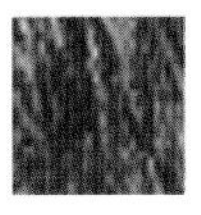
적색, 적색 얼룩무늬, 루비색, 검은색이 섞인 적색, 암적색을 띠는 황갈색, 모랫빛이 도는 적색, 붉은 황갈색, 적갈색, 밤색을 띠는 갈색, 사자색, 오렌지색, 오렌지색 혼재

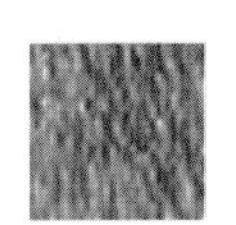
적갈색, 황동색

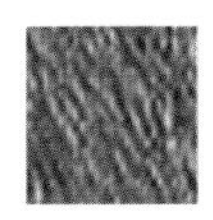
청색, 청색 얼룩무늬(청회색), 잿빛

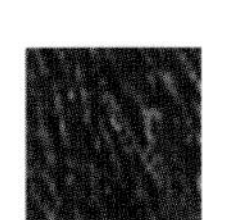
짙은 갈색, 갈색, 초콜릿색, 낙엽색, 하바나

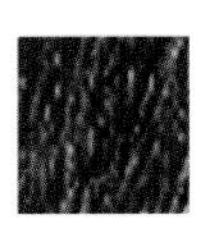
검은색, 검정에 가까운 색, 짙은 회색

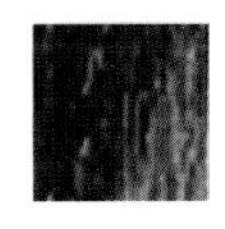
검은색에 황갈색, 피어로이글(vieräugl, 검은색에 황갈색), 카라미스(karamis, 검은색에 황갈색 및 밝은 반점), 킹 찰스(King Charles), 검은빛이 나는 청회색에 황갈색, 검은색에 갈색

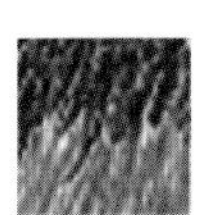
청색 얼룩무늬 바탕에 황갈색, 청색에 황갈색

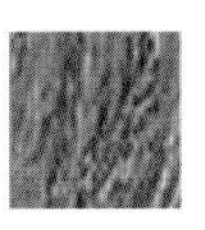
적갈색에 황갈색

금색에 흰색(주요 색상 무관), 흰색에 체스트넛, 황색에 흰색, 흰색에 오렌지색, 세이블에 흰색, 오렌지색 벨턴 반점, 레몬색 벨턴 반점

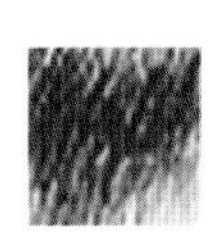
밤색에 적색과 흰색, 적색에 흰색, 적색에 흰 반점

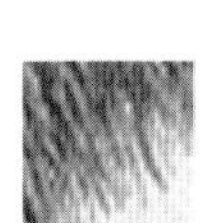
적갈색에 흰색, 적갈색 벨턴 반점, 갈색에 흰색(주요 색상 무관), 적색 혼재, 혼재된 색, 흰 바탕에 적갈색 반점

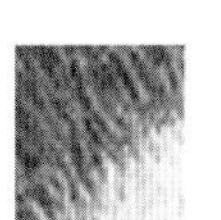
황갈색에 흰색(주요 색상 무관)

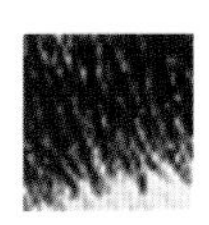
검은색에 흰색(주요 색상 무관), 파이볼드(piebald, 흰 바탕에 얼룩무늬) 검은색에 흰 반점, 참깨색, 검은 참깨색, 검은색에 은색

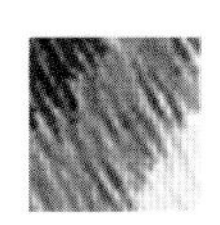
검은색에 황갈색과 흰색, 회색에 검은색과 황갈색, 흰색에 초콜릿색과 황갈색, 프린스 찰스[세 가지 색 혼합(tricolor)이라고도 함]

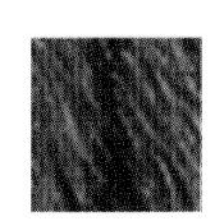
얼룩무늬, 얼룩이 섞인 검은색, 짙은 얼룩무늬, 얼룩이 섞인 황갈색, 희끗희끗한 색, 다양한 색조의 얼룩이 섞인 적색

다양한 색상 또는 모든 색상 가능

# 종교, 신화, 문화 속의 개

신성한 복견

**인류 문명이 도래하기 전부터 개와 인간이 맺어 온 관계를 고려하면 수천 년에 걸쳐 형성된 개와 인간의 강한 문화적 연결고리도 새삼스러운 일이 아니다. 개는 물질 세계에서 인간을 섬기는 존재에서, 영적 세계의 경계를 넘어 천국과 지옥을 섬기는 존재로 발돋움했다. 그리고 인간과 개의 유대감이 애정과 충직함으로 더욱 발전함에 따라 개는 그들만의 개성을 인정받기 시작했다. 그 결과 개는 어른 아이 할 것 없이 대중문학과 오락에서 떼려야 뗄 수 없는 존재가 되었다.**

## 종교 속 개

전통적으로도 무언가를 보호하는 이미지를 담고 있던 개는 자연스럽게 각종 신념체계에서 수호자라는 상징적인 역할을 부여받았다. 고대 이집트에서 발견된 무덤 속 그림과 상형문자에서 개는 자칼의 머리를 하고 저승에서 영혼을 인도하는 아누비스 신과 관련되었다. 이와 유사하게 개가 종교적인 의미를 가졌던 증거로, 고전기 마야 문명(300-900) 매장지에서 발견된 조각상과 미라에는 사후세계에서 주인의 영혼을 인도하도록 개를 함께 묻은 것으로 알려졌다. 아스테카 문명(14-16세기)에서는 개 형상의 도기를 시체와 함께 묻었는데 이때 개는 종교적 의식의 제물로 보인다. 중국에서 사자상이라고도 불리는 복견(福犬)은 사자머리 형상이 수호자의 의미를 지니며 여러 불교사원의 입구에서 관찰된다.

오늘날 사람들이 믿는 주요 종교에서는 개를 천하게 여기고 더러운 존재로 보고 피하기도 한다. 하지만 인도와 네팔 일부 지역에 있는 힌두교도는 개를 천국의 문을 지키는 존재이자 비슈누 신과 연관된 존재로 여긴다. 비슈누 신을 따르는 네 마리 개는 고대 힌두 경전인 네 가지 베다를 상징한다. 이들은 매년 열리는 종교 축제에서 꽃장식 목걸이로 개를 꾸미고 성스러운 붉은 표식(티카)을 이마에 찍는다.

## 신화와 전설 속 개

충직하면서도 무서운 개의 모습은 오랜 세월 동안 모든 나라에서 고전 신화와 전설, 설화에 등장했다. 그중 가장 충직한 개 아르고스는 오디세우스의 사냥견으로 20년 동안 주인이 고향으로 돌아오기를 기다리다가 마지막으로 꼬리를 흔들며 죽음을 맞이한다. 가장 무시무시한 개는 저승의 입구를 지키는 머리가 3개 달린 케르베로스로 헤라클레스의 12과업 중 마지막이자 가장 위험한 상대였다.

**위대한 개 아르고스**
호메로스의 《오디세이》에서 아르고스는 오디세우스의 충직한 개로 등장한다. 오디세우스가 20년 만에 고향 이타카로 돌아왔을 때 변장한 그를 처음 알아본 것은 아르고스였다.

유령견이라는 개념은 초자연적인 이야기에서 여러 차례 등장한다. 나쁜 개 이야기는 북미와 남미, 아시아 등 전 세계 민간 설화의 단골손님이다. 영국과 아일랜드 전설에 자주 등장하는 크고 시커먼 귀신 개는 공동묘지나 외딴 교차로에서 사람들을 놀라게 하는 존재다. 유령견은 바르게스트(Barghest)나 그림(Grim) 등 지역별로 명칭이 달랐다. 샬럿 브론테의 소설 속 강인한 여주인공 제인 에어는 어둡고 인적이 드문 길에서 영국 북부지방의 유령견 가이트래시를 목격한 줄 알고 순간적으로 오싹함을 느꼈다. 검은 개의 전설이 나오는 아서 코넌 도일 경의 《바스커빌 가문의 개》(1901)는 영국 다트무어 지방을 배경으로 눈에서 불을 뿜는 공포의 사냥견에 관한 괴이한 이야기를 그렸다.

## 문학 속 개

사람들은 2,000년 동안 개를 소재로 글을 썼지만, 초기에는 사역견, 특히 사냥견을 키우는 사람을 위한 지침서가 주를 이루었다. 기원전 500년경에 쓰인 이솝 우화처럼 많은 개가 소설 속에 등장했지만, 이마저도 그리스 도덕주의자들은 인간의 본성, 탐욕, 우매함 같은 연약함을 드러내는 수단으로 개를 활용했다. 몇 세기가 지난 후에야 개는 인간에게 애완동물, 반려동물이 되었고, 그들만의 개성을 가진 존재로 대접받기 시작했다.

머나먼 여정
1960년대 손꼽히는 최루성 영화인 〈머나먼 여정〉은 동명의 소설이 원작으로, 래브라도인 루스와 불 테리어인 보저, 불굴의 샴 고양이 타오가 수백 킬로미터나 떨어진 위험한 황야를 지나 집으로 돌아오는 이야기를 그린다.

늑대 개
잭 런던이 1906년 발표한 소설 《늑대 개》는 늑대와 개가 교배된 늑대 개가 주인공이다. 여러 개를 잘 물리친 끝에 만난 불독과의 싸움에서 죽을 고비를 넘긴다.

오랜 시간이 지나 셰익스피어의 《베로나의 두 신사》(1592)라는 작품에 '크랩'이라는 개가 등장했다. 개 주인인 하인 랜스에 따르면 "세상에서 가장 심술궂은 개"였다. 이 무정한 사냥견은 연극 무대에서 진짜 개를 등장시켜 관객의 웃음을 유발시키는 역할이었을 뿐 인간의 소중한 친구는 아니었다. 하지만 개가 나오는 다른 이야기에서는 대부분 헌신이 주요 속성으로 등장했다.

더욱 대중적인 장르로는 약 100년 전에 잭 런던이 쓴 《황야의 부르짖음》(1903)과 《늑대 개》(1906)가 있으며, 작중 일부 내용은 개의 관점에서 화끈한 액션을 곁들였다. 일부 잔혹한 내용에도 두 작품은 고전으로 자리 잡게 된다.

따뜻한 이야기에 등장하는 개들 중에서는 슬픈 눈을 가진 뉴펀들랜드(p.79) 종 나나가 《피터 팬》에 등장해서 가장 많은 사랑을 받았다. 나나는 학교와 욕조를 오가며 달링 가족 아이들을 돌본다. 1940년대와 1960년대 사이에 에니드 블라이튼 쓴 《페이머스 파이브》 연작에서 다섯 번째 멤버로 나오는, 털이 긴 잡종견 티미도 아이들에게 친근한 존재다. 그 외 충직한 개로는 소년 탐정 틴틴의 조수로 활약하는 흰색 테리어인 스노위(p.209), 《오즈의 마법사》에 등장하는 도로시의 애견 토토가 있다.

## 영상화 속 개

20세기 이후 개에 관한 이야기는 영화에서 큰 히트를 쳤다. 운 나쁜 플루토, 귀하게 자란 레이디와 떠돌이 개 트램프, 101마리 달마시안(p.286) 등 월트 디즈니의 만화에 나온 개들은 수십 년 동안 많은 팬을 거느렸다. 〈레시〉(p.52), 〈올드 옐러〉, 〈빅 레드〉, 〈머나먼 여정〉 등 현실적인 개의 모습을 담은 영화도 인기를 끌었다. 셰익스피어 작품에서 주목을 받았던 '크랩'처럼, 여러 훌륭한 코미디 배우나 주연 배우보다 함께 출연한 견공이 대중들의 관심을 받았다. 특히 〈터너와 후치〉(1989)에서 슬픈 표정으로 경찰 조사를 돕는 마스티프, 〈말리와 나〉(2008)에 나오는 사고뭉치 래브라도 리트리버, 〈아티스트〉(2011)에서 시선을 끈 잭 러셀 테리어가 관객에게 깊은 인상을 남겼다.

아티스트
잭 러셀 테리어인 어기는 〈미스터 픽스 잇〉과 〈워터 포 엘리펀트〉, 〈아티스트〉에 출연한 것으로 유명하다. 〈아티스트〉(사진은 영화의 한 장면)에서 어기의 연기는 세계적으로 큰 찬사를 받았고 영화는 각종 상을 휩쓸었다.

# 예술과 광고 속의 개

**개는 인간과 친밀해진 이후 그림, 조각, 태피스트리, 사진, 회사 로고의 모델이 되어 존재감을 과시해 왔다. 개는 거의 모든 표현 수단을 통해 주인이나, 개를 그리는 인물과 관련된 이야기를 말없이 전달하고, 여러 시대의 생활양식과 취향을 반영해 왔다. 대부분 사람들은 개를 좋아하고 예술 주제로 개를 즐겨 사용했다. 그리고 수익을 추구하는 영리단체에서는 개의 변함없는 매력을 상품과 서비스를 홍보하는 이미지로 오랫동안 활용했다.**

호가스와 그의 애견 트럼프 (퍼그 종)

## 개를 그리다

개를 가축으로 활용한 역사는 예술의 발달 과정에서 확인할 수 있다. 최초로 개를 그린 모습은 아프리카 사하라 지역에서 발견된 선사시대 바위에 사냥 보조로 그려진 그림으로, 전문가들은 5,000년도 더 된 것으로 본다. 고전시대 그리스와 로마에서 사용했던 사냥견은 현대의 그레이하운드와 흡사하며, 특히 그리스 신화에서 아르테미스 여신(로마 신화에서는 다이애나)을 따르는 모양으로 멋지게 조각했다. 고전시대에서 가장 유명한 개는 사실 사냥견이 아니라 폼페이 화산재 속에서 발견된 사납고 사슬에 묶인 경비견이다. 시대가 지나고 중세 태피스트리에는 날씬한 사냥견이 사슴과 유니콘을 쫓는 모습으로 그려진다. 영국의 노르망디 정복을 묘사한 것으로 유명한 〈바이외 태피스트리〉에는 배경 위주이기는 하지만 개가 35마리나 등장한다. 18세기에는 폭스하운드 떼가 맹렬히 짖는 모습을 그리다가, 19세기에는 남성 사이에서 유행한 사냥클럽에서 힘없이 늘어진 사냥감을 턱에 물고 있는 조렵견을 그리는 등 사냥견을 주제로 한 그림이 계속되었다.

**바위에 조각된 그림**
신석기 시대에서 21세기에 이르기까지 개는 예술 주제로 즐겨 사용되었다. 알제리 사하라 사막의 요프 아하킷 타실리 아하가르의 암면조각에는 최초로 개를 묘사한 모습이 있다.

19세기에 개를 일반 가정의 구성원으로 여기기 전까지는 귀족의 애완견이나 리본 장식을 한 어린 자녀의 팔에 안긴 모습 등 부유층이 의뢰한 초상화에만 등장했다.

하지만 개는 호감 여부와 상관없이 삶의 일부로 흔하게 그려졌다. 윌리엄 호가스(1697-1764)

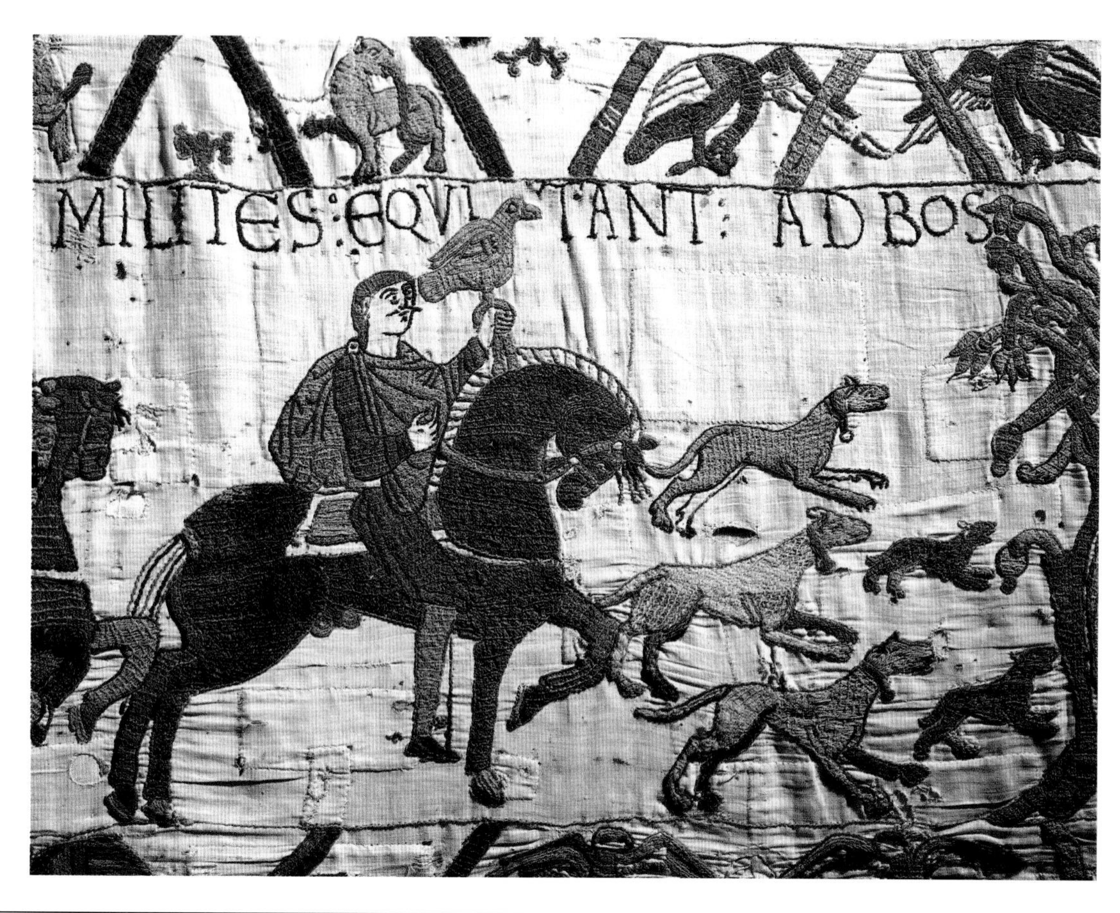

**브로클스비 폭스하운드 일원인 링우드**
영국 화가 조지 스터브스가 1792년에 해부학적으로 정교하게 그린 폭스하운드는 이 품종의 당시 모습을 보여 준다.

**바이외 태피스트리**
11세기 〈바이외 태피스트리〉의 한 장면에서 큰 개 3마리와 작은 개 2마리가 사냥꾼보다 앞서 달리고 있다.

**왕의 애완견**
티치아노 베첼리(일명 티티안)가 그린 카를 5세의 초상화에서는 큰 개를 제압하고 있는 모습으로 은근히 황제의 권력을 나타내고 있다.

는 자신의 자화상에 퍼그 종인 애견 트럼프를 함께 그려서 사회에 무언의 메시지를 전달하려 했다. 호가스의 그림은 개가 음식물 쓰레기를 훔치거나 다리를 들어 소변을 보는 등 당시 누구도 주목하지 않던 개의 행동을 담았다.

18세기 말에는 조지 스터브스 같은 화가들이 개 자체를 주체적인 대상으로 보고 그리기 시작했다. 빅토리아 시대에는 개라는 주제에 더욱 감상적으로 접근했다. 특히 에드윈 랜드시어 경(1802-1873)은 자기를 희생하는 뉴펀들랜드(p.79)나 당돌한 테리어, 우아한 디어 하운드를 통해 빅토리아 시대의 미덕과 감성을 표현했다.

세계 명화 중에는 개가 한두 마리 포함된 그림이 있으며, 인상주의, 후기 인상주의, 초현실주의, 모더니스트 화가들은 다양한 형태로 개를 해석했다. 르누아르는 무릎에 앉은 개, 산책하는 개, 소풍 나온 개 등 셀 수 없이 많은 개를 그렸다. 르누아르의 가장 유명한 작품 중 하나인 〈뱃놀이〉(1880-1881)의 전경에는 다른 인물들과 함께 작은 강아지에 시선이 집중된다. 피에르 보나르(1867-1947)도 개를 즐겨 그렸던 예술가다. 그는 주인 없는 개에서 가족 애완견에 이르기까지 개를 생생한 캐릭터를 가진 존재로 그렸다.

가장 충격적인 그림은 초현실주의 화가 살바도르 달리가 이해 불가능한 상징물로 개를 묘사한 작품이다. 달리의 〈나르시스의 변형〉(1937)에서는 죽음과 부패를 의미하듯 굶주린 사냥견이 시체를 씹어 먹고 있다. 마찬가지로 초현실주의 화가인 호안 미로의 〈달을 향해 짖는 개〉(1926)에서는 만화처럼 그려진 개가 무심하게 떠 있는 달을 향해 으르렁거리고 있다. 개 애호가인 피카소는 애완견 럼프를 간단한 스케치로 그려 닥스훈트(p.170)의 특징을 잘 잡아냈다. 이 작품은 특유의 간결하고 우아한 선으로 피카소의 인기작이 되었다. 루시안 프로이트는 자신이 아끼는 휘핏 종의 엘리와 플루토를 강렬한 인물화에 여러 번 그려 넣었으며, 〈흰 개와 있는 소녀〉(1950-1951)에서는 프로이트의 첫 번째 부인이었던 여성 모델과 함께 불 테리어에 초점을 맞추었다.

## 상업 모델

개의 매력은 상업광고에서도 효과를 발휘했다. 예술가들이 가끔 상징적으로 개를 그렸듯이, 마케팅 매니저들도 개를 통해 의도하는 메시지를 전달했다. 강하고 믿음직한 불독으로 보험을 판매하고, 큼직하고 풍성한 개로 가족용품을 소개하고, 작고 복슬복슬한 품종의 이미지를 활용해 미용제품을 광고했다.

광고 모델로 역사상 가장 유명한 개는 HMV(His Master's Voice, 주인님의 목소리) 음반회사에서 1899년 이래 로고로 사용된 니퍼라는 테리어 종이다. 스카치 위스키 상품의 트레이드마크로 유명한 검은 스카티(p.189)와 웨스트 하이랜드 화이트 테리어(p.188)도 1890년대부터 오랜 인기를 누렸다.

상업용 방송이 시작되면서 개는 페인트 통에서 신용카드에 이르기까지 TV 화면 속에서 거의 모든 제품을 광고했다. 굴러다니는 화장지 사이로 뛰어놀며 화장지 광고 마스코트로 활약했던 래브라도 리트리버(p.260) 강아지만 해도 1970년 이후 수백 마리는 된다. 물론 개 용품 판매에도 빠지지 않았다. 개들은 눈을 반짝이고 깡충깡충 뛰며 수많은 캔과 포장 사료가 얼마나 맛있는지 몸소 보여 주었다. 그 와중에 1960년대와 1970년대에 가장 인기를 끌었던 TV 광고는 '헨리'라는 블러드하운드가 그저 앉아서 슬픈 눈으로 바라보는 장면이 전부였다.

패션 영역에서도 '귀여우면 팔린다'는 점에서 개를 활용했다. 오트쿠튀르를 입은 늘씬한 모델 옆에서 또는 고급 제품 광고에서 개는 액세서리 역할로 그만이다. 오늘날 상류층을 대상으로 한 패션 잡지에는 퍼그(p.268)와 치와와(p.282)가 디자이너가 제작한 비싼 보석을 목에 걸거나, 고가의 핸드백 속에서 머리를 내밀고 있는 사진들이 가득하다.

**주인님의 목소리**
태엽 방식 축음기의 나팔 속을 뚫어지게 바라보고 있는 니퍼는 HMV 음반회사가 1899년부터 로고로 사용한 이래 신기술이 출현한 21세기에도 살아남았다.

# 스포츠와 업무 속의 개

**개와 인간은 서로 가까워진 이후로 함께 일하고 노는 관계를 성공적으로 유지해 왔다. 개는 천성적으로 추격과 달리기를 매우 좋아하는데, 사람들은 일찌감치 이런 개의 성향을 파악하고 사냥과 스포츠에 활용했다. 개의 지능은 인간과 함께 일을 하면서 다양한 지시사항을 수행하기에 충분하거나 그 이상인 것으로 밝혀졌다. 대부분의 개는 자기 능력을 아끼지 않고 보호, 몰이, 안내, 추적뿐 아니라 가정 도우미 역할까지 기꺼이 받아들였다.**

## 재미를 위한 사냥

원시인은 사냥감을 잡아먹기 위해 개를 활용했지만, 문명이 발달함에 따라 개를 동반한 사냥은 일부 사회 부유층만 즐기는 스포츠로 발전했다. 약 3,000년 전 그림에서 볼 수 있듯이 고대 이집트에서는 오늘날 파라오 하운드(p.32)나 이비전 하운드(p.33)를 닮은 큰 귀를 가진 개와 함께 사냥했다. 중국 한나라 시대(기원전 206-서기 228) 고분에서 출토된 마스티프 타입(Mastiff-type)의 사냥견은 사실적이고도 탄탄한 외관을 자랑하며 사냥감을 '포인팅'하는 듯한 자세를 취한다.

중세시대가 되어 유럽에서 왕이나 영지를 소유한 귀족들은 다양한 종류의 사냥견을 이끌고 사냥하는 맛에 흠뻑 빠졌다. 현대의 그레이하운드와 해리어를 닮은 발 빠른 품종은 작은 사냥감을 쫓을 때 풀었지만, 곰과 야생 멧돼지처럼 위험한 사냥감을 잡을 때는 다양하게 무리를 지어 사냥하는 더 큰 사냥견을 내보냈다. 그중 얼라운트와 라이머는 지금은 멸종한 품종으로 마스티프, 블러드하운드와 비슷했다. 한 세기가 더 지나고 무리를 지어 사냥하던 개들은 폭스하운드, 스태그하운드, 오터하운드 등 특징적인 품종으로 발전했다. 살아 있는 동물을 사냥견으로 사냥하는 행위는 오늘날 일부 국가에서 불법이 되었지만, 추격하는 쾌감은 드래그 헌트처럼 개 무리로 인공 향을 쫓아가는 형태로 아직 남아 있다. 총의 발명으로 비둘기, 뇌조 같은 엽조, 물새를 사냥하는 스포츠의 규모가 커지면서 사냥견의 역할은 더 전문적으로 발전했다. 현재까지도 길러 내고 훈련시키는 품종으로는 목표물 쪽으로 총을 겨누게 해 주는 포인터와 세터, 덤불 속 사냥감이 날아가도록 몰아 주는 스패니얼, 추락한 새를 물어 오는 리트리버가 있다.

**추적과 추격**
초기 사냥꾼들은 개의 후각과 사냥감을 쫓는 스피드의 가치를 알아보고 개와 함께 사냥하며 성공률을 높였다. 이는 헤라클레스의 사냥을 묘사한 로마 시대 부조에서도 잘 나타난다.

## 스포츠 속 개

인간의 오락을 위해 개를 활용한 것은 사냥뿐만이 아니었다. 역사상 최초이자 가장 잔인한 오락거리는 투견이었다. 고대 로마 시대 투기장에서는 마스티프 같은 강력한 품종을 풀어서 곰이나 황소, 다른 개와 싸움을 붙였다. 피 튀기는 싸움 후 어느 한쪽이 승리하면 다른 쪽은 죽거나 불구가 되면서 마무리되었다. 더 작은 스케일로 테리어 종과 쥐를 싸움 붙이는 것도 한동안 유행했다.

사람들은 스포츠에서 개를 활용하는 방법을 생각해 냈고, 그중 스피드를 겨루는 게임은 오랫동안 인기를 누렸다. 그레이하운드, 휘핏, 살루키처럼 빠른 시각 하운드끼리 경쟁하며 토끼를 쫓아가는 코싱 경주는 대부분 유럽국가에서 불법으로 바뀌기 전까지 2,000년 동안 인기를 누렸다. 그레이하운드 경주는 수백 년 동안 수많은 관중을 끌어모았는데, 20세기 이후 가장 힘든 경주는 그린란드 독(p.100)과 시베리언 허스키(p.101) 등 튼튼하고 추운 기후에 사는 썰매개들이 팀을 이루어 북쪽 지방의 혹독한 환경에서 수백 킬로미터가 넘는 거리를 경쟁하며 달리는 것이다.

비교적 점잖은 스포츠로는 민첩성과 지능, 복종심을 자랑하며 까다로운 장애물 코스를 통과하

**아프간 하운드 경주**
개 경주는 수백 년 동안 오락거리로 인기를 끌었다. 아프간 하운드 같은 몇몇 품종은 가짜 사냥감을 쫓으며 트랙을 돌아 결승선에 들어온다.

**양 떼 모으기**
목양견은 훈련을 통해 동물 무리를 한데 모으거나 이동시킬 수 있고, 혹독한 기후에서도 작업할 정도로 강인하다. 뉴질랜드 트와이젤에서 보더 콜리가 양 떼를 몰고 있는 모습이다.

는 대회가 있다. 높은 수준을 자랑하는 어질리티 대회도 많지만, 대체로 지역 행사에서 장애물을 뛰어넘거나 파이프를 통과할 수 있는 애완견이라면 누구라도 참가 가능한 수준으로 진행된다.

## 업무 속 개

개가 인간과 함께 일하기 시작한 또 다른 영역은 가축 떼를 지키고 모는 일이었는데 이는 지금도 세계 곳곳에서 이루어진다. 곰과 늑대가 있는 야외에서 가축을 모는 일은 마냥 평화로운 일이 아니었기에 맹렬한 모성 본능을 가진 크고 강력한 품종을 길러 내어 위험한 천적을 상대해야 했다. 지금도 동유럽에서 두꺼운 털을 지닌 목양견을 찾아볼 수 있다.

개가 가진 힘 자체를 활용하기 위해 대형견은 역용동물로도 활용했다. 얼어붙은 극지방에서 썰매나 우유 수레를 끌거나 어린아이를 태우는 데 쓰이기도 했다. 심지어 과거에는 작은 개를 구동력을 얻는 데 이용했다. 주인을 잘못 만난 테리어는 큰 집이나 여관의 무더운 부엌에서 쳇바퀴에 연결된 고기구이용 쇠꼬챙이를 돌리느라 쉬지 않고 뛰어야 했다.

개는 수백 년 동안 전쟁에도 참가했다. 세계대전 당시 개는 출입금지 지역을 드나들며 메시지, 구급상자, 탄약을 운반했다. 폭발물 냄새를 감지하도록 훈련받은 개는 군대에서 중요한 위치를 차지한다. 후각으로 위험을 감지하는 개의 능력은 경찰과 경비원 사이에도 유용하게 사용되었다. 블러드하운드는 으르렁거리며 용의자의 도주 흔적을 뒤쫓고, 특수 훈련을 받은 개는 마약 탐지, 사고현장에서 생존자 수색 등 중요한 역할을 한다.

개는 가정 생활에도 편의성을 더했다. 고대 아스테카인들은 추운 밤에 털이 없는 개들을 뜨거운 물병 대용으로 사용했지만, 현대에서 개들은 때로 더 활동적이어야 한다. 안내견은 시각장애인이 신호등이나 계단 같은 장애물을 안전하게 통과하도록 도와준다. 간질성 발작이 오는 것을 경고하거나 세탁기에 빨래를 넣는 등 다른 장애나 질병이 있는 사람들도 훈련받은 개에게 의존한다. 병원이나 호스피스, 요양원에서는 유순한 기질의 개를 선별해서 환자들에게 편안함을 주고 놀이 상대가 되도록 한다. 이런 서비스는 치료법의 일환으로 널리 인정받고 있다.

CHAPTER 2

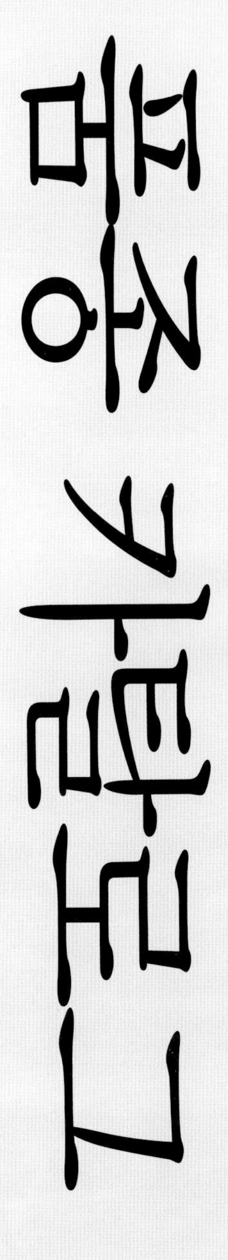

**여러 재주를 가진 원시견**

오늘날 페루비언 헤어리스는 주로 애완견으로 기르지만, 운동 능력이 좋아서 수백 년 동안 사냥과 경비뿐만 아니라 치료와 반려 목적으로 사용되었다.

# 원시견

**현대의 많은 품종은 원하는 특징을 얻기 위해 수백 년간 브리딩한 결과 탄생했다. 이와 다르게 조상 늑대의 원형에 가까운 형태를 간직한 일부 품종을 원시견이라고 한다. 그러나 원시견이라는 그룹이 명확히 정의되어 있지는 않고, 모든 애견단체가 이런 구분법에 동의하는 것도 아니다.**

앞으로 소개하듯이 원시견 그룹에는 다양한 품종이 속해 있지만, 이 중 다수가 늑대와 유사한 특성을 공유한다. 쫑긋한 귀, 쐐기꼴 두상에 뾰족한 주둥이, 짖기보다는 하울링하는 경향 등을 들 수 있다. 털은 일반적으로 짧지만 색상과 밀도는 해당 품종의 원산지에 따라 다양하다. 가축화된 개가 연 2회 발정기가 오는 것과는 달리 대부분의 원시견은 연 1회 발정기가 온다.

전문가들은 인간과 연결고리가 적고 품종 개발 프로그램과 무관한 품종에게 눈을 돌리고 있다. 원시견은 북미 지역의 캐롤라이나 독(p.35), 호주의 딩고와 유전적으로 매우 가까우면서 희귀한 뉴기니 싱잉 독(p.32)처럼 세계 곳곳에서 찾아볼 수 있다. 이들 품종은 기질이나 외모를 바꾸기 위해 브리딩한 것이 아니라 자연스럽게 진화해 왔기 때문에 완전히 가축화되지 않았다고 볼 수 있다. 멸종 위기에 처한 뉴기니 싱잉 독은 일반 가정보다 동물원에서 더 잘 찾아볼 수 있다.

몇몇 품종은 수천 년 동안 다른 품종의 영향을 받지 않았다고 보고 원시견 그룹에 포함되었다. 그중 하나인 바센지(p.30)는 애완견으로 인기를 얻기 전에는 원산지인 아프리카 국가에서 오랫동안 사냥견으로 활용되었다. 또 다른 예로 멕시코와 남미의 헤어리스 독이 있다. 이들은 유전자 돌연변이로 털이 없고, 고대 문명의 예술품과 유물에 그려진 개들과 흡사하다. 최근 유전자 연구에 따르면 파라오 하운드(p.32)와 이비전 하운드(p.33)는 원시견에 속하지 않을 수도 있다. 이 품종은 3,000년 전 그림에 등장한 귀가 큰 이집트 사냥견의 직계자손이라고 흔히 믿어 왔다. 하지만 이들이 수백 년 동안 온전한 혈통으로 남아 있지 않았을 것이라는 유전적 증거가 있다. 사실 파라오 하운드와 이비전 하운드는 고대의 품종을 현대적으로 재창조한 품종이기 때문이다.

# 바센지(Basenji)

| 체고 | 체중 | 수명 | 색상 다양 |
|---|---|---|---|
| 40-43cm (16-17in) | 10-11kg (22-24lb) | 10년 이상 | 가슴, 발, 꼬리 끝 부분에 흰색 무늬 가능 |

**깔끔하고 우아한 바센지는 늘 기민한 상태로 위험을 감지하면 즉시 보호 태세를 취하지만, 짖는 대신 요들 소리를 낸다.**

바센지는 원시견 중에서도 원시적인 특성이 잘 나타나는 중앙아프리카 지역의 사냥견이다. 케이넌 독(p.32)처럼 바센지도 완전히 가축화되지 않은 품종을 지칭하는 센시 독(Schensi dogs)에 속한다. 바센지는 전통적으로 피그미족 사냥꾼들이 활용했다. 평소 정착지 주변에서 무리를 지어 반독립적으로 생활하다가, 큰 사냥감이 있을 때 그물로 몰아넣는 역할을 했다. 이때 사냥감을 겁주기 위해서 목에 방울을 달았다. 서양 탐험가들이 17세기에 처음 바센지를 만났을 때 '콩고 테리어'나 '부시독'이라고 불렀다. 바센지라는 이름은 1930년대에 영국으로 처음 수입된 이후 붙은 것으로, 아프리카 콩고 지방언어로 '덤불에서 튀어나온 작은 동물' 혹은 '마을에 사는 개'를 의미한다.

특이하게도 바센지는 짖지 않는다. 후두(발성기관)의 형태가 다른 개와 다르기 때문에 하울링이나 요들 소리를 낸다. 아프리카 일부 부족에서는 바센지를 '말하는 개'라고도 한다. 또 다른 특징으로, 가축화된 개는 암컷이 1년에 두 번 발정이 오지만 바센지는 늑대처럼 발정이 한 번만 온다.

바센지는 다정하고 놀이를 좋아해서 가정견으로 인기가 많다. 가족에게는 충성스럽지만 다소 독립적인 성향이 있어 복종훈련에 주의가 필요하다. 바센지는 빠르고 민첩하며 영리하다. 시각과 후각을 모두 사용해 사냥감을 탐지하고, 무언가 뒤쫓거나 추격하는 활동을 즐긴다. 또한 충분한 운동이나 두뇌 자극이 없으면 지루함을 느낀다.

## 열정적인 브리더

1930년대에 아프리카에서 영국으로 처음 바센지를 들여온 인물 중 하나로 베로니카 튜더 윌리엄스가 있다. 그녀는 식량이 부족했던 제2차 세계대전 동안에도 브리딩을 쉬지 않았고, 북미로 강아지를 수출해서 바센지가 그곳에 뿌리를 내리는 데 공헌했다. 1959년 윌리엄스는 품종 개량에 쓰일 만한 토종 바센지를 찾아 남수단으로 떠난 후 두 마리를 데리고 온다. 그중 한 마리인 폴리(적색과 흰색)는 독쇼에 출연한 적은 한 번도 없지만 등록된 거의 모든 바센지 혈통에서 관찰되는 등 그 영향력이 아직도 엄청나다.

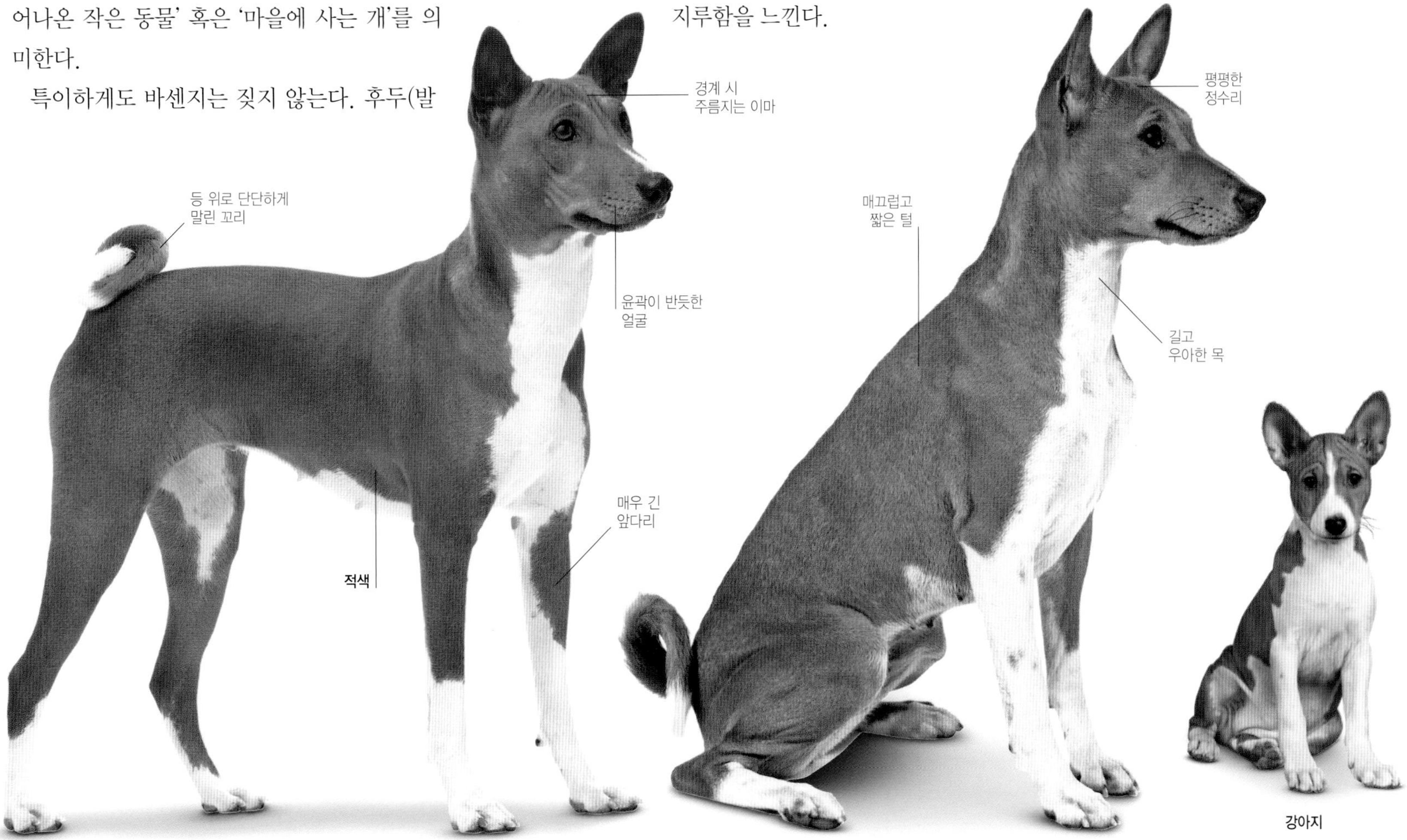

## 뉴기니 싱잉 독(New Guinea Singing Dog)

**체고** 40-45cm (16-18in)
**체중** 8-14kg (18-31lb)
**수명** 15-20년

세이블 검은색에 황갈색
모든 색상에서 흰색 무늬가 일반적

딩고를 닮은 희귀한 품종으로 원산지인 뉴기니에서 야생 혹은 반쯤 가축화된 상태로 생활한다. 뉴기니 싱잉 독은 전 세계 동물원에서 보유하면서 호기심을 자아내지만, 소수의 열정적인 주인들이 애완견으로 사육을 시도하고 있다. 품종명은 하울링할 때 음이 변하는 특별한 능력에서 비롯되었다.

## 케이넌 독(Canaan Dog)

**체고** 50-60cm (20-24in)
**체중** 18-25kg (40-55lb)
**수명** 10년 이상

흰색 검은색
적색에 흰색 반점 검은색에 흰 반점

이스라엘에서 경비견과 목양견으로 기르는 케이넌 독은 보호 본능이 강하지만 공격적으로 변하지는 않는다. 지능이 매우 높고 꾸준한 훈련으로 믿음직스럽고 다정한 반려견이 될 수 있다. 흔한 품종이 아니므로 세계에서 유명하지 않은 편이다.

## 파라오 하운드(Pharaoh Hound)

**체고** 53-63cm (21-25in)
**체중** 20-25kg (44-55lb)
**수명** 10년 이상

현대의 우아한 모습의 파라오 하운드는 몰타에서 만들어졌지만, 고대 이집트의 예술품과 유물에 그려진 귀가 쫑긋한 사냥견과 매우 닮았다. 파라오 하운드는 성격이 차분한 편이지만 운동을 많이 시켜야 한다. 실외에서 묶어 놓지 않으면 작은 동물이나 다른 애완동물을 쫓아 뛰쳐나가기도 한다.

## 카나리안 워렌 하운드(Canarian Warren Hound)

**체고** 53–64cm (21–25in)
**체중** 16–22kg (35–49lb)
**수명** 12–13년

포뎅코 카나리오라고도 하는 사냥견으로 카나리아 제도 전역에서 발견되며, 수천 년을 거슬러 올라가 이집트에 뿌리를 두고 있다. 이 품종은 토끼 사냥에 사용되었고, 스피드와 예리한 시각, 탁월한 후각이 높은 평가를 받고 있다. 예민하고 가만히 있지 못해서 조용한 실내 생활에 적합하지 않다.

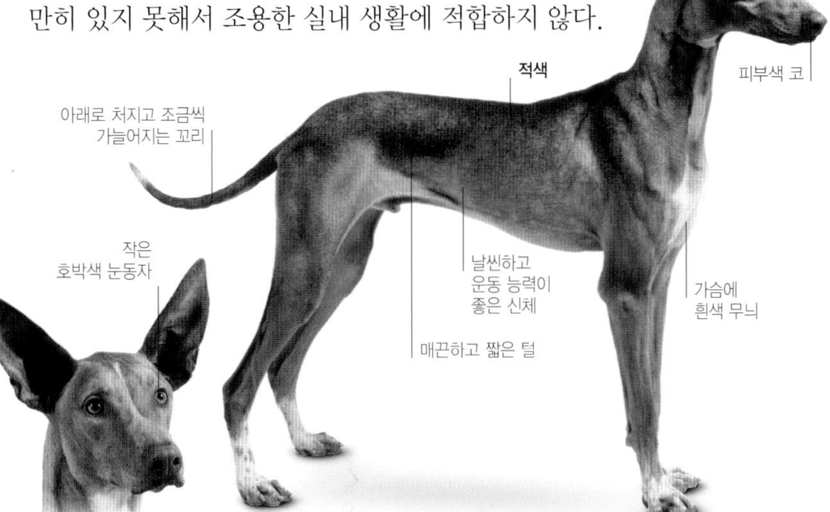


## 치르네코 델레트나(Cirneco dell'Etna)

**체고** 42–52cm (17–20in)
**체중** 8–12kg (18–26lb)
**수명** 12–14년

옅은 황갈색, 밝은 모래색

시칠리아 품종으로 에트나산 인근 지역에서 유래했다고 알려져 있고, 원산지 외 다른 국가에서는 매우 드물다. 유연하고 강한 몸은 달리기와 사냥에 적합하다. 성격은 좋지만 얌전한 실내견을 원하는 주인에게는 적합하지 않다.

좁고 평평한 두개골
강한 아치형 목
짧고 윤기 나는 털
두개골 위쪽에 위치한 쫑긋하고 뻣뻣한 귀
황갈색
가슴에 흰색 무늬

## 이비전 하운드(Ibizan Hound)

**체고** 56–74cm (22–29in)
**체중** 20–23kg (44–51lb)
**수명** 10–12년

사자색

스페인에서 무리를 지어 토끼를 사냥하던 이비전 하운드는 품종 특성상 거친 지형에서 빠른 속도로 잘 달린다. 또한 점프력이 엄청나 울타리도 쉽게 뛰어넘는다. 주인이 안전에 신경 써 준다면 키우기 어렵지 않지만, 혈기왕성해서 끊임없이 운동해야 하는 품종이다. 털은 스무스 타입과 러프 타입의 두 가지가 있으며 양쪽 모두 관리하기는 쉽다.

# 포르투게스 포뎅구(Portuguese Podengo)

| 체고 | 체중 | 수명 | 색 |
|---|---|---|---|
| 페케누: 20-30cm (8-12in)<br>메지우: 40-54cm (16-21in)<br>그란드: 55-70cm (22-28in) | 페케누: 4-5kg (9-11lb)<br>메지우: 16-20kg (35-44lb)<br>그란드: 20-30kg (44-66lb) | 12년 이상 | 흰빛이 도는 황색<br>검은색<br>흰색 털에는 황색, 검은색 또는 황갈색 반점, 페케누는 갈색도 가능 |

**만능 사냥꾼인 포르투게스 포뎅구는 충분한 두뇌 자극과 운동을 시켜 주면 유쾌한 반려견이 될 수 있다.**

포르투갈의 국견(國犬)인 포르투게스 포뎅구는 2,000년 전 페니키아인들이 이베리아반도로 데리고 온 개에서 유래했다고 한다. 현재 크기에 따라 페케누(소형), 메지우(중형), 그란드(대형) 세 가지로 나뉜다. 단모종인 스무스헤어 포뎅구는 습한 날씨에 털이 빨리 마르는 데 유리해서 기후가 눅눅한 북부 지방에서 흔히 보인다. 털이 곱슬한 와이어 타입은 건조한 남쪽 지방에서 흔하다. 모든 타입이 전통적으로 사냥용으로 길러졌으며, 포르투갈에서는 일부 개체가 아직 사냥견으로 활약 중이다. 항해에 능한 포르투갈인은 15세기와 16세기에 아메리카 대륙을 탐험하고 식민지를 만든 최초의 유럽인으로, 캐나다와 브라질을 일부 차지하고 있었다. 이때 탐험하던 배에 탔던 포뎅구는 항해 중 해로운 동물들을 제거하는 귀중한 자산이었다고 한다. 새로운 땅에 도착하면 개들은 원래 사냥 업무로 돌아갔다. 참고로 포뎅구는 포르투갈어로 귀가 쫑긋한 사냥견을 지칭하는 일반적인 단어인 만큼 당시 배를 타고 건너간 개체들은 아마도 오늘날 알려진 품종과는 매우 달랐을 것이다.

현대의 포르투게스 포뎅구, 특히 페케누는 영국과 미국에 수입되어 반려견으로 인기가 치솟고 있다. 반면 포뎅구 그란드는 1970년대 이후 점점 희귀해지고 있으며 개체 수를 늘리기 위해 노력 중이다. 포뎅구는 어떤 타입이든 크기를 가리지 않고 지능과 경계심을 갖춘 훌륭한 경비견이다.

## 목적에 맞는 크기

주로 토끼 사냥을 위해 키웠던 포르투게스 포뎅구는 눈이 좋은 프리미티브 시각 하운드 계열이다. 특히 세 가지 크기로 만들어져 어떤 지형에서도 잘 사냥할 수 있다. 그란드는 포르투갈 중남부 지방의 스피드가 중요한 들판에서 사냥하도록 만들어졌다. 더 작고 방향 전환이 쉬운 메지우는 사냥감이 숨을 곳이 많은 북쪽 지방에서 만들어졌다. 가장 작은 페케누는 빽빽하게 덤불이 자라 큰 개가 효율적으로 움직이기 어려운 장소에서 사냥을 담당한다.

스무스 타입 메지우

스무스 타입 페케누

## 캐롤라이나 독(Carolina Dog)

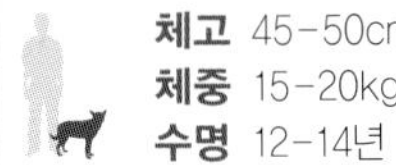

**체고** 45–50cm (18–20in)
**체중** 15–20kg (33–44lb)
**수명** 12–14년

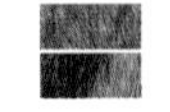

**암적색을 띠는 황갈색**
**검은색에 황갈색**

‘아메리칸 딩고’라고도 하는 캐롤라이나 독의 조상은 아시아에서 북미로 처음 건너온 이주민들이 가축화해서 데려온 것으로 추정된다. 미국 남동부 주에서는 일부 개체가 아직 반야생 상태로 남아 있다. 천성적으로 조심성이 많은 편이라 애완용으로 무난하게 키우려면 어릴 때 사회화해야 한다.

## 페루비안 잉카 오키드(Peruvian Inca Orchid)

**체고** 50–65cm (20–26in)
**체중** 12–23kg (26–51lb)
**수명** 11–12년

**모든 색상 가능**
헤어리스 독의 피부는 늘 핑크색이지만
반점 색은 다양함

페루비안 잉카 오키드의 원래 모습은 역사 속으로 사라졌지만, 잉카 문명에서 중요한 역할을 차지했다고 알려진다. 털이 없는 헤어리스와 털이 있는 코티드 두 가지 타입이 있다. 헤어리스 잉카 오키드는 피부가 약해서 실내 생활에 더 적절하다.

# 페루비안 헤어리스(Peruvian Hairless)

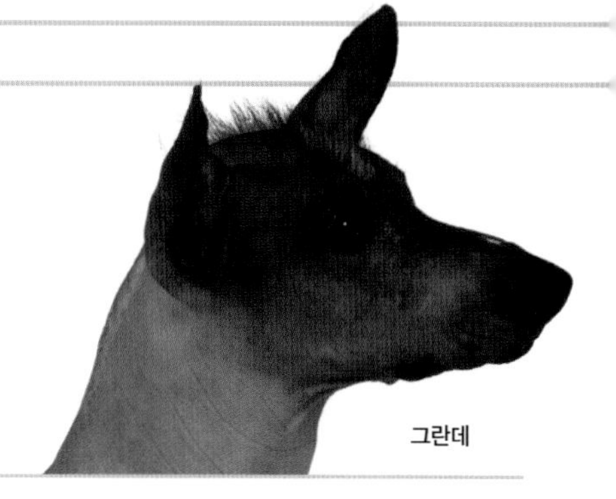


| 체고 | 체중 | 수명 | |
|---|---|---|---|
| 미니어처: 25-40cm (10-16in)<br>메디오: 40-50cm (16-20in)<br>그란데: 50-65cm (20-26in) | 미니어처: 4-8kg (9-18lb)<br>메디오: 8-12kg (18-26lb)<br>그란데: 12-25kg (26-55lb) | 11-12년 | 금색<br>짙은 갈색<br>검은색 |

**유순하고 발랄하며 민첩한 페루비안 헤어리스는 주인에게 다정하지만 타인에게는 낯을 가린다.**

남미에서 페루비안 헤어리스에 관한 기록은 프레 잉카시대로 거슬러 올라간 기원전 750년 무렵 도기에 그려진 그림에서 찾을 수 있다. 활발하고 우아한 이 품종은 잉카 귀족의 가정에서 자주 발견되었다.

안데스산맥 지역 사람들은 이 반려견이 행운과 건강을 가져온다고 믿었으며, 아픔이나 고통을 덜기 위해 이 개를 껴안았다. 개의 분뇨는 약으로 쓰였고, 사람이 죽으면 사후세계 길동무로 페루비안 헤어리스 형상을 한 유물을 함께 묻었다.

16세기 스페인의 페루 정복으로 페루비안 헤어리스는 멸종 직전에 이르렀다. 하지만 일부 개체가 살아남았고 2001년 이후 페루의 국가유산인 보호품종으로 지정되었다. 2008년에는 오바마 대통령이 이 품종을 선물로 받았다.

페루비안 헤어리스는 크기에 따라 미니어처(소형), 메디오(중형), 그란데(대형)로 나뉜다. 털이 없는 이유는 특정 열성 유전자의 발현이 원인이며, 큰어금니와 작은어금니가 일부 결손되는 증상이 함께 발현하는 경우가 많다. 하지만 털이 있는 새끼도 가끔 태어난다. 고운 피부는 추위에 약하고 햇볕에 잘 타므로 주의해야 한다.

## 잃어버린 시간 속으로

페루 해안 지역에 위치했던 프레 잉카시대 나스카 문명은 거대한 지상화, 일명 나스카 라인을 만든 것으로 유명하다. 여러 가지 디자인과 모양이 있으며, 개를 포함해 70가지가 넘는 동물이 있다. 100-800년 사이에 만들어진 길이 51m에 달하는 개 형상은 지면의 자갈을 옮겨서 노출시킨 밝은 색 암석으로 만들어 낸 윤곽선이다. 이들이 묘사한 개는 페루비안 헤어리스의 조상이라고도 볼 수 있다.

# 멕시칸 헤어리스(Mexican Hairless)

**체고**
미니어처: 25-35cm (10-14in)
인터미디어트: 36-45cm (14-18in)
스탠더드: 46-60cm (18-24in)

**체중**
미니어처: 2-7kg (5-15lb)
인터미디어트: 7-14kg (15-31lb)
스탠더드: 11-18kg (24-40lb)

**수명**
10년 이상

**적색**
**적갈색 또는 황동색**(우측)

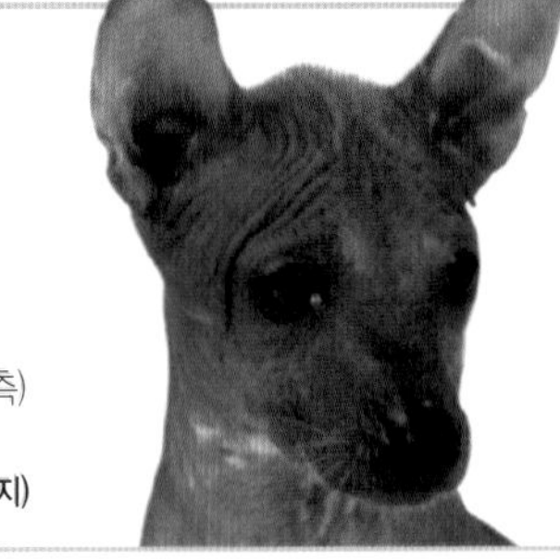

**미니어처(강아지)**

## 차분하면서도 기민한 멕시칸 헤어리스는 관리가 쉬우며, 기분 좋고 유쾌한 반려견이다.

숄로이츠퀸틀 또는 숄로라고도 하는 멕시칸 헤어리스는 3,000년 전 도기의 그림과 작은 조각상에 출현했고, 아스테카, 마야 외 기타 중앙아메리카 민족들의 무덤에서도 발견되었다.

스페인의 멕시코 정복 전, 멕시칸 헤어리스는 귀중한 반려견이자 침대를 데우는 도구였다. 뿐만 아니라 종교적인 의미도 품고 있었다. 침입자뿐 아니라 악령으로부터 집을 보호하는 경비견으로 쓰였고, 영혼을 지하세계로 안내하는 개로 여겨졌다. 일부 개체는 종교 의식에서 제물로 바치거나 먹히기도 했다. 이런 행위들 때문에 멕시칸 헤어리스는 거의 멸종할 뻔했다. 20세기 중반이 지나서야 브리더들이 이 품종의 복원 작업에 돌입했다.

현재 크기에 따라 미니어처(소형), 인터미디어트(중형), 스탠더드(표준형) 세 가지로 나뉜다. 멕시칸 헤어리스는 다른 헤어리스 품종처럼 대중성이 제한적이고 현재도 희귀하다. 하지만 성격이 좋고 다정하며 매우 영리하다. 이 품종은 멋진 반려견이자 경비견이며, 최근에는 만성 고통을 줄이는 서비스 독으로 활용되기 시작하여 과거의 활약상을 재현하고 있다. 또한 털이 없으므로 알레르기가 있는 이들에게 좋은 애완견이다.

### 유용한 반려견

멕시칸 헤어리스는 털이 없어서 몸의 열을 발산하기 때문에 만지면 따뜻한 느낌이 든다. 과거 농부들은 이 개의 특성을 침대를 데우는 용도로 사용했다. 매우 추운 밤을 '개 세 마리가 필요한 밤(three dogs night)'이라고 표현하는 말은 아마 여기서 유래했을 것이다. 또한 개의 몸에서 나는 열에 치유력이 있다고 여겨 아픈 부위를 따뜻하게 압박하기 위해 개를 몸에 밀착시키기도 했다.

**멕시코 개 형상 도기**
**기원전 100-서기 300**

**구조 작업**

저먼 셰퍼드 독인 베얼리가 눈사태 시 수색과 구조를 위한 훈련으로 눈 속을 탐색하고 있다.

# 사역견

**인간이 개를 활용한 작업의 종류를 나열하자면 끝이 없다. 가축화된 이후 수천 년 동안 개는 집을 지키고, 위험에서 사람을 구조하며, 전쟁터로 나가고, 아프고 몸이 불편한 이들을 도왔다. 앞서 설명한 것도 극히 일부에 불과하다. 이 책의 사역견 그룹에서는 전통적으로 목장일과 경비 업무를 위해 만들어진 품종을 소개한다.**

사역견에는 매우 다양한 품종이 속해 있는데, 예외적으로 작고 튼튼한 품종을 제외하면 일반적으로 덩치가 크다. 사역견은 힘과 지구력을 목적으로 키우고 그중 다수가 어떤 기후에서도 실외 생활이 가능하다. 대부분 사람들이 목양견으로 떠올리는 품종으로는 가축 떼를 모으는 콜리가 있지만, 가축 사이에서 일하는 품종은 매우 다양하다. 목장일을 하는 품종은 알려진 것처럼 가축을 몰고 지키는 일을 동시에 한다. 목양견은 가축을 모는 본능을 타고났지만 일하는 방식은 각기 다르다. 예를 들어 보더 콜리(p.51)는 양을 따라가고 노려보면서 원래 위치를 지키도록 하는 반면, 전통적으로 소를 모는 웰시 코기(pp.58, 60)와 오스트레일리언 캐틀 독(p.62) 같은 품종은 발꿈치를 깨물고, 어떤 품종은 짖으면서 가축을 몬다. 산악 지역에서 양을 지키던 마렘마(p.69)나 피레니언 마운틴 독(p.78) 같은 품종은 가축 떼를 늑대와 같은 천적으로부터 지키기 위해 만들어졌다. 이런 개는 일반적으로 매우 크고, 희고 두꺼운 털을 가진 경우가 많아 얼핏 보면 구분되지 않는 양들과 함께 생활하면서 양들을 지킨다.

다른 형태의 경비 업무는 고대 문명의 건물 장식이나 유물에 출현하는 거대한 몰로서스 품종의 자손으로 보이는 마스티프 타입(Mastiff-type)이 담당한다. 불마스티프(p.94), 도그 드 보르도(p.89), 나폴리탄 마스티프(p.92) 등이 이에 해당하며 전 세계 경호팀에서 사유재산 경비에 활용 중이다. 이런 개들은 전형적으로 몸집이 거대하고 강력하며, 작은 귀(아직 법적으로 허용되는 국가에서는 잘라 내는 경우가 많다)와 처진 윗입술이 특징이다.

여러 품종의 사역견은 훌륭한 반려견이기도 하다. 목양견은 매우 영리하고, 일반적으로 훈련이 쉬우며, 습득한 기술을 장애물을 넘는 어질리티 대회 등 여러 경연대회에서 발휘한다. 가축을 지키던 품종은 몸집과 보호 본능 때문에 가정견으로 적절하지 않다. 최근 수십 년 동안 마스티프 타입 품종이 반려견으로 인기가 크게 늘었다. 일부 품종은 투견용으로 만들어졌지만, 가정에서 교육하고 어릴 때 사회화시키면 애완용으로 키울 수 있다.

# 샤를로스 울프독(Saarloos Wolfdog)

**체고** 60-75cm (24-30in)
**체중** 35-40kg (77-88lb)
**수명** 10년 이상

크림색
갈색

샤를로스 울프독은 조상인 늑대에 가까운 자연적 특성을 지닌 셰퍼드형 타입의 품종을 만들기 위해 교잡육종을 한 결과 탄생했다. 원래는 안내견에 적합하다고 보았지만, 애완용이나 반려 목적에 더 어울린다고 밝혀졌다. 핸들링은 까다로운 편이다.

# 체코슬로바키언 울프독
(Czechoslovakian Wolfdog)

**체고** 60-65cm (24-26in)
**체중** 20-26kg (44-57lb)
**수명** 12-16년

체코슬로바키언 울프독은 저먼 셰퍼드와 늑대의 교배로 탄생했는데, 야생에 살던 조상의 특징을 많이 물려받았다. 이 품종은 빠르고 용감하며, 회복이 빠르고 낯선 사람을 경계한다. 또한 충직하고, 익숙한 핸들러에게 잘 복종해서 훌륭한 가정견이 될 수 있다.

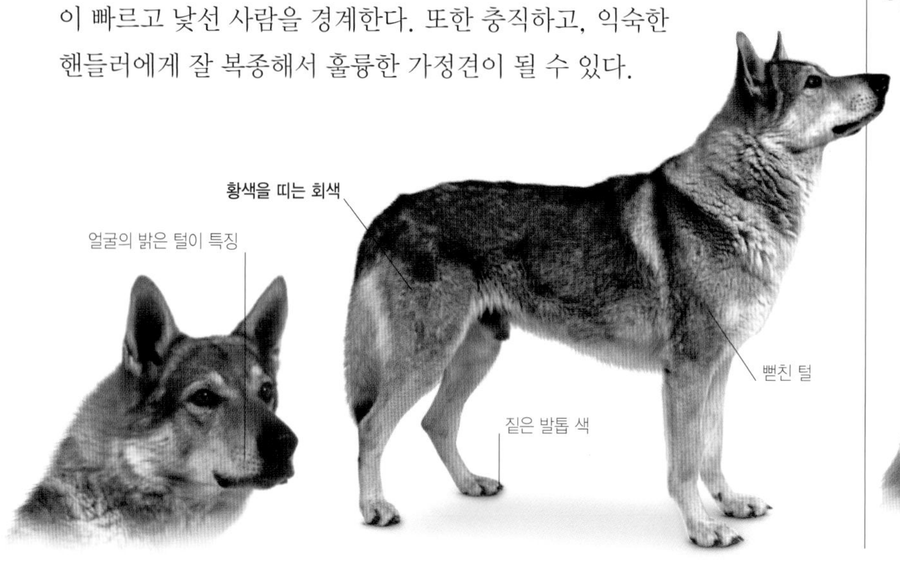


# 킹 셰퍼드(King Shepherd)

**체고** 64-74cm (25-29in)
**체중** 41-66kg (90-145lb)
**수명** 10-11년

검은색
세이블에 검은색 무늬

검은색 개체에 적색, 금색, 크림색 무늬 가능

킹 셰퍼드는 미국에서 만들어져 1990년대 말 이후 알려졌다. 크고 멋진 품종으로 브리딩 역사에서 저먼 셰퍼드 독(p.42)의 영향을 받았다. 목양견이나 경비견으로 활동하지만, 얌전하고 참을성 있는 성격으로 가족과도 잘 어울린다. 털은 스무스 타입과 러프 타입이 있다.

## 라케누아(Laekenois)

**체고** 56-66cm (22-26in)
**체중** 25-29kg (55-65lb)
**수명** 10년 이상

벨지언 셰퍼드 독의 4가지 타입 중 털이 거친 품종으로 1880년대에 처음 만들어졌다. 라케누아는 앤트워프 인근 샤토 드 라켄에서 유래한 이름으로, 과거 벨기에 왕가에서 매우 총애했다. 희귀하지만 멋진 품종으로 더 널리 알려질 만하다.

## 그로넨달(Gronendael)

**체고** 56-66cm (22-26in)
**체중** 23-34kg (51-75lb)
**수명** 10년 이상

1893년부터 브뤼셀 인근 그로넨달 켄넬에서 선택적으로 교배하기 시작한 검은색 벨지언 셰퍼드 독인 그로넨달은 현재 엄청난 인기를 누리고 있다. 다른 목양견처럼 그로넨달은 어릴 때 사회화시켜야 하고, 엄격하면서도 상냥하게 훈련시킬 수 있는 주인을 만나야 한다.

## 말리누아(Malinois)

**체고** 56-66cm (22-26in)
**체중** 27-29kg (60-65lb)
**수명** 10년 이상

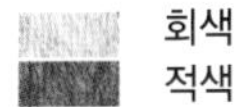
**회색**
**적색**
모든 색상에 검은색 오버레이

말린(메헬렌) 지방에서 유래했다고 추정되는 말리누아는 벨지언 셰퍼드 독의 단모종으로, 다른 벨지언 셰퍼드처럼 타고난 경비견이다. 행동을 예측하기 어렵지만 책임감을 가지고 훈련시키면 사회화가 잘 이루어지고 충성스러운 반려견이 된다.

## 테뷰런(Tervueren)

**체고** 56-66cm (22-26in)
**체중** 18-29kg (40-65lb)
**수명** 10년 이상

**회색**
모든 색상에 검은색 오버레이

테뷰런은 벨지언 셰퍼드 독 중 세계에서 가장 인기가 많다. 지역 브리더가 이 품종을 만들어 낸 마을에서 이름을 따왔다. 강한 보호 본능을 지녀 경비나 경찰 업무에 주로 활용된다. 끝자락이 검은 아름다운 털은 주기적으로 빠지므로 충분한 손질이 필요하다.

# 저먼 셰퍼드 독(German Shepherd Dog)

| 체고 | 체중 | 수명 | |
|---|---|---|---|
| 58-63cm (23-25in) | 22-40kg (49-88lb) | 10년 이상 | 세이블 검은색 |

**세계에서 가장 유명한 품종 중 하나로 영리하고 다재다능한 목양견이자 충직한 반려견이다.**

저먼 셰퍼드 독은 독일 기병대장 막스 폰 스테파니츠가 가축을 지키고 몰던 개에서 만들어 냈다. 첫 모델은 1880년대에 등장했고, 1899년 독일에서 도이치 셰퍼훈트(Deutsche Schäferhund, 영어로 저먼 셰퍼드 독)라는 품종으로 등록되었다. 최초로 등록된 개체는 호란트 폰 그라프라트라는 이름의 수컷이다.

제1차 세계대전 동안 영국에서 이 품종의 이름은 알자시안으로 바뀌었다. 새로 이름을 붙인 이유는 알자스-로렌 지방에서 복무했던 병사가 이 개를 처음 데려왔는데, 독일과 관련된 이름을 피하기 위해서였다. 마찬가지 이유로 미국에서는 셰퍼드 독으로 바뀌었다. 영국과 미국 군인 모두 이 품종의 능력에 깊은 인상을 받았다.

저먼 셰퍼드 독은 뛰어난 적응력과 복종심으로 경비견과 추적견으로 능력을 입증했고, 전 세계 경찰과 군부대에서 활용 중이다. 또한 수색견과 구조견, 맹인안내견으로도 활약하고 있다.

현대의 품종은 긴 털과 짧은 털이 다양하게 존재한다. 저먼 셰퍼드 독은 사납다고 알려져 있지만, 좋은 브리더가 배출한 개체는 대체로 성격이 침착하다. 이 품종은 지배 성향이 과도하게 나타나지 않도록 차분하면서도 권위적인 핸들링이 필요하지만 씩씩하게 잘 받아들인다. 또한 충분한 운동이 필요하며 집을 잘 지킨다. 책임감 있게 다룬다면 충성스러운 가족 구성원이 될 것이다.

### 슈퍼스타가 된 개

제1차 세계대전 중 미국 해병대 소속 리 던컨은 전쟁터에서 구조한 '린 틴 틴'을 캘리포니아로 데리고 와 영화 촬영 훈련을 시켰다. 린 틴 틴(사진)은 28편에 달하는 할리우드 영화에 출연했고, 1929년 오스카 남우주연상 부문 최다 득표를 차지하며 유명해졌다. 하지만 아카데미 위원회는 시상식의 권위가 떨어질 것을 우려한 나머지 차점자에게 상을 수여했다. 린 틴 틴은 1932년에 죽었지만 그의 자손들도 던컨의 훈련을 받고 여러 영화에 출연했다.

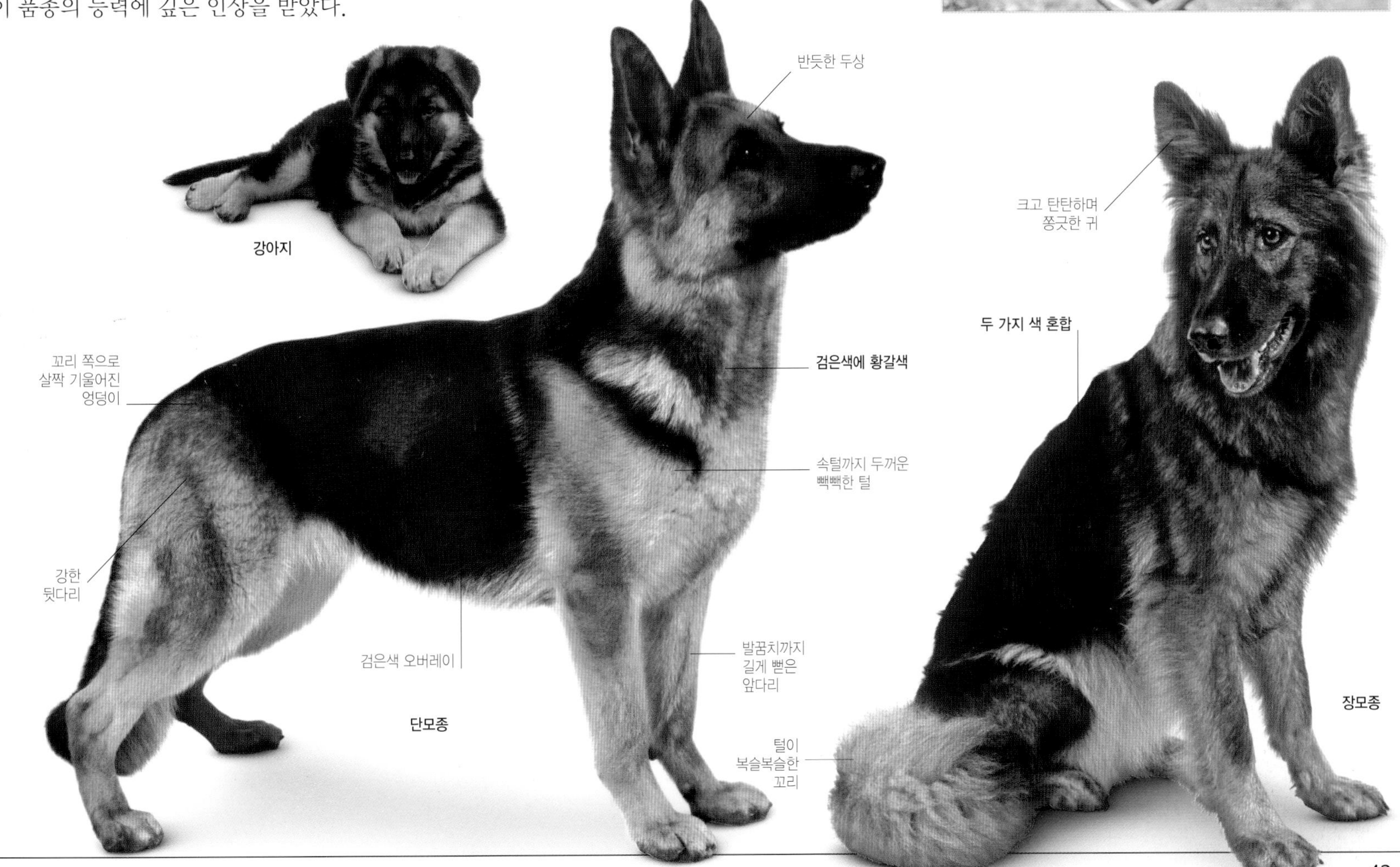

## 피카르디 쉽독(Picardy Sheepdog)

**체고** 55-65cm (22-26in)
**체중** 23-32kg (51-71lb)
**수명** 13-14년

진회색
얼룩이 섞인 황갈색
흰색 무늬 가능

강인한 인상의 피카르디 쉽독의 역사는 명확하지 않지만, 100년 전 프랑스 북동부 피카르디 지방에서 유래했을 가능성이 있다. 차분하고 끈기 있게 훈련하면 아이들의 좋은 친구이자 놀이 상대가 될 것이다. 삐죽삐죽한 털은 비교적 손질하기 쉽다.

## 더치 셰퍼드 독(Dutch Shepherd Dog)

**체고** 55-62cm (22-24in)
**체중** 30-31kg (66-68lb)
**수명** 12-14년

얼룩이 섞인 황갈색

네덜란드 국외뿐 아니라 자국에서도 흔하지 않은 더치 셰퍼드 독은 지난 200년 동안 농장용 만능 품종 이상의 역할을 해냈다. 이 품종은 경비와 경찰 업무, 안내견, 복종훈련 대회에 활용되었다. 가족에게 믿음직스럽고 다정하며 낯선 사람을 본능적으로 경계한다. 털의 형태에 따라 장모종, 단모종, 러프 타입으로 나뉜다.

## 무디(Mudi)

**체고** 38–47cm (15–19in)
**체중** 8–13kg (18–29lb)
**수명** 13–14년

황갈색 | 갈색
청색 얼룩무늬를 띤 잿빛
흰색 무늬 가능

희귀한 품종인 무디는 헝가리에서 양이나 소를 몰던 사역견으로 강인하고 대담하며 에너지가 넘친다. 붙임성 있고 적응력이 좋아 가정견으로 잘 어울린다. 체력과 건강 유지를 위해서 충분한 운동이 필요하며 교감훈련에 잘 반응한다.

## 슈나우저(Schnauzer)

**체고** 45–50cm (18–20in)
**체중** 14–20kg (31–44lb)
**수명** 10년 이상

검은색

중형견인 슈나우저는 1880년대 독일 남부지방에서 만들어졌다. 기민함과 민첩성을 갖추고 다재다능한 슈나우저는 주로 농장견으로 사용되었고 쥐 사냥에서도 진가를 인정받았다. 얌전하고 다정하지만 놀 때는 활발해서 오늘날 가정견으로 인기가 높다.

# 자이언트 슈나우저(Giant Schnauzer)

| 체고 | 체중 | 수명 | |
|---|---|---|---|
| 60-70cm (24-28in) | 29-41kg (65-90lb) | 10년 이상 | 희끗희끗한 색 |

**성격이 차분하고 영리하며 훈련이 쉬운 자이언트 슈나우저는 힘이 세고 보호 본능이 강하다.**

힘이 세고 몸이 튼튼한 자이언트 슈나우저는 독일 남부지방에서 스탠더드 슈나우저(p.45)를 그레이드 데인(p.96)이나 부비에 데 플랑드르(p.47)로 추정되는 해당 지역의 더 큰 품종과 교배해서 만들어졌다.

자이언트 슈나우저는 힘센 골격과 방한성 털을 가지고 있어 농장일과 소몰이에 최초로 사용했다. 20세기 초에 들어서 이 품종의 지능과 훈련성, 눈에 띄는 외모는 경비견에 이상적인 자질로 알려졌다. 자이언트 슈나우저는 1930년대에 미국, 1960년대에 영국으로 처음 들어와 1970년대에는 미국과 유럽에서 더 큰 인기를 누렸다.

자이언트 슈나우저는 현재 유럽의 경호 부대가 경찰견, 추적, 탐색, 구조 업무에 널리 활용하고 있다. 성격이 차분해서 가정용 경비견이나 애완견으로도 적합하다. 충분한 운동만 보장해 준다면 큰 덩치에 비해 관리는 쉬운 편이다. 자이언트 슈나우저는 학습이 빨라 복종훈련 대회와 어질리티 대회에서 탁월한 성과를 보인다. 빽빽하고 뻣뻣한 이중모는 매일 손질하고 몇 달에 한 번씩 미용을 하는 등 주기적인 관리가 필요하다.

## 무사히 임무 완료

1970년대 말 동독에서 발행된 이 우표의 모델은 귀를 다듬고 꼬리를 짧게 자른 전형적인 사역견 자이언트 슈나우저다. 제1차 세계대전 무렵까지 자이언트 슈나우저는 덩치가 크고 우렁차게 짖는 소리로 사고 방지 효과가 탁월해서 경찰견에 잘 어울렸다. 독일에서 큰 인기를 누렸지만 다른 국가에서는 비슷한 용도로 저먼 셰퍼드를 더 선호했다.

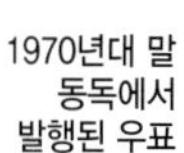

1970년대 말 동독에서 발행된 우표

# 부비에 데 플랑드르(Bouvier des Flandres)

| 체고 | 체중 | 수명 | 다양한 색상 |
|---|---|---|---|
| 59–68cm (23–27in) | 27–40kg (60–88lb) | 10년 이상 | 가슴 부위에 작은 흰색 별 모양 가능 |

## 대통령의 개

백악관에 살았던 대형견 중 하나가 럭키다. 럭키는 영부인 낸시 레이건이 1984년 12월 강아지 시절부터 키운 부비에 데 플랑드르인데, 자라면서 점점 더 힘이 세지고 활기가 넘쳤다. 럭키가 대통령을 끌고 다니는 모습(사진)이 언론 카메라에 잡히자 리더십에 좋지 않은 인상을 주었다. 그래서 1985년 11월 캘리포니아에 있는 레이건 대통령의 농장으로 보내졌고, 대신 다루기 쉬운 소형견 잉글리시 토이 스패니얼인 렉스가 그 자리를 차지했다.

**충성스럽고 두려움이 없으며 독립적인 부비에 데 플랑드르는 도시나 전원을 가리지 않고 잘 지내지만 충분한 공간과 경험 많은 주인이 필요하다.**

부비에 종은 벨기에와 프랑스 북부 지역에서 소떼를 몰고 지키는 용도로 만들어졌다. 부비에(bouvier)는 프랑스어로 소몰이라는 뜻이다. 여러 부비에 품종 중에서도 부비에 데 플랑드르를 가장 흔하게 볼 수 있다.

제1차 세계대전 동안 이 품종은 의무병을 부상자에게 데려다주는 안내견나 구급견으로 활용되었지만, 전쟁으로 많은 개체가 사라져 품종 자체가 사라질 위기에 처했다. 생존한 개체 중 닉이라는 수컷이 현대의 부비에 데 플랑드르의 아버지가 되었다. 닉은 1920년 벨기에 앤트워프 올림픽에서 부비에 종의 이상적인 형태로 소개되었고, 1920년대에 브리더들은 부비에 데 플랑드르를 부활시키기 위해 힘썼다.

오늘날 이 품종은 경비견과 가정견으로 좋은 평가를 받고 있다. 차분하고 훈련이 쉬우면서도 강한 보호 본능을 가지고 있어 군대나 경찰 업무, 탐색견, 구조견으로 여전히 활용되고 있다. 부비에 데 플랑드르는 원래 실외견이었으나 매일 충분히 운동을 시켜 주면 도시 생활에도 잘 적응한다. 털은 매주 여러 번 빗겨 주고 세 달에 한 번씩 깎아 줘야 한다.

## 부비에 데 아르덴(Bouvier des Ardennes)

**체고** 52–62cm (20–24in)
**체중** 22–35kg (49–77lb)
**수명** 10년 이상

다양한 색상

강인하고 활동적이며 소를 몰던 부비에 데 아르덴은 벨기에의 아르덴에서 유래했다. 지금은 사역견이나 가정견으로 드물게 보인다. 소수 열정적인 주인들이 유지하고 있는 이 품종은 뛰어난 적응성과 열정적인 성격으로 향후 대중성이 높아질 가능성이 엿보인다.

## 크로아티안 셰퍼드 독(Croatian Shepherd Dog)

**체고** 40–50cm (16–20in)
**체중** 13–20kg (29–44lb)
**수명** 13–14년

비교적 몸집이 작고 가벼운 크로아티안 셰퍼드 독은 목양견으로 활동적이고 기민하다. 타고난 몰이와 보호 본능으로 작업 훈련이 쉽지만 가정견으로 다루기 힘들 수도 있다. 특이하게 곱슬거리는 털이 이 품종의 특징이다.

## 사르플라니낙(Sarplaninac)

**체고** 58cm 이상 (23in 이상)
**체중** 30–45kg (66–99lb)
**수명** 11–13년

모든 단색 가능

과거 일리리안 셰퍼드 독으로 알려졌던 이 멋진 품종은 현재 원산지인 마케도니아의 사르플라니나산맥에서 딴 이름인 사르플라니낙으로 불린다. 사르플라니낙은 실외견이자 사역견이다. 주인을 지키려는 성향과 함께 사회성을 지녔지만, 덩치와 활동량을 고려할 때 가정견으로는 힘들다.

## 카르스트 셰퍼드 독(Karst Shepherd Dog)

**체고** 54-63cm (21-25in)
**체중** 25-42kg (55-93lb)
**수명** 11-12년

과거 일리리안 셰퍼드 독으로 알려졌던 이 품종은 1960년대에 이름만 같은 다른 품종에서 분리되어 카르스트 셰퍼드 독 혹은 이스트리안 셰퍼드 독으로 새롭게 명명되었다. 슬로베니아의 카르스트 산악 지역에서 가축을 몰고 지키던 이 훌륭한 사역견은 세심한 훈련과 빠른 사회화로 좋은 반려견이 될 수 있다.

## 에스트렐라 마운틴 독(Estrela Mountain Dog)

**체고** 62-72cm (24-28in)
**체중** 35-60kg (77-132lb)
**수명** 10년 이상

**늑대회색 또는 얼룩이 섞인 검은색**
몸 아래와 다리 끝에 흰색 무늬 가능

두려움 없고 강인한 에스트렐라 마운틴 독은 포르투갈 에스트렐라산맥에서 늑대와 같은 천적으로부터 가축 무리를 보호하기 위해 만들어졌다. 이 품종은 충성스럽고 붙임성이 좋지만 자기 의지가 강한 반려견으로 지속적이고 끈기 있는 복종훈련이 필요하다. 장모종과 단모종 두 가지가 있다.

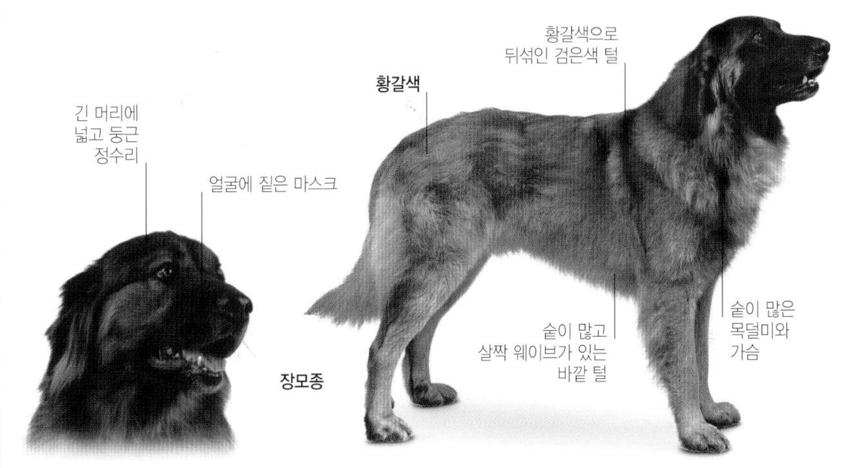


## 포르투기즈 워치독(Portuguese Watchdog)

**체고** 64-74cm (25-29in)
**체중** 35-60kg (77-132lb)
**수명** 12년

**늑대회색** **검은색**
털에 얼룩무늬 가능. 흰색 털에 유색 반점

강력한 마스티프의 후손인 포르투기즈 워치독은 아시아에서 유럽으로 건너온 유목민들이 키우던 개에서 유래했을 가능성이 있다. 포르투갈 알렌테주 지방에서 이름을 딴 '라페이루 디 알란테주'라고도 한다. 전통적으로 경비견으로 쓰였고 늘 예민하며 낯선 사람을 경계한다. 공격적이지는 않지만 크기와 힘이 상당해서 초보 핸들러에게는 적합하지 않다.

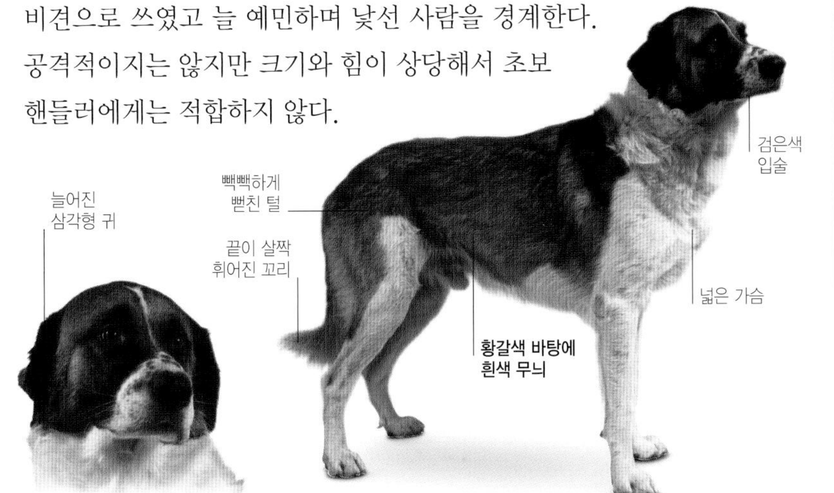


## 카스트루 라보레이루 독 (Castro Laboreiro Dog)

**체고** 55-64cm (21-25in)
**체중** 25-40kg (55-88lb)
**수명** 12-13년

**늑대회색**
가슴에 작은 흰색 반점 가능

포르투기즈 캐틀 독이라고도 하는 카스트루 라보레이루 독은 품종명이 유래한 포르투갈 북부지역 산속 마을에서 가축을 지키기 위해 만들어졌다. 경계 시 독특하게 짖는 소리는 낮은 소리에서 시작해 높은 소리로 끝난다. 가족과 강한 유대감을 형성하지만 외부인에게는 적대적일 수 있다.

# 포르투기즈 쉽독(Portuguese Sheepdog)

**체고** 42–55cm (17–22in)
**체중** 17–27kg (37–60lb)
**수명** 12–13년

**다양한 색상**
가슴에 약간의 흰색 털 가능

텁수룩하고 민첩한 포르투기즈 쉽독은 원산지에서 '원숭이 개'라고도 알려져 있다. 포르투기즈 쉽독은 실외 활동과 가축몰이를 매우 좋아한다. 성격이 활발하고 지능이 매우 높아 포르투갈에서 반려견과 스포츠견으로도 인기가 높지만 국외에서는 인지도가 낮은 편이다.

# 카탈란 쉽독(Catalan Sheepdog)

**체고** 45–55cm (18–22in)
**체중** 20–27kg (44–60lb)
**수명** 12–14년

**회색**
**세이블**
흰색 무늬 가능
**검은색에 황갈색**

스페인 카탈로니아에서 가축을 몰고 지키는 카탈란 쉽독은 강인한 품종으로 어떤 환경에서도 작업이 가능한 매력적인 방한용 털을 가지고 있다. 카탈란 쉽독은 매우 영리하고 성격이 조용하며 주인에게 잘 반응해 비교적 훈련이 쉬운 탁월한 가정견이다.

# 피레니언 쉽독(Pyrenean Sheepdog)

**체고** 38–48cm (15–19in)
**체중** 7–14kg (15–31lb)
**수명** 12–13년

**회색**
**청색**
**검은색**
**검은색에 흰색**
청색 털은 얼룩무늬, 녹회색 색조 가능
섞이지 않은 색이 선호됨

몸집이 작고 가벼운 피레니언 쉽독은 목양견으로 프랑스 피레네 지방에서 오랫동안 양을 모는 데 쓰였다. 20세기에 들어설 때까지만 해도 이 품종은 원산지인 산악지방 외부로 거의 알려지지 않았다. 유연하고 에너지가 넘치며 놀이 활동을 즐기는 피레니언 쉽독은 어질리티 대회 같은 애견 스포츠에도 잘 어울리며, 활동적인 가족에게는 탁월한 애완견이다. 이 품종은 장모종, 중간 길이 두 가지로 나누어지며, 얼굴 털은 러프 혹은 스무스 타입이 있다.

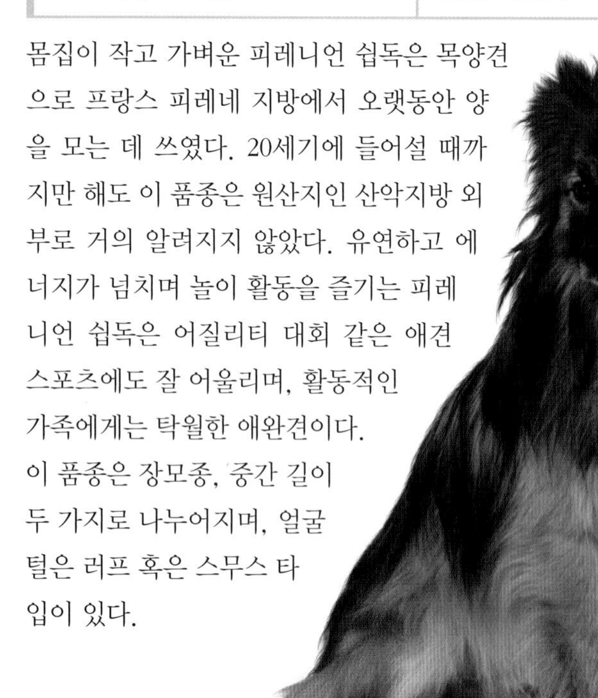


중간 길이, 얼굴 털은 스무스 타입

중간 길이, 얼굴 털은 러프 타입

장모종, 얼굴 털은 러프 타입

# 보더 콜리(Border Collie)

| 체고 | 체중 | 수명 | |
|---|---|---|---|
| 50-53cm (20-21in) | 12-20kg (26-44lb) | 10년 이상 | 다양한 색상 |

**무척 영리한 보더 콜리는 경험 많은 주인이 충분히 운동시키고 두뇌 자극을 줘야 한다.**

목양견의 진수를 보여 주는 보더 콜리는 원산지인 영국과 스코틀랜드 국경 지방을 넘어 명성이 높다. 대부분의 보더 콜리는 1894년 노섬브리아(영국 북부지역)에서 태어난 '올드 헴프'라는 개의 자손이다. 올드 헴프가 어찌나 유명했던지 많은 농부들이 이 개가 수정시킨 새끼를 받아 가려고 했다. 덕분에 자손이 200마리가 넘는다.

보더 콜리는 양을 몰 때 양치기의 목소리, 휘파람, 수신호에 즉각 반응해서 재빠르고 조용하게 일을 한다. 양 떼를 한데 모으고, 목초지에서 다른 목초지나 울타리로 이동시키며, 필요하면 무리에서 한 개체만 분리해 낸다. 보더 콜리는 기본적으로 사역견이었기 때문에 1976년까지 영국 켄넬 클럽에서 품종으로 인정하지 않았다.

보더 콜리는 에너지가 넘치지만 쉽게 지루해하며 독립적인 성향이 있어, 애완견으로 키울 때 매일 충분한 운동과 두뇌 자극이 필요하다. 보더 콜리는 어질리티 대회에도 많이 참가한다. 1978년 영국에서 시작된 어질리티 대회는 주인의 신호에 따라 장애물이 있는 코스를 통과하는 대회다. 보더 콜리는 양을 몰 때처럼 주인의 명령에 재빨리 움직여 대회에서 탁월한 성적을 낸다. 털 길이는 장모종과 단모종 두 가지가 있다.

## 영원한 충성심

몬태나주 벤튼 마을은 양치기였던 주인을 6년 동안 기다린 개로 잘 알려져 있다. 양치기는 1936년에 마을 병원에 치료차 왔다가 병으로 죽었다. 그의 개는 기차에 주인의 관이 실리는 장면을 본 이후부터 기차가 역에 도착할 때마다 주인을 찾았다. 역무원은 그 개를 '올드 셉'이라고 이름 붙였다. 올드 셉의 헌신은 유명해졌고, 1942년 기차 사고로 목숨을 잃었다. 올드 셉은 역이 내려다 보이는 언덕에 묻혔고, 역에는 그를 기리는 동상이 세워졌다.

몬태나주 벤튼 요새에 있는 올드 셉의 동상

# 러프 콜리(Rough Collie)

| 체고 | 체중 | 수명 | 색상 |
|---|---|---|---|
| 51–61cm (20–24in) | 23–34kg (51–75lb) | 12–14년 | 금색 / 청색 얼룩무늬 / 금색에 흰색 / 검은색에 황갈색과 흰색 |

## 당당하고 아름다우며 다정한 러프 콜리는 충성스러운 가족 반려견이지만 충분히 운동시켜야 한다.

털이 풍성한 러프 콜리는 다소 세련미가 떨어졌던 스코틀랜드 목양견의 자손이지만 오늘날 애완견이나 쇼 독으로 더욱 진가를 발휘한다. 러프 콜리의 역사는 로마시대 브리튼까지 거슬러 올라가지만, 19세기 전까지 이런 형태의 품종은 그다지 관심을 받지 못했다. 콜리가 유럽과 미국에서 유명해지는 데는 빅토리아 여왕의 역할이 컸다. 나중에 영화화된 〈래시〉로 러프 콜리는 역대 최고로 사랑받은 품종으로 그 위상을 굳혔다.

콜리는 성격이 유순하고 다른 개나 애완동물과도 잘 어울린다. 훈련 효과도 탁월하고 성격이 다정해서 주인을 잘 지키는 반려견이 될 수 있다. 하지만 사람을 좋아해서 집에 오는 이들을 쉽게 반기므로 경비견으로는 좋지 않다. 운동을 좋아하고 놀이를 매우 즐기며 어질리티 대회에도 열정적으로 임할 것이다.

가축을 모는 본능은 러프 콜리에게 여전히 남아 있다. 움직임을 민감하게 감지하는 습성 때문에 친구나 가족을 동그랗게 몰아넣는 행동을 할 수 있다. 어릴 때 사회화시키면 타인에게 폐를 끼칠 수 있는 이런 특성을 예방할 수 있다.

러프 콜리는 본래 사역견이었던 다른 품종과 마찬가지로 운동이 부족하거나 장기간 홀로 내버려 두면 가만히 있지 못하고 심하게 짖을 수도 있다. 하지만 매일 힘든 달리기를 시킨다면 별로 크지 않은 집이나 아파트에서도 키울 수 있다. 러프 콜리의 털은 길고 숱이 많아 꼬임과 엉킴을 방지하려면 정기적인 손질이 필요하다. 1년에 두 번 두꺼운 속털이 빠질 때면 더 자주 손질해 주어야 한다.

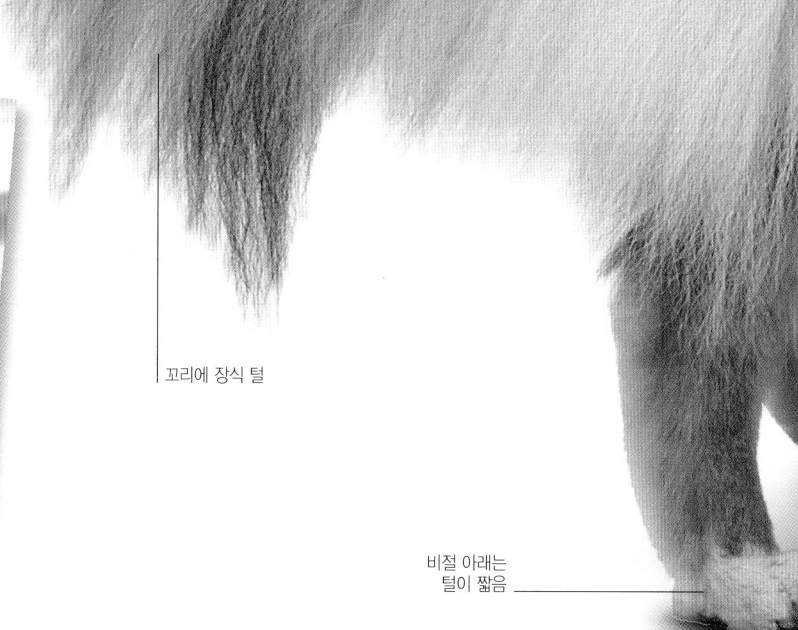


### 충성스러운 친구 래시

영화 〈래시〉는 《래시, 집으로 돌아오다》라는 소설을 원작으로 한 래시의 첫 번째 영화다. 가난한 주인이 래시를 부유한 귀족에게 팔지만, 바로 탈출해서 길고 위험한 여정 끝에 집으로 돌아오는 이야기다. 영화와 TV 시리즈로 후속편이 제작되어 인간 친구들을 향한 래시의 용기와 충성심을 보여 주었다. 래시는 여자 이름이지만 연기를 한 모든 개는 수컷이었다. 처음 래시를 연기한 '팔'이라는 개는 영화 촬영을 위해 훈련받기 전까지는 행실이 좋지 않았다고 한다.

1994년판 영화 포스터

강아지
반쯤 쫑긋한 귀
똑똑함과 호기심이
묻어나는
짙은 눈동자
털이 짧은 얼굴 부위
풍부한 흰색
갈기털
길고 매우 빽빽하며
질감이 거친 털
길고 홀쭉하며
점점 가늘어지는 두상
세이블에 흰색

# 스무스 콜리(Smooth Collie)

**체고**
51-61cm
(20-24in)

**체중**
18-30kg
(40-66lb)

**수명**
10년 이상

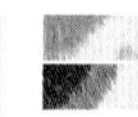

세이블에 흰색
검은색에 황갈색과 흰색

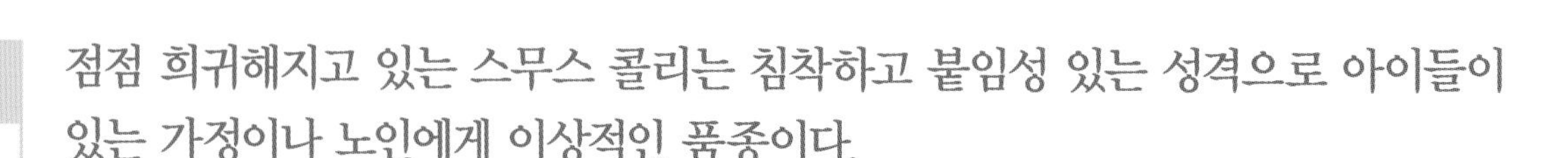

**점점 희귀해지고 있는 스무스 콜리는 침착하고 붙임성 있는 성격으로 아이들이 있는 가정이나 노인에게 이상적인 품종이다.**

단일 품종으로 스스로의 가치를 인정받은 스무스 콜리는 러프 콜리(p.52)와 많은 신체적 특징을 공유한다. 두 품종 모두 스코틀랜드 농장에서 가축을 몰던 개의 자손이다. 초창기 러프 콜리는 현재보다 작고 주둥이도 짧았지만, 19세기 브리더들이 독쇼를 위해 더 크고 우아하게 만들었다. 이 품종은 러프 콜리와 마찬가지로 빅토리아 여왕이 러프 콜리와 스무스 콜리를 모두 키우면서 유명해졌다.

오늘날 스무스 콜리는 털이 긴 러프 콜리보다 인지도가 낮다. 영국 켄넬 클럽에는 한 해 등록되는 신규 개체가 300마리 이하임을 의미하는 취약 품종으로 등재되어 있다. 2010년에는 겨우 54마리가 새로 등록되었고, 심지어 다른 나라에는 더 알려지지 않았다.

스무스 콜리는 목양견이나 경비견으로 활용되지만 사람들과 잘 어울리는 좋은 가정견이기도 하다. 유순한 성격에 붙임성이 좋으며, 많은 친구와 충분한 운동과 두뇌 자극이 필요하다. 스무스 콜리는 콜리와 마찬가지로 어질리티 대회와 복종훈련 대회에서도 두각을 드러낸다. 짧은 털은 정기적으로 브러시질만 해 주면 관리가 쉽다.

## 도움을 주는 손길

개들은 오랫동안 시각장애, 청각장애 등 장애가 있는 사람을 도왔지만, 오늘날에는 알츠하이머병으로 고통받는 이들도 보살핀다. 스무스 콜리를 활용한 치료효과는 아주 성공적이었다. 훈련받은 개는 주인을 집으로 인도하거나 누군가 도와줄 때까지 기다린다(사진). 몸줄에 달린 GPS로 현재 위치를 알릴 수 있다. 충성스럽고 헌신적인 스무스 콜리는 훈련 시 주인의 명령 없이도 임무를 수행하고, 조울증에 기인한 감정기복에도 대처한다는 점에서 특이할 만하다.

# 셰틀랜드 쉽독(Shetland Sheepdog)

**체고** 35-38cm (14-15in)
**체중** 6-17kg (13-37lb)
**수명** 10년 이상

세이블
청색 얼룩무늬
검은색에 황갈색
검은색에 흰색

콜리의 축소판인 셰틀랜드 쉽독은 스코틀랜드 북부 해안 너머 거친 셰틀랜드 제도에서 처음 길렀는데 강인하고 빠른 회복력을 자랑한다. 셰틀랜드 쉽독은 에너지가 넘치지만 훈련이 쉽고 다정해서 가족과 잘 어울리는 충성스러운 애완견이다. 아름다운 털을 유지하기 위해서 정기적인 손질이 필수적이다.

# 브리아드(Briard)

**체고** 58-69cm (23-27in)
**체중** 35kg (77lb)
**수명** 10년 이상

청회색
검은색

큼직하고 활발한 프랑스 품종인 브리아드는 원산지에서 양을 몰고 지키는 일을 했다. 대담하고 보호 본능이 있지만 공격성이 없어서, 주기적인 운동과 뛰어놀 공간만 주어진다면 탁월한 가족 반려견이 될 수 있다. 길고 숱이 많은 털은 자주 손질해야 해서 관리가 수월한 편은 아니다.

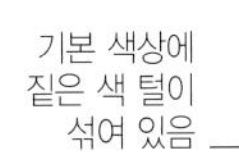

# 올드 잉글리시 쉽독(Old English Sheepdog)

| 체고 | 체중 | 수명 | 회색 |
|---|---|---|---|
| 56-61cm (22-24in) | 27-45kg (60-99lb) | 10년 이상 | 회색 또는 청색 음영 모두 허용 몸통과 뒷다리는 단색이며 흰색 반점 없음 |

## 듀럭스 개

영어를 아는 전 세계 수많은 사람에게 올드 잉글리시 쉽독은 세계적인 페인트 상표인 듀럭스와 동의어가 되어 버렸다. 1961년 듀럭스 광고에 이 크고 북슬북슬한 개가 처음 출연했을 때, 광고에 나온 장면은 마치 가족과 있는 집 같은 느낌을 주었다. 이후 광고 스타로 50년 넘게 출연했으며, 어떤 개는 기사가 촬영장으로 모시고 오기도 했다. 상표와 개가 함께 유명해진 것이다. 오늘날 올드 잉글리시 쉽독이라고 하면 '듀럭스 개'가 연상된다.

**성격 좋고 영리한 올드 잉글리시 쉽독은 텁수룩한 털을 유지하기 위해 자주 손질해야 한다.**

영국 남서부지방에서 유래한 올드 잉글리시 쉽독은 비어디드 콜리(p.57)나 사우스 러시안 셰퍼드독(p.57)처럼 늑대로부터 가축을 지키던 크고 강한 개의 자손이다. 19세기 중반에 이르러 이 품종은 시장으로 가축을 몰고 가는 데 활용되었다. 당시 세금을 면제받기 위해서 꼬리를 잘라(bob tail) 사역견임을 나타내는 것이 관행이었다. 지금도 가끔 밥테일 쉽독이라는 이름으로 부르고 있다.

이 품종은 1970년대와 1980년대에 영화와 광고에 출연하며 높은 인기를 얻었지만 요즘에는 선호도가 떨어졌다. 2012년 영국 켄넬 클럽에 등록된 신규 개체 수가 316마리에 불과해서 멸종위기종으로 등재되기에 이르렀다.

덩치가 크고 힘이 센 올드 잉글리시 쉽독은 엄청난 운동을 시켜야 한다. 털이 빽빽하고 텁수룩해서 과거에는 양털처럼 깎아서 옷을 만들기도 했다. 하지만 오늘날 털이 더욱 빽빽해져서 꼬임과 엉킴 방지를 위해 끊임없는 관리가 필요하다.

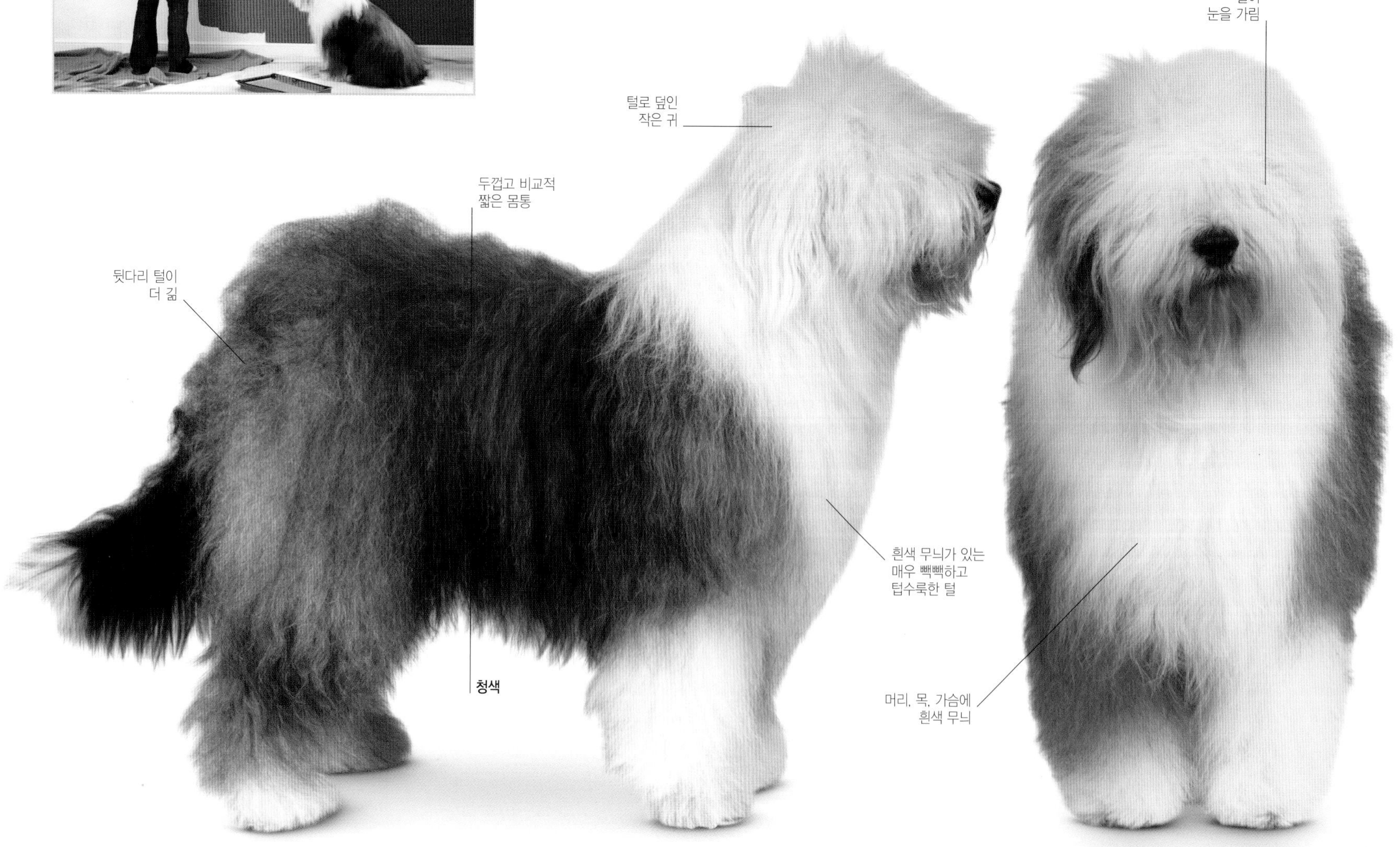

## 비어디드 콜리(Bearded Collie)

**체고** 51–56cm (20–22in)
**체중** 20–25kg (44–55lb)
**수명** 10년 이상

모래색
적갈색
청색
검은색

20세기 중반까지 비어디드 콜리는 목양견으로 좋은 평가를 받았던 스코틀랜드와 영국 북부지방에서만 알려졌다. 현재 이 품종은 매력적인 외모와 비교적 작은 크기, 점잖은 성격으로 널리 인정받아 애완견으로 많이 선호한다. 하지만 비어디드 콜리는 오밀조밀한 도시 환경보다 널찍한 전원주택을 더 좋아한다.

## 폴리시 로랜드 쉽독 (Polish Lowland Sheepdog)

**체고** 42–50cm (17–20in)
**체중** 14–16kg (31–35lb)
**수명** 12–15년

모든 색상 가능

유쾌한 느낌을 주고 텁수룩한 폴리시 로랜드 쉽독은 북유럽의 평원에서 가축을 몰고 지키기 위해 만들어졌다. 다부지면서도 민첩하고, 체력과 지능을 겸비해서 여러 목적으로 수행하는 훈련에도 즉각 반응한다. 이 품종은 운동과 털 손질에 중점을 두어야 한다.

## 더치 샤펜도스(Dutch Schapendoes)

**체고** 40–50cm (16–20in)
**체중** 12–20kg (26–44lb)
**수명** 13–14년

모든 색상 가능

더치 샤펜도스는 날렵하고 쉽게 지치지 않으며 영리해서 완벽하게 목양견으로 타고난 종이다. 작업 중인 더치 샤펜도스는 스프링을 신은 듯이 빠른 속도로 달리며 어떤 장애물을 만나도 가볍게 뛰어넘는다. 이 품종은 좋은 반려견이 될 기질을 갖추고 있지만 활동량이 적으면 잘 지내지 못한다.

## 사우스 러시안 셰퍼드 독 (South Russian Shepherd Dog)

**체고** 62–65cm (24–26in)
**체중** 48–50kg (106–110lb)
**수명** 9–11년

잿빛 회색
담황색
황색에 흰색

사우스 러시안 셰퍼드 독은 러시아 스텝 평원에서 가축을 모으기보다는 사나운 천적으로부터 지키기 위해 길렀다. 오브차카(러시아어로 목양견)라고도 하는 이 품종은 반응이 빠르고 지배 성향을 타고나며 보호 본능이 강해서 권위 있는 주인에게 적합하다.

# 펨브로크 웰시 코기(Pembroke Welsh Corgi)

| 체고 | 체중 | 수명 | 황갈색에 세이블 |
|---|---|---|---|
| 25-30cm (10-12in) | 9-12kg (20-26lb) | 12-15년 | |

**경비견인 펨브로크 웰시 코기는 영리하고 자신감 넘치며 몸집에 비해 짖는 소리가 크다. 운동만 충분히 시켜 주면 좋은 가정견이 될 수 있다.**

펨브로크 웰시 코기는 두 가지 코기 타입 중 더 널리 알려져 있다. 카디건 웰시 코기(p.60)에 비해 귀가 조금 더 작고, 몸집이 가벼우며, 더 세련되고, 일부 꼬리가 없는 개체도 있다. 펨브로크 웰시 코기의 역사가 더 짧지만, 플랑드르 지방 방직공과 농부가 유럽에서 웨일스 서부로 처음 개를 들여온 1107년까지 거슬러 올라간다. 19세기에 두 품종이 하나가 된 시기도 있었지만, 펨브로크 웰시 코기는 1934년에 단일 품종으로 인정받았다.

웨일스에서 소를 몰고 지켰던 코기의 역사는 매우 길다. 지면에 닿을 듯이 몸이 낮고 전반적으로 움직임이 민첩해서 소나 양, 어린 말의 뒤꿈치를 깨물며 시장으로 몰고 가는 용도로 적합했다. 기민함과 활동성을 갖추고 있어 지금도 가끔 가축을 몰고 어질리티 대회에 참가한다. 코기는 탁월한 경비견이고 가족과 잘 어울리지만 가축을 몰던 본능이 되살아나 발목을 물 수 있는데, 이는 어린 시절 훈련으로 최소화할 수 있다. 또한 체중이 쉽게 늘어나므로 식단 조절과 운동이 필요하다.

펨브로크 웰시 코기는 어깨 부분 털의 밀도와 자라는 방향이 다른 부위와 달라 '요정의 안장'이라는 특징으로 유명하다. 이 명칭은 요정이 이 품종을 말처럼 타고 다녔다는 전설에서 유래했다.

## 여왕과 어울리는 개

영국 왕가는 개를 좋아하는 것으로 유명하지만, 펨브로크 웰시 코기만큼이나 윈저 집안과 긴밀함을 자랑했던 품종은 없다. 현재 여왕으로 통치 중인 엘리자베스 2세의 부친인 조지 4세는 1933년 첫 번째 왕실 코기로 로자벨 골든 이글(일명 두키)을 들여왔다. 엘리자베스 여왕은 18세부터 펨브로크 웰시 코기를 길렀다. 여왕이 기르던 몬티라는 개는 (지금은 죽었지만) 2012년 런던 올림픽 개막식 때 상영한 영화 〈제임스 본드 시퀀스〉에도 출연했다.

# 카디건 웰시 코기(Cardigan Welsh Corgi)

**체고** 28-31cm (11-12in)
**체중** 11-17kg (24-37lb)
**수명** 12-15년

**모든 색상 가능**
흰색 무늬 가능하지만 바탕색이 우세함

두 가지 웰시 코기는 1930년대에 서로 다른 품종으로 분류되었다. 카디건 웰시 코기는 친척뻘인 펨브로크 웰시 코기(p.58)보다 가정견으로 인지도가 낮지만, 더 크고 둥근 귀와 긴 몸통으로 구별할 수 있다. 개성이 넘치는 이 품종은 작은 집에도 잘 어울린다.

# 스웨디시 발훈트(Swedish Vallhund)

**체고** 31-35cm (12-14in)
**체중** 12-16kg (26-35lb)
**수명** 12-14년

**철회색**
**적색**
적색과 회색 털은 갈색이나 노란색 계열이 섞일 수 있음

첫인상이 웰시 코기(p.58, 상단)와 닮은 스웨디시 발훈트는 소몰이용으로 사용된 품종이다. 강인하고 유능한 품종으로 지금까지 스웨덴 농장에서 자기 능력을 펼치고 있다. 가정견으로 흔하지 않지만, 성격이 명랑해서 인지도가 점점 더 높아지고 있다.

## 뉴질랜드 헌터웨이(New Zealand Huntaway)

**체고** 50-61cm (20-24in)
**체중** 18-30kg (40-66lb)
**수명** 12-14년

**세 가지 색 혼합**
**짙은 색 얼룩무늬**
현재 다른 색상 출현 가능

뉴질랜드 헌터웨이는 저먼 셰퍼드 독(p.42), 로트바일러(p.83), 보더 콜리(p.51) 등이 뒤섞여 견종표준에 미달해서 켄넬 클럽에서 품종으로 인정되지 않는다. 뉴질랜드에서 목양견으로 만들어진 뉴질랜드 헌터웨이는 탁월한 일꾼이며 가정견으로도 인기가 있다.

## 오스트레일리언 켈피(Australian Kelpie)

**체고** 43-51cm (17-20in)
**체중** 11-20kg (24-44lb)
**수명** 10-14년

**다양한 색상**

오스트레일리언 켈피는 호주의 광활한 벌판에서 활동할 목양견으로 만들어졌다. 에너지가 넘치고 민첩한 품종으로 끝없는 지구력을 자랑하고 쉽게 지루함을 느낀다. 왕성하게 활동하므로 동물을 모는 능력을 최대로 발휘할 수 있는 작업 환경에 가장 적합하다.

# 오스트레일리언 캐틀 독(Australian Cattle Dog)

| 체고 | 체중 | 수명 |
|---|---|---|
| 43-51cm (17-20in) | 14-18kg (31-40lb) | 10년 이상 |

**오스트레일리언 캐틀 독은 힘세고 강인하며 유능한 믿음직스러운 목양견으로 낯선 사람을 조금 경계한다.**

오스트레일리언 캐틀 독은 과거 소를 몰고 지키는 데 널리 쓰여서 오스트레일리언 힐러라고도 한다. 이 품종은 광활한 농장에서 반쯤 야생인 소들을 관리하고, 거친 지형과 작열하는 태양 아래서 먼 거리를 뛸 수 있는 개가 필요했던 19세기에 만들어졌다. 1840년대 토마스 홀이라는 목장 주인은 콜리 종과 딩고를 교배해서 '홀의 힐러'를 만들었다. 힐러는 소를 몰 때 힐(hill, 발뒤꿈치) 부위를 깨무는 이 개의 성향을 나타낸다. 홀은 이 개를 만든 이후에도 달마시안(p.286), 불테리어(p.197), 켈피(검은색과 황갈색 목양견)와 교배시켰고, 마침내 1890년대에 오스트레일리언 캐틀 독이라는 품종으로 인정받았다.

교잡 육종의 결과로 이 품종은 강한 몰이 본능과 딩고의 강인하고 조용한 성격, 말과 함께 일하는 달마시안의 능력을 물려받았다. 많은 개체는 조상 콜리에게서 유전된 청색 얼룩무늬를 띠고 있다. 또한 지치지 않는 체력과 폭발적으로 가속할 수 있는 가벼운 걸음걸이가 특징이다.

오스트레일리언 캐틀 독은 강인하고 기민하며 주인에게 충성스럽다는 점에서 가정견으로 장점이 많다. 하지만 딩고의 피가 흐르고 있어 천성적으로 낯선 사람을 경계한다. 격렬한 작업과 장거리 달리기를 소화할 수 있도록 만들어져서 충분한 운동이 필요하다. 엄격한 핸들링과 함께 정신적·육체적 능력을 활용할 일거리가 주어진다면 이상적이지만, 그렇지 않으면 지루함을 느끼고 고집을 피울 것이다. 매우 영리하고 명령을 잘 들어서 훈련하기 쉽다.

## 최장수 견공

오스트레일리언 캐틀 독은 튼튼하고 건강한 것으로 유명한데, 그중 한 마리인 '블루이'는 세계 최장수 견공으로 기네스북에 이름을 올렸다. 1910년 6월에 태어난 블루이는 호주 부부인 레스 홀과 에스마 홀이 키웠는데, 캥거루와 에뮤 고기를 먹으면서 20년 이상 양과 소를 몰았다(사진). 블루이는 29세 5개월 7일이 된 1939년 11월에 죽음을 맞았다.

## 랭카셔 힐러(Lancashire Heeler)

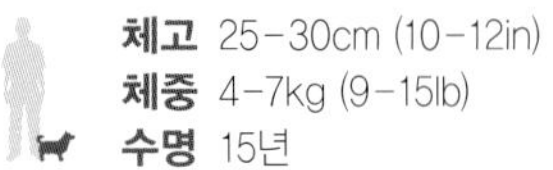

**체고** 25–30cm (10–12in)
**체중** 4–7kg (9–15lb)
**수명** 15년

적갈색에 황갈색

영리하고 강인하며 유능한 랭카셔 힐러는 잉글랜드 북부 지방에서 소를 몰던 원래 목적에 잘 어울린다. 펨브로크 웰시 코기(p.58)와 맨체스터 테리어(p.212)를 교잡한 결과 탄생한 것으로 추정된다. 이 멋진 품종은 다른 힐러보다 재빠르지 않고, 세심하게 훈련시키면 가족과도 잘 어울린다.

## 베르가마스코(Bergamasco)

**체고** 54–62cm (21–24in)
**체중** 26–38kg (57–84lb)
**수명** 10년 이상

열은 황갈색에 암갈색
검은색
흰색 무늬 가능

능숙한 목양견이자 경비견인 베르가마스코는 이탈리아 북쪽 산맥에서 혹독한 야외 생활을 견디도록 만들어졌다. 방한성 털은 숱이 많고 기름기가 있어 쉽게 뭉치지만, 일단 잘 모아서 정리하면 손질에 걸리는 시간이 꽤 줄어든다. 충성스러운 편이라 반려견으로 키울 수 있지만 엄하게 통제해야 한다.

## 푸미(Pumi)

**체고** 38–47cm (15–19in)
**체중** 8–15kg (18–33lb)
**수명** 12–13년

**크림색**
**회색**
**금색**

가슴과 발가락에 작은 흰색 무늬 가능

18세기 헝가리에서 만들어진 푸미는 헝가리안 풀리(하단)와 독일, 프랑스의 테리어 품종을 교배해서 탄생했다. 탁월한 목양견이자 만능 농장견인 푸미는 가정견으로도 손색이 없다. 대담하고 끊임없이 움직여서 활동량이 많다.

## 헝가리언 풀리(Hungarian Puli)

**체고** 36–44cm (14–17in)
**체중** 10–15kg (22–33lb)
**수명** 12년 이상

**흰색**
**회색**
**황갈색**

가슴과 발에 작은 흰색 무늬 가능

헝가리언 풀리는 아시아 유목민 마자르인이 중부 유럽으로 들여온 전통 목양견에서 유래했다고 추정된다. 다정하고 학습이 빨라 가정견으로 좋지만, 놀이 상대나 동료가 없으면 쉽게 지루함을 느낀다. 밧줄 같은 털은 특별한 관리가 필요하다.

# 코몬도르(Komondor)

| 체고 | 체중 | 수명 |
| --- | --- | --- |
| 60-80cm (24-31in) | 36-61kg (79-135lb) | 10년 이하 |

## 덩치가 크고 힘이 센 코몬도르는 시간과 관심을 쏟을 수 있는 경험 많은 주인에게 적합하다.

코몬도르는 쿠만인이 헝가리로 데려온 경비견의 자손이다. 쿠만인은 중국 지역에서 다뉴브강 유역으로 이주한 유목민이다. 이런 타입의 개에 관한 기록은 16세기 중반에 최초로 확인되지만, 실제로는 몇백 년 전부터 존재했던 것으로 추정된다. 20세기 초까지만 해도 이 품종은 헝가리 밖으로 알려지지 않았다.

코몬도르는 전통적으로 양과 염소, 소를 늑대나 곰으로부터 지키는 데 사용되었다. 주인이 가축들과 함께 살도록 내버려 두면 이들은 독립적으로 일하면서 천적으로부터 가축을 지켰다. 이 품종은 제2차 세계대전 동안 군사 시설 경비에 다수 사용되었다가 죽으면서 거의 자취를 감추었다. 하지만 몇몇 헌신적인 브리더의 노력으로 일부 개체가 살아남았다. 오늘날 헝가리와 미국에 개체 수가 가장 많으며 코요테와 다른 천적들로부터 가축을 지키고 있다.

일반적으로 조용하고 내성적인 성격이지만 위협적인 대상에게는 용감하게 달려든다. 이 품종은 강한 보호 본능을 가지고 있으며 충성스럽게 가정을 지키지만, 가족 애완견보다 실외 생활이나 농장견에 더 적합하다. 코몬도르의 독립적인 성향과 본능, 상당한 크기와 힘을 고려한다면, 개를 다룬 경험이 풍부하고 넓은 공간을 가졌을 때 사육을 고려해야 한다. 코몬도르의 술이 늘어진 듯한 털은 매일 관리해 주는 것이 필수적이다.

강아지

## 양의 탈을 쓴 개

코몬도르는 자신이 지키는 헝가리 지방 양과 닮기만 한 것이 아니라 실제로 양 취급을 받았다. 어린 새끼 때부터 양과 함께 키운 강아지는 1년 내내 양 떼에 섞여 살아 양들이 개를 겁내지 않았다. 그 결과 개는 양들을 무리의 일원으로 보고 보호하게 된다. 이와 유사하게 사람과 함께 자란 코몬도르도 가족 구성원을 보호하려는 습성을 보인다. 심지어 추운 겨울 동안 몸을 보호하던 양털을 깎는 여름이면 코몬도르도 함께 털을 밀어 버린다.

# 아이디(Aidi)

**체고** 53–61cm (21–24in)
**체중** 23–25kg (51–55lb)
**수명** 약 12년

**황갈색** **갈색**(우측)
**검은색**
황갈색, 검은색, 갈색 털에 흰 반점 가능

아틀라스 마운틴 독으로도 알려진 아이디는 수백 년 동안 모로코 유목민들이 경비견으로 사용했다. 아이디는 충직하고 자신의 주인과 재산을 지키기 위해 늘 경계 태세에 있다. 하지만 보호 본능이 강해서 계속 실내 생활을 하기에는 적합하지 않다.

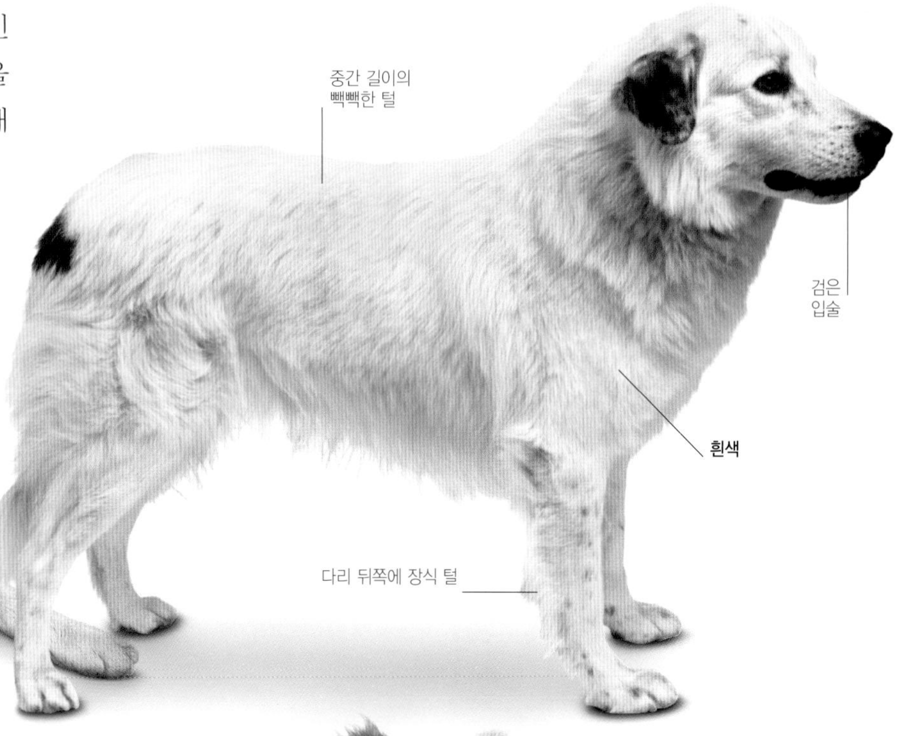


# 오스트레일리언 셰퍼드(Australian Shepherd)

**체고** 46–58cm (18–23in)
**체중** 18–29kg (40–65lb)
**수명** 10년 이상

**적색, 적색 얼룩무늬**
**검은색**
모든 털에서 황갈색 무늬 가능

호주와 전혀 무관한 오스트레일리언 셰퍼드는 미국에서 만들어졌다. 품종명은 19세기 말 호주로 이주했다가 나중에 미국으로 옮겨 간 바스크 지방 양치기들이 키우던 개에서 유래되었다. 오스트레일리언 셰퍼드는 현재도 농장일이나 추적에 유용하며 애완견으로서 평가가 점점 높아지고 있다.

# 헬레닉 셰퍼드 독(Hellenic Shepherd Dog)

**체고** 60–75cm (24–30in)
**체중** 32–50kg (71–110lb)
**수명** 12년

다양한 색상

헬레닉 셰퍼드 독의 조상은 그릭 쉽독으로 알려져 있는데, 터키 이주민들이 수백 년 전에 그리스로 데려온 개로 추정된다. 헬레닉 셰퍼드 독은 강인하고 용감하며 가축을 이끄는 타고난 경비견으로 역량이 탁월하지만, 믿음직스러운 가정견이 되기에는 지배 성향이 너무 강하다.

# 마렘마 쉽독(Maremma Sheepdog)

**체고** 60–73cm (24–29in)
**체중** 30–45kg (66–99lb)
**수명** 10년 이상

중앙 이탈리아 평원에서 양을 몰던 마렘마 쉽독은 가축 떼를 지키는 데 오랫동안 사용되었다. 당당한 자세와 숱이 많은 새하얀 털로 뭇사람의 눈길을 끌지만 고도의 핸들링이 필요하다. 마렘마 쉽독은 실외 작업용으로 기르는 다른 개와 마찬가지로 가정용으로는 적합하지 않다.

# 쿠르시누(Cursinu)

**체고** 46–58cm (18–23in)
**체중** 알려지지 않음
**수명** 10년 이상

100년 넘게 코르시카섬에 존재했던 쿠르시누는 2003년 이후에야 프랑스에 알려졌다. 에너지가 넘치고 행동이 빠르며 다재다능한 이 품종은 사냥과 가축몰이에 사용되었다. 가정생활에 적응할 수는 있지만 사역견으로 더 적합하다.

두개골 위쪽에
위치한 반쯤
쫑긋한 귀

짧고 두꺼운
근육질 목

활동 시
말리는
긴 꼬리

납작하고
넓은 두상

짧거나
중간 길이의 털

**얼룩이 섞인 황갈색**

길고 토끼 같은 발

# 루마니안 셰퍼드 독(Romanian Shepherd Dogs)

| 체고 | 체중 | 수명 |
|---|---|---|
| 59-78cm (23-31in) | 35-70kg (77-154lb) | 12-14년 |

하얀 베이지색
검은색

부코비나는 흰색, 하얀 베이지색, 검은색 또는 잿빛 회색 털만 가능하며 다른 색 무늬 허용

카르파틴

## 몰로서스 독

고대 몰로서스 독과 지역 품종들이 교배된 자손이라고 전해지는 루마니안 셰퍼드 독은 놀라운 동물이다. 고대 몰로서스 독은 전투와 사냥(사진은 기원전 645년의 건물 장식)에 투입되었으며, 재산을 지키고 가축과 함께 일하는 데 사용되었다. 아리스토텔레스(기원전 384-322)는 가축을 몰던 몰로서스 독을 "다른 이들을 압도하는 크기와 용기로 야생동물의 공격에 맞선다."고 묘사했다. 이는 오늘날 가축을 지키는 데 쓰이는 루마니안 셰퍼드 독의 필수적인 자질이기도 하다.

**주의 깊고 용감한 루마니안 셰퍼드 독은 마음껏 달릴 공간이 필요하며 낯선 사람을 경계할 수 있다.**

루마니아 카르파티아 산악 지방 양치기들은 어떤 날씨에도 가축을 지킬 수 있는 크고 튼튼한 개에게 의존도가 높다. 해당 지역에서 브리딩해서 카르파틴, 부코비나, 미오리틱이라는 특색을 가진 세 가지 품종이 탄생했다. 날씬하고 늑대를 닮은 카르파틴은 루마니아 동부의 카르파티아 저지대 다뉴브 유역에서, 거대한 몰로서스 계열 부코비나는 북동부 산악지역에서, 털이 텁수룩한 미오리틱은 북부 지방에서 유래했다. 모든 품종이 힘이 세며, 늑대, 곰, 스라소니 같은 천적으로부터 용감하게 가축을 지킨다. 1930년대 이후 세 가지 품종을 지키려는 노력이 이루어졌다. 그 결과 21세기 초에 루마니안 셰퍼드 독의 세 품종은 잠정적으로 국제애견협회에서 서로 다른 품종으로 인정받았다.

루마니안 셰퍼드 독은 원산지 밖에서 거의 알려지지 않았다. 모든 품종이 실내 생활보다 실외 생활에 더 적합하며 애완견으로서 인지도가 낮다. 루마니안 셰퍼드 독은 감시 본능과 영역 의식이 강하여 낯선 사람을 경계한다. 어릴 때 사회화시키고 철저히 훈련하며, 충분한 활동을 시켜야 한다.

## 아펜첼 캐틀 독(Appenzell Cattle Dog)

**체고** 50-56cm (20-22in)
**체중** 22-32kg (49-71lb)
**수명** 12-13년

**짙은 갈색**

알프스산맥 농장에서 가축을 몰고 지키던 아펜첼 캐틀 독은 도시 생활에도 잘 적응한다. 이 품종은 스위스에 확고한 팬층이 있지만 다른 지역에는 잘 알려지지 않았다. 예리하면서 기민하고 에너지가 충만해서 끊임없이 집중할 거리를 던져 주는 것이 좋다.

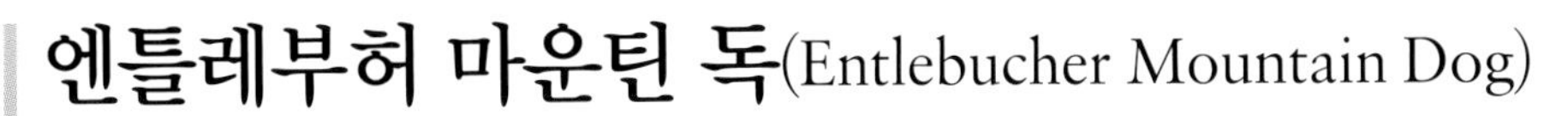

## 엔틀레부허 마운틴 독(Entlebucher Mountain Dog)

**체고** 42-50cm (17-20in)
**체중** 21-28kg (46-62lb)
**수명** 11-15년

오래된 스위스 마운틴 독 중 가장 작은 엔틀레부허 마운틴 독은 엔틀레부허 계곡에서 소를 몰던 품종으로 가정견으로 인기를 끌고 있다. 혈기왕성한 엔틀레부허 마운틴 독은 가족 사이에서는 자신감 넘치고 품행이 바르지만 강한 보호 본능으로 인해 낯선 사람을 경계하는 편이다.

# 버니즈 마운틴 독(Bernese Mountain Dog)

| 체고 | 체중 | 수명 |
|---|---|---|
| 58-70cm (23-28in) | 32-54kg (71-120lb) | 10년 이하 |

**아름다운 무늬와 매력적이고 다정한 성격을 지닌 버니즈 마운틴 독은 다재다능하며 가족과의 생활을 좋아한다.**

사랑스러운 버니즈 마운틴 독의 이름은 전통적으로 다목적 농장견으로 일하던 스위스 베른 칸톤에서 따왔다. 또한 우유나 치즈를 시장으로 운반하는 등 수레를 끄는 데도 활용되었다. 이 품종은 19세기에 다른 품종이 스위스로 유입되면서 숫자가 줄어들기 시작했다. 버니즈 마운틴 독을 찾아 스위스 전역을 여행하던 프란츠 셰르텐리프가 품종을 복원하려는 노력을 시작했고, 이후 스위스 교수 알버트 하임이 품종 보존과 홍보에 힘을 쓰기 시작했다. 해당 품종 클럽은 1907년에 만들어졌으며 20세기에는 세계적으로 유명해졌다. 버니즈 마운틴 독은 외모와 성격 모두 매력적이어서 가정견으로 인기를 끌었다. 이 품종은 성숙이 느려 다른 개들보다 강아지다운 면모를 오래 간직한다. 덩치가 크고 힘이 세지만 지배 성향은 강하지 않다. 사람들과 어울리기를 좋아하므로 개집이나 마당에 갇혀 있기보다는 사람들과 시간을 보내야 한다. 이 품종은 아이들에게도 다정하고 믿음직스럽다. 최근 몇 년 동안 노인, 아픈 어린이, 특별한 보살핌이 필요한 이들에게 치료용으로도 인기가 높아졌다. 또한 농장일뿐 아니라 탐색과 구조 업무에도 여전히 활약 중이다.

눈길을 끄는 삼색 털은 비단결 같은 촉감과 특유의 은은한 광택을 유지하기 위해서 자주 손질해야 한다. 털이 매우 풍성해서 너무 더운 기후에는 잘 맞지 않는다.

## 수레 끄는 개

과거 말을 살 돈이 없던 사람들이 수레를 끄는 데 개를 사용한 시대적 상황을 배경으로 버니즈 마운틴 독 같은 품종이 탄생했다. 이 품종은 여름에 소들을 방목하는 계곡 아래에서 우유와 치즈를 운반하는 데 활용되었다. 이런 활동으로 해당 지역에서는 이 개를 '치즈 독'이라고도 불렀다. 버니즈 마운틴 독은 수레를 끌지 않을 때는 가축을 몰고 사유지를 지키는 데 쓰였다.

## 그레이터 스위스 마운틴 독 (Greater Swiss Mountain Dog)

**체고** 60-72cm (24-28in)
**체중** 36-59kg (79-130lb)
**수명** 8-11년

스위스 알프스 지역에서 만들어진 거대하고 힘이 세며 눈길을 끄는 그레이터 스위스 마운틴 독은 과거 유제품을 가득 실은 수레를 끌고, 소를 몰고, 경비 업무를 보았다. 이 품종은 20세기 초에 사라졌다가 열정적인 브리더들 덕분에 멸종을 면했지만 여전히 희귀하다. 진정한 사역견으로 성격이 온화하며, 충분한 공간을 마련할 수 있다면 붙임성 있는 가족 반려견이 될 수 있다.

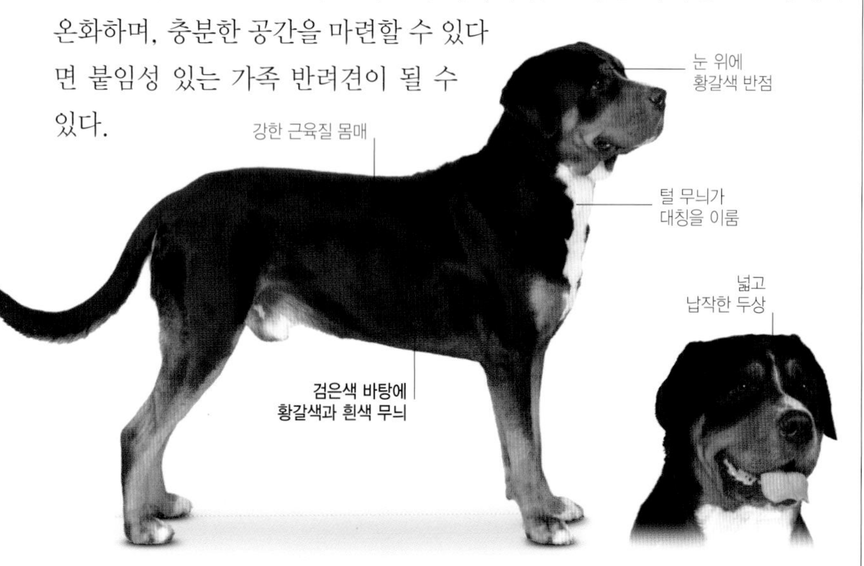


## 화이트 스위스 셰퍼드 독(White Swiss Shepherd Dog)

**체고** 53-66cm (21-26in)
**체중** 25-40kg (55-88lb)
**수명** 8-11년

새하얀 화이트 스위스 셰퍼드 독은 1970년대에 북미에서 스위스로 처음 들여왔다. 이후 20년 동안 발달을 거듭하며 1991년에는 스위스에서 단일 품종으로 인정받았다. 성격이 좋고 영리해서 작업견이나 반려견 모두 어울린다. 털은 중간 길이와 장모 두 가지가 있다.

## 아나톨리언 셰퍼드 독(Anatolian Shepherd Dog)

**체고** 71-81cm (28-32in)
**체중** 41-64kg (90-141lb)
**수명** 12-15년

모든 색상 가능

가축 보호견으로서 역사가 긴 아나톨리언 셰퍼드 독은 강인하고 힘이 세서 현재도 터키에서 사역견으로 활용 중이다. 용감하고 독립적인 성향으로 주인의 엄격한 교육과 애정을 잘 받아들인다. 반려동물로 키우려면 훈련과 사회화를 일찍 시작해야 한다.

## 캉갈 독(Kangal Dog)

**체고** 70-80cm (28-31in)
**체중** 40-65kg (88-143lb)
**수명** 12-15년

옅은 갈색
옅은 회색
흰색 무늬는 발과 가슴에만 허용

터키의 국견으로 알려진 캉갈 독은 터키 중부에서 늑대, 자칼, 곰으로부터 가축 무리를 지키던 마스티프 타입 산악견이다. 이 품종은 가족을 강하게 보호하는 성향이 있다. 독립적인 면이 있으며 숙련된 핸들링과 많은 운동이 필요하다.

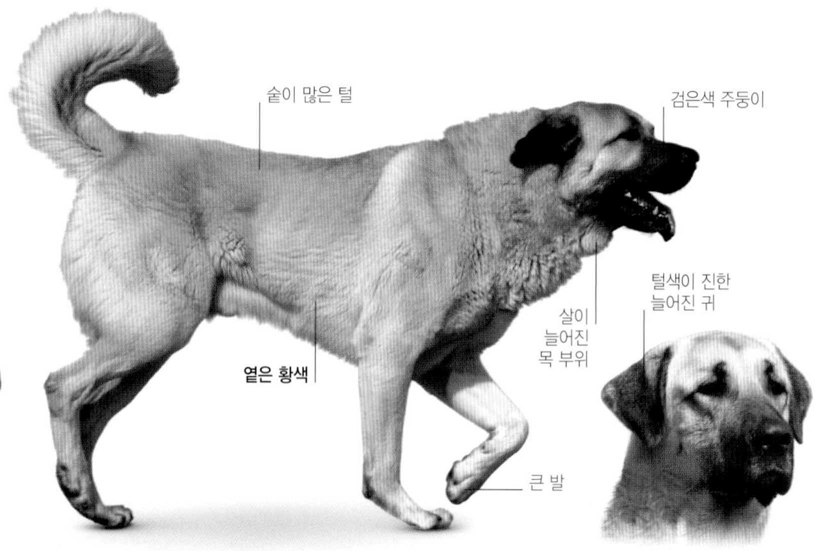

## 아크바시(Akbash)

**체고** 69-79cm (27-31in)
**체중** 34-59kg (75-130lb)
**수명** 10-11년

강력한 터키 품종으로 가축 무리를 지키기 위해 만들어진 아크바시 품종은 수천 년 동안 존재했다고 보인다. 북미 농장에서 가축과 사유지 경비용으로 쓰인 아크바시는 사역견으로 잘 맞고, 문제 행동을 예방하려면 숙련된 핸들링이 필요하다. 털은 중간 길이와 장모종 두 가지 타입이 있다.

## 센트럴 아시안 셰퍼드 독(Central Asian Shepherd Dog)

**체고** 65-78cm (26-31in)
**체중** 40-79kg (88-174lb)
**수명** 12-14년

다양한 색상

센트럴 아시안 셰퍼드 독은 중앙아시아 유목민의 양치기가 오늘날 카자흐스탄, 투르크메니스탄, 타지키스탄, 우즈베키스탄, 키르기스스탄 지역에서 수백 년 동안 가축 무리를 지키기 위해서 사용했다. 과거 구소련에서 선택적으로 브리딩했던 희귀한 품종으로 어릴 때 사회화시켜야 한다. 털은 단모종과 장모종 두 가지 타입이 있다.

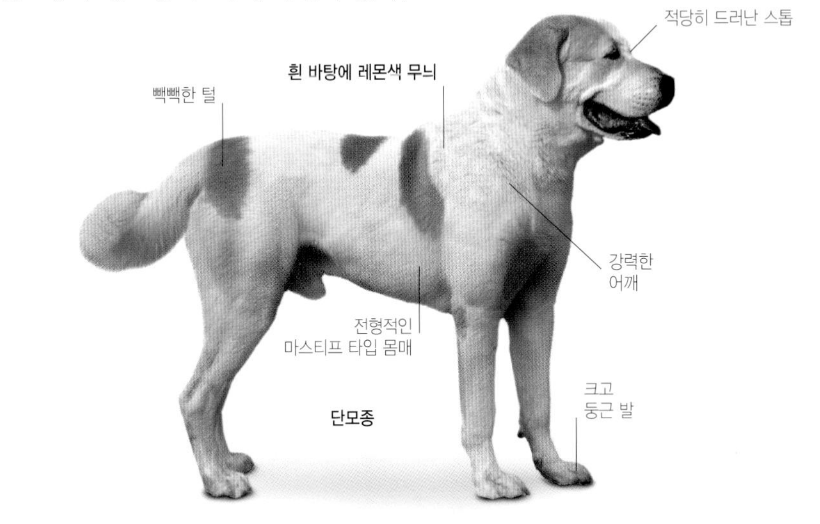


## 코카시언 셰퍼드 독(Caucasian Shepherd Dog)

**체고** 67-75cm (26-30in)
**체중** 45-70kg (99-154lb)
**수명** 10-11년

다양한 색상

여러 종류의 대형견을 섞어 만든 코카시언 셰퍼드 독은 과거 코카시아 지방에서 가축 무리를 지키는 데 사용되었다. 1920년 구소련에서 시작된 이 품종의 선택교배는 나중에 독일에서 계속되었다. 감시견으로 탁월하지만 좋은 반려견이 되려면 세심한 핸들링이 필요하다.

## 레온베르거(Leonberger)

**체고** 72-80cm (28-31in)
**체중** 45-77kg (99-170lb)
**수명** 10년 이상

모래색
적색
흰색 무늬 가능

바이에른주 레온베르크 마을에서 이름을 딴 레온베르거는 19세기 중반에 세인트 버나드(p.76)와 뉴펀들랜드(p.79)를 교배해서 만들어졌다. 레온베르거는 두 차례의 세계대전 이후 거의 사라졌다가 되살아났으며, 멋진 외모와 붙임성 있는 성격으로 인기를 끌고 있다.

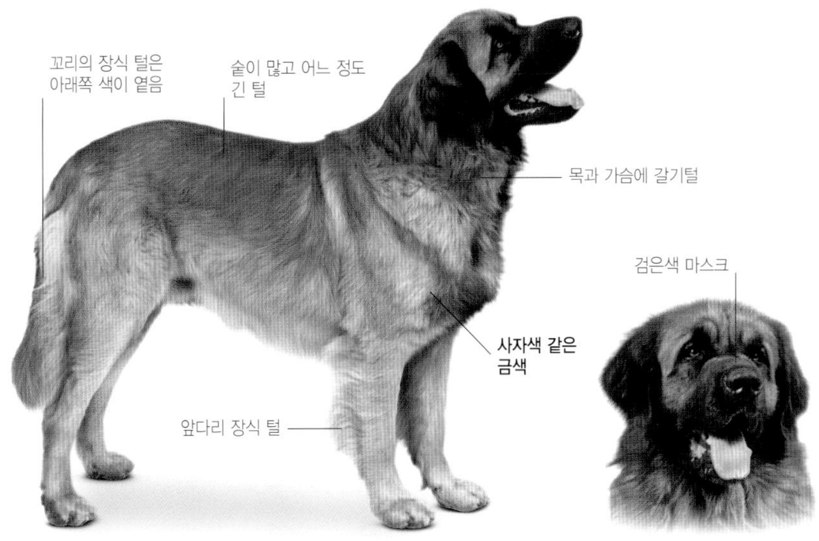

# 세인트 버나드(Saint Bernard)

| 체고 | 체중 | 수명 | 얼룩무늬 |
|---|---|---|---|
| 70–75cm (28–30in) | 59–81kg (130–180lb) | 8–10년 | |

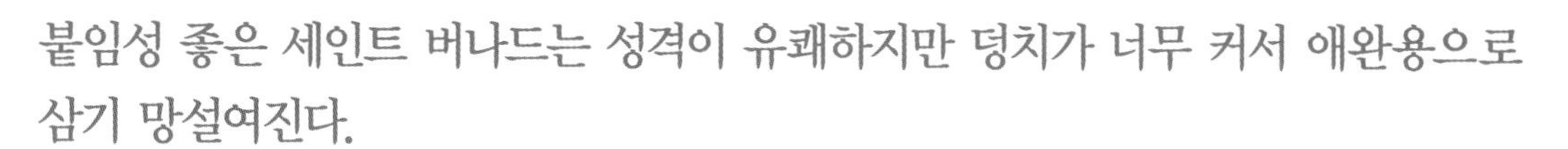

**붙임성 좋은 세인트 버나드는 성격이 유쾌하지만 덩치가 너무 커서 애완용으로 삼기 망설여진다.**

18세기에 나타난 세인트 버나드는 스위스 알프스산맥에 위치한 세인트 버나드 호스피스 소속 수도사가 만들어 냈다. 최초 목적은 경비나 반려용으로 추정되며, 수도사는 수백 년 동안 알프스 지역에 존재했던 여러 가지 마스티프 타입을 교잡육종했다. 이 품종 고유의 구조 업무는 18세기 말까지 거슬러 올라간다. 눈 속에 파묻힌 사람들의 냄새를 맡고, 눈사태를 감지했다. 수도사가 실종된 여행자를 찾기 위해 개를 단체로 풀어 놓으면, 그중 한 마리가 부상자를 발견하고 옆에 누워 체온을 유지하고 다른 개들은 수도원으로 돌아가 수도사에게 알렸다. 하지만 세인트 버나드가 치료용 브랜디가 든 술통을 목에 달고 있는 이미지는 진위가 불분명하다.

1816-1818년 매서운 추위로 많은 개가 구조 활동 중 죽어 개체 수가 심각한 수준으로 줄어들었다. 1830년대에 뉴펀들랜드(p.79)와 교잡종이 일부 만들어졌으나, 해당 종은 긴 털에 눈과 얼음이 너무 붙어서 구조 업무에 적합하지 않았다. 수도사들은 교잡종을 포기하고 다시 단모종을 브리딩했다. 19세기 동안 이 품종은 스위스 밖, 특히 영국에서 세인트 버나드를 영국산 마스티프와 교배시켜 더 크고 강력한 개를 만들면서 인기가 높아졌다.

세인트 버나드는 차분하고 다정하며 아이들과 특히 잘 어울린다. 덩치가 크고 활동 공간과 사료가 많이 필요해서 가정견으로는 흔하지 않다. 털이 매끈한 스무스 타입과 털이 거친 러프 타입 두 가지가 있다.

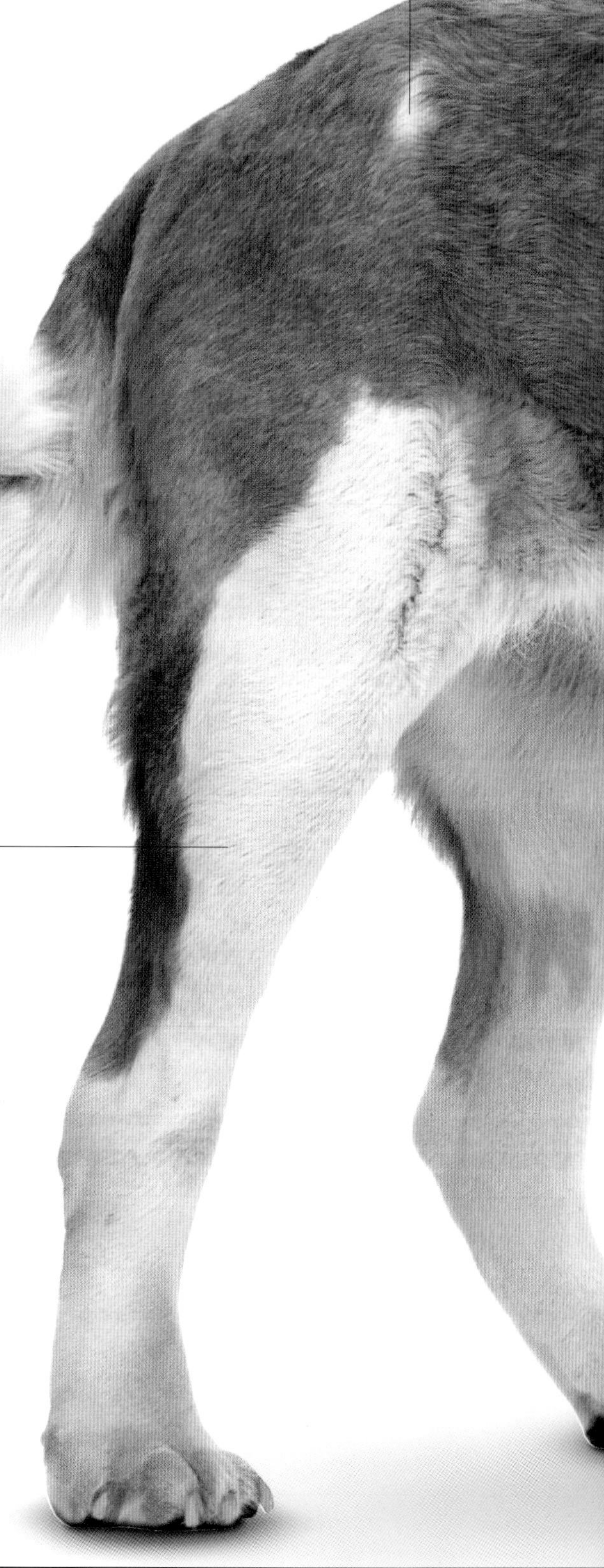


## 산악구조견 배리

가장 유명한 세인트 버나드 구조견 배리는 세인트 버나드 호스피스 수도사가 키웠던 수컷으로 1800년부터 1814년까지 살았다. 배리는 40명 이상 구조했다고 전해진다. 그중에서 얼음 동굴 속에서 발견한 어린 소년을 핥아서 소생시켜 수도사에게 태워 온 이야기는 유명하다. 이후 호스피스는 그를 기리며 키우는 개들 중 한 마리는 꼭 배리라고 이름 붙였다. 오리지널 배리의 기념비(사진)는 파리 견공 묘지에서 찾아볼 수 있다.

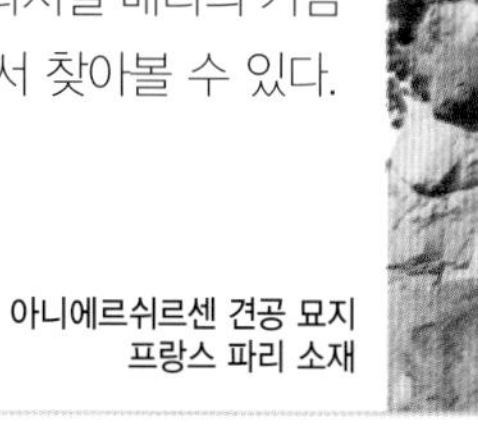

아니에르쉬르센 견공 묘지
프랑스 파리 소재

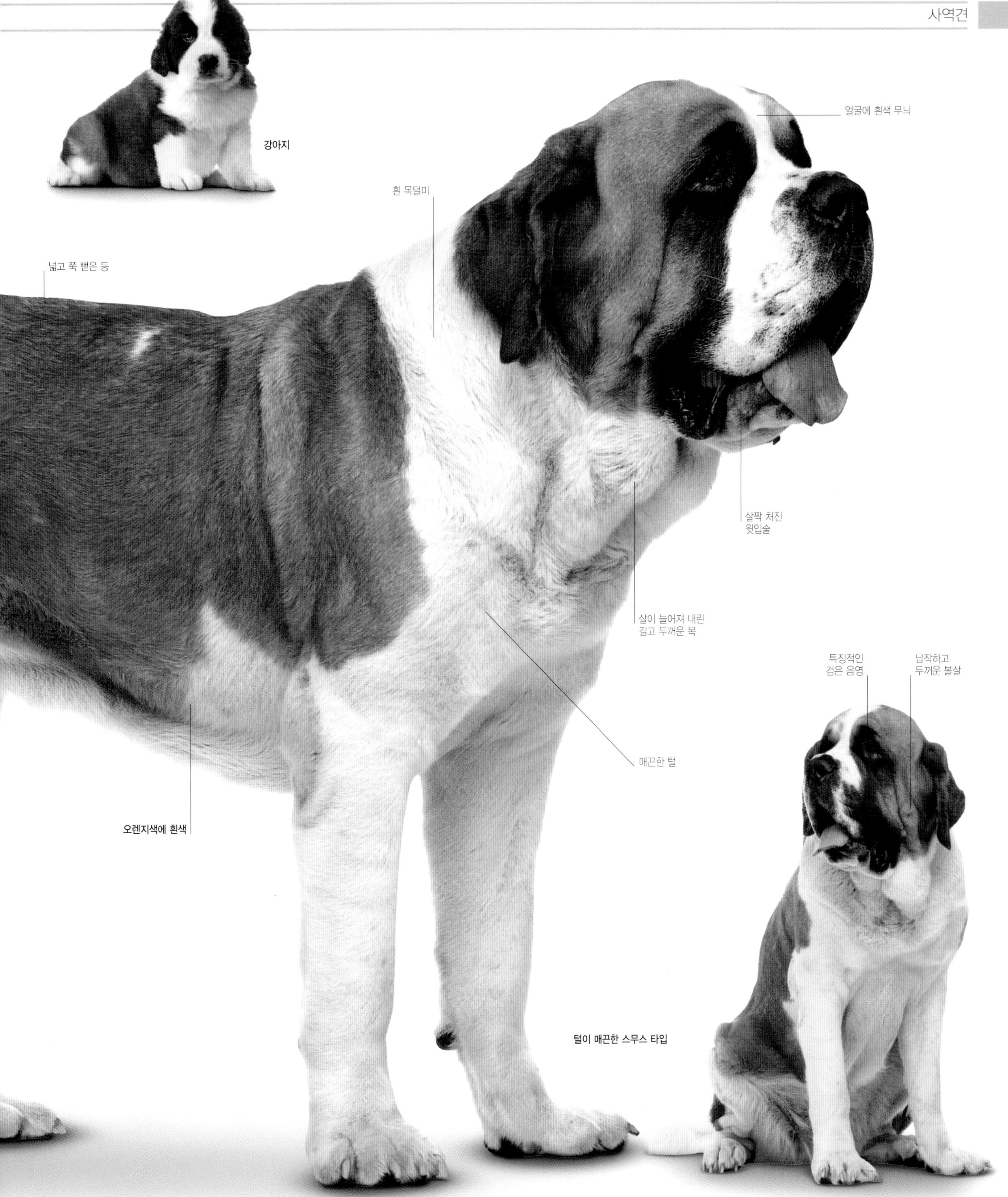
강아지
흰 목덜미
얼굴에 흰색 무늬
넓고 쭉 뻗은 등
살짝 처진
윗입술
살이 늘어져 내린
길고 두꺼운 목
특징적인
검은 음영
납작하고
두꺼운 볼살
매끈한 털
오렌지색에 흰색
털이 매끈한 스무스 타입

## 타트라 셰퍼드 독(Tatra Shepherd Dog)

**체고** 60–70cm (24–28in)
**체중** 36–59kg (79–130lb)
**수명** 10–12년

타트라 셰퍼드 독은 현재도 폴란드의 타트라산맥에서 가축 떼를 몰고 보호하는 데 사용 중이며, 가정을 지킬 때도 진지하게 임한다. 아는 사람에게는 유순하지만 반려견으로 둔다면 잠재적 공격성을 대비하여 주인이 지켜볼 필요가 있다.

## 피레니언 마스티프(Pyrenean Mastiff)

**체고** 72–81cm (28–32in)
**체중** 54–70kg (120–154lb)
**수명** 10년

스페인 원산인 피레니언 마스티프는 산속 가축 떼를 지키기 위해 기른 데서 유래했다. 곰이나 늑대와 맞붙을 정도로 크고 용감한 이 품종은 현재 가정 경비견으로 자주 사용된다. 영리하고 차분해서 적절한 훈련을 거치면 좋은 가정 반려견이 될 수 있다.

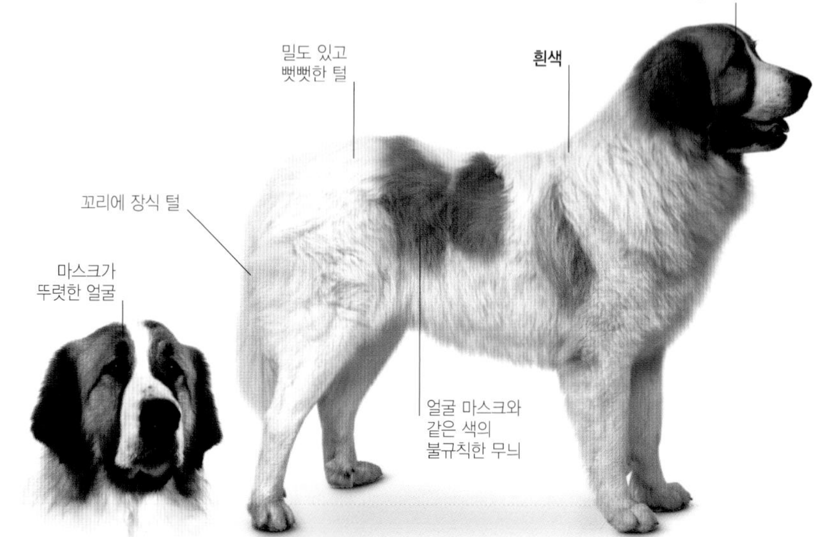


## 피레니언 마운틴 독(Pyrenean Mountain Dog)

**체고** 65–70cm (26–28in)
**체중** 40–50kg (88–110lb)
**수명** 9–11년

순백색

피레니언 마운틴 독은 가장 당당한 자태를 가진 개 중 하나로 프랑스 피레네 산맥에서 전통적으로 가축 떼를 지키던 품종이다. 가족 생활에 완전히 동화된 피레니언 마운틴 독은 천성이 차분하며 공격성이 없고 믿음직스러워 아이들과 잘 지낸다. 덩치가 크고 완력이 상당하지만 과도한 운동이 필요하지 않다. 하지만 털 손질에 신경을 많이 써 주어야 한다.

## 뉴펀들랜드(Newfoundland)

**체고** 66–71cm (26–28in)
**체중** 50–69kg (110–152lb)
**수명** 9–11년

질은 갈색

뉴펀들랜드는 캐나다의 지역명과 동일하지만 진짜 원산지는 확실하지 않다. 역사적으로 어부들이 그물을 회수할 때 사용했으며 오늘날 해양 구조에서 일부 사용된다. 보호 성향이 있으며 아이들에게 유순한 것으로 유명하다. 덩치가 커서 작은 집에서는 애완용으로 적합하지 않다.

## 랜드시어(Landseer)

**체고** 66–71cm (26–28in)
**체중** 50–69kg (110–152lb)
**수명** 9–11년

뉴펀들랜드(상단)와 색상이 다른 랜드시어는 일부 국가에서 별개의 종으로 간주되었다. 랜드시어는 빅토리아 시대 중기에 이 개를 자주 그렸던 영국의 화가 에드윈 랜드시어 경의 이름을 딴 것이다. 이 품종은 두 가지 색이 섞인 털색을 제외하면 얌전하고 붙임성 좋고 신뢰할 수 있는 단색 뉴펀들랜드의 성격과 닮았다.

# 티베탄 마스티프(Tibetan Mastiff)

| 체고 | 체중 | 수명 | 색상 |
|---|---|---|---|
| 61-66cm (24-26in) | 36-100kg (80-220lb) | 10년 이상 | 청회색, 금색, 검은색 |

검은색과 청회색은 황갈색 무늬 가능

**마스티프 중 가장 작은 티베탄 마스티프는 무척 충직하지만 훈련과 사회화를 시키는 데 많은 시간이 필요하다.**

세계에서 가장 오래된 품종 중 하나인 티베탄 마스티프는 전통적으로 히말라야산맥에서 마을과 사원을 보호할 뿐만 아니라 유목민 양치기가 가축을 지키는 데 이용했다. 이 품종은 밤에 자유롭게 풀어 놓아 마을을 지키거나, 양치기가 가축을 이끌고 고지대로 올라갈 때 남아 있는 가족을 지키는 경우가 많았다. 이 품종의 조상은 훈족의 아틸라와 칭기즈칸이 이끄는 군대가 서쪽으로 올 때 함께 들어와 오늘날 거대한 몰로서스 품종의 토대가 되었다. 18세기 이후 적은 수의 티베탄 마스티프가 서양으로 들어왔지만 1970년대 이후에야 영국에서 본격적으로 알려지기 시작했다. 또한 티베탄 마스티프는 건강과 부를 가져온다고 여겨 중국에서 인기가 높아지고 있다. 원산지 티베트에서 티베탄 마스티프는 지금도 크고 무서운 동물로 여겨지지만, 서양에서 선택교배와 훈련으로 공격성이 많이 떨어졌다. 티베탄 마스티프는 보호 본능, 특히 아이들을 지키는 성향이 강하여 훌륭한 가정견이자 반려견이지만 다소 독립적인 성향이 있어 거리낌 없이 애정을 표현하지는 않는다. 완전히 성숙하는 데 시간이 걸리는 품종이며, 철저하면서도 꾸준한 훈련이 필요하다.

암컷 티베탄 마스티프는 일반적인 개와 달리 1년에 한 번 발정기가 찾아온다. 털은 많은 손질이 필요하고 덥고 습한 기후에는 맞지 않지만 비듬이 없어 알레르기가 생길 위험성은 낮다.

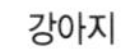

강아지

## 세계에서 가장 비싼 개

티베탄 마스티프는 아직도 원산지 밖에서는 흔하지 않은 품종이지만, 이 고대의 품종은 중국에서 지위를 상징하는 존재가 되었다. 2011년 홍동(轰动, Big splash)이라는 이름을 가진 어린 개는 중국 석탄 재벌에게 1,000만 위안(당시 한화 17억 원)에 팔려 세계에서 가장 비싼 개가 되었다. 홍동은 가장 완벽한 신체로 좋은 평가를 받았을 뿐만 아니라 중국에서 행운을 상징하는 붉은 털을 가지고 있었다.

## 티베탄 카이 압소(Tibetan Kyi Apso)

**체고** 56–71cm (22–28in)
**체중** 31–38kg (68–84lb)
**수명** 7–10년

모든 색상 가능

티베탄 카이 압소는 티베트 국외에서 극소수만 찾을 수 있을 뿐만 아니라 자국 내에서도 희귀하다. 이 품종은 전통적으로 가축 무리와 집을 지켰다. 스프링이 튀는 듯한 걸음걸이가 특징으로 민첩하고 순간적으로 스피드를 폭발시킬 수 있다.

## 슬로바키안 추바크(Slovakian Chuvach)

**체고** 59–70cm (23–28in)
**체중** 31–44kg (68–97lb)
**수명** 11–13년

슬로바키아 알프스산맥 양치기의 경비견이었던 슬로바키안 추바크는 가정견으로도 훌륭하게 적응했다. 이 크고 강력한 품종은 끊임없이 경계하고 주변을 관찰해서 농장과 가축을 지키는 데 탁월하다.

## 헝가리언 쿠바즈(Hungarian Kuvasz)

**체고** 66–75cm (26–30in)
**체중** 32–52kg (71–115lb)
**수명** 10–12년

쿠바즈는 아마도 헝가리에서 가장 유명하고 오래된 품종으로 과거 양치기가 경비견으로 길렀다. 이 품종의 타고난 보호 본능은 공격성으로 이어질 수 있으므로 가정견으로 키우려면 철저하게 훈련시켜야 한다.

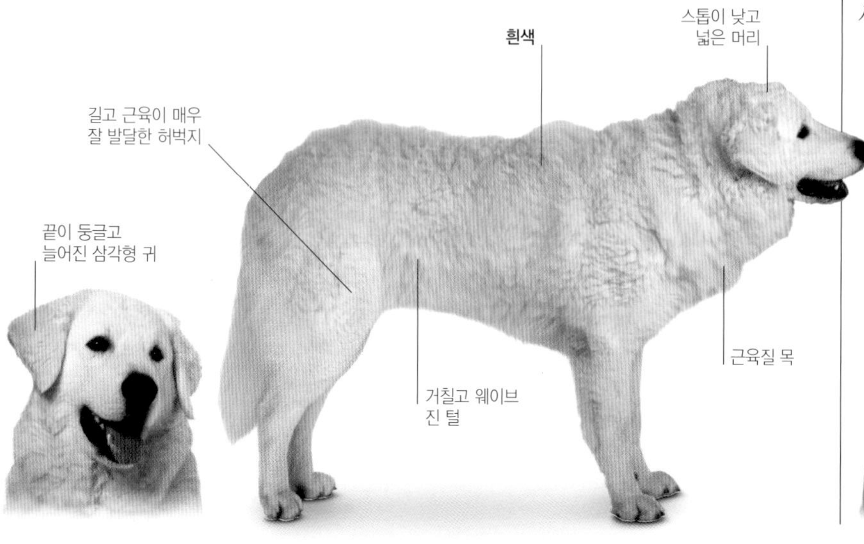


## 호바와트(Hovawart)

**체고** 58–70cm (23–28in)
**체중** 28–45kg (62–99lb)
**수명** 10–14년

금색

13세기 농장견의 자손인 호바와트는 애완견으로 흔하지 않지만 인기가 점점 높아지고 있다. 현대의 품종은 20세기 전반에 독일에서 만들어졌다. 매우 강인하고 어떤 기후에서도 실외 작업이 가능하며, 붙임성 있고 충직한 가정견이다. 호바와트는 훈련이 어렵지 않지만 다른 개들과 함께 있을 때 세심한 핸들링이 필요할 수도 있다.

# 로트바일러(Rottweiler)

| 체고 | 체중 | 수명 |
|---|---|---|
| 58-69cm (23-27in) | 38-59kg (84-130lb) | 10-11년 |

크고 건장하며 보호 성향을 가진 로트바일러는 숙련된 주인이 사회화시키면 좋은 반려견이 될 수 있다.

로트바일러는 로마 군인이 긴 행군 길에 소를 몰 때 사용하던 개의 자손이다. 그중 일부 군인과 개가 독일 남부지방에 정착해서 해당 지역 캐틀 독과 교배가 이루어졌다. 이 품종은 독일 남부에서 가축을 거래하던 마을인 로트바일에 집중적으로 분포해서 소를 몰고, 곰을 사냥하고, 푸줏간 수레를 끌었다. 19세기에 이런 작업이 점점 사라지면서 로트바일러도 멸종에 이를 정도로 숫자가 줄어들었다. 이후 특유의 보호 본능과 투쟁 본능으로 20세기 초에 경찰견으로 부활했다. 오늘날 로트바일러는 군대와 경찰에서 경비와 탐색, 구조 작업에 널리 활용된다.

로트바일러는 사나운 경비견으로 상대방을 위협한다는 이미지가 있다. 이 품종은 엄청난 힘과 눈에 띄는 자태로 쉽게 발현되는 보호 반응을 보이지만 원래 성질이 나쁜 것은 아니다. 잠재된 공격성을 조심하는 엄하고 숙련된 주인이 정성스럽게 훈련시킨다면 차분하고 순종적인 반려견이 될 수 있다. 로트바일러는 덩치에 비해 민첩하고 탄탄한 몸을 가지고 있어 격렬한 운동을 즐긴다.

## 안전하게 관리하기

로트바일러는 주인을 만족시키려는 습성이 있어 보상을 활용한 훈련이 쉽다. 이런 습성은 덩치와 힘과 함께 어우러져 경찰이나 보안 업무에 이상적인 요소로 작용한다. 로트바일러는 핸들러에게 빠르게 반응하고 순종적일 뿐만 아니라 범법자들을 제압하기에 충분한 힘을 지니고 있다. 제1차 세계대전 동안 독일 군대와 경찰에서 널리 채택했고, 1930년대에 미국과 영국에 들여왔다. 현재 몇몇 국가에서 최고의 경찰견으로 활약하고 있다.

# 샤페이(Shar Pei)

| 체고 | 체중 | 수명 | 다양한 색상 |
|---|---|---|---|
| 46-51cm (18-20in) | 18-25kg (40-55lb) | 10년 이상 | |

치켜올린 꼬리는 안으로 휘어짐

## 쭈글쭈글한 얼굴 뒤에 감춰진 붙임성 좋은 성격이 샤페이의 매력이다.

중국 고유의 품종인 샤페이는 어디서 유래했는지는 알려지지 않았다. 하지만 이런 형태의 품종은 한나라 시대(기원전 206-서기 220)로 거슬러 올라간 도기에서 발견되고 13세기 필사본에도 언급된다. 샤페이는 전통적으로 가축을 몰거나 지키고 사냥과 투견에도 사용되었다. 주름진 피부와 뻣뻣한 털은 다른 개들이 물고 늘어지기 어려웠다. '샤페이'는 대략 거칠거칠한 모래 같은 털을 의미한다.

샤페이는 홍콩과 대만에서 꾸준히 길렀지만 20세기 들어 중국 본토에서는 개체 수가 줄어 거의 멸종에 이르렀다. 1970년대에는 미국에서 한동안 유명해지면서 희귀성 때문에 하나의 독특한 패션 아이템처럼 소유하게 되었다. 중국 사람들은 브리딩을 통해 기존의 '뼈 모양 주둥이' 타입보다 얼굴 주름이 더욱 강조된 '고기 모양 주둥이' 타입을 만들었다. 하지만 지나치게 늘어지고 접힌 얼굴 피부는 눈꺼풀이 안으로 말려 고통을 주는 안검내반 증상을 일으켜 개량이 대대적으로 중단되었다.

강아지

샤페이의 귀염성 있는 성격과 다부진 크기는 타운 하우스나 전원주택에 잘 맞는다. 이 품종은 성견의 머리와 이깨에 있는 주름, 파란색 혀, 작은 삼각형 귀, 중국인들이 나비과자 모양이라고도 하는 들창코 등 독특한 외모를 지녔다. 털은 매우 짧은 길이부터 만지면 까끌까끌한 털과 살짝 더 길고 매끈한 털까지 다양하다.

### 용도에 맞추어 변한 외모

현대 샤페이는 귀가 늘어지고 피부가 더 느슨하고 주름이 졌지만, 한나라 시대(기원전 206-서기 220) 개 조각상과 유사하다는 점에서 매우 놀랍다. 이런 특징은 샤페이가 투견으로 사용되면서 생겼다고 추정된다. 작고 늘어진 귀는 상대방이 제대로 물지 못하기 때문에 샤페이의 움직임과 방어가 한결 쉬워진다.

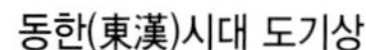

동한(東漢)시대 도기상

찡그린 듯한
이마 주름
두개골 위쪽에 위치한
작고 반쯤 접힌 귀
주름이 강조된
'고기 모양 주둥이'
타입
어깨와 목 위로
주름진 피부
기갑 뒤쪽에서
살짝 내려간 등
짧고 벨벳 같은
털이 까끌까끌함
튼튼한
사각형 몸통
넓은 주둥이에
두꺼운 윗입술
황갈색
등과 다리의 늘어진
피부는 앉을 때
주름을 형성

## 보스롱(Beauceron)

**체고** 63-70cm (25-28in)
**체중** 29-39kg (65-85lb)
**수명** 10-15년

 회색에 검은색과 황갈색
가슴 털은 일부 흰색 가능

프랑스 중부의 보스 지방 평지에서 가축을 몰고 지키던 보스롱은 훌륭한 사역견이자 때로는 유순한 가정 반려견이다. 덩치가 크고 힘이 세서 다른 개를 용납하지 못할 수 있으므로 문제를 일으키지 않도록 어릴 때 훈련시켜야 한다.

## 마요르카 셰퍼드 독(Majorca Shepherd Dog)

**체고** 62-73cm (24-29in)
**체중** 35-40kg (77-88lb)
**수명** 11-13년

세계적으로 희귀한 마요르카 셰퍼드 독은 마요르카의 자랑거리다. 과거 목양견으로 널리 쓰였지만 현재는 독쇼에서 인기를 끌고 있다. 일반적으로 잘 복종하는 편이지만 가축을 모는 본능이 강해 낯선 사람이나 다른 개를 방어적으로 대할 수 있다.

## 타이완 독(Taiwan Dog)

**체고** 43-52cm (17-20in)
**체중** 12-18kg (26-40lb)
**수명** 10년 이상

다양한 색상

타이완 독은 과거 포모산 마운틴 독이라고 불렀으며 자국 내에서도 희귀한 품종이다. 타이완 내륙에서 사냥에 쓰였던 반야생 개의 자손으로 추정된다. 영리한 가정견이지만 사냥 본능이 나오지 않도록 수시로 확인해야 한다.

## 마요르카 마스티프(Mallorca Mastiff)

**체고** 52-58cm (20-23in)
**체중** 30-38kg (66-84lb)
**수명** 10-12년

 검은색

마요르카 마스티프는 카 드 보라고도 하는데, 과거 투견과 불베이팅에 사용되었다. 힘이 매우 세며 전형적인 마스티프 타입 체형과 주변을 관찰하는 습성을 지니고 있다. 엄격하고 차분하게 핸들링하면 사회화가 잘 이루어지지만 애완용보다 경비견에 더 어울린다.

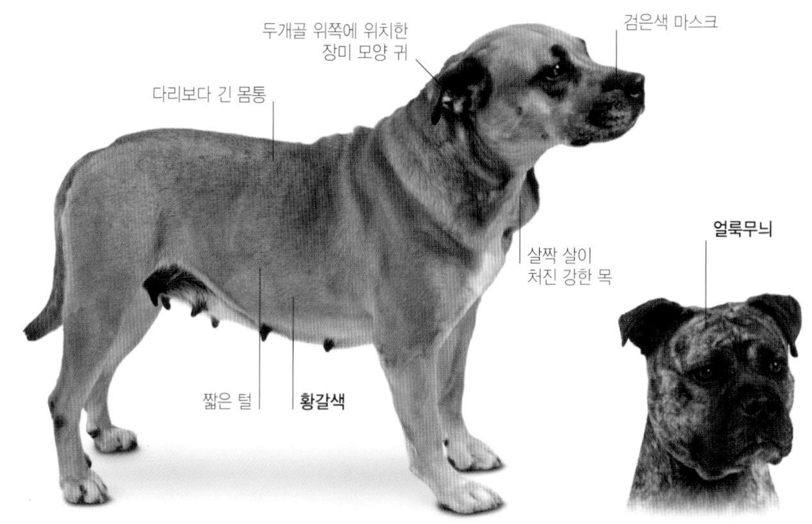

## 도고 카나리오(Dogo Canario)

**체고** 56–66cm (22–26in)
**체중** 40–65kg (88–143lb)
**수명** 9–11년

**얼룩무늬**
흰색 무늬 가능

19세기 초 카나리아 제도에서 투견으로 기르던 도고 카나리오는 마스티프(p.93)가 조상인 것으로 보고 있다. 도고 카나리오는 훈련이나 사회화가 어려우나, 타고난 지배 성향을 주인이 이해하고 조절한다면 관리가 가능하다. 어릴 때 꼭 사회화시켜야 한다.

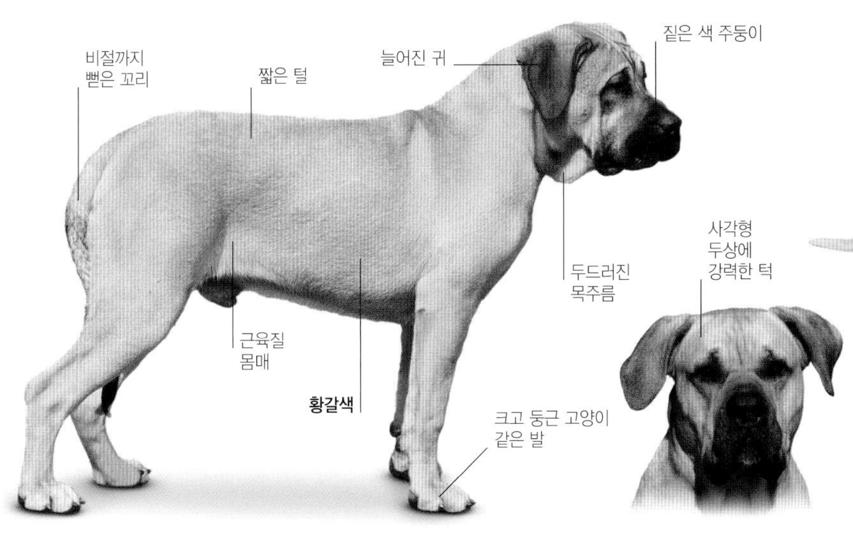


## 도고 아르헨티노(Dogo Argentino)

**체고** 60–68cm (24–27in)
**체중** 36–45kg (79–99lb)
**수명** 10–12년

1920년대에 아르헨티나 코르도바에서 유래한 도고 아르헨티노는 큰 사냥감을 잡고 싶었던 그 지역 의사가 만들어 냈다. 이 품종은 마스티프 종과 불독(p.95)과 같은 전통적인 투견을 브리딩한 결과 탄생했다. 도고 아르헨티노는 정감 있지만 가끔 과한 보호 성향을 보일 수 있다.

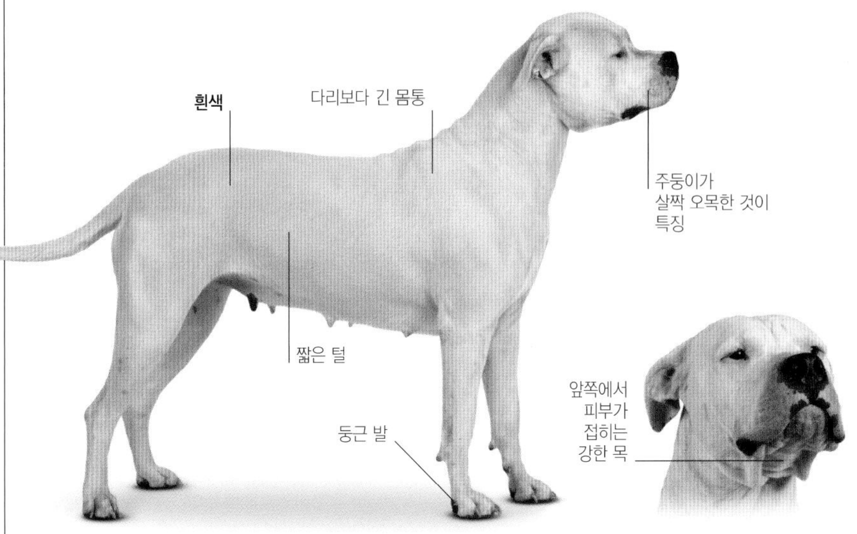


## 필라 브라질레이로(Fila Brasileiro)

**체고** 60–75cm (24–30in)
**체중** 40kg 이상 (88lb)
**수명** 9–11년

**모든 단색 색상**

넓은 토지와 가축을 지키기 위해 키웠던 필라 브라질레이로는 어떤 침입자도 두려워하지 않는다. 덩치가 크지만 균형 잡힌 체격에서 자신감과 투지가 드러난다. 필라 브라질레이로는 가족에게는 붙임성 있고 조용하지만 일반적인 주인은 이 품종의 본능과 보호 성향을 다루기 어려울 수도 있다.

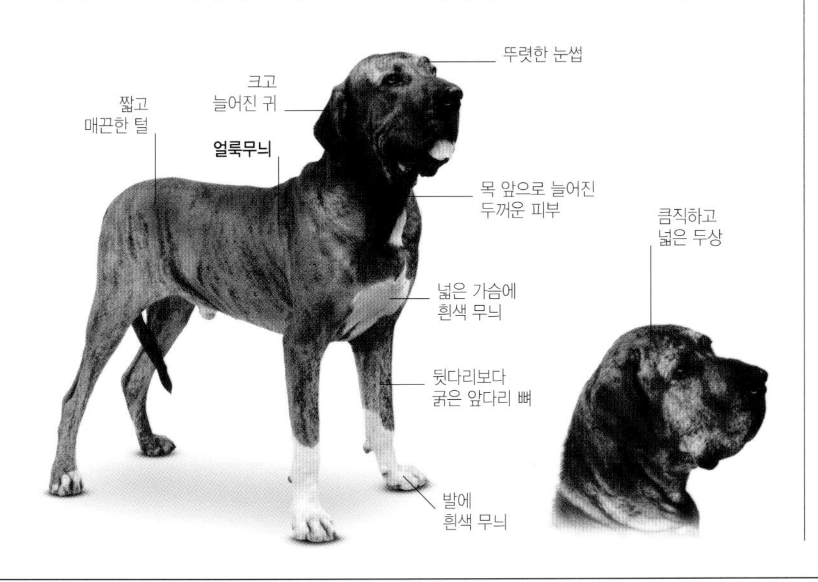


## 우루과이언 시마론(Uruguayan Cimarron)

**체고** 55–61cm (22–24in)
**체중** 33–45kg (73–99lb)
**수명** 10–13년

**황갈색**
황갈색 털에 검은색 음영 가능

우루과이언 시마론의 조상은 스페인과 포르투갈 식민주의자들이 우루과이로 들여온 개로, 해당 지역 품종과 교배해서 만들어졌다. 세로라르고의 외딴 지역에서 농부들이 경비와 가축 몰이에 사용했다. 다른 사역견과 마찬가지로 우루과이언 시마론을 애완견으로 키우려면 경험 많은 주인이 필요하다.

## 알파 블루 블러드 불독(Alpha Blue Blood Bulldog)

**체고** 46–61cm (18–24in)
**체중** 25–41kg (55–90lb)
**수명** 12–15년

**흰색**
다른 색상 반점 가능

불독형 품종은 과거 조지아주 남부 플랜테이션에서 경비견으로 흔히 사용되었다. 그 개들은 19세기 초에 대부분 멸종했지만, 그 후 200년 동안 헌신적인 브리더들의 노력으로 당시 형태를 재현해서 알파 블루 블러드 불독을 만들어 냈다. 이 품종은 아직 희귀하며 미국 국외로는 잘 알려지지 않았다. 근육질에 용맹한 알파 블루 블러드 불독은 강한 보호 본능을 지녔지만 훈련이 쉬워 품행이 좋은 다정한 반려견이 될 수 있다. 실외에서 에너지가 넘치므로 충분한 운동을 시켜야 잘 지낼 수 있다.

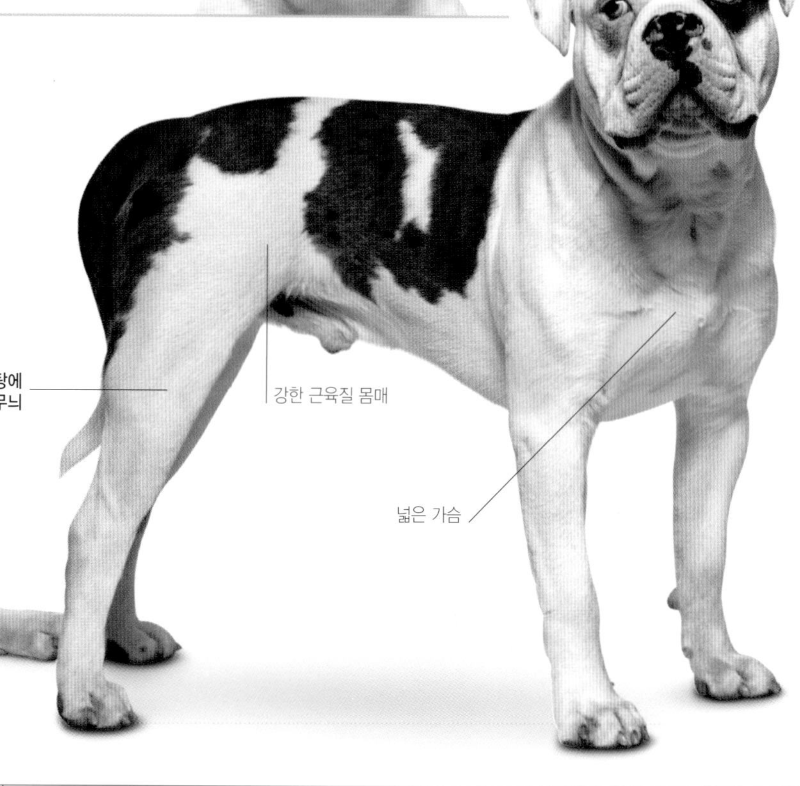

## 보볼(Boerboel)

**체고** 55–66cm (22–26in)
**체중** 75–90kg (165–198lb)
**수명** 12–15년

**다양한 색상**
얼굴에 짙은 마스크 가능

보볼은 17세기 이후 남아프리카 케이프 지역으로 정착민들이 들여온 대형 마스티프 타입 품종에서 유래했다. 가족과 친구에게 다정한 보볼은 덩치가 무척 크고 힘이 센 경비견이다. 숙련된 주인이 어릴 때 사회화시켜야 한다.

## 스패니시 마스티프(Spanish Mastiff)

**체고** 72–80cm (28–31in)
**체중** 52–100kg (115–221lb)
**수명** 10–11년

**모든 색상 가능**

과거 스페인에서 가축과 집을 지키던 스패니시 마스티프는 지금도 그 역할을 하고 있다. 이 품종은 스페인에서 반려견으로도 유명하다. 가족에게 붙임성 좋고 충성스럽지만 낯선 이들이나 다른 개에게 공격적일 수 있다.

## 세인트 미구엘 캐틀 독(St. Miguel Cattle Dog)

**체고** 48–60cm (19–24in)
**체중** 20–35kg (44–77lb)
**수명** 약 15년

얼룩이 섞인 회색

튼튼한 캐틀 독이자 경비견인 세인트 미구엘 캐틀 독은 아조레스 캐틀 독이라고도 하며 아조레스 제도 상미겔섬에서 유래했다. 조용하고 주인에게 잘 복종하지만, 아이들이나 낯선 사람이 있을 때 세심하게 핸들링해야 한다.

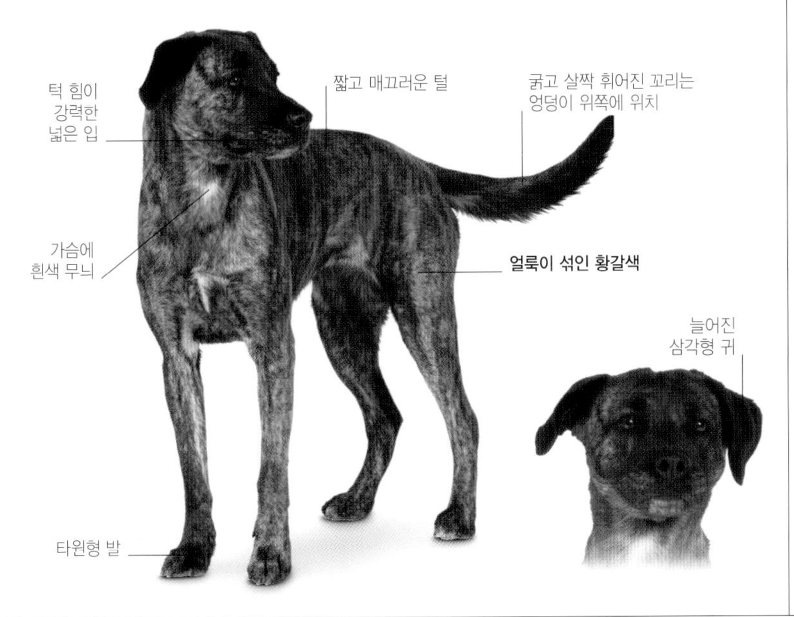


## 이탤리언 코르소 독(Italian Corso Dog)

**체고** 60–68cm (24–27in)
**체중** 40–50kg (88–110lb)
**수명** 10–11년

회색
검은색이 섞인 적색
얼룩무늬
흰색 무늬 가능

로마 시대 투견의 자손인 이탤리언 코르소 독은 주로 경비와 추적에 사용되었다. 다른 마스티프 타입의 품종보다 우아한 몸매를 가지고 있지만 매우 힘이 세고 튼튼하다. 좋은 가정견이 될 수 있지만 노련하고 책임감 있는 주인이 필요하다.

## 도그 드 보르도(Dogue De Bordeaux)

**체고** 58–68cm (23–27in)
**체중** 45–50kg (99–110lb)
**수명** 10–12년

오래된 프랑스 품종인 도그 드 보르도는 과거 사냥과 투견에 사용되었다. 타고난 경비견의 본능을 지녔지만 공격성이 적어 다른 마스티프 타입보다 훈련과 사회화가 쉽다. 힘이 세고 운동 능력이 좋아서 가정에서 편하게 키우려면 숙련된 핸들링이 필요하다.

# 복서(Boxer)

| 체고 | 체중 | 수명 | |
|---|---|---|---|
| 53-63cm (21-25in) | 25-32kg (55-71lb) | 10-14년 | 금색<br>얼룩이 섞인 검은색<br>흰색 무늬가 전체 털의 1/3을 초과할 수 없음 |

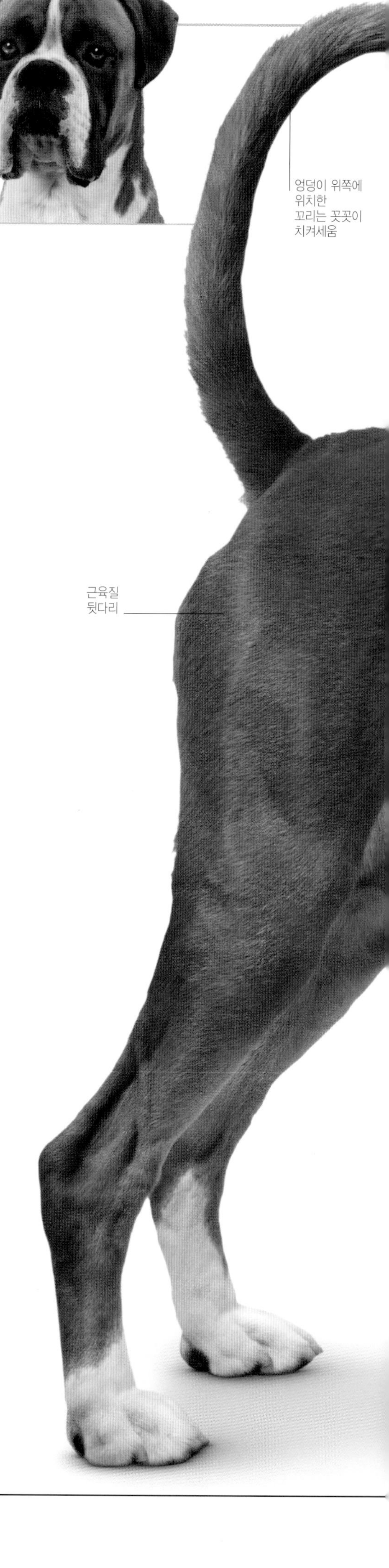


**똑똑하고 충성스럽고 활기차며 놀이를 좋아하는 복서는 실외 생활을 즐기고 에너지 넘치는 주인에게 적합하다.**

한번 복서는 영원한 복서. 독일 품종인 복서는 대범하기 그지없는 성격으로 한번 접한 사람이라면 다른 개에게 눈길을 주지 않을 정도다. 현대의 복서는 19세기에 만들어졌으며 마스티프 타입의 품종인 그레이트 데인(p.96), 불독(p.95) 등이 조상으로 추정된다. 강력하고 운동 능력이 좋아 주로 투견과 불베이팅 용도로 키웠지만 농장일, 짐수레 끌기, 야생 멧돼지 같은 큰 사냥감을 제압하는 사냥용으로도 쓰였다. 복서가 지닌 인내력과 용기는 오늘날 경찰과 군대에서 탐색, 구조, 경비 업무에 활용되고 있다.

복서의 역사와 당당하고 강직한 자세, 전방으로 돌출된 턱은 무서운 개라는 인상을 주고 실제로 집과 가족을 잘 지키지만, 멋진 반려동물이기도 하다. 복서는 충성스럽고 다정하며 관심을 원하는 사랑스러운 모습을 보이며, 활기차면서도 아이에게 관대하다. 에너지 넘치는 복서는 성숙한 이후에도 혈기왕성하고 장난기가 넘쳐 활동적인 주인에게 잘 어울린다. 놀이라면 거의 무엇이든지 즐기지만, 매일 2시간 산책하고 야외에서 뛰어노는 것이 가장 이상적이다. 복서의 체력과 호기심을 고려한다면 마음껏 돌아다니고 구석구석 헤집어 볼 수 있는 넓은 마당이 있는 집이 좋다.

영리하지만 훈련이 쉽지 않은 복서는 차분하게 꾸준히 명령하고 확실한 리더십을 보여 주면 잘 복종한다. 어릴 때 사회화시키면 다른 애완동물과도 잘 지내는 편이지만 산책 중에는 새나 작은 동물을 쫓고 싶은 사냥 본능이 되살아날 수 있다.

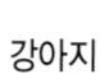
강아지

## 이름에 담긴 의미

복서라는 이름이 붙은 사연은 여러 가지가 있다. 복서끼리 조우했을 때 뒷다리로 서서 앞발로 상대방을 밀어내는 모습이 자주 관찰되었다고 한다. 어떤 영국인이 이 광경을 보고 전문 싸움꾼들이 스파링하는 모습이 생각나서 '복서'라고 불렀다는 이야기는 가장 그럴듯하지만 사실 가능성이 낮다. 역사적으로 이 품종이 투견으로 사용되었다는 사실이 복서라는 이름이 붙은 더 적절한 이유일 것이다.

두개골 위쪽에 위치한
끝이 둥글고 늘어진 귀
뚜렷한 스톱
아치형 목
측면이 사각형인
몸통
황갈색
짧고 넓은
주둥이
흰 가슴
매끈한 털
짙은 갈색 눈동자와
주름진 이마를 가진 표정이
풍부한 얼굴
홀쭉한 배
위턱보다 길게
돌출된 아래턱
다리 아래와
발이 흰색

# 나폴리탄 마스티프(Neapolitan Mastiff)

| 체고 | 체중 | 수명 | |
|---|---|---|---|
| 60-75cm (24-30in) | 50-70kg (110-154lb) | 10년 이상 | 다양한 색상 |

## 해그리드의 거대한 애완동물

해리포터 시리즈에서 '팽'은 거인의 혼혈인 루베우스 해그리드가 키우는 개로 호그와트 경내를 지킨다. 해그리드는 겉모습은 무섭지만 마음씨는 따뜻해서 위험한 애완동물을 곁에 두고 그들이 저지르는 행동에 지나치게 관대했다. 팽도 주인처럼 무서운 모습이지만 친근한 면모를 보이며 물지 않고 짖기만 했다. 영화에서 원작의 멧돼지 사냥견 역할로 나폴리탄 마스티프를 선택한 이유는 크기와 외모가 팽의 캐릭터와 딱 들어맞기 때문이다. 아래 사진은 파리 북역의 〈해리포터와 혼혈왕자〉 개봉 현장에서 팽이 레드 카펫에 앉아 있는 모습이다.

**헤비급 품종인 나폴리탄 마스티프는 충분한 공간을 가진 책임감 있는 주인에게 충성스러운 반려견이다.**

당당한 자태를 뽐내는 나폴리탄 마스티프의 조상은 로마 원형극장에서 활약했던 몰로서스 투견이자 로마 군대와 함께 전쟁에 나갔던 개다. 로마 군대가 유럽 전역으로 퍼뜨린 개는 다양한 마스티프 품종이 탄생하는 계기가 되었다. 나폴리 지역에서 마스티나리라는 브리더가 이 개를 경비견으로 만들었다. 활용성은 좋았지만 개체 수가 점점 줄던 중 1940년대에 열정적인 애호가들 사이에 알려졌다. 그중에는 직접 브리딩 켄넬을 운영했던 작가 피에로 스칸치아니도 있었다. 현재 이 품종은 이탈리아를 대표하는 마스티프로 대접받고 있다. 나폴리탄 마스티프는 거대한 몸과 큰 머리에 근엄한 표정으로 무서운 외모를 지니고 있다. 하지만 큰 덩치에도 주인이나 영역에 위협이 되는 상대에게는 재빠르고 민첩하게 행동한다. 이 품종은 현재 이탈리아 군대와 경찰에서 농장과 국유지 경비견으로 활약 중이다.

나폴리탄 마스티프는 차분하고 다정하며 가족에게 헌신적이지만, 효과적으로 사회화시킬 자신감과 능력이 있는 주인이 필요하다. 덩치가 있기 때문에 넓은 생활 공간이 필요하며 유지 비용이 많다.

# 마스티프(Mastiff)

| 체고 | 체중 | 수명 | |
|---|---|---|---|
| 70-77cm (28-30in) | 79-86kg (175-190lb) | 10년 이상 | 살구색<br>얼룩무늬<br>몸통, 가슴, 발에 흰색 가능 |

## 강하고 당당하면서도 차분하고 다정한 마스티프는 영리한 경비견으로 사람들과 잘 어울린다.

가장 오래된 영국 품종 중 하나인 마스티프 역시 로마의 영국 점령 당시 들여온 몰로서스 독에서 만들어졌다고 추정된다. 수백 년 후 윌리엄 셰익스피어는 《헨리 5세》에서 '전쟁견'으로 묘사했다. 작품 속에는 1415년 아쟁쿠르 전투에서 어느 마스티프가 상처 입은 주인 피어스 레 경을 프랑스 병사로부터 보호하는 장면이 나온다. 마스티프 품종은 중세 영국에서 집을 경비하고, 늑대로부터 가축을 지키고, 투견과 불베이팅, 베어베이팅에도 사용되었다. 그러나 이 스포츠가 금지되면서 마스티프의 수도 줄어들었다. 순수한 마스티프는 19세기에 넓은 국유지를 지키는 데 처음 등장했지만, 제2차 세계대전이 끝날 무렵 영국 내 개체 수는 급격히 떨어진 상태였다. 이후 마스티프를 미국에서 수입하면서 다시 늘어났으며 점차 인기가 증가했다.

마스티프의 역사는 폭력으로 가득했지만, 이 품종은 차분하고 귀염성 있으며 주변 친구들, 특히 사람을 좋아한다. 체구가 커서 필요한 공간과 사료, 운동 시간을 확보하기 어려울 수 있다. 영리하고 훈련이 쉽지만 경험 많은 주인이 필요한데, 특히 이 개를 제대로 통제하고 경비 본능을 확실하게 다스릴 수 있는 팔 힘이 세어야 한다.

### 움직이는 마스티프

역사적으로 마스티프는 오늘날 모습과 다르게 몸집이 더 가볍고 10cm가량 컸다. 19세기 말 에드워드 마이브리지는 최초 사진이 나왔을 당시 연속 촬영으로 동물의 운동에 관한 연구를 했다. 덕분에 사람들은 마스티프처럼 활발하지 않은 품종이 어떻게 움직이는지 관찰할 수 있었다. 마이브리지는 그레이하운드(p.126)처럼 운동에 특화된 품종이 달리는 모습도 촬영해서 함께 비교했다.

## 불마스티프(Bullmastiff)

**체고** 61-69cm (24-27in)
**체중** 41-59kg (90-130lb)
**수명** 10년 이하

적색
얼룩무늬

올드 잉글리시 마스티프와 불독(p.95)을 교배한 불마스티프는 사냥터 관리인의 경비견으로 만들어졌다. 다른 마스티프 타입보다 든든한 성격을 지닌 이 품종은 영리하고 충직한 가정견이다. 탄탄한 사각형 몸에 불마스티프의 자유로운 영혼과 끝없는 에너지가 담겨 있다.

## 브로홀머(Broholmer)

**체고** 70-75cm (28-30in)
**체중** 40-70kg (88-154lb)
**수명** 6-11년

검은색

역사적으로 사냥견으로 시작해 농장 경비견이 된 브로홀머는 현재 가정에서만 키우는 편이다. 20세기 중반에 들어 거의 사라질 뻔했다가 열성적인 브리더들 덕분에 부활하고 재구성되었지만, 원산지인 덴마크 외에서는 희귀한 품종이다.

## 도사(Tosa)

**체고** 55-60cm (22-24in)
**체중** 37-90kg (82-198lb)
**수명** 10년 이상

황갈색
검은색
얼룩무늬

도사는 일본의 투견과 불독(p.95)과 마스티프(p.93), 그레이트 데인(p.96) 같은 서양 품종을 꾸준히 교잡육종해서 만들어졌다. 매우 크고 강한 체형에 잠재된 투쟁 본능을 지니고 있어서 전문 핸들러만 소유해야 하는 품종이다.

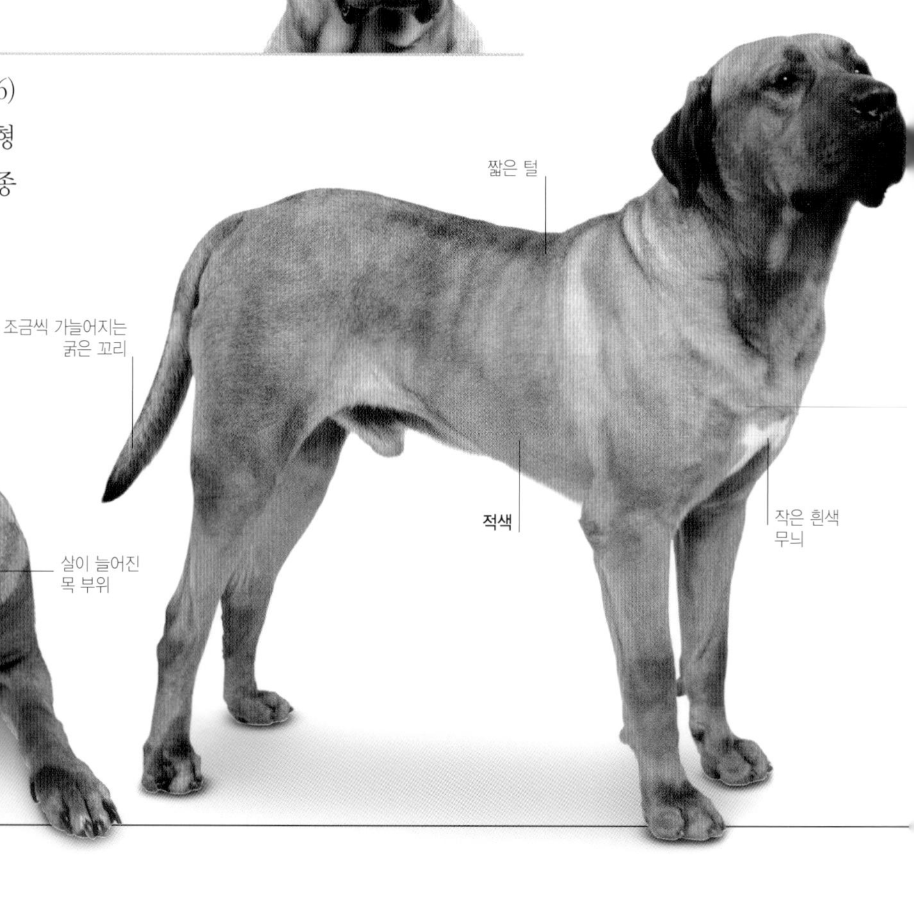

# 불독(Bulldog)

| 체고 | 체중 | 수명 | 다양한 색상 |
| --- | --- | --- | --- |
| 38-40cm (15-16in) | 23-25kg (51-55lb) | 10년 이하 | |

## 개성 만점인 불독은 영국 특유의 용기와 단호함, 고집불통의 상징이 되었다.

영국의 전통적인 품종인 불독은 소형 마스티프의 자손이다. 품종의 이름은 황소를 아래쪽에서 공격해서 코나 목을 잡고 늘어지는 불베이팅에 사용된 것에서 유래했다. 넓은 두상과 돌출된 아래턱 덕분에 무지막지한 악력을 소유하고 있으며, 입 뒤쪽으로 기울어진 코의 위치 때문에 입질을 멈추지 않고도 숨을 쉴 수 있다.

불베이팅은 1835년 영국에서 금지되었지만 불독은 19세기 중반부터 독쇼에 나오기 시작했다. 브리더들은 이 품종의 신체적 특징을 더욱 과장시키면서 공격성은 최소화하기 시작했다. 그래서 현대의 품종은 기존에 사나웠던 모습과 큰 차이를 보인다.

현재 불독은 성격 좋고 사랑스러운 반려견이다. 보호 본능뿐만 아니라 고집스러운 구석도 있어 공격성으로 발현되지는 않지만 요령껏 다룰 필요가 있다. 땅딸막한 근육질 몸매, 주름진 머리, 들창코를 가진 이 품종은 아름답지 않지만 대신 개성을 가진 존재다. 뒤뚱거리는 걸음걸이와 별개로 불독은 과체중을 방지하기 위해 충분한 운동이 필요하다.

### 영국 하면 불독

불독은 전통적인 '영국스러움'을 상징하는 요소로 자리 잡았다. 제임스 길레이 등의 만화가들 덕분에 유명해진 18세기 작품 속 캐릭터 '존 불'은 불독을 곁에 둔 모습으로 묘사되었다. 남자와 개 모두 음식을 좋아하고 싸움을 피하지 않는 솔직하고 정직한 영국인을 상징한다. 끈질긴 불독 정신은 제1차, 제2차 세계대전과도 관련이 있다(사진은 제1차 세계대전 당시 엽서). 영국 수상 윈스턴 처칠이 공세에 몰린 영국 국민에게 나라를 지키도록 용기를 불어넣은 연설에서도 이 불독 정신을 엿볼 수 있다.

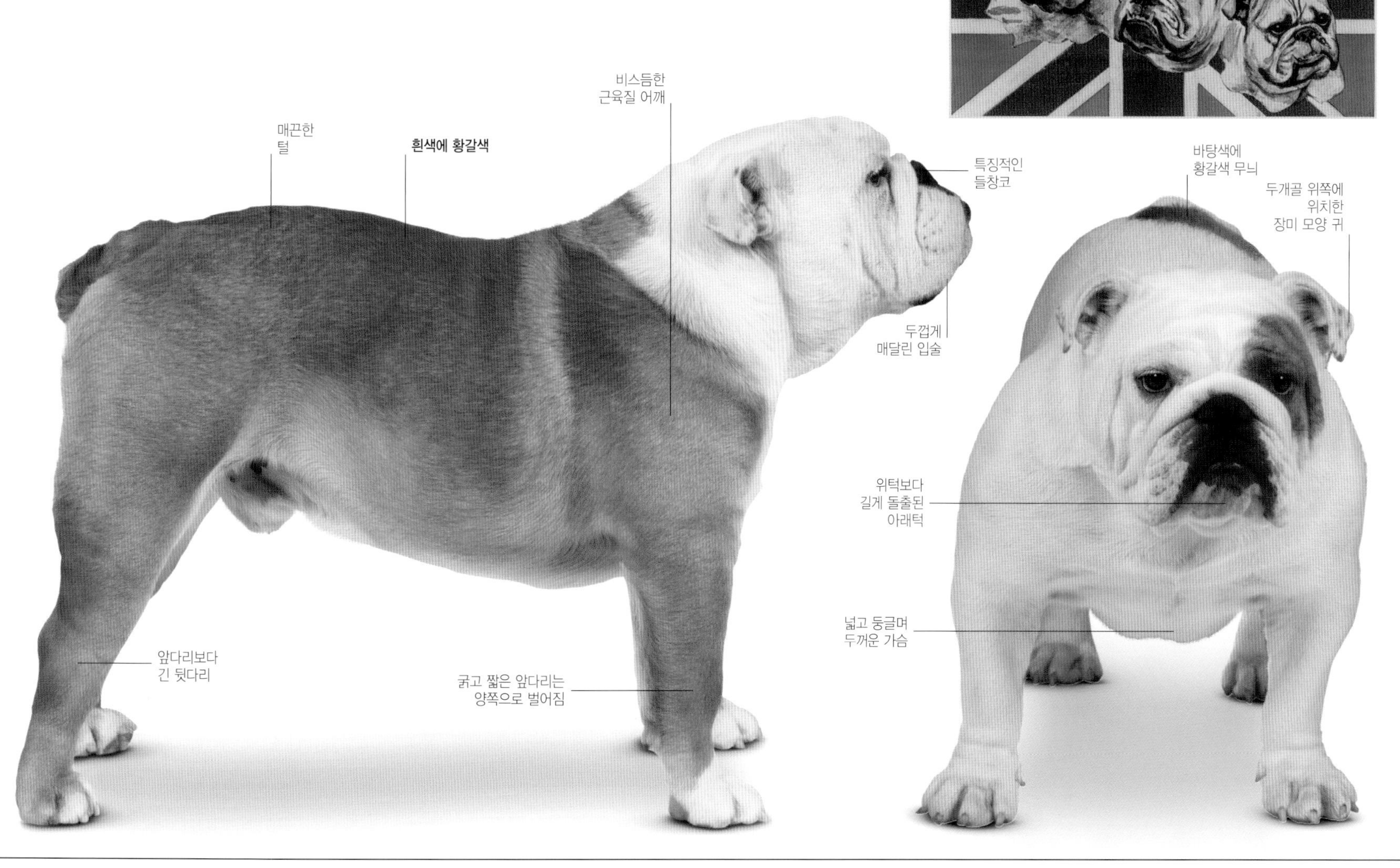

# 그레이트 데인(Great Dane)

| 체고 | 체중 | 수명 | 색 |
| --- | --- | --- | --- |
| 71-76cm (28-30in) | 46-54kg (101-120lb) | 10년 이하 | 청색<br>검은색<br>얼룩무늬 |

**덩치가 크고 다정하며 유순한 애완견인 그레이트 데인은 관리가 쉽지만 넓은 공간이 필요하다.**

그리스 신의 이름을 따 '개들의 아폴로'라고도 하는 그레이트 데인은 큰 키에서 뿜어져 나오는 우아함과 품위가 매우 인상적이다. 사실 그레이트 데인을 닮은 개는 고대 이집트와 그리스 시대 미술에서 찾아볼 수 있다. 현대의 그레이트 데인은 18세기 독일에서 곰과 야생 멧돼지를 사냥하기 위해 처음 등장했다. 이름에서 느껴지는 것과 달리 덴마크와는 무관하다. 마스티프 타입의 품종과 아이리시 울프하운드가 섞인 것으로 추정되는 멧돼지 사냥견을 그레이하운드와 교배한 결과, 크고 민첩하며 걸음걸이가 클 뿐만 아니라 큰 사냥감을 쓰러뜨릴 스피드와 힘을 갖춘 개가 탄생했다.

그레이트 데인은 가장 키가 큰 품종 중 하나이며 몇몇 개체는 세계에서 가장 큰 개로 기네스북에 이름을 올렸다. 2012년 기록은 지면에서 어깨까지 높이가 어린 조랑말에 버금가는 1.12m에 달했던 제우스라는 개가 차지했다.

그레이트 데인은 위엄 있는 자태와는 달리 덩치가 크지만 성격이 느긋하고 유순해서 사람이나 다른 동물도 친근하게 대한다. 함께 어울릴 사람이 많이 필요하고 유지비가 들지만 그에 상응하는 매력을 지닌 애완견이다. 자유롭게 돌아다니고 편하게 누울 공간만 충분하면 가정견으로도 잘 지낸다. 또한 효과적인 경비견이기도 하다. 그레이트 데인은 운동을 많이 시켜야 하지만 어린 강아지는 뼈의 성장속도가 빨라 다리에 무리를 줄 수 있으므로 너무 달리게 해서는 안 된다.

## 만화 주인공 스쿠비 두

스쿠비 두는 한나-바베라 프로덕션에서 제작하고 오랫동안 방영된 TV 만화 시리즈의 주인공이다. 캐릭터를 만든 이와오 다카모토는 여자 지인이 키우던 그레이트 데인에서 영감을 받았다. 다카모토는 지인에게 들은 혈통 좋은 개 이야기를 코믹하게 비틀어 멍한 얼굴에 멀대 같고 소심한 캐릭터를 만들어 냈다. 스쿠비 두와 인간 친구 섀기는 사건이 발생할 때마다 벌벌 떨면서도 친구들을 구하고 악당을 물리치며 매번 위기를 극복한다(사진).

**함께 끄는 썰매**

팀을 이룬 시베리언 허스키가 깊이 쌓인 눈 사이를 헤치며 능숙하게 썰매를 끌고 있다. 강인하고 쉽게 지치지 않아서 경험 많은 핸들러와 최고의 호흡을 보여 준다.

# 스피츠 타입견

**얼어붙은 황야에서 한 팀을 이뤄 썰매를 끄는 허스키가 우리가 아는 스피츠 타입견의 전형적인 이미지다. 하지만 스피츠 그룹은 가축몰이, 사냥, 경비 등 다양한 분야에서 활약하고, 많은 소형 품종은 애완용으로 키운다. 스피츠 타입견은 대부분 두상, 늑대 특유의 색상, 경계할 때 반응에서 늑대의 후손임이 확연히 드러난다.**

현대의 많은 스피츠 타입견은 수백 년 전 극지방에서 유래했지만 차우차우(p.112), 아키타(p.111) 등 일부 품종은 동아시아에서 출현했다. 현재 스피츠 타입견의 이전 역사는 불확실하다. 연구 중인 어느 이론에 따르면 모든 스피츠 타입견 품종의 최초 기원은 아시아에 있으며, 그중 일부 개체가 유목민의 이동을 따라 아프리카로, 일부는 베링해협을 건너 북미 등지로 건너갔다고 한다.

그린란드 독(p.100)과 시베리안 허스키(p.101) 같은 품종은 19세기와 20세기 초 극지 탐험에서 썰매개로 가장 선호되었다. 이 품종들은 극한의 기후에서 활동하면서 종종 열악한 음식을 먹었으며, 탐험가들의 식량이 떨어지면 잡아먹히는 경우도 적지 않았다. 이런 스피츠 타입견 썰매개들은 과거 북미에서 사냥꾼과 모피수집꾼이 널리 활용하기도 했다. 오늘날 스피츠 타입견 썰매개는 내구레이스와 개썰매를 체험하는 관광객에게 인기가 높다. 다른 스피츠 품종은 늑대, 곰 등 대형 동물을 사냥하고 카리부(캐나다 순록)를 모는 데 이용되었다. 일본 원산인 아키타는 투견과 곰 사냥용으로 만들어졌고 현재 경비견으로 활약하고 있다. 사역견이 아닌 소형 스피츠 중 포메라니안(p.118)은 큰 품종을 선택교배해서 크기를 줄인 것이며, 새롭게 등장한 알래스칸 클리 카이(p.104)는 허스키의 축소판이다.

스피츠 타입견의 품종은 크기와 무관하게 극한의 추위에서 살아가는 데 특화되어 있다. 대표적으로 길이와 밀도는 종별로 다르지만 매우 두꺼운 이중모를 가지고 있다. 저온에서 열손실을 방지하는 또 다른 특징으로 작고 끝이 뾰족하며 털이 난 귀와 두껍게 털이 난 발이 있다. 등 위로 말려 올라간 스피츠 특유의 꼬리는 다른 종과 차별되는 매력적인 요소다.

스피츠 타입견은 가정견일 때 가족과 행복하게 지낼 수 있지만 훈련이 쉬운 편은 아니다. 충분한 운동과 놀이가 없다면 땅을 파거나 짖는 등 행동장애가 나타날 수 있다.

# 그린란드 독(Greenland Dog)

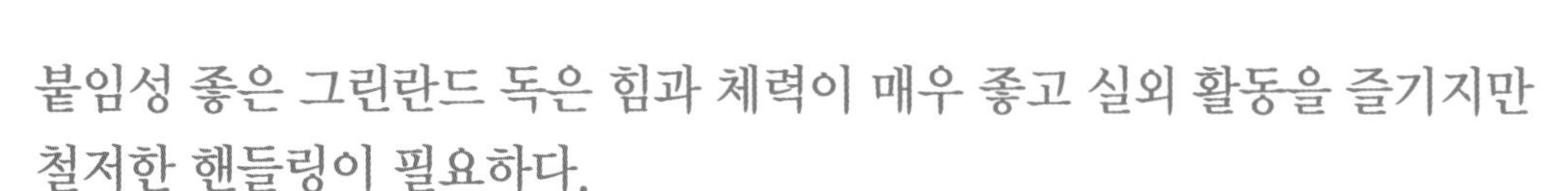


**붙임성 좋은 그린란드 독은 힘과 체력이 매우 좋고 실외 활동을 즐기지만 철저한 핸들링이 필요하다.**

그린란드 독은 유럽과 미국 탐험가들이 최고의 극지 탐험용 썰매개로 활용하는 품종이다. 하지만 훨씬 전부터 토착민과 함께한 것으로 알려졌다. 이 품종은 5,000년 전에 시베리아에서 그린란드로 이주한 사람들이 들여왔다.

개들은 영하 56℃까지 떨어지는 힘든 환경에서 활동할 수 있는 체력을 가지고 있으며, 450kg에 달하는 썰매를 끌도록 훈련시킨다. 또한 사냥꾼들은 바다표범과 바다코끼리뿐만 아니라 북극곰도 사냥하도록 훈련시킨다. 개들은 무리 단위로 일하지만, 썰매를 끌 때는 각자 안전한 경로로 달리도록 각각 따로 끈을 연결한다는 점에서 반쯤 독립적이기도 하다.

그린란드 독은 힘이 세고 고집스러워서 세심한 훈련과 핸들링이 필요하다. 지배 성향도 매우 강한데 이는 인간보다 다른 개를 상대로 더욱 두드러진다. 또한 이 품종은 끊임없이 운동거리와 몰두할 거리를 던져 주어야 하므로 경험 많은 주인에게 적합하다. 주인을 잘 만난다면 그린란드 독은 매우 외향적이면서도 다정한 반려견이 될 수 있다.

## 극지 원정대

그린란드 독은 북극과 남극 탐험에서 중요한 역할을 맡았다. 탐험가 로버트 피어리(1856-1920)와 로알 아문센(1872-1928)은 썰매개와 극지방 현지인들이 쓰는 핸들링 기술을 사용했다. 아문센(하단)은 1911년 그린란드 독과 함께 남극점에 도전했고 그중 11마리가 살아남아 남극점에 도달했다. 그린란드 독은 1992년 비고유종으로 남극 반입이 금지되기 전까지 남극 기지에서 작업용으로 쓰였다.

# 시베리언 허스키(Siberian Husky)

| 체고 | 체중 | 수명 | 모든 색상 가능 |
|---|---|---|---|
| 51-60cm (20-24in) | 16-27kg (35-60lb) | 10년 이상 | |

**시베리언 허스키는 다재다능하고 사회성이 좋아 사람과 어울리기 좋아하지만 추격 본능을 조절할 필요가 있다.**

시베리언 허스키는 시베리아 북동부의 추크치족이 오랫동안 썰매개로 사용한 품종으로 엄청난 체력과 작업 욕구를 가지고 있다. 빽빽한 이중모로 극한의 추위를 막고 밤에는 풍성한 꼬리로 얼굴을 따뜻하게 가려 준다.

1908년 시베리아에서 온 허스키가 657km를 달리는 알래스카 개썰매 경주에 처음 소개되었다. 1930년 소련은 시베리언 허스키의 수출을 금지했지만, 같은 해에 아메리칸 켄넬 클럽에서 개별 품종으로 승인받았다. 시베리언 허스키는 극지 탐험에 특화된 역량을 입증했고, 제2차 세계대전 동안 미군의 북극 연구와 응급구조 팀에서 활약했다. 지금도 개썰매 경주와 같은 스포츠에서 인기가 높다.

시베리언 허스키는 온순하고 사랑스러운 반려견이지만 충분한 운동이 필요하다. 독립적인 성향이 있고 본능적으로 사물을 끌어당기므로, 목줄을 한 상태로 세심하게 훈련시켜야 한다. 시베리언 허스키는 무리를 지으려는 본능이 강해서 인간이나 다른 개들과 함께 지내야 한다. 작은 동물을 사냥감으로 인식하므로 주인은 강아지 때부터 일찌감치 사회화시켜야 한다. 털 관리는 주 1-2회 실시해야 한다.

## 영웅 썰매개 발토

1919년에 태어난 발토는 개썰매 경주견으로 알래스카에서 자랐다. 1925년 전염병 확산을 막기 위해 앵커리지에서 놈까지 개썰매 팀이 릴레이로 디프테리아 백신을 급하게 운반해야 했다. 발토는 마지막 팀을 이끌며 매서운 눈보라를 뚫고 얼어붙은 강을 건너 백신을 안전하게 전달했다. 이 썰매 팀은 언론에서 영웅 대접을 받았다. 발토의 동상은 뉴욕 센트럴 파크에 세워졌고 그의 행적은 할리우드에서 영화로 제작되었다.

발토 동상, 뉴욕

# 알래스칸 맬러뮤트(Alaskan Malamute)

| 체고 | 체중 | 수명 | 다양한 색상 |
|---|---|---|---|
| 58–71cm (23–28in) | 38–56kg (84–123lb) | 12–15년 | 모든 개체는 하부가 흰색 |

**알래스칸 맬러뮤트는 썰매를 끄는 대형견으로 충분한 공간을 마련하고 운동을 시키면 가정생활에도 잘 적응한다.**

늑대를 닮은 알래스칸 맬러뮤트는 썰매가 유일한 운송수단이던 시절 이 개를 사용하여 눈 위에서 무거운 짐을 끌고 먼 거리를 이동한 아메리카 원주민 마흘레뮷족에서 이름을 따왔다. 오늘날에도 북미 외딴 지역에서 짐 썰매를 끌고, 개썰매 경주에서도 큰 활약을 하고 있다. 이 품종은 극지 탐험에 사용되었는데 고도로 발달한 방향 감각, 후각과 함께 어마어마한 지구력과 힘, 끈기도 지녔다.

알래스칸 맬러뮤트는 터프한 면모에도 사람에게 붙임성이 좋아 경비를 맡길 수 없다. 아이들을 좋아하지만 어린아이와 홀로 남겨 두기에는 지나치게 크고 활기가 넘친다. 특히 수컷 알래스칸 맬러뮤트는 다른 개를 용납하지 않는 경향이 있어 충분한 사회화를 거치지 않으면 바로 공격성을 드러낼 수 있다. 또한 추격 본능이 강해서 사냥감으로 보이는 작은 동물을 쫓아 순식간에 멀리 사라질 수 있다. 주인은 개 목줄을 풀고 운동하는 장소와 시점에 주의해야 한다. 알래스칸 맬러뮤트는 학습이 빠르지만 자기 생각이 강하므로 철저한 핸들링으로 처음부터 올바른 버릇을 들이도록 훈련해야 한다.

알래스칸 맬러뮤트는 하루에 최소 2시간 운동하고 돌아다닐 마당만 있다면 실내 생활에도 잘 적응한다. 에너지가 남아돌아 지루함을 느끼거나 관리자 없이 집에 혼자 남겨질 때 집 안의 물건을 부술 수 있다. 봄이면 빽빽한 털이 빠지지만 더운 날씨에 심하게 운동하면 몸이 과열될 위험이 있으므로 그늘로 다녀야 한다. 알래스칸 맬러뮤트는 강인해서 동료견이 있다면 실외에서도 잘 잔다.

### 황금만큼 귀하신 몸

1896–1899년 클론다이크 골드러시 동안 채굴꾼들은 보급 마을에서 금광이 있는 스캐그웨이나 도슨 시티로 장비를 운반해야 했다. 이때 맬러뮤트 한 팀당 1,500달러에 달하는 엄청난 비용도 기꺼이 지불했다. 이들은 1인당 식량 454kg을 포함해 1년은 충분히 버틸 수 있는 물자를 가지고 가야 했다. 동절기에 맬러뮤트 한 팀은 영하의 눈 덮인 땅 위로 반 톤 정도의 장비를 끌 수 있었다. 하절기에는 개체당 짐 23kg을 32km 이상 운반할 수 있었다.

# 알래스칸 클리 카이(Alaskan Klee Kai)

**체고**
토이: 33cm까지 (13in)
미니어처: 33-38cm (13-15in)
스탠더드: 38-44cm (15-17in)

**체중**
토이: 4kg까지 (9lb)
미니어처: 4-7kg (9-15lb)
스탠더드: 7-10kg (15-22lb)

**수명**
10년 이상

모든 색상 가능

## 새로운 품종

반려용 스피츠인 알래스칸 클리 카이는 알래스카에서 린다 스펄린 가족의 손에서 탄생했다. 스펄린 가족은 알래스칸 허스키와 시베리언 허스키를 소형 품종과 교배해서 미니 허스키를 만들어 냈다. 새 품종에 붙인 클리 카이는 이누이트어로 작은 개를 의미한다. 알래스칸 클리 카이는 아직 희귀하지만 일부 단체에서 인정받았으며 현재 미국과 다른 여러 나라에 브리더 그룹이 있다.

**미니 허스키인 알래스칸 클리 카이는 에너지 넘치고 호기심이 많으며 주인 곁에서 자신감이 넘치지만 낯선 사람을 경계한다.**

알래스칸 클리 카이는 시베리언 허스키(p.101)의 축소판으로 1970년대에 가정견으로 만들어졌으며, 토이, 미니어처, 스탠더드의 세 가지 크기가 있다. 털은 짧은 스탠더드 타입과 살짝 길고 빽빽한 풀 타입이 있다.

알래스칸 클리 카이는 동료와 어울리기를 좋아하고 가족의 일원이 되기를 원한다. 하지만 사촌뻘인 대형 허스키와는 달리 낯선 사람을 경계하므로 세심하게 훈련하고 어릴 때 사회화해야 한다. 알래스칸 클리 카이는 누가 괴롭히면 입질을 할 수 있으므로 가족 중에 아이가 있다면 개를 부드럽게 대하도록 가르쳐야 한다.

알래스칸 클리 카이는 매우 영리하고 호기심이 많아 복종훈련 대회와 장애물을 넘는 어질리티 대회를 좋아하며, 치료견으로 훈련받는 개체도 있다.

알래스칸 클리 카이는 중간 크기의 집에 잘 맞지만 허스키처럼 에너지가 넘쳐나므로 신체적·정신적으로 건강을 유지하려면 매일 오래 걷는 등 충분한 운동이 필요하다. 뿐만 아니라 가족에게 마치 말을 거는 듯한 독특한 울음소리는 감시견으로 좋은 알래스칸 클리 카이의 특성이다. 이 품종은 연 2회 털갈이를 하며 풀 타입은 정기적인 털 손질이 필요하다.

미니어처 크기에
털이 짧은 스탠더드 타입

스탠더드 크기에
털이 짧은 스탠더드 타입

## 캐나디언 에스키모 독(Canadian Eskimo Dog)

**체고** 50–70cm (20–28in)
**체중** 18–40kg (40–88lb)
**수명** 10년 이상

**모든 색상 가능**
모든 무늬 허용

세계에서 가장 오래된 썰매개 중 하나인 캐나디언 에스키모 독은 이누이트 독이라고도 한다. 거친 환경에서 살아남을 수 있는 신체조건을 지녔다. 본능적으로 무리를 지어 달리며 개든 사람이든 함께 있는 것을 좋아한다. 철저히 훈련시켜야 하는데 재미를 곁들이면 가장 좋다.

## 치누크(Chinook)

**체고** 55–66cm (22–26in)
**체중** 25–32kg (55–71lb)
**수명** 10–15년

치누크는 20세기 초 미국에서 마스티프와 그린란드 독(p.100), 셰퍼드 품종을 다양하게 교배해서 만들어진 썰매개다. 활동적이지만 유순한 성격으로 놀이를 좋아하며 훌륭한 만능 가정견이다.

## 카렐리언 베어 독(Karelian Bear Dog)

**체고** 52–57cm (20–22in)
**체중** 20–23kg (44–51lb)
**수명** 10–12년

두려움 없는 사냥견인 카렐리언 베어 독은 곰, 엘크 등 큰 사냥감을 잡기 위해 핀란드에서 만들어졌다. 카렐리언 베어 독이 가진 싸움 본능은 사람에게 공격성으로 나타나지는 않지만 다른 개와 함께 있을 때 문제를 일으킬 수 있다. 이 품종은 실내 생활에 잘 적응하지 못하는 편이다.

# 사모예드(Samoyed)

| 체고 | 체중 | 수명 |
|---|---|---|
| 46–56cm (18–22in) | 16–30kg (35–66lb) | 12년 이상 |

**사모예드는 놀라울 정도로 매력적이며 세심한 털 관리가 필요하지만 타고난 발랄함으로 훌륭한 애완견이다.**

아름다운 품종인 사모예드는 시베리아 유목민족 사모예드족이 만들어 낸 종으로, 순록을 몰거나 경비하고 썰매를 끄는 데 이용되었다. 실외에서는 강인한 일꾼이지만 주인의 텐트 속에서 지내고 인간과 지내기를 좋아하는 가정견이기도 하다. 이 품종은 1800년대에 영국으로 들여왔고, 10년 후 미국에 처음 소개되었다. 19세기 말과 20세기 초 극지 탐험과 연관된 수많은 전설과 근거 없는 이야기에 등장하지만, 극지 탐험이 한창일 때 남극 지역으로 갔던 썰매 팀에 속했던 것은 사실인 듯하다.

오늘날 사모예드는 예전에 유목민 가족들과 지낼 때의 사회적이고 느긋한 면모를 여전히 간직하고 있다. 다정한 성격과 누구와도 친구가 되고 싶은 마음이 사모예드 특유의 웃는 인상으로 드러난다. 하지만 사모예드는 원래 용도였던 감시견으로서의 본능도 남아 있다. 절대로 공격성을 드러내지 않지만 수상한 상대에게는 짖는다.

이 품종은 누군가 함께 있어야 하고 운동거리나 몰두할 거리를 원한다. 영리하고 활기찬 대신 지루함이나 외로움을 느낄 때는 구멍을 파거나 울타리를 넘어 탈출하는 등 작은 사고를 치며 마음을 달랜다. 정성스러운 핸들링에 잘 반응하지만 주인은 인내와 끈기를 가지고 훈련에 임해야 한다. 사모예드의 멋지고 돋보이는 털과 특유의 은빛 광택을 유지하기 위해서 털 손질은 매일 필수적이다. 속털은 계절에 따라 심하게 빠질 수 있지만 너무 덥지 않다면 1년에 한 번이 일반적이다.

강아지

길고 풍성한 꼬리는 등 위에서 한쪽으로 떨어짐

## 유목민의 반려견

사모예드는 시베리아 거주민의 생활에서 전통적으로 중요한 역할을 했는데, 현재도 일부 외딴 마을에서 그 역할을 담당하고 있다(사진). 사모예드족은 그들이 기르던 개가 순록 무리와 정착지를 지키도록 했다. 사역견이지만 가족의 일원이기도 한 사모예드는 가족 텐트인 춤(choom)을 자유롭게 드나들며 가족과 음식을 공유하고 아이들과 체온을 나누며 함께 잠들곤 했다. 사모예드족이 개를 존중한 결과 그들의 개도 특유의 유순함과 인간을 향한 공감 능력을 지니게 되었다.

끝이 둥근 쫑긋한 귀를
따라 두껍게 난 털
테두리가 검은
짙은 눈
넓은 근육질 등
목 주위로 길고
빽빽한 갈기털
흰색
넓은 쐐기꼴 두상
숱이 많고 부드러운
털 위로 끄트머리가
은색인 겉털
웃는 표정이 특징
앞다리 뒤에
장식 털

## 웨스트 시베리언 라이카(West Siberian Laika)

**체고** 51-62cm (20-24in)
**체중** 18-22kg (40-49lb)
**수명** 10-12년

다양한 색상

멋진 품종인 웨스트 시베리언 라이카는 시베리아 삼림지대에서 사냥하기 위해 만들어졌고 원산 국가에서 매우 인기가 높다. 강하고 당당한 풍모에 사냥감은 크기를 가리지 않고 적극적으로 쫓아간다. 이 품종은 침착한 성격이지만 사냥에 몰입하려는 성향이 있어 대체로 가정견으로 적합하지 않다.

## 이스트 시베리언 라이카(East Siberian Laika)

**체고** 53-64cm (21-25in)
**체중** 18-23kg (40-51lb)
**수명** 10-12년

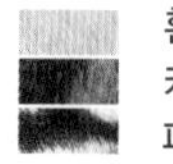

흰색
카라미스
파이볼드

러시아 사냥견인 이스트 시베리언 라이카는 자국뿐 아니라 스칸디나비아 지역까지 인기가 상당하다. 사역견으로 만들어져 강인하고 활동적이며 당당하다. 큰 사냥감을 쫓으려는 본능이 강하지만, 다루기 쉽고 성격이 차분하며 사람에게 붙임성이 좋다.

## 러시안 유러피언 라이카(Russian-European Laika)

**체고** 48-58cm (19-23in)
**체중** 20-23kg (44-51lb)
**수명** 10-12년

흰색
검은색

러시안 유러피언 라이카는 1940년대 초 개별 품종으로 인정받았다. 강한 몸에 다리가 가늘어서 러시아 북부 삼림지대에서 사냥견으로 주로 사용되었다. 예부터 사역견으로 쓰였는데, 사역견일 때 진가가 잘 드러나지만 실내 생활에는 잘 적응하지 못한다.

## 피니시 스피츠(Finnish Spitz)

**체고** 39-50cm (15-20in)
**체중** 14-16kg (31-35lb)
**수명** 12-15년

피니시 스피츠는 핀란드의 국견으로 작은 동물을 사냥하기 위해 키웠고 스칸디나비아 지역에서 스포츠에 사용된다. 여우를 닮은 앙증맞은 외모에 고급스러운 털, 놀이에 빠져드는 성격이 매력적인 가정견이다. 많이 짖는 경향이 있어 어릴 때부터 잘 다스려야 한다.

# 피니시 랍훈트(Finnish Lapphund)

**체고** 44-49cm (17-19in)
**체중** 15-24kg (33-53lb)
**수명** 12-15년

모든 색상 가능

피니시 랍훈트는 라플란드 지역 사미족이 순록을 모는 경비견으로 썼는데, 핀란드와 그 외 지역에서 인기가 높아지고 있다. 다정하고 충직하며 적응력이 좋고 일을 즐겨 가족 애완견이나 경비견으로 모두 적합하다.

# 라포니언 허더(Lapponian Herder)

**체고** 46-51cm (18-20in)
**체중** 30kg까지 (66lb)
**수명** 11-12년

라포니언 허더는 피니시 랍훈트(좌측)와 저먼 셰퍼드 독(p.42), 콜리 계열 사역견에서 만들어졌고 1960년대에 개별 품종으로 인정받았다. '라핀포로코이라'라고도 하며 현재도 순록을 몰거나 가정견으로 키우기도 한다. 이 품종은 차분하고 붙임성이 좋은 편이다.

# 스웨디시 랍훈트(Swedish Lapphund)

**체고** 40-51cm (16-20in)
**체중** 19-21kg (42-46lb)
**수명** 9-15년

갈색 검은색에 갈색
가슴, 발, 꼬리 끝에 흰색 무늬 허용

스웨디시 랍훈트는 색상 외에 모든 면에서 피니시 랍훈트(상단)와 유사하며 과거 사미족이 순록을 모는 데 사용했다. 스웨덴에서 가정견으로 인기가 높지만 그 외 지역에서는 흔치 않다. 누군가와 함께 있기를 좋아하고 장기간 홀로 남겨지면 잘 짖는다.

# 스웨디시 엘크하운드(Swedish Elkhound)

**체고** 52-65cm (20-26in)
**체중** 30kg까지 (66lb)
**수명** 12-13년

스웨덴 북부 산림지역에서 만들어진 당당한 대형견인 스웨디시 엘크하운드는 옘툰드(Jämthund)라고도 한다. 과거 엘크와 곰, 스라소니를 사냥하기 위해 길렀다. 스웨덴 군대에서 인기가 높으며 스웨덴의 국견이기도 하다. 가족과 잘 어울리지만 주변에 다른 개나 애완동물이 있을 때 세심한 핸들링이 필요하다.

## 노르위전 엘크하운드(Norwegian Elkhound)

**체고** 49-52cm (19-20in)
**체중** 20-23kg (44-51lb)
**수명** 12-15년

노르위전 엘크하운드는 스칸디나비아 지역에 수백 년 동안 존재했던 것으로 추정되며, 과거 사냥감 추적에 사용되었고 썰매를 끌 정도로 강인하다. 춥거나 습한 날씨에 구애받지 않아 실외 생활을 좋아한다. 이 품종은 사냥 본능이 강하여 끈기 있게 훈련시켜야 한다.

## 블랙 노르위전 엘크하운드(Black Norwegian Elkhound)

**체고** 43-49cm (17-19in)
**체중** 18-27kg (40-60lb)
**수명** 12-15년

블랙 노르위전 엘크하운드는 회색 털을 가진 노르위전 엘크하운드(좌측)보다 작고 희귀한 타입이다. 본래 사냥감을 추격하기 위해 키웠지만 다재다능하여 썰매개, 가축몰이, 감시견, 반려견도 가능하다. 쉽게 짖는 성향이 있지만 훈련으로 멈추게 할 수 있다.

## 홋카이도(Hokkaido)

**체고** 46-52cm (18-20in)
**체중** 20-30kg (44-66lb)
**수명** 11-13년

 다양한 색상

홋카이도는 아이누족(아이누 개는 이 품종의 또 다른 이름) 사람들이 일본 홋카이도섬으로 이주하면서 들여왔다. 중형견이지만 곰 사냥을 할 정도로 대담하고 강인하다. 세심한 훈련으로 사회화시키면 좋은 반려견이자 경비견이 될 수 있다.

# 아키타(Akita)

**체고**
아메리칸: 61-71cm (24-28in)
재패니즈: 58-70cm (23-28in)

**체중**
아메리칸: 29-52kg (65-115lb)
재패니즈: 34-45kg (75-99lb)

**수명**
10-12년

모든 색상 가능

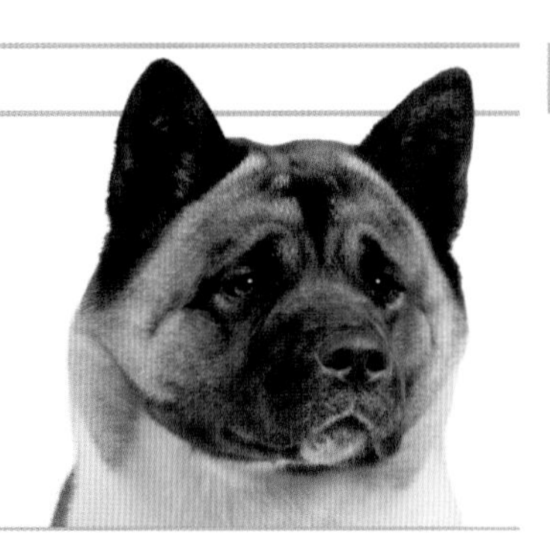

## 힘이 센 아키타는 성격 변화가 심해서 제멋대로 행동하지 않도록 노련한 핸들링이 필요하다.

크고 강력한 아키타는 일본 본토의 지형이 거친 아키타현에서 사슴, 곰, 야생 멧돼지 등 큰 동물을 사냥하던 사냥견의 자손이다. 재패니즈 아키타 혹은 아키타 이누라고도 하며 19세기에 투견과 사냥견으로 처음 만들어졌다. 이 품종은 일본에서 천연기념물로 지정되었고 행운을 상징한다.

아키타 이누는 1937년 헬렌 켈러가 미국으로 처음 들여왔다. 제2차 세계대전이 끝나고 고향으로 돌아온 병사들이 더 많은 아키타를 데려왔고, 이들은 아메리칸 아키타의 시초가 되었다. 아메리칸 아키타는 일본 조상보다 더욱 크고 당당한 자태를 자랑하며, 오늘날 여러 나라에서 아키타 이누와 별개의 종으로 보고 있다.

아키타는 든든하고 매우 멋진 품종으로 위엄 있는 모습을 지니고 가족을 충성스럽게 잘 보호하며 특히 아이들과 잘 지낸다. 하지만 다른 개에게 위압적인 태도를 보이는 경향이 있다. 이 품종은 경험 많은 주인이 필요한데 나쁜 행동을 예방하기 위해 어릴 때부터 확실한 원칙으로 훈련해야 한다.

### 충견 하치 이야기

하치는 1923년에 태어난 아키타다. 하치는 주인인 우에노 교수가 출근하는 날마다 도쿄의 시부야 역까지 배웅하러 나간 후 하루 종일 기다렸다가 함께 집으로 돌아오곤 했다. 1925년 우에노 교수는 직장에서 사망했고, 하치는 10년 넘게 그를 기다렸다. 그의 충성심은 온 나라에 화제가 되었고, 하치가 죽은 날 일본인들은 애도를 표했다. 하치의 동상은 시부야 역에 세워졌고, 하치코[하치 공(公)]로 기리며 매년 기념하고 있다(사진).

아메리칸 아키타

재패니즈 아키타 이누

# 차우차우(Chow Chow)

| 체고 | 체중 | 수명 | 색 |
|---|---|---|---|
| 46–56cm (18–22in) | 21–32kg (46–71lb) | 8–12년 | 크림색, 금색, 적색, 청색, 검은색 |

**테디 베어처럼 북슬북슬한 털을 지닌 차우차우는 주인에게 충성스럽지만 낯선 사람을 경계한다.**

차우차우는 기원전 150년 부조 조각상에 차우차우를 닮은 개와 함께 있는 사냥꾼이 있을 정도로 최소 2,000년 동안 중국에서 알려졌다. 원래 용도는 새 사냥, 가축 경비였고 겨울에는 썰매를 끌었다. 또한 고기나 가죽을 얻기 위해 키우기도 했다. 중국 황제와 귀족들이 이 개를 귀하게 여겨, 서기 8세기경 어느 당나라 황제는 차우차우를 닮은 개를 5,000마리 소유했다.

이 개가 서양에 최초로 전해진 것은 18세기 말이다. 영국에서는 단순하게 동아시아에서 온 특이한 동물이라는 의미로 차우차우라고 불렀다. 실제 품종 이름은 중국어로 송시취안(松獅犬)인데 '북슬북슬한 사자 개'라는 뜻이다. 이후 19세기 말에 더 많은 개체가 영국으로 수입되어 빅토리아 여왕도 한 마리 기르는 등 확실한 인기를 끌었다. 미국에는 1890년에 처음 소개되었지만 1920년 전까지는 인기가 없었다.

강아지

오늘날 차우차우는 주로 애완용으로 키우고 있다. 주변에 다소 무관심한 면이 있으며 가족에게 헌신하지만 낯선 이들은 경계할 수 있다. 지배 성향이 있을 수 있어 어릴 때 사회화시키고 철저하게 훈련시켜야 한다. 어느 정도의 운동으로도 충분하지만 매일 산책으로 기분전환을 시키는 것이 좋다. 이 품종은 빽빽한 털과 사자 같은 갈기, 주름진 얼굴, 검푸른 혀가 특징이다. 무척 빽빽하고 거친 털이 뻗쳐 있는 러프 타입과 털이 짧고 밀집된 스무스 타입 두 가지가 있다.

### 애완동물 치료법의 선구자

오늘날 여러 품종의 개가 몸이 불편하거나 정신적으로 힘든 사람들을 위한 치료견으로 쓰인다. 최초의 애견 치료는 조피라는 이름의 차우차우가 정신분석학의 아버지 지그문트 프로이트를 도와 진행되었다(사진은 1935년 오스트리아). 치료 기간 동안 조피는 프로이트와 함께 병실에 머물면서 환자의 정신 상태에 대한 단서를 제공했다. 조피는 조용하거나 우울한 사람과 가까이했고 신경이 날카로운 사람과는 거리를 두었다. 프로이트는 조피가 환자들, 특히 아이들을 안심시키고 진정시키는 효과에 주목했다.

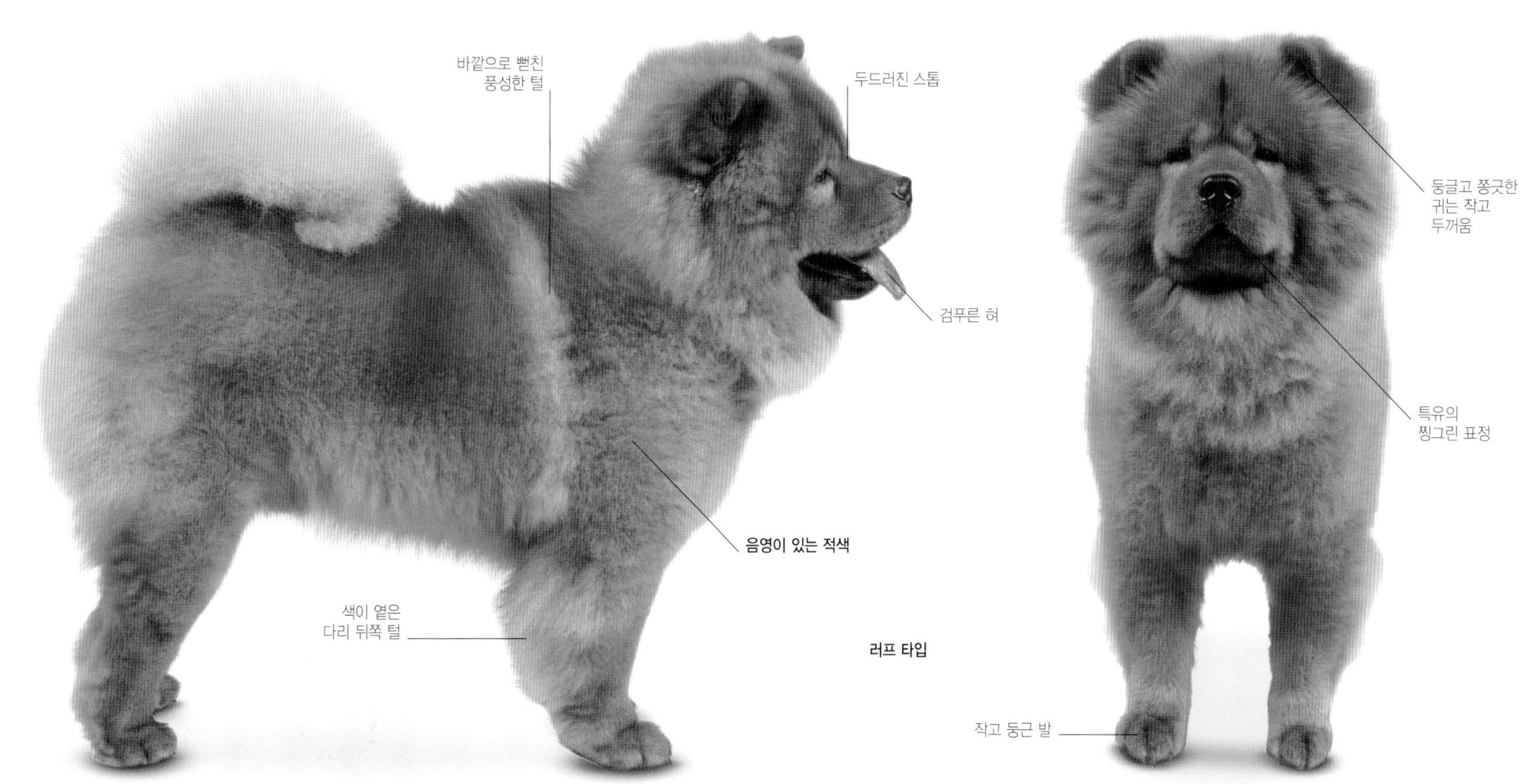


러프 타입

## 시코쿠(Shikoku)

**체고** 46-52cm (18-20in)
**체중** 16-26kg (35-57lb)
**수명** 10-12년

참깨색에 검은 참깨색

시코쿠는 과거 일본의 외딴 산악지방에서 멧돼지 사냥에 쓰였는데 현재까지 거의 교잡육종의 대상이 되지 않아 원래 모습을 그대로 간직하고 있다. 시코쿠는 회복력이 빠르고 민첩하며 다른 동물을 잘 쫓는다. 훈련이 어렵지만 좋아하고 신뢰하는 사람과는 긴밀한 유대감을 형성한다.

## 진돗개(Korean Jindo)

**체고** 46-53cm (18-21in)
**체중** 9-23kg (20-51lb)
**수명** 12-15년

흰색
적색
검은색에 황갈색

진돗개는 원산지인 한국의 섬 진도에서 이름을 따왔다. 한국에서 유명하지만 그 외 지역에서는 희귀하다. 대형 동물과 소형 동물 사냥에 사용되었는데 다른 동물을 쫓아가려는 본능이 강해서 억누르기 힘들 수 있다.

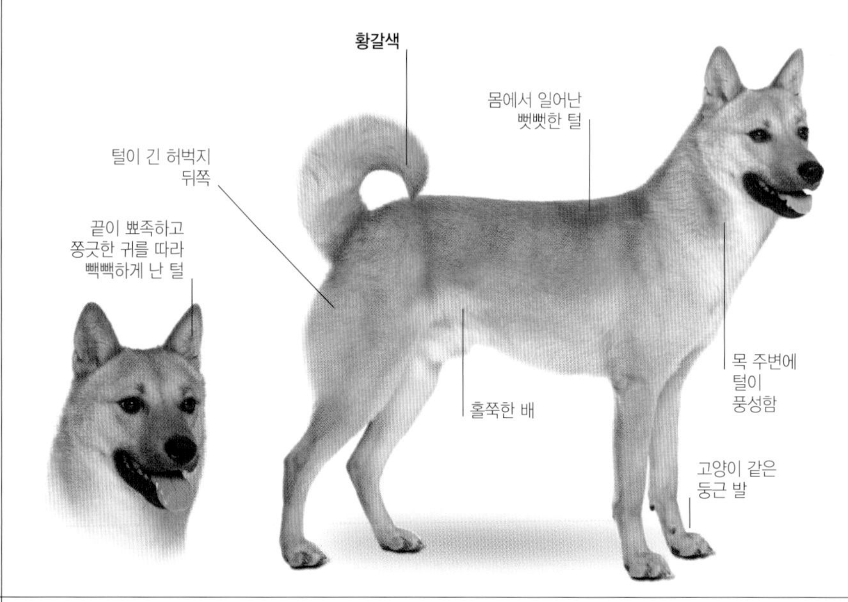


## 시바 이누(Janpanese Shiba Inu)

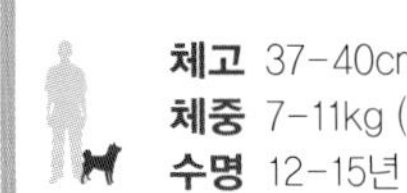

**체고** 37-40cm (15-16in)
**체중** 7-11kg (15-24lb)
**수명** 12-15년

흰색 검은색에 황갈색
적색 털은 검은색 오버레이 허용(붉은 참깨색)

시바 이누는 일본 사냥견 중 가장 작고 천연기념물로 지정되었다. 원산 국가에서 수백 년 동안 알려진 품종이다. 시바 이누는 대담하고 활기차서 가정견으로 잘 지내지만, 어릴 때 사회화시키지 않으면 제멋대로 행동할 수 있고 실외에서 사냥 본능을 잘 조절해야 한다.

## 카이(Kai)

**체고** 48-53cm (19-21in)
**체중** 11-25kg (24-55lb)
**수명** 12-15년

다양한 색조의 얼룩이 섞인 적색

카이는 일본 원산 품종 중 가장 오래되고 순종을 유지하는 품종으로 1934년 천연기념물로 지정되었다. 이 품종은 활동적이고 운동 능력이 좋은 사냥견으로 과거 무리를 지어 달렸고, 가정에서 반려견으로 잘 정착할 수도 있지만 주인이 초보자라면 추천하지 않는다.

## 키슈(Kishu)

**체고** 46-52cm (18-20in)
**체중** 13-27kg (29-60lb)
**수명** 11-13년

현재 희귀하지만 좋은 평가를 받는 키슈는 산이 많은 일본 규슈 지방에서 수백 년 전 큰 동물을 사냥하기 위해 길렀다고 추정된다. 이 품종은 천연기념물로 지정되었고 조용하고 충직하지만 추격 본능이 강해서 반려견으로는 버거울 수 있다.

앞으로 기울어진 쫑긋한 귀
짧고 쭉 뻗은 근육질 등
일부는 길이가 긴 검은색 털
장식 털이 달린 굵은 꼬리는 등 위로 말림
흰색
거친 털이 짧게 뻗침
적색
발과 다리 아래에 흰색 무늬

## 재패니즈 스피츠(Japanese Spitz)

**체고** 30-37cm (12-15in)
**체중** 5-10kg (11-22lb)
**수명** 12년 이상

재패니즈 스피츠는 초소형 사모예드(p.106)로 보이지만 두 품종이 같은 혈통이라는 증거는 없다. 밝고 에너지 넘치는 재패니스 스피츠는 일본에서 만들어졌고 세계로 인기가 퍼져 나갔다. 반복해서 짖는 특징이 있지만 훈련으로 자제시킬 수 있다.

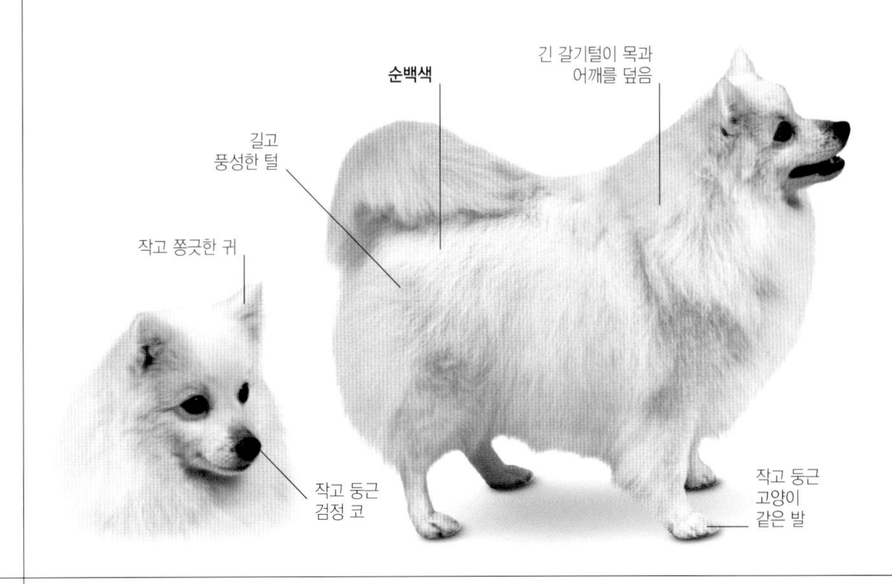


## 오이라지어(Eurasier)

**체고** 48-60cm (19-24in)
**체중** 18-32kg (40-71lb)
**수명** 12년 이상

**모든 색상 가능**
털 전체가 흰색, 적갈색이거나 흰 반점이 있어선 안 됨

오이라지어는 현대에 생겨난 아직 희귀한 품종이다. 1960년대에 독일에서 차우차우(p.112)와 저먼 울프스피츠(p.117), 사모예드(p.106)를 교배해서 만들어졌다. 성격이 차분하며 주의력이 깊어 좋은 반려견이다. 가족과 긴밀한 유대관계를 형성한다.

## 이탤리언 볼피노(Italian Volpino)

**체고** 25-30cm (10-12in)
**체중** 4-5kg (9-11lb)
**수명** 16년 이상

적색

매력적인 이탤리언 볼피노는 귀족들이 귀하게 기르거나 농민들이 감시견으로 기르는 등 100년 넘게 이탈리아에서 사랑받았다. 낯선 사람을 보면 즉각 짖으면서 주변의 큰 경비견에게 위험을 알렸다. 활발하고 놀이를 좋아해서 어떤 가정에도 잘 맞는 품종이다.

# 저먼 스피츠(German Spitz)

| 체고 | 체중 | 수명 | 다양한 색상 |
|---|---|---|---|
| 클라인: 23-29cm (9-11in)<br>미텔: 30-38cm (12-15in)<br>그로스: 42-50cm (17-20in) | 클라인: 8-10kg (18-22lb)<br>미텔: 11-12kg (24-26lb)<br>그로스: 17-18kg (37-40lb) | 14-15년 | |

그로스

**저먼 스피츠는 매우 활발하고 즐거움이 가득하면서도 좋은 감시 본능을 지니고 있으며, 학습이 빨라 어떤 가정에도 잘 어울린다.**

저먼 스피츠는 영국 켄넬 클럽(KC)이 공인하는 클라인(소형)과 미텔(중형), 국제애견협회(FCI)가 공인하는 그로스(대형)의 세 가지 크기가 있다. 세 타입 모두 과거 북극지방 유목민들이 가축을 모는 데 사용했던 품종의 자손이다.

저먼 스피츠는 전통적으로 사냥과 가축몰이, 감시견으로 사용되었다. 숱이 많은 속털과 강한 겉털은 추위와 습기로부터 몸을 보호한다. 19세기에 이 품종은 반려견과 쇼독으로 더욱 인기가 높아졌다. 그중 일부가 미국에 수출되어 아메리칸 에스키모 독(p.121)이 탄생했다. 저먼 스피츠는 세 가지 타입 모두 다소 희귀한 편이다.

저먼 스피츠는 사람들의 관심을 즐기지만 섬세한 훈련이 필요하다. 독립적인 성향이 있어 리더십을 제대로 보여 주지 않으면 제멋대로 행동할 수 있다. 아이들을 존중하도록 교육시키면 아이들과도 잘 어울린다. 이 품종은 발랄하고 다정해서 한번 가족의 일원이 되면 모든 연령대를 대상으로 훌륭한 반려견이 될 수 있다. 털은 숱이 무척 많아 엉킴 방지를 위해 매일 관리해야 한다.

## 나이와 지혜

19세기 독일 우화에는 스피츠가 자신이 가진 뼈를 뺏으려는 퍼그보다 한 수 앞선다는 내용이 나온다(그림). 스피츠가 실제로 퍼그보다 똑똑한지는 확실하지 않지만, 스피츠가 가장 오래된 품종 중 하나이기는 하다. 1750년 독일의 박물학자 부폰 백작은 본인이 아는 한 스피츠가 모든 가축화된 개들의 조상이라는 주장을 펼쳤다. 일부 스피츠 종이 먼저 출현했다는 부폰의 생각은 현대에 유전적 증거로도 뒷받침된다. 하지만 오늘날에는 어떤 단일 품종을 다른 모든 품종의 조상으로 보지 않으며, 품종 간 지능 차이가 있다는 주장에도 논란의 여지가 있다.

미텔

클라인

## 스키퍼키(Schipperke)

**체고** 25–33cm (10–13in)
**체중** 6–8kg (13–18lb)
**수명** 12년 이상

다양한 색상

스키퍼키는 벨지언 바지 독이라고도 한다. 과거 플랑드르 지방 뱃사공의 바지선을 지키고 쥐 증식을 억제하는 데 사용되었다. 가정에서도 스키퍼키의 감시 본능은 여전해서 낯선 사람을 경계한다. 이 품종은 활발하고 호감 가는 성격을 지녀 반려견으로서 즐거움을 준다.

## 케이스혼트(Keeshond)

**체고** 43–46cm (17–18in)
**체중** 15–20kg (33–44lb)
**수명** 12–15년

케이스혼트는 18세기에 네덜란드의 뱃사공과 농부들이 감시견으로 사용했다. 영리하고 외향적인 케이스혼트는 공격적이지 않고 귀여운 성격을 지닌 사랑스러운 반려견이다. 학습을 잘 받아들이고 다른 사람이나 애완동물과 잘 어울린다.

## 저먼 울프스피츠(German Wolfspitz)

**체고** 43–55cm (17–22in)
**체중** 27–32kg (60–71lb)
**수명** 12–15년

저먼 울프스피츠는 유럽에서 가장 오래전부터 알려진 품종 중 하나다. 이 품종에서 케이스혼트(좌측)가 탄생했는데, 일부 국가에서는 별개의 종으로 보지 않는다. 훈련이 쉽고 가족의 일원이 되는 것을 매우 좋아한다. 낯선 사람을 경계해서 쉽게 짖지만 공격성은 없다.

# 포메라니안(Pomeranian)

| 체고 | 체중 | 수명 | 모든 단색 가능 |
|---|---|---|---|
| 22-28cm (9-11in) | 2-3kg (5-7lb) | 12-15년 | 검은색 혹은 흰색 음영이 없어야 함 |

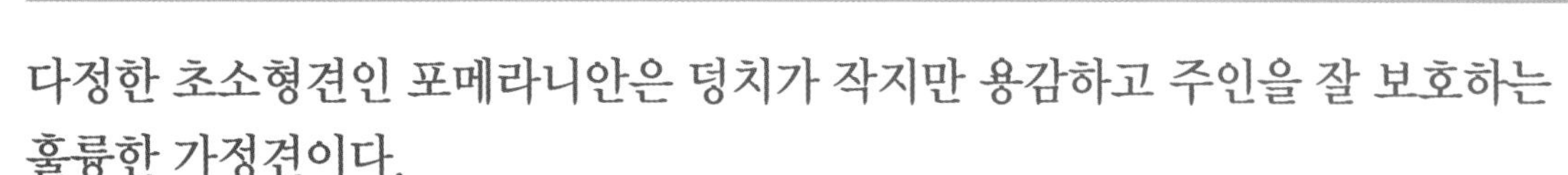

**다정한 초소형견인 포메라니안은 덩치가 작지만 용감하고 주인을 잘 보호하는 훌륭한 가정견이다.**

포메라니안은 저먼 스피츠 타입견(p.116) 중 가장 작아 일부 국가에서는 난쟁이 스피츠(츠베르크스피츠 혹은 스피츠나인)라고도 한다. 포메라니안은 현재 폴란드 북부와 독일 북동부 지역에 위치한 포메라니아 지방에서 유래한 이름이며 원래 양을 몰던 개였다.

포메라니아 지방의 개들은 지금보다 훨씬 커서 14kg에 달했고 주로 흰색이었다. 이 스피츠 타입견은 1760년 이후 유럽에서 영국에 수입되었는데, 여기에 속한 모든 품종은 원산 국가와 무관하게 포메라니안으로 통용된다.

19세기 말 포메라니안은 작은 개를 좋아하는 빅토리아 여왕의 취향이 일부 반영되어 선택교배로 토이 사이즈까지 작아졌다. 품종 개량을 위해서 독일과 이탈리아에서 다른 색상의 소형 스피츠 타입 개도 수입되었는데, 이는 기존 포메라니안의 까탈스러운 성향을 없애려는 목적도 있었다. 브리더 클럽은 영국에서 1891년, 미국에서 1900년에 만들어졌다. 20세기에는 포메라니안의 주요 특징인 작은 크기와 털복숭이 같은 고급스러운 털, 발랄한 성격을 더욱 발전시켰다.

포메라니안은 영리하고 활발하며 다정한 애완견이다. 사람과 함께 있기를 좋아하고 주인에게 헌신한다. 하지만 철저하면서도 부드럽게 훈련시켜 지배 성향이 심해지지 않도록 해야 한다. 크기에 비해 놀라울 정도로 빨라서 목줄 없이 달린다면 잘 지켜봐야 한다. 풍성한 털은 관리가 어렵지 않지만 며칠에 한 번은 브러시질이 필요하다.

강아지

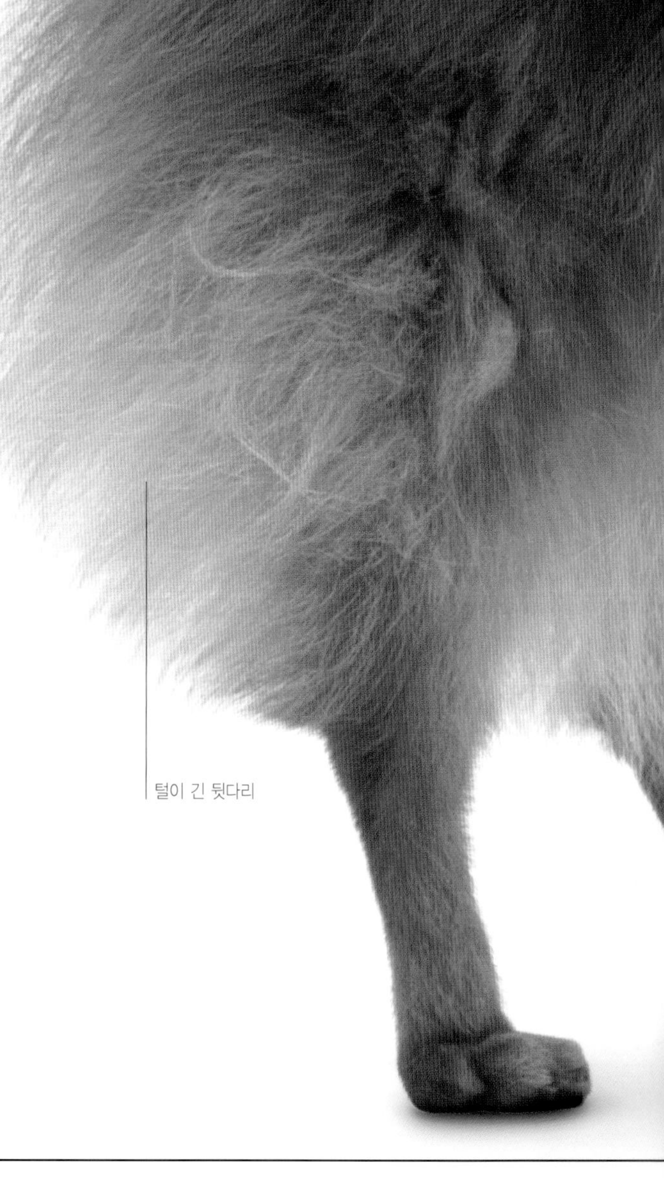

털이 긴 뒷다리

## 왕실의 후원

조지 3세의 왕비 샬럿은 1761년 영국으로 오면서 흰 스피츠를 몇 마리 데리고 왔다. 이 개들은 오늘날 포메라니안보다 훨씬 컸으며 독일 출신 신하들이 아끼던 반려견이었다. 개들은 영국에서도 순식간에 인기를 끌었고 화가 게인즈버러가 그린 〈아침 산책〉(우측) 외 몇몇 그림에도 등장했다. 빅토리아 여왕이 1888년 이탈리아 여행에서 더 작은 포메라니안을 몇 마리 구하면서 이 품종의 인기는 더욱 높아졌다.

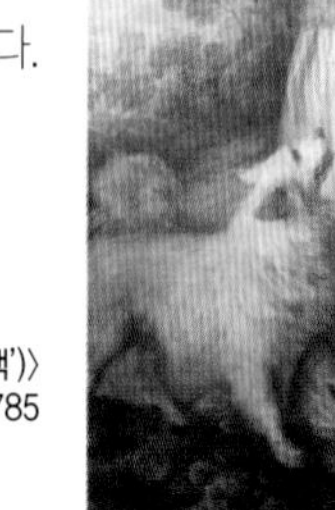

〈윌리엄 할렛 부부(일명 '아침 산책')〉
토마스 게인즈버러 작품, 1785

등 위로 올린 장식 털이
풍성한 꼬리
작고 쫑긋한 귀
오렌지색
약간 타원형의 테두리까지
검은 어두운 눈동자
목둘레와 어깨, 가슴에
풍부한 장식 털
털이 매끈한
여우형 두상
부드러운
솜 같은 털
다리 아래쪽은
털이 짧음

# 아이슬란딕 쉽독(Icelandic Sheepdog)

**체고** 42–46cm (17–18in)
**체중** 9–14kg (20–31lb)
**수명** 12–15년

**회색**
**초콜릿빛 갈색**
**검은색**
황갈색과 황색 개체에 검은색 마스크 가능

강인하고 근육이 발달한 아이슬란딕 쉽독은 프리아르 독이라고도 한다. 아이슬란드에 정착한 초기 이주민들이 들여온 품종이다. 거친 지형과 얕은 물에서 민첩하게 움직이고 짖는 소리가 날카로워서 가축을 모는 데 적합하다. 애완견으로 키운다면 충분한 운동이 필요하다. 털은 장모종과 단모종 두 가지가 있다.

# 노르위전 룬데훈트(Norwegian Lundehund)

**체고** 32–38cm (13–15in)
**체중** 6–7kg (13–15lb)
**수명** 12년

**흰색**
**회색**
**검은색**
검은색과 회색 털에 흰색 무늬,
흰색 털에 짙은 무늬 있음

노르위전 룬데훈트는 노르위전 퍼핀 독이라고도 한다. 놀랍도록 민첩하게 움직이고 머리를 어깨 뒤로 돌리거나 앞다리를 바깥으로 벌릴 수 있다. 각 발에는 며느리발톱이 2개씩 있는데, 이는 과거 위태로운 둥지까지 올라가 퍼핀 새를 사냥했던 특징이 남아 있는 것이다. 애완견으로 키운다면 충분한 훈련과 운동이 필요하다.

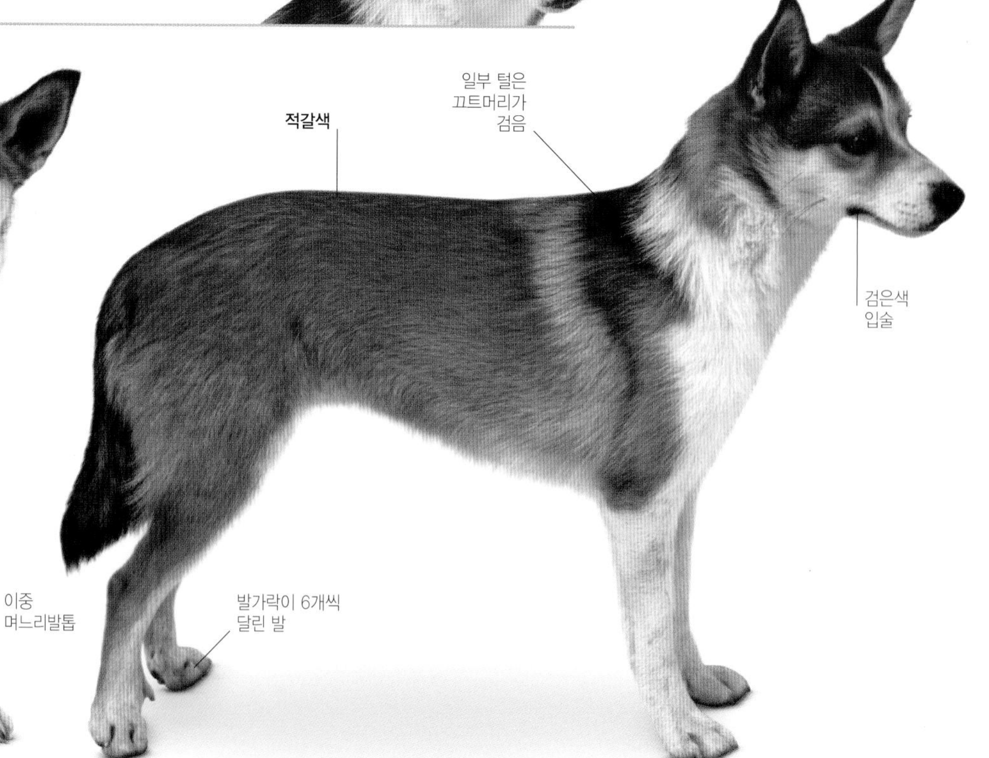

## 노르딕 스피츠(Nordic Spitz)

**체고** 42-45cm (17-18in)
**체중** 8-15kg (18-33lb)
**수명** 15-20년

작고 가벼운 노르딕 스피츠는 스웨덴의 국견이다. 현지에서 노르보텐스페츠(Norbottenspets)라고 하는데 '보스니아주의 스피츠'라는 뜻이다. 과거 다람쥐 사냥에 사용되었고 최근에는 수렵조를 잡는다. 노르딕 스피츠는 밝은 색 눈동자와 풍성한 꼬리를 가졌으며, 훈련이 어렵지 않지만 주기적으로 운동이 필요하다.

## 노르위전 버훈드(Norwegian Buhund)

**체고** 41-46cm (16-18in)
**체중** 12-18kg (26-40lb)
**수명** 12-15년

 적색

적색, 밀색, 늑대색에 세이블은 마스크, 귀, 꼬리 끝자락이 검을 수 있음

민첩한 중형 농장견인 노르위전 버훈드는 과거 곰과 늑대로부터 농장을 지키는 데 사용되었다. 오늘날 이 품종은 충분한 운동과 꾸준한 훈련을 시켜야 잘 지낸다. 짖는 소리가 날카롭고 연 2회 큰 털갈이를 해서 집 안 가꾸기에 열심인 주인에게 적합하지 않다.

## 아메리칸 에스키모 독(American Eskimo Dog)

**체고** 미니어처: 23-30cm (9-12in) / 토이: 30-38cm (12-15in) / 스탠더드: 38-48cm 이상 (15-19in)
**체중** 미니어처: 3-5kg (7-11lb) / 토이: 5-9kg (11-20lb) / 스탠더드: 9-18kg (20-40lb)
**수명** 12-13년

이름과 달리 진짜 에스키모 품종이 아닌 아메리칸 에스키모 독은 독일에서 만들어졌고 19세기에 독일 이주민들이 미국에 들여왔을 것이다. 아메리칸 에스키모 독은 과거 유랑 서커스단에서 재주를 부렸는데, 학습이 빠르고 사람들을 즐겁게 하는 재주가 있다. 토이, 미니어처, 스탠더드의 세 가지 크기가 있다.

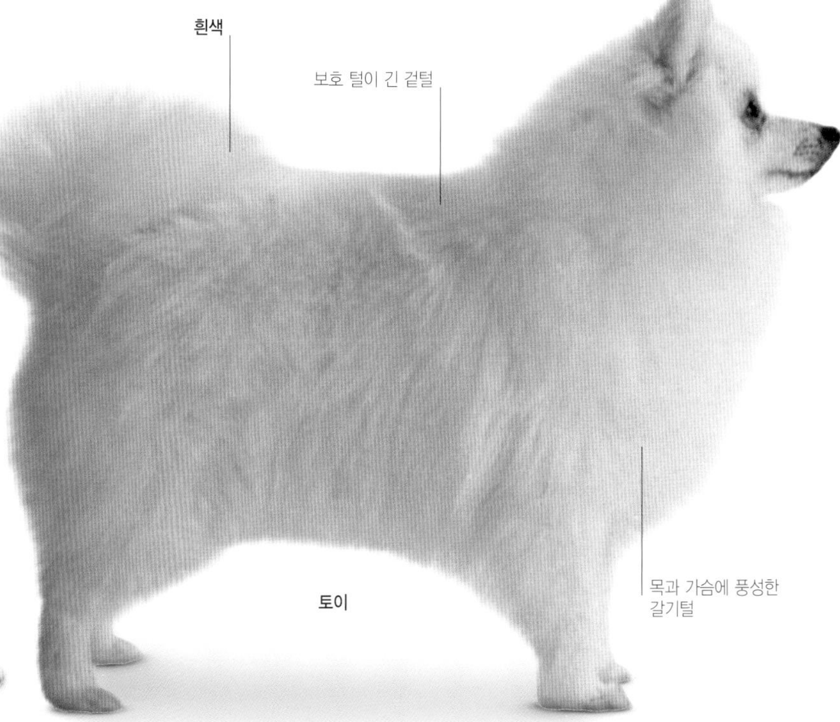

# 파피용(Papillon)

| 체고 | 체중 | 수명 | |
|---|---|---|---|
| 20-28cm (8-11in) | 2-5kg (5-11lb) | 14년 | 흰색<br>검은색에 흰색<br>흰색 털은 적갈색을 제외한 모든 반점 허용 |

**앙증맞고 유쾌하지만 결코 연약하지 않은 파피용은 놀이를 좋아하는 영리한 반려견이다.**

파피용이라는 이름은 쫑긋하고 장식 털이 많은 귀가 나비 날개(파피용은 프랑스어로 나비를 의미)를 닮은 데서 유래했다. 이 품종은 르네상스 시대 이후 유럽 궁중에서 인기를 끌었던 드워프 스패니얼의 자손이다. 이런 품종은 종종 귀족의 요청으로 1538년 티치아노가 그린 〈우르비노의 비너스〉 등의 그림에 모델로 등장했다. 17세기 프랑스에서는 루이 14세가 파피용과 유사한 개를 궁중에서 길렀고, 18세기에는 퐁파두르 부인과 마리 앙투아네트의 애완견이기도 했다.

초기 파피용은 귀가 늘어진 모양이었다. 이 품종은 현재도 남아 있는데 팔렌(프랑스어로 나방을 의미)이라고 한다. 19세기 말에 접어들면서 귀가 쫑긋한 현대의 파피용이 나타나기 시작했고 지금은 이 품종이 더 흔하다. 두 가지 품종 모두 길고 비단결 같은 장식 털이 특징이다.

파피용과 팔렌은 한 어미에서 동시에 나올 수 있으므로 영국과 미국에서는 동일한 품종으로 본다. 국제애견협회는 양쪽 모두 콘티넨탈 토이 스패니얼로 지칭한다.

오늘날 파피용은 애완용이나 쇼독으로 가장 흔하게 보인다. 이 품종은 활기차고 영리하며 사람들과 함께 어울리기를 좋아하고 놀이와 운동을 즐긴다. 파피용은 일부 소심한 개체가 있을 수 있으므로 다른 개나 외부인들 사이에서 어릴 때 사회화시켜야 한다. 길고 비단결 같은 털은 엉킴 방지를 위해 매일 손질해야 한다.

## 프랑스 궁중의 애완견

과거 '무릎개'는 부유층만 향유하는 사치품이었다. 파피용을 닮은 작은 스패니얼 품종의 개는 1500년경에 주인의 초상화에 처음 등장하기 시작했다. 유럽 대륙에서 파피용의 인기가 점차 늘면서 18세기에는 프랑스 궁중이 좋아하는 개로 확고히 자리매김했다. 이는 1774년 장 밥티스트 그뢰즈가 그린 포르샹 부인의 초상(사진)에서도 확인할 수 있다. 마리 앙투아네트는 파피용을 안방에서 키웠으며 1793년 기요틴(단두대)에 오를 때도 애견 티스베와 함께였다고 한다.

**고속 질주**

레이스트랙에서 그레이하운드는 최고 속도 72km/h까지 달린다고 기록되었다. 이 품종은 생존하는 가장 빠른 동물 중 하나다.

# 시각 하운드

**시각 하운드는 게이즈하운드라고도 하며 사냥감을 주로 예리한 시각으로 찾아서 사냥하는 견공계의 스피드왕이다. 시각 하운드는 유선형에 가벼운 몸매를 가졌지만 힘이 세서 사냥감을 순식간에 쫓아가며 유연하게 방향을 전환할 수 있다. 이 그룹에 속한 많은 품종이 특정 동물을 사냥하기 위해 만들어졌다.**

고고학적 증거에서도 나타나듯이 날씬하고 다리가 긴 품종은 수천 년 동안 인간 곁에서 사냥을 했지만, 오늘날 시각 하운드가 초기에 어떻게 발달했는지는 확실히 밝혀지지 않았다. 아마도 테리어를 포함한 다양한 품종을 교배해서 그레이하운드(p.126), 휘핏(p.128) 등 클래식한 시각 하운드가 탄생했을 가능성이 있다.

시각 하운드는 누가 보더라도 쉽게 알 수 있다. 선택교배는 스피드를 올리는 것에 중점을 두었다. 강하고 탄력 있는 등과 운동에 특화된 몸은 전속력으로 달릴 때 신체를 최대한 내딛을 수 있으며, 큰 보폭과 탄력 있는 다리, 강력한 엉덩이는 추진력을 제공해 준다. 또 다른 특징으로 길고 좁은 머리에 스톱이 두드러지지 않거나 보르조이(p.132)처럼 스톱의 경계가 없는 경우도 있다. 전형적으로 작은 동물을 사냥하고 낚아채도록 만들어진 시각 하운드는 전속력으로 달릴 때 머리를 낮게 숙인다. 또 다른 공통점으로 시각 하운드는 더 큰 심장과 폐활량이 큰 폐를 담는 두꺼운 가슴을 지니고 있다. 시각 하운드 그룹에서는 짧거나 고운, 비단결 같은 털이 일반적인데 아프간 하운드(p.136)만 유일하게 매우 긴 털을 가지고 있다.

시각 하운드는 우아하고 귀족적인 자태로 역사 속에서 부유하고 높은 자들이 좋아하는 사냥견이었다. 그레이하운드나 현대의 품종과 매우 유사한 코싱 경기용 품종은 고대 이집트에서 파라오가 키우던 품종이었다. 살루키(p.131)는 수백 년 동안 사막에서 이슬람 지도자들이 가젤 사냥에 사용했으며 지금도 가끔 그 역할을 수행하고 있다. 러시아 제국에서 멋진 외형의 보르조이는 늑대를 찾아내서 죽이는 용도로 귀족은 물론 왕실에서 특별히 기르던 품종이었다.

오늘날 시각 하운드는 경주대회와 가짜 토끼를 쫓는 코싱 경기에 사용되며 애완용으로도 많이 기른다. 시각 하운드는 주변에 다소 무관심할 때도 있지만 일반적으로 공격성이 없어 다정한 가정견이다. 하지만 핸들링에 주의가 필요한데, 실외에서는 목줄을 한 상태로 다루는 것이 좋다. 특히 작은 동물을 쫓으려는 본능은 복종훈련을 소용없게 만들 정도로 강력하다. 시각 하운드가 사냥감으로 인식하는 대상을 쫓아간다면 멈추게 하는 건 불가능하다.

# 그레이하운드(Greyhound)

| 체고 | 체중 | 수명 | |
|---|---|---|---|
| 69-76cm (27-30in) | 27-30kg (60-66lb) | 11-12년 | 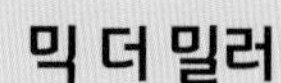 모든 색상 가능 |

**놀라운 스피드로 달릴 수 있는 그레이하운드는 온순하고 점잖은 가정견으로 짧고 격렬한 운동을 좋아한다.**

영국에서 그레이하운드의 조상은 기원전 4000년경까지 거슬러 올라가 한때 이집트 무덤에서 묘사된 날씬한 사냥견으로 추정되었다. 하지만 DNA 증거에 따르면 이 품종은 외모와 달리 목양견에 가깝다고 한다. 또 다른 가능성으로 사냥과 토끼몰이에 쓰였던 고대 켈트족의 개인 버트라거스를 조상으로 꼽을 수 있다.

몸집이 크고 운동 능력이 좋은 시각 하운드는 1000년에 영국에 알려졌다. 초기에는 주로 사냥에 사용되었지만 중세 시대 들어서는 귀족만 개를 키울 여유가 있었다. 18세기에는 상류층 사이에서 토끼몰이가 유행하면서 그레이하운드의 혈통서가 처음 등장했다.

날렵하고 힘이 센 그레이하운드는 달리기 적합한 체형으로 순식간에 시속 72km/h까지 속도를 올릴 수 있다. 현재도 토끼몰이에 사용되지만 경주견으로 더 자주 볼 수 있다. 쇼독으로 키우는 그레이하운드도 있는데, 경주견보다 몸집이 크다.

경주견에서 은퇴한 그레이하운드는 애완견으로 인기를 끌고 있다. 이 품종은 점잖은 성격에 적당한 운동만 필요해서 키우기 편하지만 날씬하고 피모가 얇아 추위로부터 보호해야 한다.

## 믹 더 밀러

초기 영국 경주견 중 가장 유명한 그레이하운드는 어느 목사가 아일랜드에서 키우던 개였다. '믹 더 밀러'는 강아지 때 병약했지만 아일랜드 경주에서 15회나 우승했다. 그 후 1929년 런던 화이트 시티 더비에서도 세계 신기록을 약 480m 이상 갱신하며 우승을 차지했다. 믹 더 밀러(사진)는 1929년부터 1931년까지 메이저 대회에서 연이어 승리하며 대중의 인기를 한 몸에 받았다. 또한 은퇴 후에는 교배료로 9만 달러나 벌어들였고 영화에도 출연했으며 1939년에 세상을 떠났다.

월튼온템스에서 훈련 중 마사지를 받는 믹

# 이탤리언 그레이하운드(Italian Greyhound)

| 체고 | 체중 | 수명 | 다양한 색상 |
|---|---|---|---|
| 32–38cm (13–15in) | 4–5kg (9–11lb) | 14년 | 검은색에 청색과 황갈색 무늬와 얼룩무늬 털은 허용 안 됨 |

**직물 같은 피부를 가진 초소형의 이탤리언 그레이하운드는 편안한 생활을 좋아하지만 겉모습에 비해 많은 운동을 시켜야 한다.**

미니 그레이하운드인 이탤리언 그레이하운드는 지중해 국가에서 유래했다. 소형 그레이하운드 품종은 2,000년 전으로 거슬러 올라가 터키와 그리스 예술품에서 확인되고 폼페이의 화산재 속에서도 유사한 개가 발견되었다. 르네상스 시대에 이르러 초소형 그레이하운드는 이탈리아 궁중에서 많은 인기를 끌었다. 이 품종은 17세기에 영국으로 들어왔고 영국과 기타 유럽 궁중에서 큰 인기를 누렸다.

이탤리언 그레이하운드는 매일 운동과 두뇌 자극이 필요하다. 크기는 작지만 빨라서 순식간에 시속 65km/h까지 달릴 수 있다. 또한 에너지가 넘치고 영리하며 추격 본능이 강하다. 고귀했던 과거에서 알 수 있듯이 이탤리언 그레이하운드는 편안한 생활을 좋아한다. 이 품종은 일반적으로 가족에게 헌신적이고 사람과 충분히 부대끼는 관계를 원한다. 이런 욕구가 충족되지 않으면 지루함을 느끼고 제멋대로 행동할 수 있다. 연약해 보이는 뼈대와 달리 강인한 품종이지만 혈기왕성한 아이들이나 다른 큰 개 사이에서 다칠 위험이 있다.

이 품종은 털이 짧고 피부가 얇아 춥거나 젖으면 몸이 약해지므로 추운 날씨에 외출할 경우에는 옷을 입혀야 한다.

## 왕이 가장 아끼는 친구

프러시아의 프리드리히 대왕(그림 우측, 18세기 그림을 목판화로 옮김)은 초소형 그레이하운드를 50마리 이상 길렀고, 심지어 한 마리는 7년 전쟁(1756–1763) 때 안장 주머니에 넣어 전투에 데리고 나갔다고 한다. 그의 개가 죽자 프리드리히 대왕은 개인적으로 아끼던 거처인 포츠담 상수시 궁전에 묻어 주었다. 프리드리히 대왕은 죽어서도 그의 개 옆에 묻히기를 원했지만 후임자가 허락하지 않았다. 1786년에 죽은 프리드리히 대왕은 1991년에야 유해가 옮겨져 마침내 소원을 이루었다.

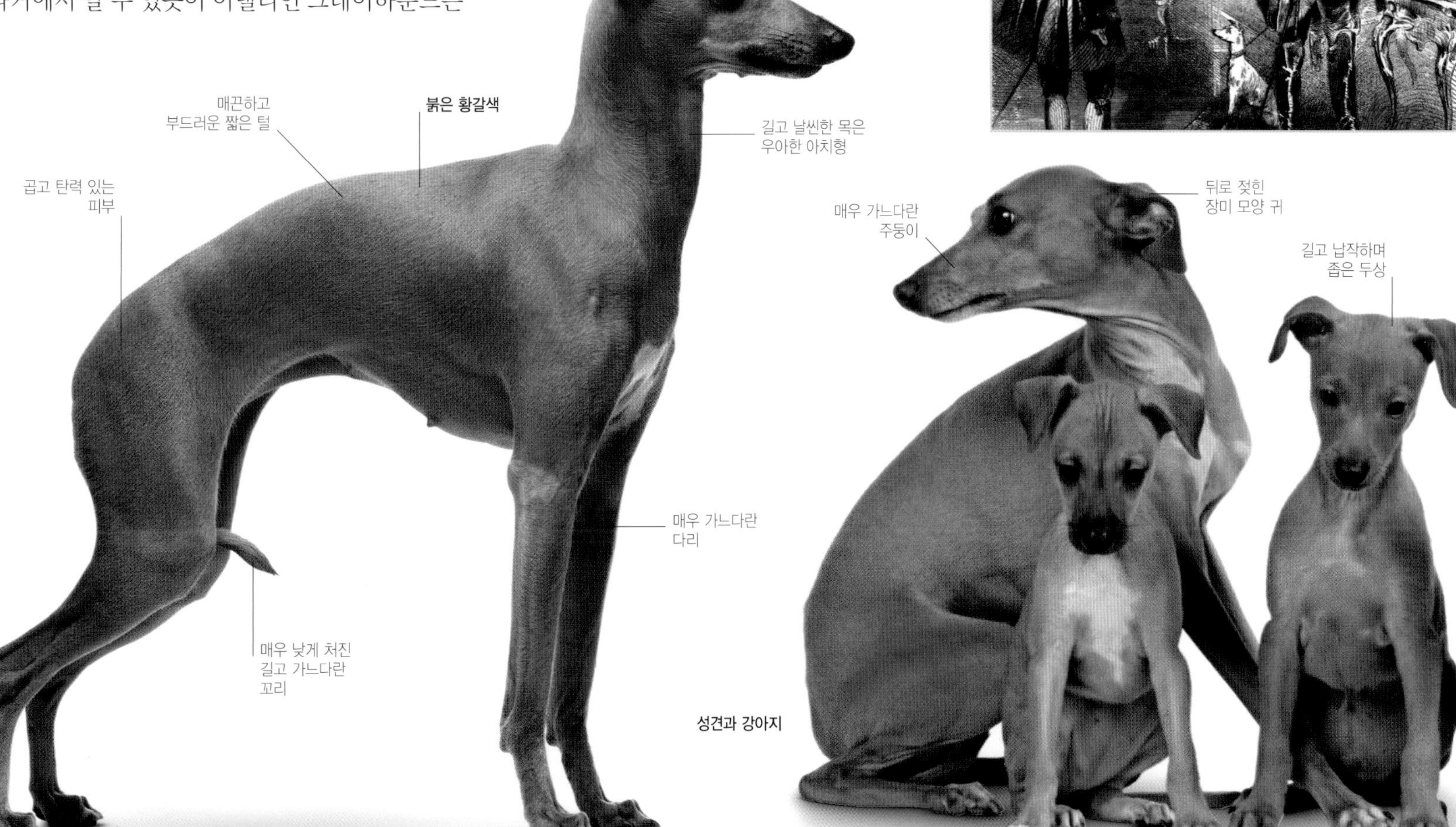


성견과 강아지

# 휘핏(Whippet)

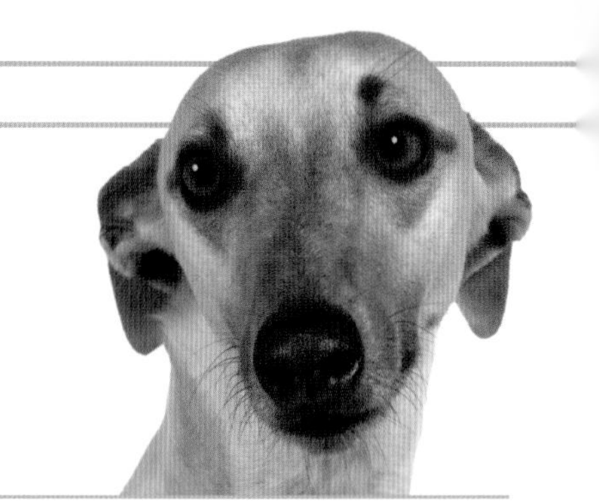

| 체고 | 체중 | 수명 | 모든 색상 가능 |
|---|---|---|---|
| 44–51cm (17–20in) | 11–18kg (24–40lb) | 12–15년 | |

## 최고의 단거리 경주자인 휘핏은 차분하고 다정해서 가정에서 사랑스러운 존재지만 사냥꾼의 면모도 남아 있다.

휘핏은 가축화된 동물 중 체중 대비 속도가 가장 빨라 시속 56km/h까지 달릴 수 있다. 또한 가속력이 엄청나며 빠르게 달리면서도 몸을 돌릴 수 있다. 작고 우아한 휘핏은 19세기 말 영국 북부지방에서 그레이하운드(p.126)와 여러 테리어를 교배해서 만들어졌다. 원래 토끼나 작은 동물을 사냥했지만 저렴한 스포츠견으로 각광받기 시작했다. 휘핏 레이싱은 개가 달릴 만한 수십 미터 너비의 공간이 있으면 어디서든 이루어졌고, 제분소나 광산 노동자의 소일거리가 되었다. 오늘날 이 품종은 레이싱과 가짜 미끼를 쫓는 코싱 경기, 장애물을 넘는 어질리티 대회에도 이용되지만 대부분 애완용으로 키운다.

휘핏은 조용하고 온순, 다정하며, 집 안에서 품행이 바르고 아이에게 유순하다. 예민한 품종이므로 요령 있는 핸들링이 필요하고 거친 놀이나 무리한 명령에 쉽게 스트레스를 받는다. 피부가 예민하고 털이 곱고 짧아서 추운 날씨에는 외투를 입혀야 한다. 휘핏은 털에서 거의 냄새가 나지 않아 젖어 있을 때도 개 특유의 냄새가 나지 않는다. 가끔 털이 긴 강아지가 태어나지만 공식적으로 인정되지 않는다.

휘핏은 에너지가 넘치며 안전한 장소에서 마음껏 뛸 수 있도록 정기적으로 운동을 시켜야 한다. 일반적으로 다른 개와 잘 지내지만 사냥 본능이 강해서 틈만 나면 고양이나 작은 동물을 쫓아간다. 가정에서 함께 키운 고양이라면 최소한 무시하거나 신경을 쓰지 않지만, 다른 가족이 키우는 토끼나 기니피그 같은 동물과 함께 있을 때는 꼭 지켜봐야 한다. 이 품종은 낯선 사람을 경계해서 감시견으로도 좋고 주인에게 확고한 충성심을 보인다.

### 가난한 자의 경주마

19세기 영국의 공업지역에서 천 조각을 흔드는 주인을 향해 달려가는 휘핏 래그 레이싱은 꽤 인기를 끌었다. 노동자 가족들은 자신이 기르는 경주용 휘핏에 엄청난 자부심을 가졌고 레이싱에 우승하면 추가 수입을 짭짤하게 챙겼다. 그래서 이 품종은 일명 '가난한 자의 경주마'로 알려졌다. 주인은 가족이 먹는 음식을 주고 심지어 아이들 침대에 재우는 등 개를 돌보는 데 정성을 아끼지 않았다.

크래들리 히스 휘핏 레이싱 클럽, 영국, 1961년

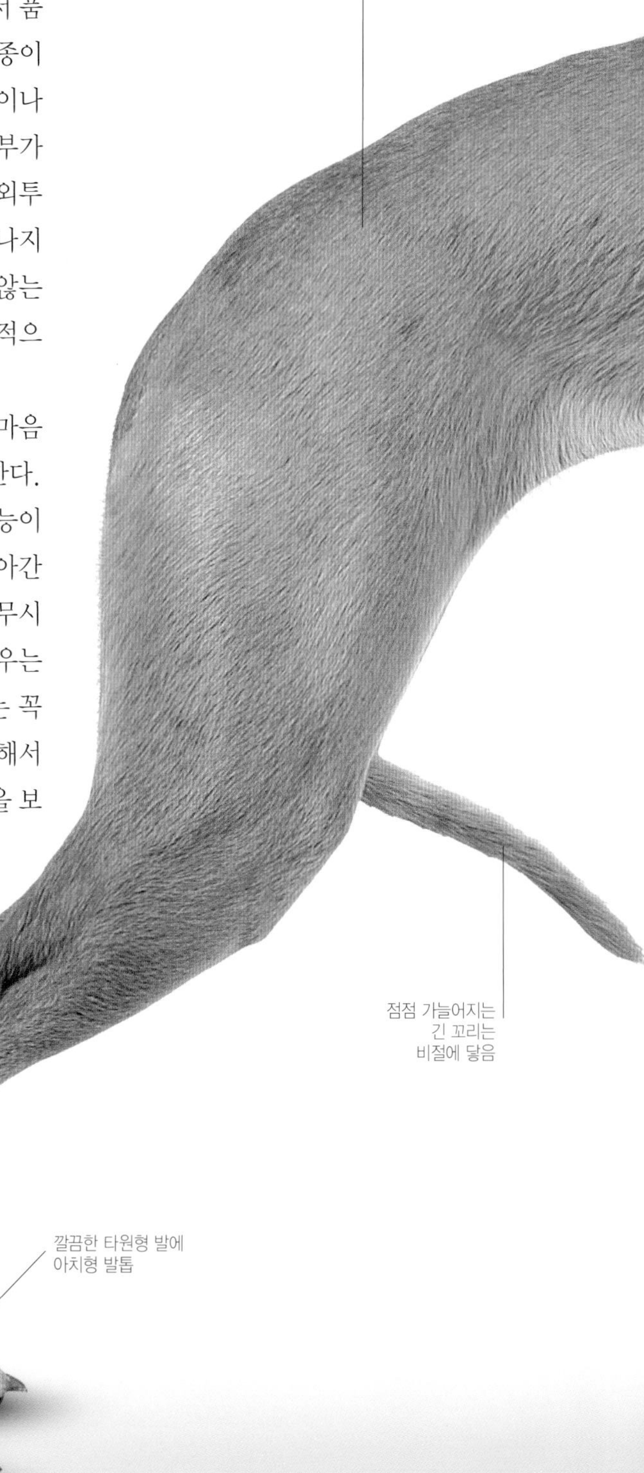

얼룩무늬에 흰색
장미 모양 귀
근육질에
우아한 몸매
짙은 색 주둥이
은빛 황갈색
표현이 풍부한
타원형 눈
홀쭉한 배
두꺼운 가슴
근육이 잘 발달된
뒷다리

## 람푸르 그레이하운드(Rampur Greyhound)

**체고** 56–75cm (22–30in)
**체중** 27–30kg (59–66lb)
**수명** 8–10년

모든 색상 가능

람푸르 그레이하운드는 지금은 희귀하지만 과거 인도 왕자들이 아끼던 스포팅 반려견이었다. 힘이 세서 주로 자칼과 사슴 사냥에 쓰였고 야생 멧돼지와도 싸울 수 있었다. 이 품종의 기원은 불확실하지만 영국의 그레이하운드와 인도 고유 품종을 교배해서 힘과 끈기를 물려받은 것으로 보인다.

## 헝가리언 그레이하운드(Hungarian Greyhound)

**체고** 62–70cm (24–28in)
**체중** 25–40kg (55–88lb)
**수명** 12–14년

모든 색상 가능

헝가리언 그레이하운드는 과거 토끼와 여우 사냥에 사용되었고, 1,000년 전 마자르인이 헝가리에 유입되면서 들여왔다고 알려졌다. 그레이하운드(p.126)만큼 빠르지는 않지만 더 강인하고 지치지 않는다. 이 품종은 머저르 어가르라고도 하며 주기적으로 달려 줘야 한다. 충직하고 주인을 잘 지키는 반려견이다.

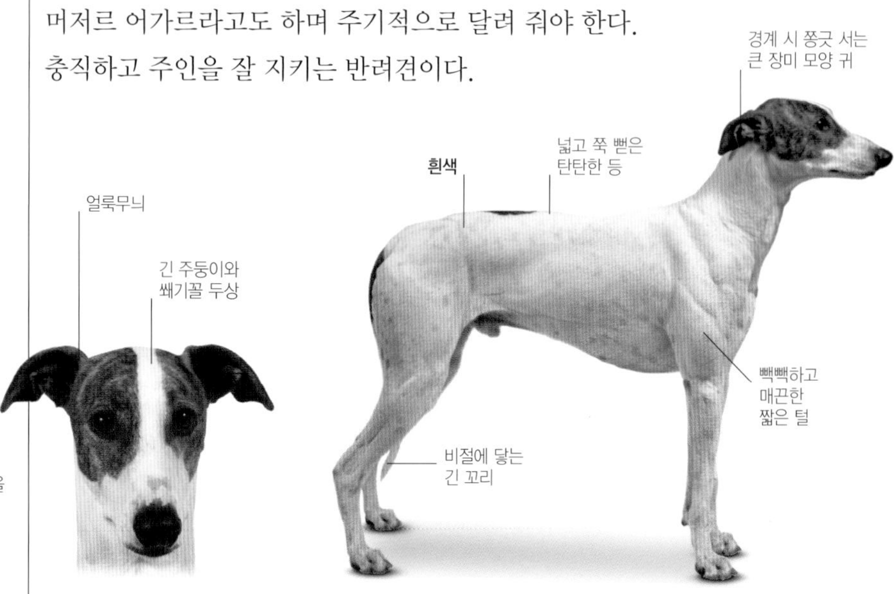


## 폴리시 그레이하운드(Polish Greyhound)

**체고** 68–80cm (27–31in)
**체중** 65–85kg (143–187lb)
**수명** 12–15년

모든 색상

폴리시 그레이하운드는 그레이하운드(p.126)와 보르조이(p.132)가 섞인 것으로 추정되고 다른 시각 하운드보다 힘이 세고 강인하다. 느시(큰 황새 같은 새)와 늑대 사냥용으로 길렀고 경주견으로도 인기가 있다. 폴리시 그레이하운드는 철저한 훈련과 충분한 운동, 정기적인 털 관리가 필요하다.

# 살루키(Saluki)

**체고** 58–71cm (23–28in) | **체중** 16–29kg (35–65lb) | **수명** 12년 | 다양한 색상

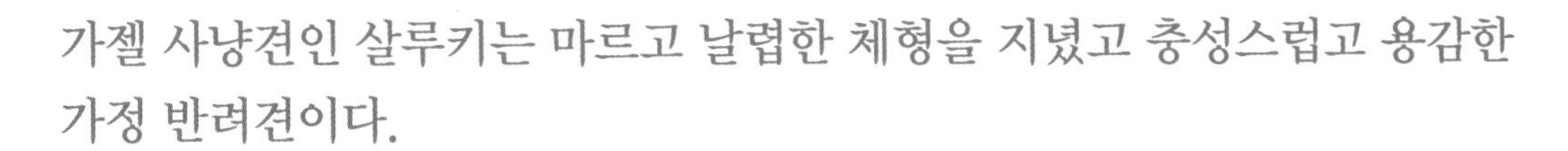

**가젤 사냥견인 살루키는 마르고 날렵한 체형을 지녔고 충성스럽고 용감한 가정 반려견이다.**

살루키 타입 품종은 현존하는 가장 오래된 품종 중 하나로 수천 년 동안 사냥에 쓰였다. 일찍이 기원전 7000-6000년부터 수메르 제국(현재 이라크)의 벽에 새겨진 조각과 고대 이집트 무덤 벽화에서 확인되고, 파라오와 함께 안장된 미라로 만든 살루키 사체도 발견되었다. 당나라 시대(618-907)에 살루키와 유사한 개가 있었고 유럽에는 12세기에 십자군을 따라 처음 들어왔다.

살루키의 날렵함은 중동에서 호평을 받았는데, 장거리는 그레이하운드(p.126)보다 빨리 뛸 수 있다. 무슬림은 전통적으로 개를 불결한 동물로 여겼지만 살루키만은 예외로 취급해서 가족 텐트에서 함께 지냈다. 또한 살루키는 절대로 돈을 받고 팔지 않았고 명예의 징표로 선물하곤 했다.

살루키는 유순하고 주인에게 다정다감하지만 낯선 사람은 경계할 수 있다. 매우 영리하므로 운동거리와 몰두할 거리를 충분히 제공하지 않으면 지루함을 느껴 제멋대로 행동할 수 있다. 추적 본능이 강하므로 잘 제어해야 한다. 털은 매끈한 스무스 타입과 길이가 긴 페더드 타입이 있다.

### 귀중한 사냥꾼

초기 살루키(1840년대 초 일러스트에서 발췌)를 그린 그림에서 다리와 꼬리에 장식 털이 많은 모습이 관찰된다. 하지만 오늘날 페더드 타입의 특징인 귀에 있는 긴 장식 털이 없다. 베두인족은 전통적으로 이 품종의 외모보다 사냥 솜씨를 더 높이 평가했다. 살루키는 가젤(그래서 가젤 하운드라고도 함), 여우, 토끼와 같이 발이 빠른 사냥감을 잡는 데 쓰였다.

# 보르조이(Borzoi)

| 체고 | 체중 | 수명 | 다양한 색상 |
|---|---|---|---|
| 68–74cm (27–29in) | 27–48kg (60–106lb) | 11–13년 | |

## 문화 아이콘

강력하고 화려한 보르조이는 문학과 영화에서 존재감을 드러냈다. 레오 톨스토이의 대작 《전쟁과 평화》에서는 무리 지어 늑대를 사냥하는 보르조이를 강렬하게 묘사했다. F. 스콧 피츠제럴드가 쓴 《아름답고도 저주받은 사람들》에서는 주인공의 여자친구가 그를 '러시안 울프하운드'와 비교하는 장면이 나온다. 주인공은 보르조이가 "공주나 귀족들 사진에 주로 나오는 개"라며 흡족해한다. 보르조이는 아르 데코 예술의 단골 소재였으며 영화에도 자주 출연했다. 또한 영화배우들의 우아한 반려견으로도 빠지지 않았다.

에드워드 7세의 아내 알렉산드라와 애견 보르조이

**고귀한 러시아 사냥견인 보르조이는 스피드, 우아함과 더불어 무심한 듯 쫓아가는 추격 욕구까지 지녔다.**

크고 우아한 보르조이는 교역상들이 서방으로 들여온 중앙아시아 시각 하운드의 자손이다. 과거 러시안 울프하운드라고 불렸는데 러시아 황제와 귀족들이 늑대사냥용으로 길렀다. 보르조이의 스피드는 그레이하운드(p.126)로부터, 힘과 내한성은 러시아 고유 품종과의 교배로 얻었다. 귀족들은 보르조이를 100마리 동원해서 세 마리씩 한 조로 풀어 늑대를 잡았다. 한 마리가 늑대의 뒤를 공격하면 다른 두 마리가 목을 공격하는 방식이었다.

1917년 러시아 혁명 이후 귀족을 상징한다는 이유로 사람들이 이 품종을 많이 죽였지만, 1940년대에 콘스탄틴 에스몬트라는 병사가 보르조이를 보존하기 위해 소련 정부를 설득해서 가죽 교역에 종사하는 사냥꾼이 사용하도록 했다. 지금도 러시아에서는 보르조이를 주로 사냥용으로 평가하지만 그 밖의 나라에서는 몇 년 동안 쇼독과 사냥견으로 길러 왔다.

오늘날 보르조이는 일반 가정에서도 즐겁게 지내지만 충분히 걷고 뛰게 해 주어야 하며, 훈련을 통해 추격 본능을 제어해야 한다. 또한 길고 웨이브 진 털을 최상으로 유지하기 위해 정기적으로 브러시질하고 목욕시켜야 한다.

## 디어하운드(Deerhound)

**체고** 71–76cm (28–30in)
**체중** 37–46kg (82–101lb)
**수명** 10–11년

붉은 황갈색 혹은 모랫빛 적색
얼룩이 섞인 검은색

텁수룩한 아이리시 울프하운드(p. 134)를 닮은 디어하운드는 과거 사슴을 사냥하던 스코틀랜드 귀족의 전유물이었지만 현재는 주로 아늑한 거실의 타오르는 벽난로 곁에서 지낸다. 매일 지칠 정도로 걷고 활동하기에 충분한 실외 공간이 있다면 실내에서 느긋하면서도 다정한 품종이다.

## 스패니시 그레이하운드(Spanish Greyhound)

**체고** 58–72cm (23–28in)
**체중** 20–30kg (44–66lb)
**수명** 12년

모든 색상 가능

날렵한 사냥꾼인 스패니시 그레이하운드는 기원전 500년경 켈트족과 함께 이베리아반도로 들어온 개의 자손으로 추정된다. 이 품종은 과거 왕실에서만 소유했고, 코싱 경기와 경주용으로 널리 인기를 끌었다. 스패니시 그레이하운드는 가정견으로 훈련시키기 어렵지 않지만 운동이 많이 필요하다. 털은 매끈한 스무스 타입과 뻣뻣한 와이어 타입 두 가지가 있다.

# 아이리시 울프하운드(Irish Wolfhound)

| 체고 | 체중 | 수명 | 다양한 색상 |
|---|---|---|---|
| 71-86cm (28-34in) | 48-68kg (105-150lb) | 8-10년 | |

**세계에서 가장 덩치가 큰 아이리시 울프하운드는 충성스럽고 위엄 넘치며 유순한 사냥견으로, 휴식을 취하고 달릴 공간이 필요하다.**

아이리시 울프하운드라는 이름은 전통적으로 늑대를 사냥하던 데서 유래했다. 이 품종은 아일랜드에서 수천 년 동안 알려졌으며 아일랜드 족장과 왕들이 늑대나 엘크 사냥 외에 전쟁에서도 활용했다. 위대한 사냥견을 의미하는 '쿠(cu)'라는 단어가 아일랜드 법전과 문학에서 언급되며 로마에도 알려졌다.

수백 년 동안 이 품종은 고귀함의 상징이어서 중요한 외지인에게 선물로 주었다. 선물로 주는 개체가 너무 많아지자 아일랜드에 늑대가 들끓지 않도록 하기 위해 1652년에 반출이 금지되었다. 하지만 1786년을 마지막으로 늑대가 사라지면서 아이리시 울프하운드는 본래의 전통적인 목적을 상실하고 매우 희귀해졌다. 1870년대에 영국군 장교 조지 A. 그레이엄 대위는 아이리시 울프하운드를 되살리기 위한 계획의 일환으로 디어하운드(p.133)와 그레이트 데인(p.96)을 이종교배했다. 1902년에 아이리시 울프하운드는 영국 근위대의 상징으로 채택되었고 현재까지 역할을 이어 오고 있다.

이 거대하고 육중한 품종은 뒷다리로 서면 높이 1.8m까지 닿는다. 하지만 당당한 외모와 달리 차분하고 유순한 편이다. 반려견으로 자주 키우며 사람과 함께 있기를 좋아한다. 하지만 적지 않은 사료비를 감당할 수 있고 거대한 개를 키울 만한 충분한 실내외 공간을 확보한 주인에게 가장 적합하다. 거친 털은 정기적으로 브러시질과 손질을 해야 한다.

## 겔러트의 전설

웨일스 전설에 따르면 겔러트는 아일랜드의 군주 위대한 허웰린이 가장 아끼던 개다. 하루는 허웰린이 겔러트를 두고 사냥을 다녀왔는데 사라진 어린 아들 대신 겔러트의 턱에 묻은 피를 발견하고 충격에 휩싸인다. 겔러트가 아기를 죽였다고 믿은 허웰린이 개를 칼로 벤 순간 아기가 울음을 터뜨렸다. 허웰린은 겔러트가 숨통을 끊어 놓은 늑대 위에 아기가 누워 있는 것을 발견했다. 허웰린은 깊이 후회하며 겔러트를 묻어 주고 그를 기리는 기념비를 세웠다. 오늘날 그의 무덤 근처인 웨일스 베드겔러트에는 겔러트 동상이 서 있다(사진).

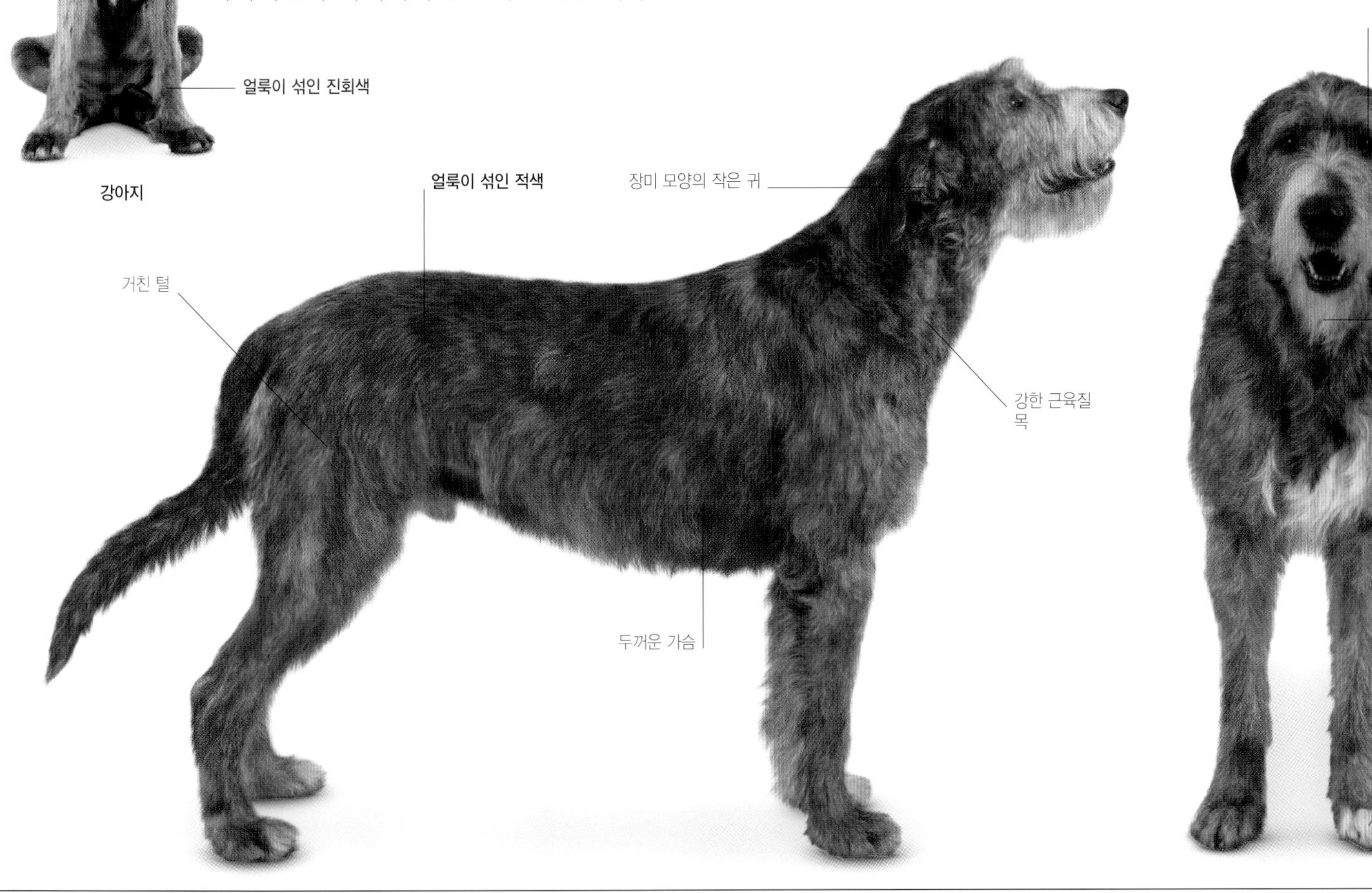

# 아프간 하운드(Afghan hound)

| 체고 | 체중 | 수명 | 모든 색상 가능 |
|---|---|---|---|
| 63-74cm (25-29in) | 23-29kg (50-64lb) | 12-14년 | |

### 세계 최초의 복제개

2005년 서울대학교는 복제개 스너피를 공개해서 세상을 놀라게 했다. 스너피는 아프간 하운드 성견의 귀 세포에서 추출한 DNA를 암컷의 난자에 주입해서 만들었다. 총 123마리 대리모에 시도해서 태어난 3마리 강아지 중 스너피가 유일하게 살아남았는데, 부견과 유전적으로 동일했다. 2008년 스너피는 암컷 복제 개 2마리와 수정시킨 강아지 10마리가 태어나 아빠가 되었다.

복제 DNA를 제공한 아프간 하운드 옆에 앉은 스너피(우측)

**견공계의 슈퍼모델인 아프간 하운드는 화려하고 주변에 무관심하며 관리가 어렵지만 다정한 애완견이다.**

아프간 하운드의 기원은 알려지지 않았지만 아프가니스탄으로 통하는 교역로를 통해 들어온 품종의 자손으로 추정된다. 사람들은 이 품종을 토끼, 사슴, 야생 염소뿐만 아니라 늑대와 눈표범 사냥에도 사용했다. 아프간 하운드는 민첩성과 지구력을 갖추고 있어 거친 지형에서 잘 달리고 방향전환이 빠르며 산비탈도 능숙하게 올라가서 사냥에 적합하다. 길고 비단결 같은 털은 추위를 막아 주고 큰 발은 접지력이 좋아 부상을 방지했다. 아프가니스탄에는 여러 가지 타입의 품종이 있었는데, 사막 지역 품종은 몸집이 가볍고 털이 고왔으며, 산악 지역 품종은 털이 더 풍성했다.

아프간 하운드는 19세기 말에 영국 병사가 이 품종을 영국으로 처음 데려가기 전까지 아프가니스탄 외부로 알려지지 않았다. 1930년대에 미국 코미디 그룹 마르크스 형제의 멤버인 제포가 이 품종을 소개한 이후 유명인사 사이에서 인기를 끌었다.

오늘날 아프간 하운드는 화려한 쇼독이자, 가끔 제멋대로 굴지만 다정다감한 가족 애완견이다. 또한 가짜 사냥감을 쫓는 코싱 경기와 복종훈련 대회에서도 탁월한 기량을 발휘한다. 이 품종은 자유롭게 달리게 해 주는 등 충분한 운동이 필요하다. 또한 독쇼용 긴 털은 정기적으로 많은 손질이 필요하다.

## 슬루기(Sloughi)

**체고** 61–72cm (24–28in)
**체중** 20–27kg (44–60lb)
**수명** 12년

슬루기는 북아프리카에서 높은 평가를 받는 유서 깊은 사냥견으로 최근에야 미국과 유럽에 알려졌다. 이 품종은 조용한 성격을 가진 기분 좋은 반려견이며 가정생활을 좋아한다. 슬루기는 작은 동물을 쫓으려는 욕구가 강해서 다른 애완동물과 지낼 경우 어릴 때 사회화시켜야 한다.

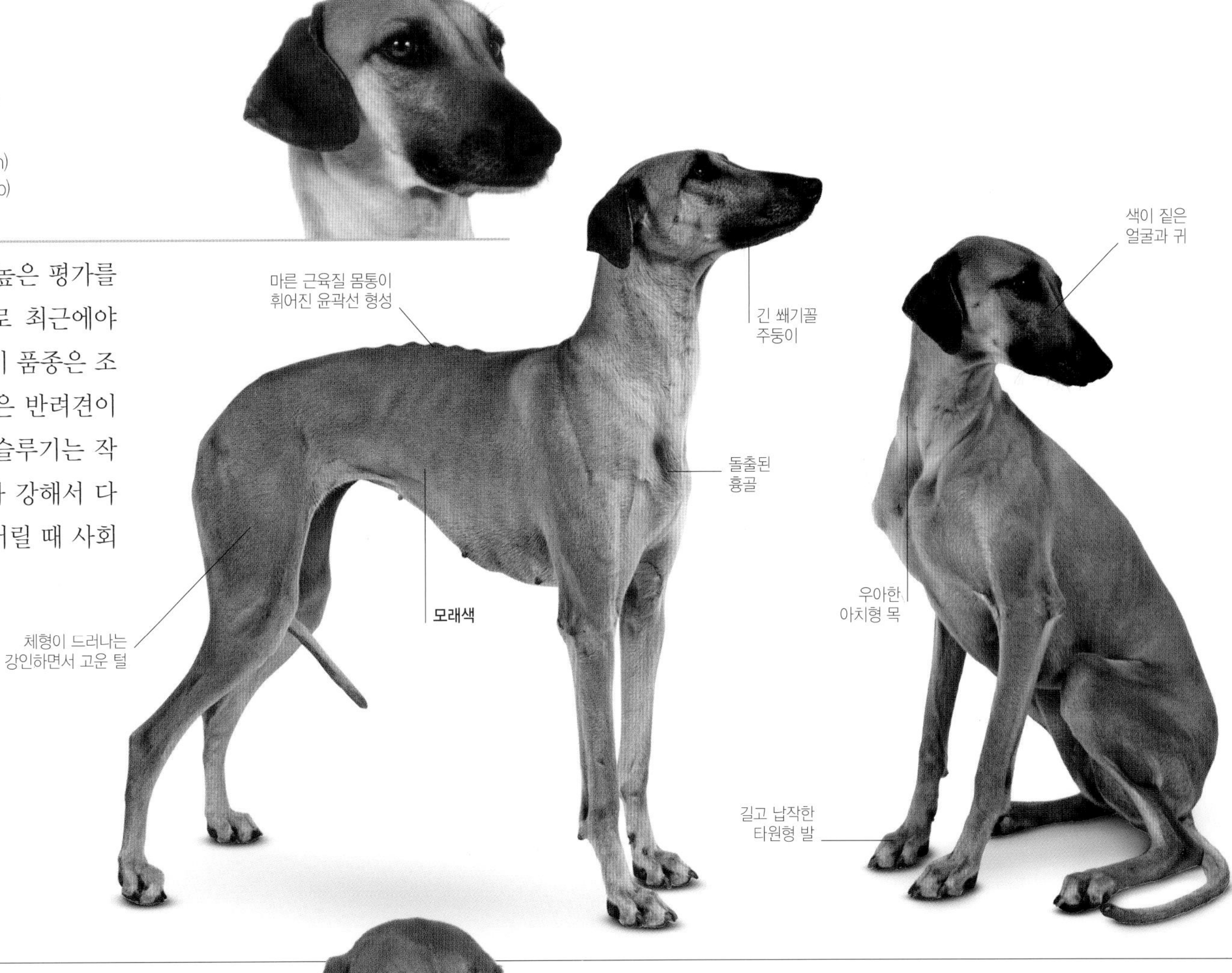


## 아자와크(Azawakh)

**체고** 60–74cm (24–29in)
**체중** 15–25kg (33–55lb)
**수명** 12–13년

다리가 긴 사냥견인 아자와크는 사하라 사막 이남에서 유래했는데, 유목민들이 사냥, 경비, 반려용으로 사용했다. 무척 고운 피부가 특징이다. 아자와크는 세심하게 핸들링하고 매일 달리기를 시켜 주면 가정견으로 잘 적응한다.

**팩 헌팅**

팩 하운드 여우 사냥은 과거 영국에서 일상적인 시골 풍경이었다. 현대에는 사냥견들이 인공 냄새를 쫓아가는 드래그 헌팅으로 대체되었다.

# 후각 하운드

**개에게 날카로운 후각은 중요한 요소다. 가장 예리한 후각을 지닌 후각 하운드는 눈으로 쫓는 시각 하운드(pp.124-125)와 달리 냄새를 따라가며 사냥감을 추적한다. 이 품종들은 무리 지어 사냥하는 경우가 많고 흔적을 감지하는 능력을 타고나 며칠이 지난 냄새도 초지일관 따라간다.**

언제부터 특정 품종이 냄새로 사냥하는 특별한 능력을 인지하기 시작했는지는 정확히 알려지지 않았다. 현대 후각 하운드의 기원은 교역상들이 지금의 시리아 지역에서 유럽으로 데려온 고대 국가의 마스티프 타입의 품종까지 거슬러 올라간다고 여겨진다. 중세 시대에 접어들어 여우, 토끼, 사슴, 야생 멧돼지 등의 사냥감을 후각 하운드 무리로 잡는 사냥이 스포츠로 유행했다. 이런 팩 헌팅은 17세기 영국 이주민들이 자신들이 키우던 폭스하운드와 함께 북미에 전파했다.

후각 하운드는 크기가 다양한데, 후각 수용체로 가득 찬 굵직한 주둥이, 냄새 탐지에 도움을 주는 축축한 입술, 긴 펜던트 모양 귀가 특징이다. 스피드보다 힘을 유지하도록 개량된 탓에 신체 중에 특히 앞부분이 탄탄하다. 오늘날 알려진 후각 하운드 품종은 쫓아가는 사냥감의 크기뿐만 아니라 사냥하는 시골 환경까지 고려해서 선택적으로 개발되었다. 예를 들어, 잉글리시 폭스하운드(p.158)는 대체로 들판에서 말을 탄 사냥꾼과 함께 활동하기 때문에 비교적 날렵하고 체형이 가벼운 반면, 외양은 비슷하지만 훨씬 작은 비글(p.152)은 사냥꾼과 함께 걸어 다니며 우거진 덤불 속에서 토끼를 사냥했다. 일부 다리가 짧은 품종은 사냥감을 땅속으로 쫓거나 밖으로 몰아내도록 만들어졌다. 이 중 가장 유명한 소형 후각 하운드인 닥스훈트(p.170)는 재빨라 좁은 구멍을 드나들기에 적합하다. 강이나 하천에서 사냥을 하며 때로는 수영하는 시간이 긴 오터하운드(p.142)는 방수성 털을 지녔고 발가락 사이가 다른 개보다 더 붙어 있다.

영국에서 사냥견을 이용한 사냥이 금지되면서 잉글리시 폭스하운드나 해리어(p.154) 등 영국 품종의 미래가 불투명해졌다. 일반적으로 사교성이 좋고 다른 개들과 잘 어울리지만 팩 하운드는 대부분 가정 애완견으로 만족도가 낮은 편이다. 이 품종들은 사육 공간이 필요하고 잘 짖으며, 냄새를 감지하면 따라가려는 욕구가 강해서 훈련시키기 어려울 수 있다.

# 브루노 주라 하운드(Bruno Jura Hound)

**체고** 45–57cm (18–22in)
**체중** 16–20kg (35–44lb)
**수명** 10–11년

브루노 주라 하운드는 스위스 유라산맥 지역에서 유래한 두 하운드 중 하나다. 라우프훈트(p.173)의 네 타입 중에서 가장 오래되고 큰 프랑스 품종의 자손으로 여겨진다. 강한 후각에 엄청난 힘과 민첩성을 지녀 가파른 지형에서 활동했고 주로 토끼 사냥에 사용되었다. 차분하지 않은 편이라 얌전히 있지 못해 실내에 갇혀 지내는 것을 좋아하지 않는다.

# 세인트 허버트 주라 하운드(St. Hubert Jura Hound)

**체고** 45–58cm (18–23in)
**체중** 15–20kg (33–44lb)
**수명** 10–11년

세인트 허버트 주라 하운드는 브루노 주라 하운드(상단)와 역사가 같고 매우 닮았지만 크기가 더 크고 털이 매끄럽다. 추적 능력이 강하고 냄새를 쫓아가면서 큰소리로 짖는다. 엄청난 지구력의 소유자로 토끼, 여우, 사슴을 사냥한다.

# 블러드하운드(Bloodhound)

| 체고 | 체중 | 수명 | 색상 |
|---|---|---|---|
| 58-69cm (23-27in) | 36-50kg (79-110lb) | 10-12년 | 검은색에 황갈색 / 적갈색에 황갈색 |

**블러드하운드는 큰 덩치와 달리 유순하고 사회성이 좋으며, 짖는 소리가 우렁차고 사냥 욕구가 강하다.**

최고의 후각 하운드인 블러드하운드는 코에 개가 달려 있다고 할 정도로 냄새를 잘 맡는다. 이 품종은 14세기부터 문헌에서 확인되지만 훨씬 전부터 존재했다고 추정된다. 블러드하운드는 사슴과 야생 멧돼지 사냥, 사람 추적에 사용되었다. 스코틀랜드에서는 경찰 수색견으로 영국 접경지역을 넘나드는 침입자와 소도둑을 잡는 데 이용되었다. 17세기 저명한 과학자 로버트 보일 경은 어느 블러드하운드가 번잡한 마을 두 곳을 지나는 등 10km 이상을 추적해서 대상자가 숨어 있는 방문 앞까지 도달했다는 이야기를 한 적이 있다.

19세기에 프랑스 브리더들은 과거의 시앙 드 생 위베르 종을 부활시키기 위해 블러드하운드를 몇 마리 들여왔다. 이후 19세기에 미국에서 순종 블러드하운드를 브리딩하기 시작했다. 미국인들은 이 품종을 범인이나 실종자를 추적하는 용도로 사용했고, 블러드하운드로 얻은 증거는 법정에서 인정되었다.

추적 본능이 너무 강한 나머지 주변 냄새에 쉽게 정신이 팔려 복종훈련이 힘들 정도다. 그럼에도 이 품종은 성격이 좋아서 충분한 공간만 있다면 훌륭한 가족 반려견이 될 수 있다.

## 명견 탐정

블러드하운드는 영국에서 역사적으로 사슴 사냥에 사용되었는데, 17세기 판화에 묘사된 것처럼 추적 능력이 탁월하다. 사슴 수가 줄어들면서 블러드하운드 개체 수가 넘쳐났지만, 그중 일부는 광활한 사유지에서 밀렵꾼을 추적하는 업무를 이어 갔다. 초기에 미국으로 이주했던 사람들도 블러드하운드로 사람을 추적했다. 1977년만 해도 14개월령 블러드하운드 샌디와 리틀 레드가 시민권 운동의 지도자 마틴 루서 킹을 살해한 제임스 얼 레이가 탈옥했을 때 추적해서 잡았다.

# 오터하운드(Otterhound)

| 체고 | 체중 | 수명 | |
|---|---|---|---|
| 61-69cm (24-27in) | 30-52kg (66-115lb) | 10-12년 | 모든 하운드 색상 가능 |

**오터하운드는 느긋하고 다정하지만 강한 사냥 본능이 남아 있어 활발하므로 충분한 운동이 필요하다.**

텁수룩한 사냥견인 오터하운드는 이름처럼 과거 수달(otter) 사냥에 쓰였다. 기원은 확실하지 않지만 무리를 지어 활동하는 유사한 타입의 품종이 18세기 영국에서 알려졌으며, 무리 지어 수달을 사냥하던 하운드에 관한 기록이 12세기부터 내려오고 있다. 수달이 보호종으로 지정되면서 1978년 영국에서 수달 사냥이 금지되자 오터하운드 숫자가 급감했다. 현재 이 품종은 희귀종으로 분류되며 매년 켄넬 클럽에 등록되는 강아지 수는 60마리 미만이다. 미국, 캐나다, 뉴질랜드 등의 나라에서도 소수의 오터하운드가 발견된다.

오터하운드는 강하고 에너지 넘치는 품종으로 운동을 충분히 시키면 가정에서도 잘 적응한다. 영리하고 성격이 좋지만 다른 팩 하운드가 그렇듯 훈련이 어려울 수 있다. 이 품종은 덩치가 크고 활발해서, 집이 작거나 가족 중에 노약자나 어린이가 있다면 힘에서 밀릴 수 있기 때문에 추천하지 않는다. 오터하운드는 실외 활동을 즐기는 편이라 개가 안전하게 뛰어다닐 수 있는 큰 마당이나 열린 공간을 가진 주인에게 가장 적합하다. 물에서 사냥하도록 만들어진 사냥견이므로 수영을 좋아해서 물을 만나면 신나게 물장구치며 놀 것이다.

오터하운드의 빽빽하고 거친 털은 살짝 기름기가 도는 방수성 털이다. 긴 겉털이 꼬이지 않을 정도로 정기적인 털 손질을 하면 된다. 얼굴은 털이 더 길어서 자주 씻겨야 한다.

## 멸종 위기에 처한 품종

오터하운드는 2011년에 신규 등록된 개체 수가 38마리에 불과해서 영국에서 가장 멸종 위기에 있는 품종이다. 인기 하락과 연관된 몇 가지 사건이 있었다. 오터하운드는 1920년대 말 출판된 소설 《수달 타카의 일생》에서 주인공 수달을 괴롭히는 악당 데드록으로 그려지면서 이미지에 큰 타격을 입었다. 1978년에는 수달 사냥이 불법으로 바뀌었지만 사냥 대상이 밍크로 바뀌면서 큰 영향을 받지는 않았다. 결정적인 이유는 2000년대 초반 팩 하운드를 동원한 모든 사냥 활동이 금지되었기 때문이다.

엉덩이 위쪽에 위치한 꼬리는 비절에 닿음

꼬리 아래쪽 털이 더 김

털로 뒤덮인 머리
검은색에 황갈색
거친 방수성 털
펜던트 모양의 긴 귀는
안쪽으로 접힘
두꺼운 가슴
물갈퀴가 달린
크고 둥근 발

# 그랑 그리퐁 방데앙(Grand Griffon Vendéen)

| 체고 | 체중 | 수명 | 색상 |
|---|---|---|---|
| 60–68cm<br>(24–27in) | 30–35kg<br>(66–77lb) | 12–13년 | 황갈색<br>검은색에 황갈색<br>검은색에 흰색<br>세 가지 색 혼합<br>황갈색 털은 검은색 오버레이 가능 |

## 법원 서기의 개

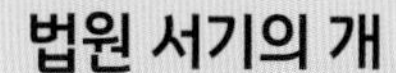

그리퐁이라는 이름은 법원 서기를 의미하는 프랑스어 그레피에(greffier)에서 유래했다. 그랑 그리퐁 방데앙(다른 그리퐁 품종을 포함)의 조상은 털이 희고 뻣뻣한 사냥견이었다. 이 품종을 처음 키운 사람은 15세기 프랑스 법원에서 일하는 서기였다. 이 품종은 처음에는 그레피에 독으로 부르다가 줄여서 그리퐁이라고 불렀다. 이후 그리퐁이라는 명칭이 털이 거친 사냥견 품종을 지칭하는 말로 널리 쓰이게 되었다.

**그랑 그리퐁 방데앙은 균형 잡힌 체격에 열정적인 사냥견으로 영리하고 가족에게 친근하지만 전원생활에 가장 잘 어울린다.**

그리퐁 방데앙은 네 가지 종류가 있으며 모두 프랑스 서부 방데 지역에서 유래했다. 그랑 그리퐁 방데앙은 이름처럼 가장 크며 가장 역사가 깊다. 이 품종의 조상으로는 15세기 '그레피에 독'인 그리퐁 포브 드 브르타뉴(p.149)와 지금은 멸종한 그리퐁 드 브레스, 이탈리아 원산인 털이 거친 사냥견 등이 있다.

역사적으로 이 품종은 사슴이나 야생 멧돼지 등 큰 동물을 사냥하는 데 사용되었고 현재도 마찬가지다. 사냥은 팩 하운드 무리를 짓거나 목줄을 한 상태로 수행했다. 이중모는 속털이 빽빽하고 겉털이 뻣뻣해서 어떤 초목이나 날씨로부터도 몸을 보호하며 덤불이 무성한 곳까지 사냥감의 흔적을 추적한다.

털 색상은 검은색, 흰색, 황갈색이 뒤섞인 형태다. 황갈색 털은 끄트머리가 검은 여러 타입이 있어 전통적으로 '토끼색', '늑대색', '오소리색', '멧돼지색'으로 구분해서 불렀다.

그랑 그리퐁 방데앙은 노래하는 듯한 아름다운 울음소리와 매력적인 성격을 지니고 있다. 또한 추적 본능이 강하고 다소 독립적인 경향이 있어 섬세한 훈련과 철저한 핸들링이 필요하다. 뿐만 아니라 움직일 수 있는 넓은 공간이 필요하고, 매일 운동도 시켜야 한다.

## 그리퐁 니베르네(Griffon Nivernais)

**체고** 53–62cm (21–24in)
**체중** 23–25kg (51–55lb)
**수명** 12–15년

그리퐁 니베르네는 프랑스에서 가장 오래된 스포츠견 중 하나로 잉글리시 폭스하운드(p.158)와 오터하운드(p.142)의 피가 흐르고 있다. 그리퐁 니베르네는 야생 멧돼지를 추적하는 데 쓰였으며 체력이 무척 좋다. 단독으로 활동하기도 하지만 대체로 무리를 지어 사냥한다. 거칠고 헝클어진 털이 있어 우거진 수풀로부터 몸을 보호한다.

## 브리케 그리퐁 방데앙(Briquet Griffon Vendéen)

**체고** 48–55cm (19–22in)
**체중** 16–24kg (35–53lb)
**수명** 12년

황갈색 바탕에 검은색 오버레이
검은색에 황갈색
흰색에 검은색
검은색에 황갈색과 흰색

브리케는 중형을 의미하는데, 균형이 잘 잡힌 이 품종을 적절하게 설명하는 말이다. 브리케 그리퐁 방데앙은 그랑 그리퐁 방데앙(p.144)의 축소판에 멋진 외모로 야생 멧돼지와 노루를 확실하게 추격한다. 무리를 지어 사냥하지만 어린 시절부터 적응시키면 도시 생활도 가능하다.

# 바셋 하운드(Basset Hound)

| 체고 | 체중 | 수명 | 다양한 색상 |
|---|---|---|---|
| 33–38cm (13–15in) | 18–27kg (40–60lb) | 10–13년 | 기존에 인정된 모든 하운드 색상 가능 |

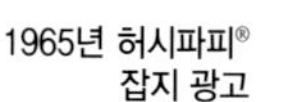

**바셋 하운드는 몸이 낮고 귀가 펄럭거리는 추적의 달인으로 강력한 사냥 본능을 가졌지만 다정한 애완견이다.**

바셋 품종은 프랑스에서 유래했다. 이름은 '낮다'는 뜻을 가진 프랑스어 '바(bas)'에서 유래했으며 몸이 낮고 다리가 짧은 외형을 잘 표현한다. 이런 품종은 수백 년 동안 프랑스에 존재했지만 1585년 출판된 프랑스 사냥서에 '바셋'이라는 표현이 처음 등장했다. 바셋은 느린 속도로 추적하기 때문에 걸어 다니며 사냥하는 사람에게 적합한 품종이었다. 1789년 프랑스 혁명 이후 바셋 품종들은 평민들의 개로 더욱 인기를 끌었으며 주로 토끼 사냥에 쓰였다.

바셋 하운드는 1863년 파리 독쇼에서 처음으로 크게 주목을 받았다. 영국인들은 1870년대에 이 품종을 수입하기 시작했고, 19세기 말에 바셋 하운드의 견종표준이 영국에서 처음 제정되었다.

현재도 바셋 하운드는 단독으로 또는 무리를 지어 사냥과 추적에 쓰인다. 이 품종은 여우, 토끼, 주머니쥐, 비둘기 등 작은 사냥감에 적합하며 우거진 풀숲에서도 잘 활동한다. 완벽한 탐지견이라는 별명에 맞게 매우 예리한 후각과 추적 본능을 가지고 있어, 한번 냄새를 감지하면 집요하게 흔적을 쫓아가고 절대로 집중력을 잃지 않는다.

바셋 하운드는 대부분 가족 애완견으로 키우고 있다. 이 품종은 영리하고 차분하고 충성스럽고 다정하지만 고집스러울 수 있어 부드러우면서도 철저한 훈련이 필요하다.

## 허시파피®

바셋 하운드는 신발 브랜드 허시파피®의 상징으로 유명하다. 이 신발과 브랜드는 1950년대 미국에서 시작되었다. 그 당시 유행어로 지친 발을 '짖는 개'라고 했는데, 짖던 개가 간식으로 조용해지면 '허시파피'라고 불렀다. 이에 착안한 어느 신발 판매자가 편안한 신발임을 어필하는 제품명으로 떠올렸고, 편안해 보이는 바셋 하운드가 로고로 채택되었다. 1980년대에 제이슨이라는 개가 재치 넘치는 지면 광고와 TV 광고에 다수 출연하면서 이 브랜드는 세계적으로 선풍적인 인기를 끌었다.

1965년 허시파피® 잡지 광고

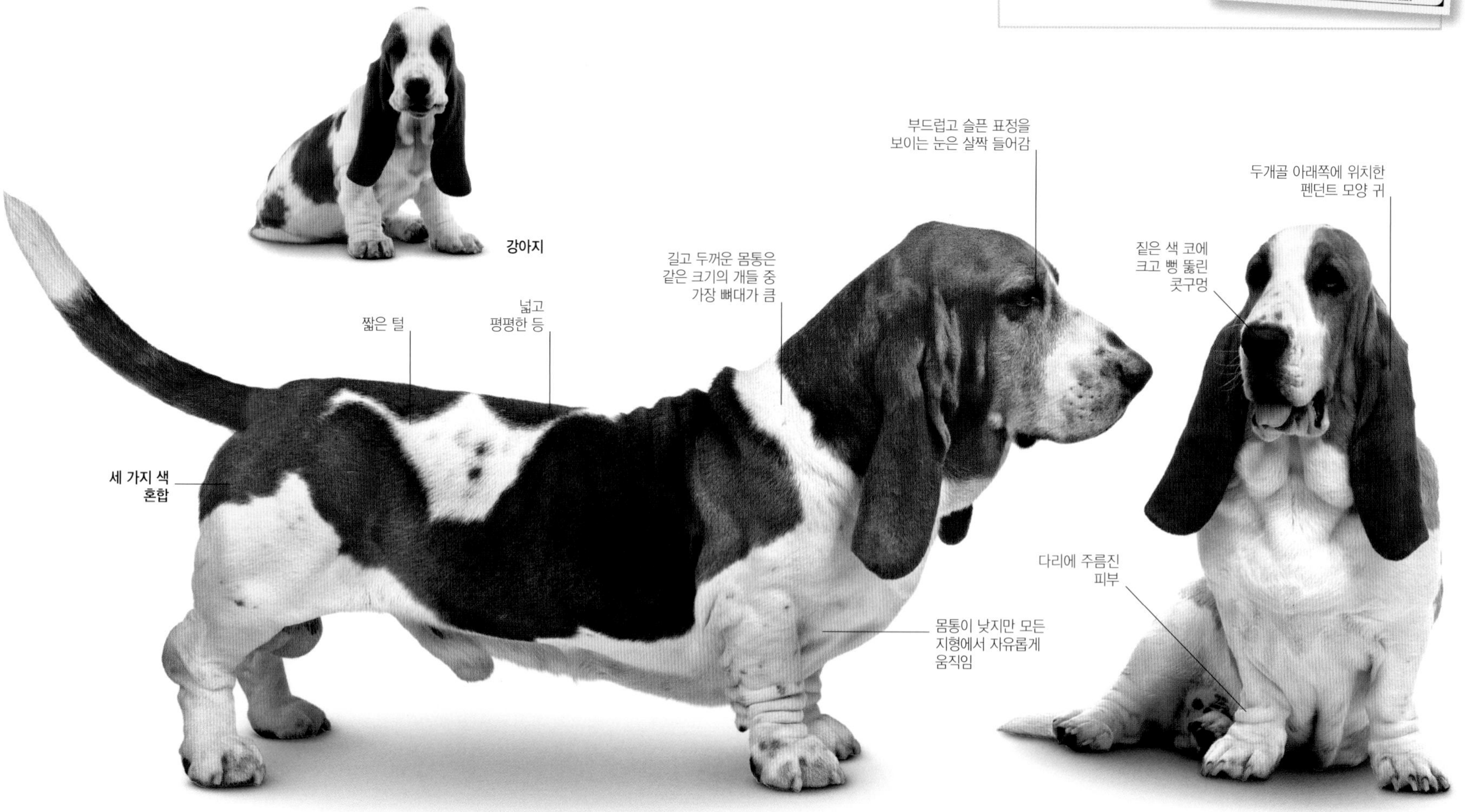

**크기를 제외하면 블러드하운드 그 자체!**

바셋 하운드의 다리가 짧은 것은 유전자 때문이다. 이 유전자는 휜 다리를 유발하며 다리를 뒤틀리게 하기도 한다. 바셋 하운드는 사촌뻘인 블러드하운드보다 느리지만 냄새를 쫓아가는 데 능해서 사냥꾼이 걸어서 따라가기 쉽다.

## 그랑 바세 그리퐁 방데앙(Grand Basset Griffon Vendéen)

**체고** 38-44cm (15-17in)
**체중** 18-20kg (40-44lb)
**수명** 12년

흰색에 오렌지색

그리퐁 방데앙 하운드 중에서 그랑 바세 그리퐁 방데앙은 원래 프랑스에서 토끼 사냥용으로 처음 만들어졌다. 현재는 토끼에서 야생 멧돼지까지 다양한 사냥감을 추적하는 데 사용된다. 다리가 짧지만 추적할 때 용감하고 끈기가 넘치며 빽빽한 덤불 등 까다로운 환경에서도 능숙하게 작업한다.

흰 바탕에 검은빛 청회색과 오렌지색 무늬

펜던트 모양의 긴 귀

콧구멍이 넓고 툭 튀어나온 코

차분하고 강한 겉털에 두툼한 속털

## 프티 바세 그리퐁 방데앙(Petit Basset Griffon Vendéen)

**체고** 33-38cm (13-15in)
**체중** 11-19kg (24-42lb)
**수명** 12-14년

프티 바세 그리퐁 방데앙은 프랑스의 그리퐁 방데앙 품종 중 가장 작다. 하지만 활동적이고 기민하며 활기가 넘쳐 하루 종일 사냥할 수 있다. 신장이 체고보다 2배나 될 정도로 다리가 짧으며 숱이 많고 거친 털은 빽빽한 가시 덤불에서 작업하기에 적합하다. 지치지 않는 에너지로 실외 활동을 좋아하는 사람에게 어울리는 가정견이다.

## 바세 아르테지앙 노르망
(Basset Artesien Normand)

**체고** 30-36cm (12-14in)
**체중** 15-20kg (33-44lb)
**수명** 13-15년

황갈색에 흰색

몸통이 낮고 긴 바세 아르테지앙 노르망은 프랑스 아르투아와 노르망디 지역에서 유래했다. 사냥감을 탐색하고 추적하고 몰아내거나, 토끼나 사슴을 추격하는 개로 유명하다. 단독 활동과 무리 사냥 모두 가능하다. 모습은 우아하지만 체구에 비해 짖는 소리가 놀랄 정도로 크다. 다른 하운드와 마찬가지로 노련한 훈련이 필요하다.

## 바세 포브 드 브르타뉴
(Basset Fauve de Bretagne)

**체고** 32-38cm (13-15in)
**체중** 16-18kg (35-40lb)
**수명** 12-14년

다재다능하고 민첩한 프랑스산 하운드인 바세 포브 드 브르타뉴는 조상인 그리퐁 포브 드 브리타뉴(하단)의 특성을 그대로 물려받았다. 용감하고 후각이 잘 발달되어 추적, 탐색, 구조에 적합하다. 털이 뻣뻣하지만 매주 브러시질과 빗질만 해도 충분하다.

## 그리퐁 포브 드 브르타뉴
(Griffon Fauve de Bretagne)

**체고** 47-56cm (19-22in)
**체중** 18-22kg (40-49lb)
**수명** 12-13년

가장 오래된 프랑스 품종 중 하나인 그리퐁 포브 드 브르타뉴의 조상은 1500년대 브르타뉴 지방에서 늑대 경비용으로 키웠던 품종으로 추정된다. 현재는 다재다능한 사냥꾼이자 활발한 가정견이다. 바세 포브 드 브르타뉴(상단)는 이 품종의 다리가 짧은 사촌뻘이다.

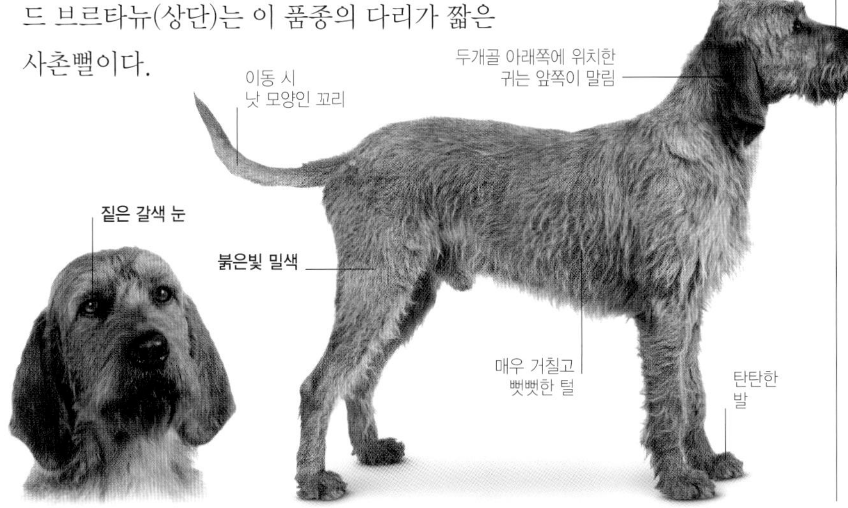


## 이스트리안 와이어 헤어드 하운드
(Istrian Wire-haired Hound)

**체고** 46-58cm (18-23in)
**체중** 16-24kg (35-53lb)
**수명** 12년

이스트리안 와이어 헤어드 하운드는 무한한 끈기와 사냥 욕구를 가졌고 같은 계열 스무스 타입(p.150)과 유사하다. 고집이 있어 훈련이 어려울 수 있으므로 반려견으로 적합하지 않다. 고향인 크로아티아의 이스트라반도에서는 이스타르스키 오슈트로들라키 고니치라고 부른다.

## 이스트리안 스무스 코티드 하운드 (Istrian Smooth-coated Hound)

**체고** 44-56cm (17-22in)
**체중** 14-20kg (31-44lb)
**수명** 12년

이 품종은 원산지 크로아티아에서 이스타르스키 크라트코들라키 고니치라고 부르며, 크로아티아의 광활한 평야에서 토끼와 여우 사냥용으로 만들어졌다. 멋지고 몸매가 좋으며 아름다운 순백색 털을 자랑한다. 이스트라반도 전역에서 사역견으로 키우지만 전원 환경에서는 멋진 가정견이기도 하다.

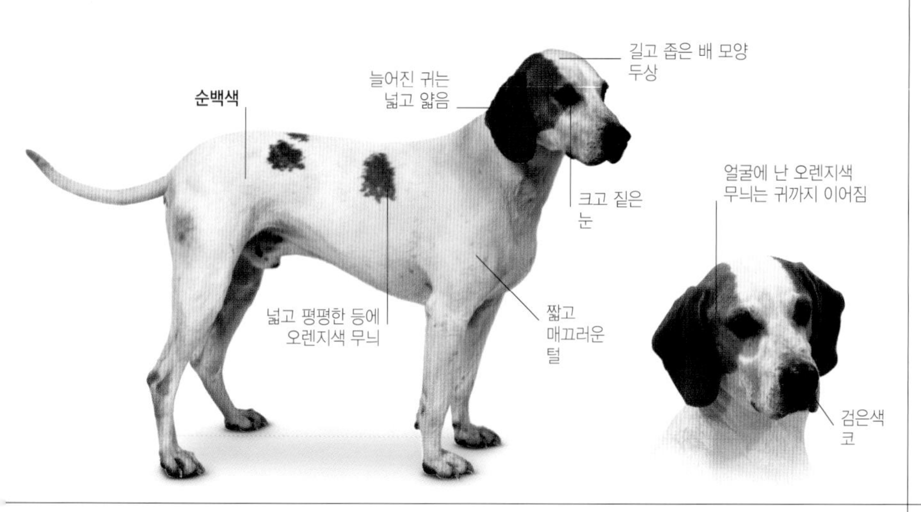


## 스타이리안 콜스 헤어드 마운틴 하운드 (Styrian Coarse-haired Mountain Hound)

**체고** 45-53cm (18-21in)
**체중** 15-18kg (33-40lb)
**수명** 12년

 적색

민첩한 중형견으로 슬로베니아와 오스트리아 산악지대에서 사냥했다. 거칠고 가파른 지형에서 민첩하지만 차분하고 성격 좋은 애완견이기도 하다. 18세기에 하노버리안 센트하운드(p.175)와 이스트리안 와이어 헤어드 하운드(p.149)의 교배로 탄생했는데, 브리더의 이름을 따 페인팅겐 하운드라고도 한다.

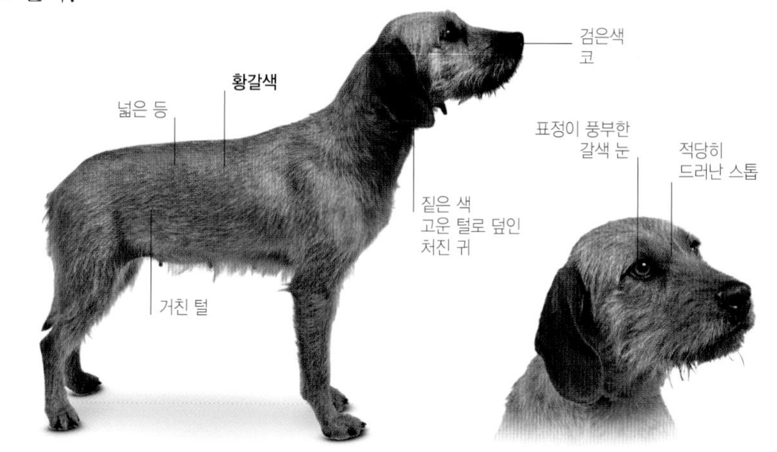


## 오스트리안 블랙 앤 탄 하운드 (Austrian Black and Tan Hound)

**체고** 48-56cm (19-22in)
**체중** 15-23kg (33-51lb)
**수명** 12-14년

오스트리안 블랙 앤 탄 하운드는 브란틀브라케라고도 하며 켈틱 하운드의 자손이다. 오스트리아에서 인기가 높으며, 고도로 발달된 후각과 방향 감각으로 토끼나 상처 입은 동물을 추적해서 찾아낸다. 매우 열심히 일하고 성격이 차분하다.

## 스패니시 하운드(Spanish Hound)

**체고** 48-57cm (19-22in)
**체중** 20-25kg (44-55lb)
**수명** 11-13년

스패니시 하운드의 조상은 중세 시대까지 거슬러 올라간다. 사부에소 에스파뇰이라고도 하는데, 토끼 사냥에 특화되어 있고 노련한 주인의 명령을 따라 하루 종일 사냥감을 추적한다. 같은 품종에서도 수컷이 암컷보다 훨씬 커서 체고의 차이가 크다.

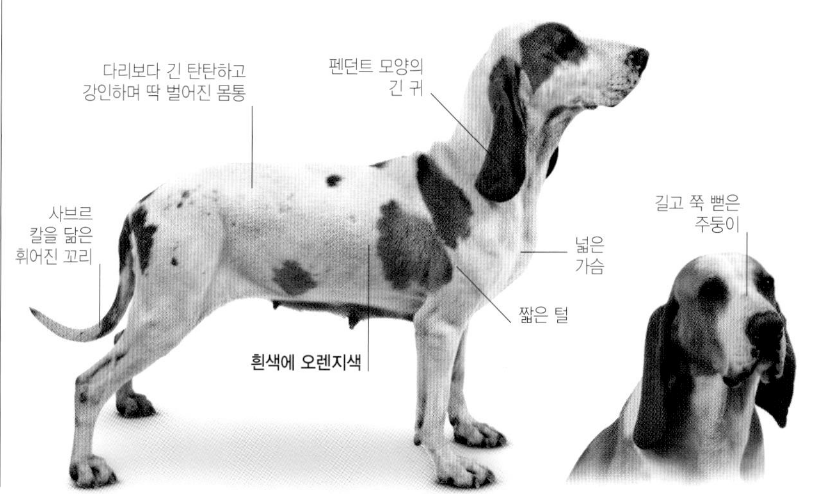

# 세구지오 이탈리아노(Segugio Italiano)

**체고** 48–59cm (19–23in)

**체중** 18–28kg (40–62lb)

**수명** 10–14년

밀색
검은색에 황갈색

## 르네상스 하운드

세구지오 이탈리아노는 시각 하운드의 체형에 후각 하운드의 두상을 가진 독특한 외모로 스피드, 체력, 추적 기술을 모두 갖추었다. 유럽의 그림(1515–1520년 플랑드르의 채색 필사본 중 한 장면)과 16세기와 17세기 조각상에서 이 품종과 비슷한 개들이 관찰된다. 당시 야생 멧돼지 사냥은 말 탄 귀족에 제복을 입은 악사와 수백 마리의 개를 동원하는 등 사치스러운 행사였다. 르네상스가 막을 내리자 호화로운 사냥이 줄어들면서 그만큼 많은 개가 필요 없어졌다.

**영리하고 다정한 성격의 하운드인 세구지오 이탈리아노는 실외 생활을 즐기는 가정에 좋은 반려견이다.**

세구지오 이탈리아노와 같은 타입의 이탈리아 하운드는 이집트 하운드의 자손으로 로마 시대 이전부터 있었던 것으로 추정된다. 원래 멧돼지 사냥을 위해 만들어졌지만 지금은 농부들이 토끼 추적에 더 많이 사용하며 다재다능함을 인정받았다. 달리기가 빠르고 지구력도 좋아 먼 거리를 달릴 수 있으며 냄새를 맡으면 끈질기게 따라간다. 뿐만 아니라 토끼를 쫓아 사냥꾼 쪽으로 몰고 가는 특이한 사냥 기술을 가지고 있어 사냥꾼 혼자서도 잡을 수 있다. '쫓는다'는 뜻을 가진 이탈리아어 '세구이레'에서 이름이 유래했다.

세구지오 이탈리아노는 평소에 차분하고 조용하지만 활동할 때는 흥분해서 특유의 높은 음으로 짖는다. 주로 사역견으로 키우지만 잘 훈련시키면 아이들이나 다른 개와도 잘 지낸다. 체력과 지적 호기심을 발산할 수 있도록 넓은 공간에서 매일 충분히 운동시켜야 한다. 세구지오 이탈리아노는 대체로 조심성이 있지만 토끼를 발견하면 아무리 잘 훈련된 개라도 달려 나갈 가능성이 크다. 털은 뻣뻣한 와이어 타입과 단모종 두 가지가 있다.

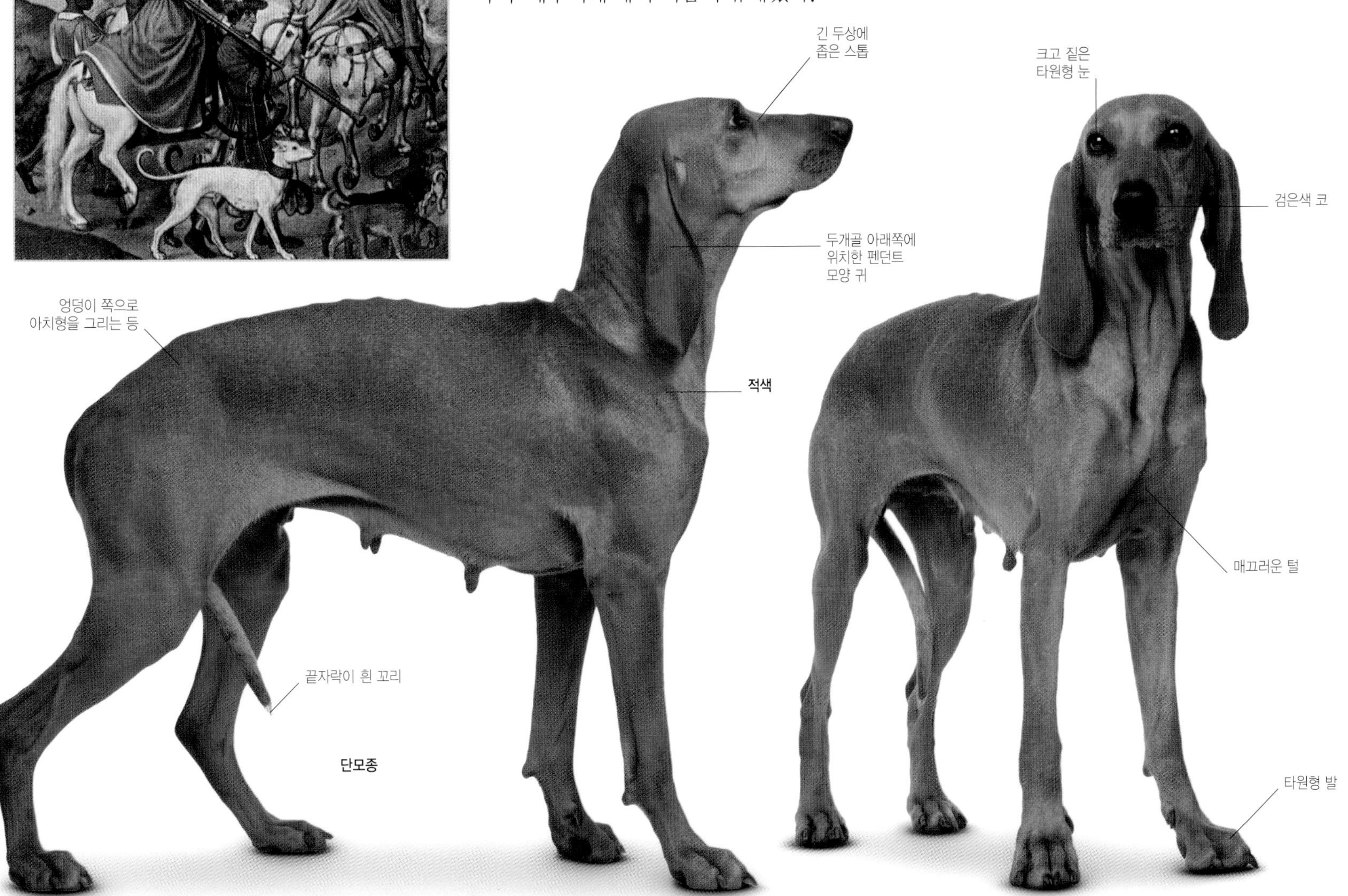


단모종

# 비글(Beagle)

**체고** 33-40cm (13-16in)
**체중** 9-11kg (20-24lb)
**수명** 13년
다양한 색상

**가장 유명한 후각 하운드 중 하나인 비글은 활동적이고 낙천적이며 강한 추격 본능을 지니고 있다.**

비글은 강인하고 다부진 품종으로 발랄한 성격을 가졌으며 초소형 잉글리시 폭스하운드(p.158)처럼 생겼다. 비글의 기원은 불확실하지만 긴 역사를 가진 것으로 알려졌는데, 해리어(p.154) 같은 다른 영국 후각 하운드로부터 만들어졌을 가능성이 있다. 16세기 이후 영국에서는 토끼 사냥용으로 작은 비글 타입 하운드를 무리 단위로 길렀지만, 1870년대가 되어서야 오늘날 비글이 공식 인정을 받았다. 그 후 이 품종은 사냥용으로 엄청난 유명세를 타다가 현재는 애완용으로 인기를 이어가고 있다. 이 다재다능한 하운드는 행정기관에서도 마약, 폭발물, 그 외 불법 품목 탐지에 활약하고 있다.

비글은 붙임성 있고 관대한 성격으로 어울릴 대상이 있고 운동을 충분히 시키면 훌륭한 애완견이 될 수 있다. 하지만 오랫동안 홀로 남겨지는 걸 잘 참지 못해 문제 행동을 일으킬 수 있다. 전형적인 후각 하운드로 매우 활동적이고 흔적을 따라가려는 본능이 강하다. 울타리가 부실한 마당에 홀로 남겨지거나 목줄을 하지 않는다면 순식간에 사라져서 몇 시간이고 밖에 있을 것이다. 짖는 소리가 크고 시끄러워 정도가 심하면 이웃에 피해를 줄 수 있다. 다행히 비글은 비교적 훈련이 쉬우며, 애정 있고 엄격함을 갖춘 리더십 있는 주인과 잘 맞는다. 개를 다룰 수 있는 큰 아이들과는 잘 지내지만, 작은 애완동물과 함께 키울 때는 안전에 주의가 필요하다. 미국에서는 어깨 높이에 따라 33cm 이하 혹은 33-38cm 사이 두 가지 크기가 인정된다.

강아지

평평하게 쭉 뻗은 등 윤곽선

## 말 없는 주인공 스누피

스누피는 찰스 M. 슐츠의 장기 연재만화 〈피너츠〉에 나오는 비글이다. 작품 속에서 비글은 주로 개집 위에 앉아 있는 모습으로 그려진다. 스누피는 세상을 풍자적인 시선으로 바라보며, 제1차 세계대전 전투기 조종사를 상상하는 등 풍부한 공상으로 매력 넘치는 역할로 출연한다. 슐츠는 1969년 스누피를 달로 가는 우주 비행사로 그렸고, 실제로 나사의 아폴로 10호 달 탐사 계획에서 우주 비행사들이 달 착륙선에 스누피라는 이름을 붙였다.

〈피너츠〉에 나오는 스누피

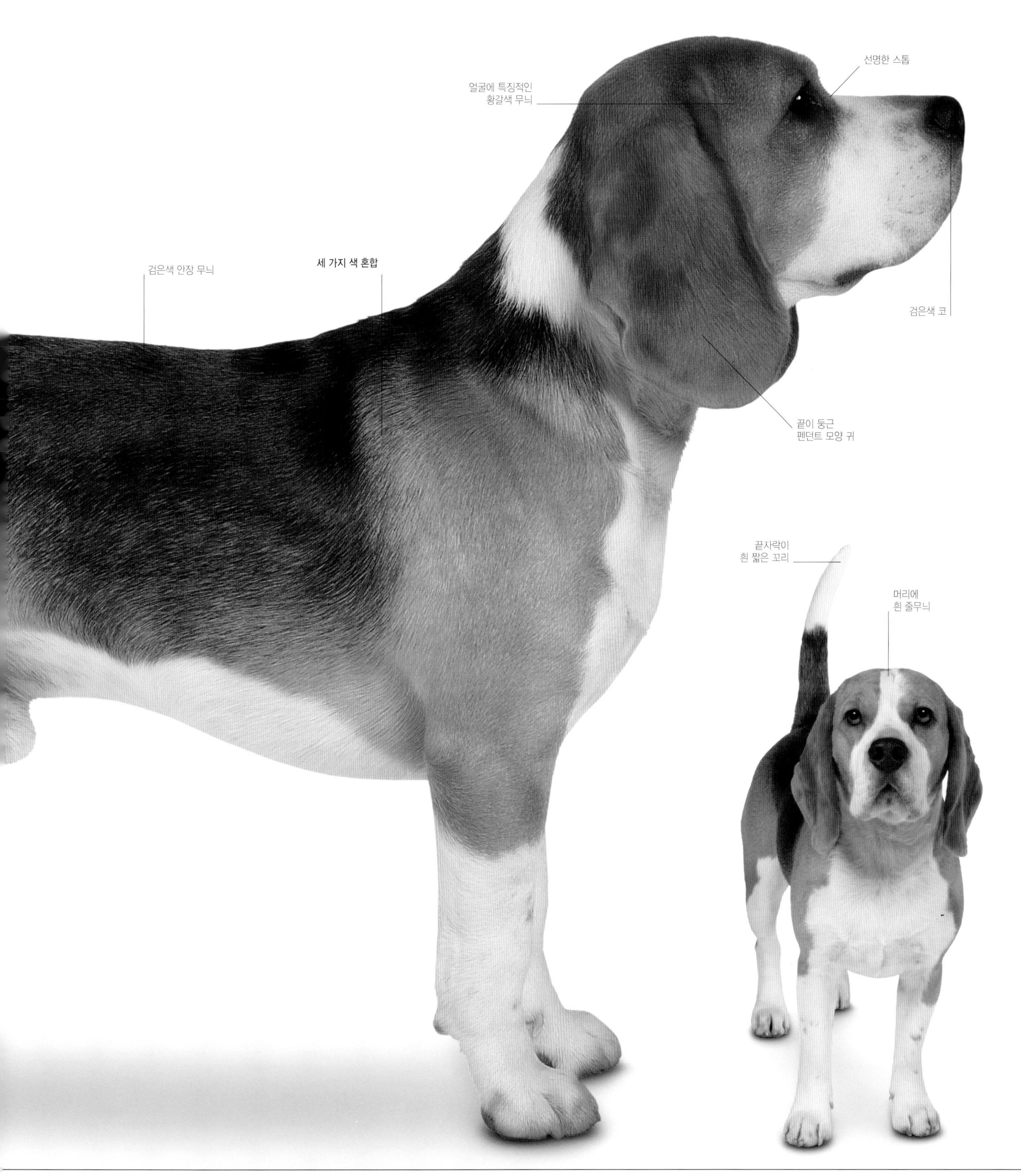

얼굴에 특징적인
황갈색 무늬
선명한 스톱
검은색 안장 무늬
세 가지 색 혼합
검은색 코
끝이 둥근
펜던트 모양 귀
끝자락이
흰 짧은 꼬리
머리에
흰 줄무늬

# 비글 해리어(Beagle Harrier)

**체고** 46-50cm (18-20in)
**체중** 19-21kg (42-46lb)
**수명** 12-13년

매력적인 소형 하운드인 비글 해리어는 비글(p.152)보다 크고 해리어(우측)보다 작으며 두 품종이 모두 조상인 것으로 추정된다. 비글 해리어는 1800년대 말부터 작은 동물 사냥용으로 쓰였고 프랑스 국외에서 드문 편이다. 이 품종은 명랑한 기질을 지녀 가정견으로 좋다.

# 해리어(Harrier)

**체고** 48-55cm (19-22in)
**체중** 19-27kg (42-60lb)
**수명** 10-12년

해리어는 균형 잡힌 몸매를 가진 영국산 하운드로 과거 팩 하운드로 유명했던 잉글리시 폭스하운드(p.158)의 축소판으로 여겨진다. 본래 사냥꾼과 함께 걸으며 토끼를 사냥했지만 시간이 지나면서 말을 탄 사냥꾼과 여우 사냥도 했다. 오늘날 해리어는 훌륭한 실외 반려견으로 어질리티 대회에서도 두각을 나타낸다.

# 앙글로 프랑세 드 프티 베느리 (Anglo-Français de Petite Vénerie)

**체고** 48-56cm (19-22in)
**체중** 16-20kg (35-44lb)
**수명** 12-13년

 황갈색에 흰색

앙글로 프랑세 드 프티 베느리는 '프티 앙글로 프랑세'라고도 하는데, 수백 년 전 프랑스에서 영국과 프랑스의 후각 하운드를 교잡육종해서 만들어졌다. 현재 희귀한 품종으로 유럽 대륙 위주로 찾아볼 수 있다. 프티 베느리(작은 사냥견이라는 뜻)라는 이름에 나타나듯이 현재도 작은 동물을 사냥하는 데 쓰인다.

# 포르셀렌(Porcelaine)

**체고** 53-58cm (21-23in)
**체중** 25-28kg (55-62lb)
**수명** 12-13년

가장 오래된 프랑스 팩 하운드로 알려진 포르셀렌은 프랑스와 스위스 국경에 위치한 프랑슈콩테 지역에서 만들어졌다. 포르셀렌이라는 이름은 가젤 같은 특유의 광택이 아름다운 흰 털에서 유래했다. 주로 사슴과 야생 멧돼지 사냥에 쓰였는데, 애완용으로 키운다면 충분한 운동과 요령 있는 훈련이 필요하다.

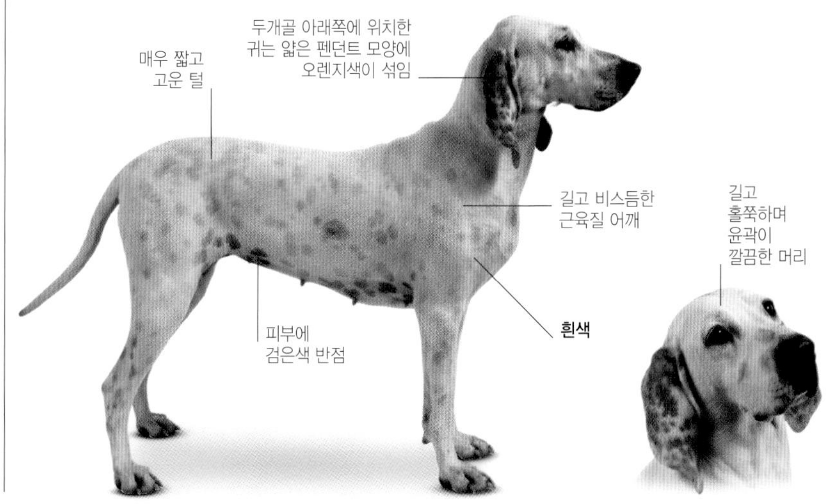

## 실레르스퇴바레(Schillerstövare)

**체고** 49-61cm (19-24in)
**체중** 15-25kg (33-55lb)
**수명** 10-14년

실레르스퇴바레는 희귀한 스웨덴 품종으로 특히 눈 위에서의 사냥 스피드와 지구력이 높은 평가를 받고 있다. 털이 빽빽해서 스웨덴의 추운 날씨를 잘 견딘다. 무리를 짓기보다 단독으로 추적하며, 토끼나 여우 등 사냥감의 정확한 위치를 알리기 위해 짖는 소리는 울림이 매우 크다. 이 품종의 이름은 브리딩을 한 농부 페르 실러에서 유래했다.

## 하밀톤스퇴바레(Hamiltonstövare)

**체고** 46-60cm (18-24in)
**체중** 23-27kg (51-60lb)
**수명** 10-13년

하밀톤스퇴바레는 스웨덴 켄넬 클럽의 창시자인 아돌프 파트릭 하밀톤 백작이 만든 멋진 하운드로, 느긋하게 들판을 돌아다니고 작은 사냥감을 몰아내는 걸 좋아한다. 잉글리시 폭스하운드(p.158)(스웨디시 폭스하운드라고도 함) 혈통에 홀스타인 하운드, 하노바리안 하이드브라케, 쿠를란더 하운드가 섞여 있다.

## 스몰란스퇴바레(Smålandsstövare)

**체고** 42-54cm (17-21in)
**체중** 15-20kg (33-44lb)
**수명** 12년

스몰란스퇴바레는 스웨덴산 하운드로 스몰란드 하운드라고도 한다. 16세기까지 거슬러 올라가 여우와 토끼를 사냥했던 스웨덴 남부의 빽빽한 스몰란드 숲에서 이름이 유래한 것으로 추정된다. 특징적인 검은색에 황갈색 털은 로트바일러(p.83)와 유사하다.

## 할덴 하운드(Halden Hound)

**체고** 50-65cm (20-26in)
**체중** 23-29kg (51-64lb)
**수명** 10-12년

할덴 하운드는 스퇴바레 네 종류 중 가장 큰 품종으로 눈 덮인 벌판에서 빠르게 추격하는 것을 좋아한다. 할덴 하운드는 사냥견으로 키우는 다른 노르웨이 원산 품종처럼 국외에 널리 알려지지 않았다. 할덴 남동부에서 잉글리시 폭스하운드(p.158)와 해당 지역 비글을 교배해서 만들어졌다.

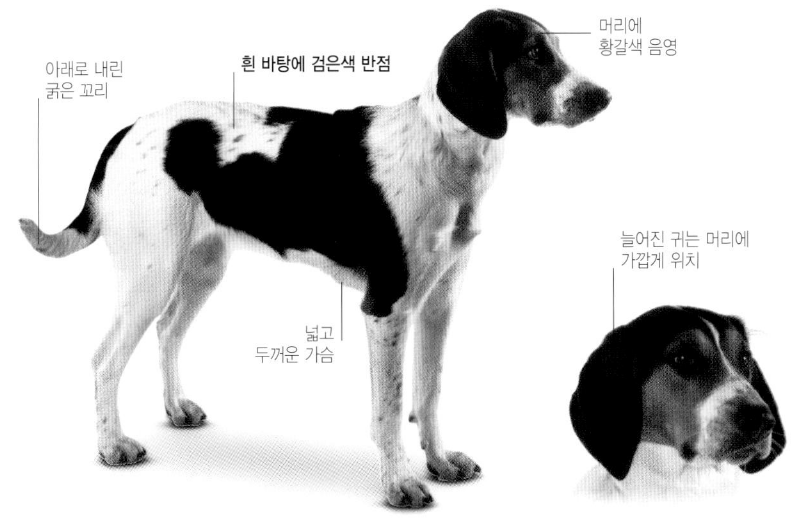

## 노르위전 하운드(Norwegian Hound)

**체고** 47–55cm (19–22in)
**체중** 16–23kg (35–51lb)
**수명** 11–14년

세가지 색 혼합

덩케르라고도 하는 노르위전 하운드는 사냥을 하지 않더라도 사람을 잘 따르고 붙임성 있으며 훈련이 쉽다. 영하 15도까지 떨어지는 눈 위에서 토끼를 추적하기 위해 만들어졌다. 덩케르라는 이름은 빌헬름 덩케르 대위의 이름에서 유래했는데, 이 품종은 1800년대 초반에 노르위전 하운드와 러시아산 토끼 사냥 하운드 사이에서 탄생했다.

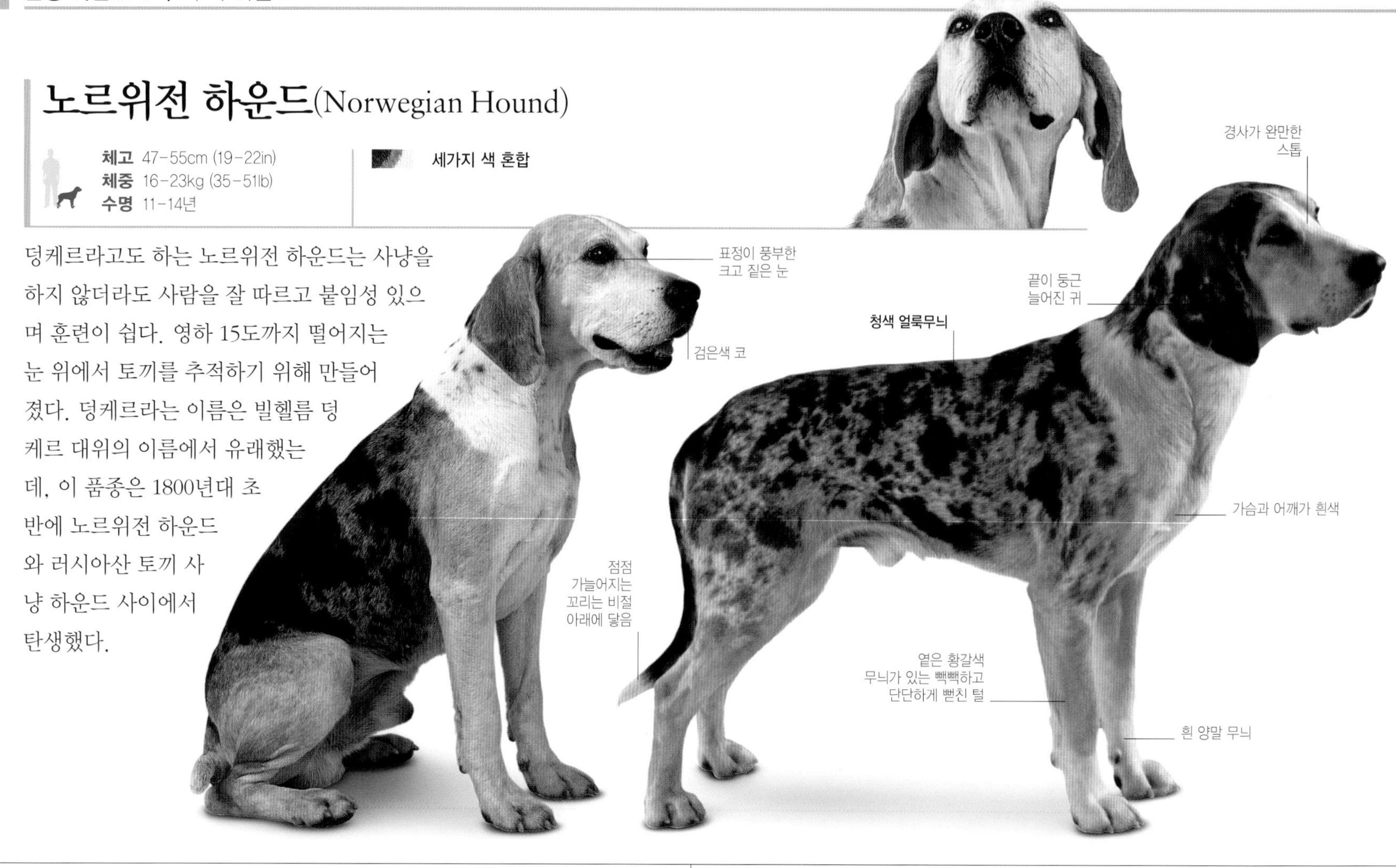


## 피니시 하운드(Finnish Hound)

**체고** 52–61cm (20–24in)
**체중** 21–25kg (46–55lb)
**수명** 12년

피니시 하운드는 핀란드에서 가장 인기 있는 사냥견으로 핀란드의 눈 덮인 숲에서 토끼와 여우를 몰기 위해 만들어졌다. 사냥할 때는 의욕이 넘치지만 가정에서는 느긋하고 관리가 쉬운 애완견이다. 일반적으로 얌전하지만 낯선 사람들 사이에서는 낯을 가릴 수 있다.

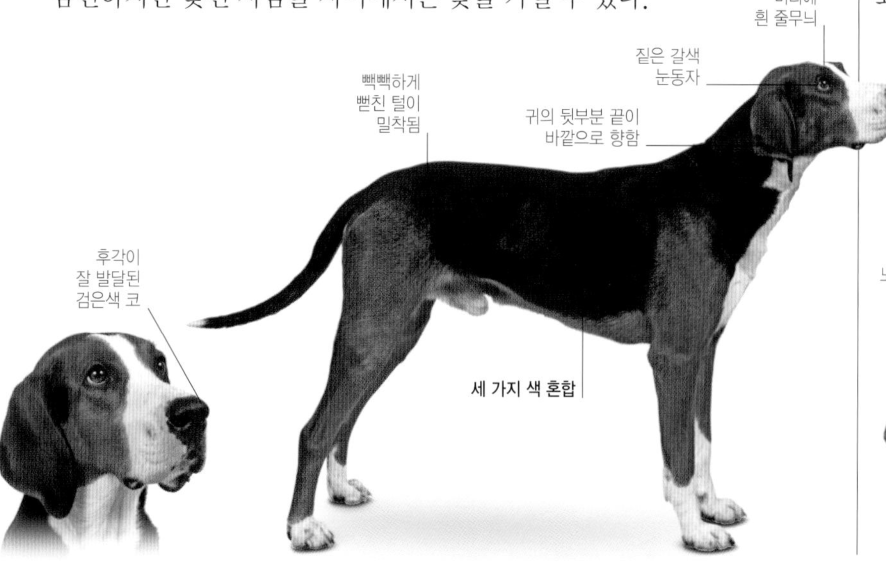


## 하이젠 하운드(Hygen Hound)

**체고** 47–58cm (19–23in)
**체중** 20–25kg (44–55lb)
**수명** 12년

**황적색**
**검은색에 황갈색**
노란빛이 도는 적색 털은 검은 음영이 있음

노르위전 하운드(상단)보다 경량급 품종으로 노르웨이 동부의 링에리케와 로메리케에서 북극지역에 적합하도록 만들어져 지치지 않는 지구력으로 눈 덮인 북극지역을 주파한다. 두뇌 회전이 빠르고, 스몰란스 퇴바레(p.155)처럼 다부진 몸을 가졌으며, 오래 걷기를 좋아한다.

## 플롯 하운드(Plott Hound)

**체고** 51-64cm (20-25in)
**체중** 18-27kg (40-60lb)
**수명** 10-12년

힘이 센 얼룩무늬 하운드인 플롯은 라쿤뿐만 아니라 대형 고양이과 동물이나 곰, 코요테, 야생 멧돼지 사냥에 사용되었다. 미국이 원산지인 몇 안 되는 하운드 중 하나다. 플롯은 1750년대에 스모키산맥에서 플롯 가족이 독일에서 들여온, 멧돼지 사냥용 하노버리안 하운드로부터 만들어 냈다.

## 카타훌라 레오파드 독(Catahoula Leopard Dog)

**체고** 51-66cm (20-26in)
**체중** 23-41kg (51-90lb)
**수명** 10-14년

 다양한 색상

카타훌라 레오파드 독은 루이지애나주에서 가축을 몰고 야생 멧돼지와 라쿤을 사냥하던 매력 넘치는 사냥견이다. 스패니시 콜로니얼 그레이하운드와 마스티프의 혼혈이며, 그 지역 붉은늑대도 섞인 것으로 여겨진다. 늪지대, 숲, 개방된 지형에서도 잘 활동한다. 루이지애나의 카타훌라 교구에서 이름을 따온 이 품종은 경계심 많은 감시견으로 낯선 사람을 의심하지만 가족에게는 차분하고 헌신적이다.

## 아메리칸 폭스하운드(American Foxhound)

**체고** 53-64cm (21-25in)
**체중** 18-30kg (40-66lb)
**수명** 12-13년

모든 색상 가능

아메리칸 폭스하운드를 퍼트린 인물은 다름 아닌 초대 미합중국 대통령 조지 워싱턴이다. 워싱턴은 프랑스와 영국산 하운드 사이에서 더 크고 운동 능력이 좋은 독보적인 품종을 만들어 냈다. 아메리칸 폭스하운드는 무리 지어 달리기를 좋아하고 들판에서 단독으로 또는 무리 지어 사냥한다.

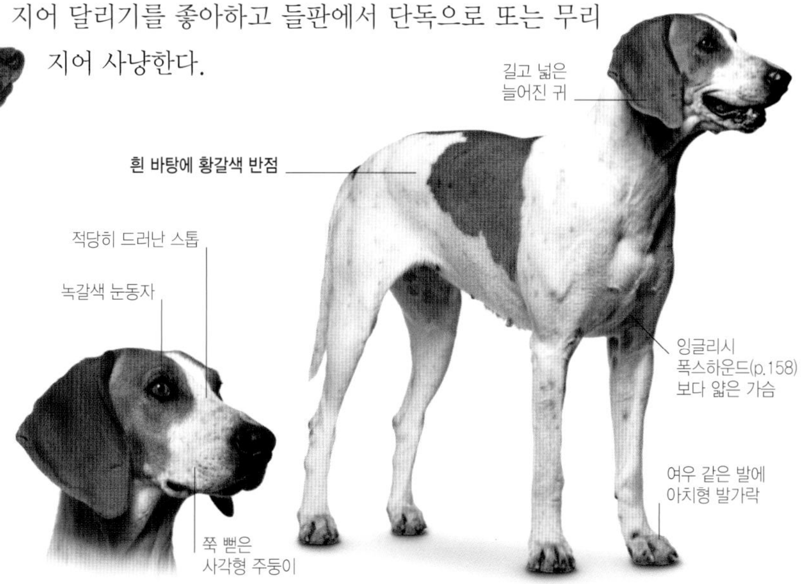

# 잉글리시 폭스하운드(English Foxhound)

| 체고 | 체중 | 수명 | 다양한 색상 |
|---|---|---|---|
| 58–64cm (23–25in) | 25–34kg (55–75lb) | 10–11년 | 기존에 인정된 모든 하운드 색상 가능 |

## 인간에게 최고의 친구

개가 인간에게 최고의 친구라는 개념은 미주리주 재판에서 유래했다. 1870년 농부 레오니다스 혼스비는 올드 드럼이라는 폭스하운드가 자기 양을 괴롭힌다는 이유로 총으로 쏘았다. 개 주인 찰스 버든은 슬픔에 휩싸여 혼스비를 고소했다. 버든의 변호사 조지 베스트는 긴 호소문에서 다음과 같이 개를 찬양했다. "버든의 개는 이기적인 세상에서 인간에게 허락된 유일한 욕심 없는 친구였습니다." 청중들은 감동해서 눈물을 흘렸다. "비록 개는 죽었지만, 승리했습니다."

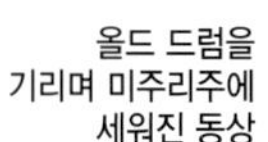

올드 드럼을 기리며 미주리주에 세워진 동상

**잉글리시 폭스하운드는 성격이 좋고 명랑하지만 시골 가정생활에 적응하려면 충분한 활동이 필요하다.**

잉글리시 폭스하운드의 조상은 수백 년 전부터 존재했다. 17세기 말 영국에서는 사슴 사냥이 줄어들고 숲이 벌판으로 바뀌면서 팩 하운드와 함께 하는 여우 사냥이 유행했다. 사람들은 새로운 사냥 스타일에 맞춰 폭스하운드를 기르기 시작했다. 새로운 품종은 동물의 냄새를 몇 시간이고 따라갈 수 있는 후각과 지구력을 갖추고 여우를 쫓아갈 만큼 빨라야 했다. 1800년대에 들어서면서 영국에는 폭스하운드 무리가 200팩이 넘었고 브리딩 내역이 최초로 기록으로 남았다. 폭스하운드는 18세기에 처음 미국에 소개되었다.

잉글리시 폭스하운드는 훈련에 매우 잘 반응하지만 특히 냄새를 맡을 때 고집스러운 편이다. 또한 역사적으로 무리 단위로 사육했기 때문에 무리 본능과 노래하듯이 하울링하는 성향이 제법 남아 있다.

가정견으로 키울 때는 운동을 충분히 시키면 매우 붙임성 있고 아이들과도 잘 지낼 수 있지만, 도시 생활에는 맞지 않는 편이다. 달리기와 자전거를 즐기는 사람은 이 품종의 좋은 파트너가 될 것이다. 잉글리시 폭스하운드는 나이가 들어서도 장난기와 활기, 지구력을 유지한다.

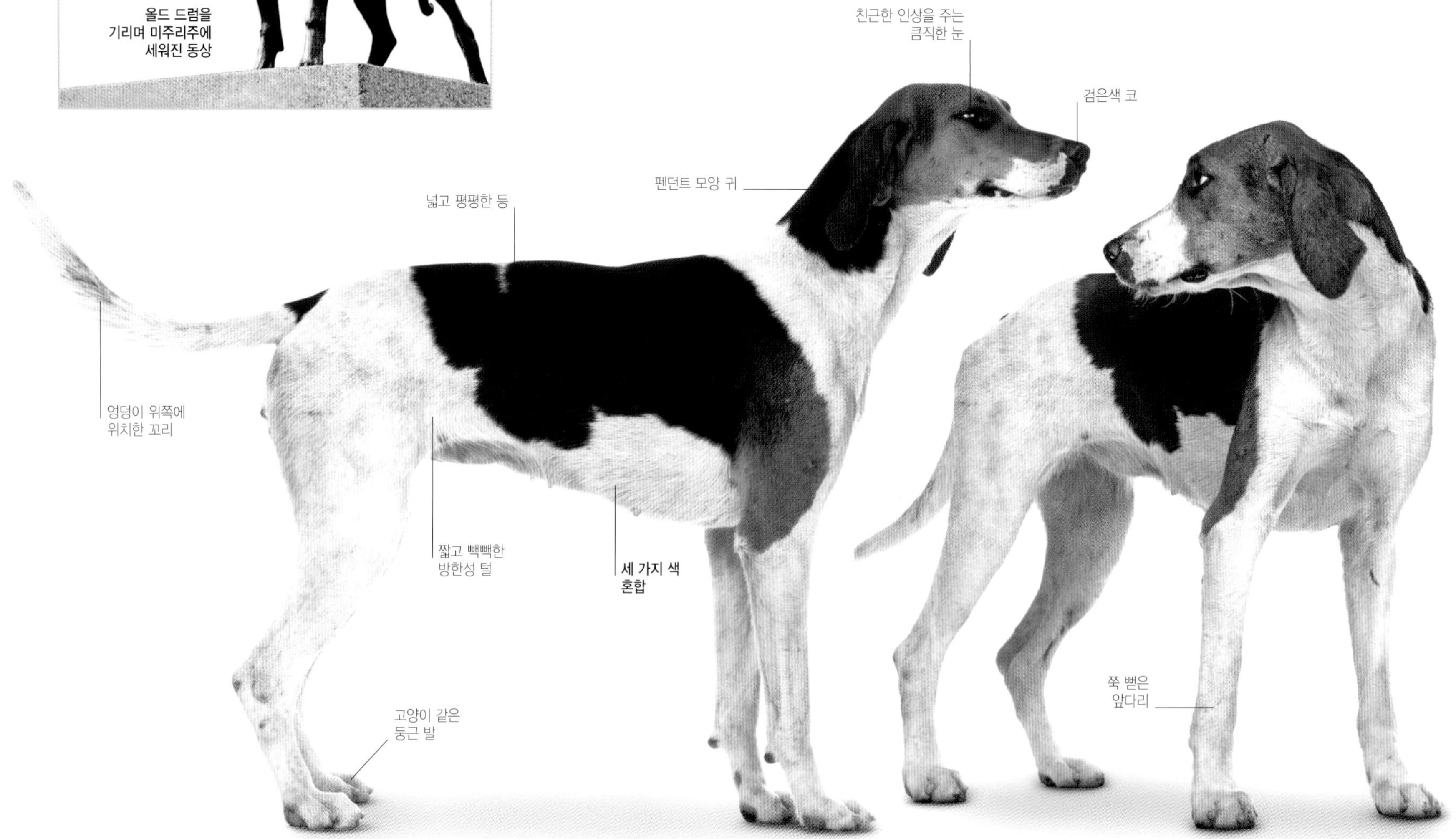

# 아메리칸 잉글리시 쿤하운드(American English Coonhound)

| 체고 | 체중 | 수명 |
| --- | --- | --- |
| 58–66cm (23–26in) | 21–41kg (46–90lb) | 10–11년 |

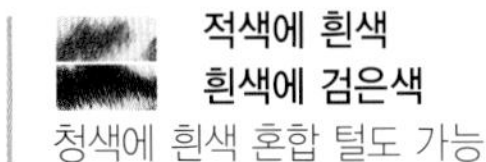

적색에 흰색
흰색에 검은색
청색에 흰색 혼합 털도 가능
세 가지 색 얼룩무늬

## 이 나무가 아닌가?

쿤하운드는 미국 역사뿐만 아니라 영어에도 자취를 남겼다. 헛다리를 짚을 때 쓰는 '엉뚱한 나무에 대고 짖다(barking up the wrong tree)'라는 표현은 쿤하운드가 사냥감을 나무 위로 몰아넣고 사냥꾼이 올 때까지 짖던 행동에서 유래했다. 나무 위로 몰아넣는 의욕이 앞선 나머지 쿤하운드는 사냥감이 도망친 후에도 나무를 지키며 위를 보며 짖는다.

라쿤을 나무 위로 몰아넣는 쿤하운드

**미국산 사냥견인 아메리칸 잉글리시 쿤하운드는 운동 능력이 뛰어나고, 사회화시키면 훌륭한 애완견이 될 수 있다.**

에너지 넘치고 영리한 품종으로, 17세기와 18세기에 신대륙에 정착한 이주민들이 데려온 잉글리시 폭스하운드(p.158)로부터 유래했다. 당시 들여온 개들을 버지니아 하운드라고 했는데, 개를 데려온 인물 중에는 초대 대통령 조지 워싱턴도 있었다. 이 개들의 후손인 아메리칸 잉글리시 쿤하운드는 더 거친 기후와 지형에서 낮에는 여우를, 밤에는 라쿤을 사냥했다. 이 품종은 1905년 잉글리시 폭스 앤 쿤 하운드라는 이름으로 처음 인정을 받았다. 1940년대에 쿤하운드는 여러 타입으로 갈라졌고, 아메리칸 켄넬 클럽은 1995년에 아메리칸 잉글리시 쿤하운드를 공식 인정했다.

아메리칸 잉글리시 쿤하운드는 스피드와 지구력으로 유명해서 지금도 사냥에 활용된다. 가벼운 발걸음으로 지치지 않고 뛰어다니며 사냥감을 쫓고 나무 위로 몰아넣는 욕구가 강하다. 이 품종은 오래된 동물 흔적을 몇 시간 동안 쫓는 콜드 노즈 독이나 신선한 냄새를 빠른 속도로 쫓아가는 핫 노즈 독으로 모두 활용할 수 있다. 또한 퓨마와 곰을 추격하는 데도 쓰인다.

애완견으로 기를 때는 엄격한 핸들링이 필요하지만, 한번 길들이면 헌신적인 반려견이자 능숙한 경비견이 되어 줄 것이다.

## 블랙 앤 탄 쿤하운드(Black and Tan Coonhound)

**체고** 58-69cm (23-27in)
**체중** 23-34kg (51-75lb)
**수명** 10-12년

블랙 앤 탄 쿤하운드는 대형 미국 사냥견으로, 블러드하운드(p.141)와 지금은 사라진 영국 품종 탤벗 하운드(Talbot Hound)의 자손으로 여겨진다. 블랙 앤 탄 쿤하운드는 거칠고 힘이 세서 라쿤과 주머니쥐뿐만 아니라 퓨마까지 능숙하게 추적하며, 사냥감을 나무 위로 몰아넣고 큰 소리로 짖는다.

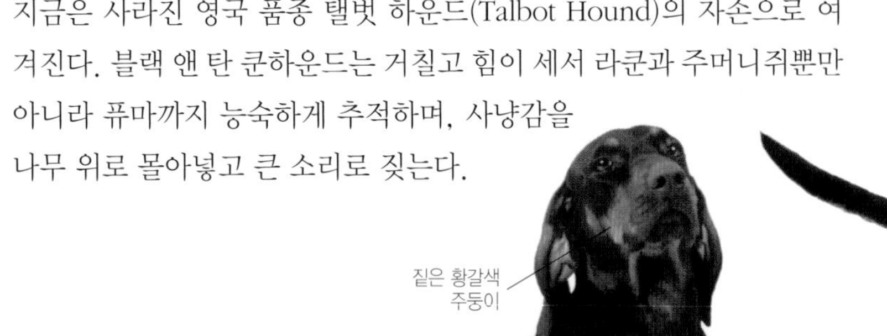

## 레드본 쿤하운드(Redbone Coonhound)

**체고** 53-69cm (21-27in)
**체중** 21-32kg (46-71lb)
**수명** 11-12년

레드본 쿤하운드는 미국 남부 주에서 만들어졌으며 윤기 나는 털을 가진 멋진 사냥견으로 100년 넘게 인기를 끌었다. 어떤 지형에서도 빠르고 민첩하게 움직이며, 라쿤과 곰, 퓨마를 추적하기로 유명하다. 사회성이 좋고 다정해서 애완견으로도 훈련시킬 수 있다.

# 블루틱 쿤하운드(Bluetick Coonhound)

**체고** 53-69cm (21-27in)
**체중** 20-36kg (44-79lb)
**수명** 11-12년

블루틱 쿤하운드는 원래 잉글리시 쿤하운드로 알려져 있다가 따로 나온 품종으로, 1940년대 이후 미국 일부 계층에서 큰 인기를 누리고 있다. 주로 라쿤과 주머니쥐 추적에 쓰였지만 사슴과 곰도 사냥한다. 블루틱 쿤하운드는 작업 중일 때 가장 즐거워하며 복종훈련 대회와 어질리티 대회에서도 역량을 입증했다.

길고 두껍고 넓은 주둥이
맑고 선명한 눈동자
짙은 청색
큰 코
털의 얼룩이 독특한 색상 형성

# 트리잉 워커 쿤하운드(Treeing Walker Coonhound)

**체고** 51-68cm (20-27in)
**체중** 23-32kg (51-71lb)
**수명** 12-13년

**흰색**
흰 털에 황갈색 또는 검은색 반점이 있음

트리잉 워커 쿤하운드는 1940년대 이후 미국에서 개별 품종으로 인정되었다. 라쿤 사냥견으로 빠르고 유능하며, 쿤하운드 경연대회에서 뛰어난 능력을 발휘하고 있다. 따뜻한 가정 환경과 사람들을 매우 좋아한다.

# 아르투아 하운드(Artois Hound)

**체고** 53–58cm (21–23in)
**체중** 28–30kg (62–66lb)
**수명** 12–14년

때로는 조숙함이 느껴지는 프랑스산 아르투아 하운드는 훌륭한 사냥 동반자로 운동을 많이 시켜야 한다. 이 품종은 좋은 방향 감각과 예리한 후각, 정확한 포인팅, 빠른 움직임과 투지를 자랑한다. 아르투아 하운드의 조상은 그레이트 아르투아 하운드와 생 위베르까지 거슬러 올라가며, 영국 혈통 개들도 이 품종에 일부 영향을 주었다. 1990년대 초반에 멸종 위기에서 다시 살아났지만 아직도 희귀한 편이다.

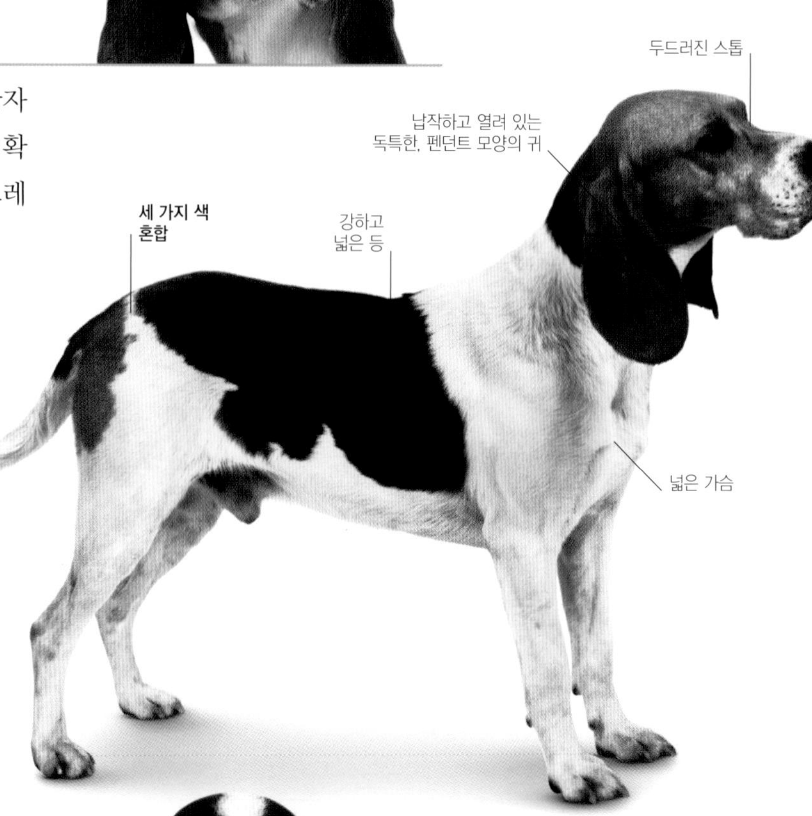


# 아리에주아(Ariégeois)

**체고** 50–58cm (20–23in)
**체중** 25–27kg (55–60lb)
**수명** 10–14년

아리에주아는 프랑스에서 1912년에 공식 인정된 비교적 최신 품종으로, 스페인과 접한 프랑스 국경의 메마른 바위투성이 지역의 이름을 따 아리에주 하운드라고도 한다. 품종의 조상으로는 그랑 블뢰 드 가스코뉴(p.164), 그랑 가스콩 생통주아(p.163) 및 해당 지역 중형 하운드가 있다. 아리에주아는 토끼 사냥에 탁월하고 붙임성 좋은 성격으로도 유명하다.

눈 위로 옅은 황갈색
반점
두개골 아래쪽에 위치한
펜던트 모양의 부드러운 귀
검은색 얼룩무늬
그랑 블뢰 드 가스코뉴(p.164)
보다 작고 세련된 뼈대

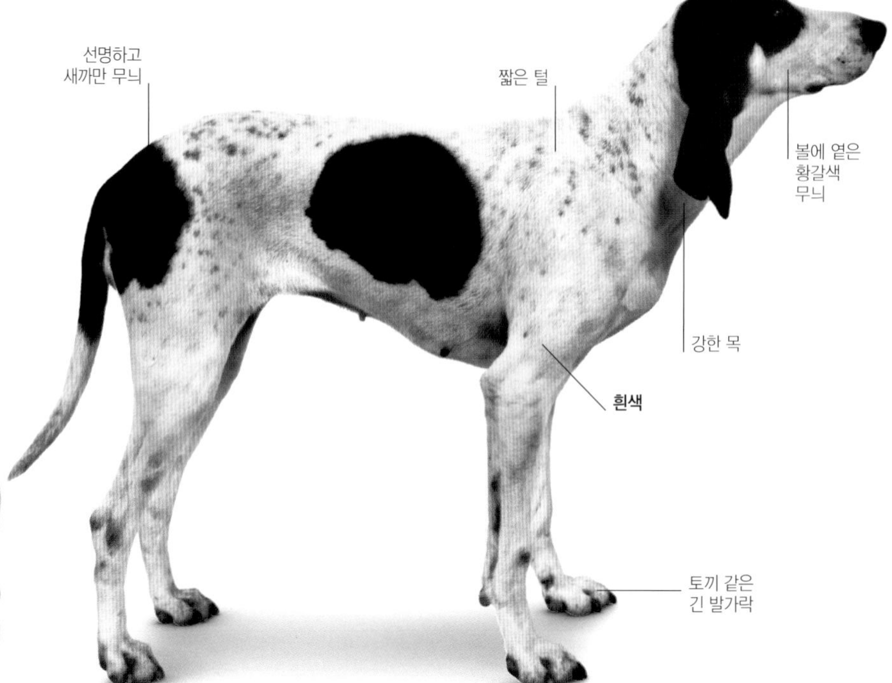

## 가스콩 생통주아(Gascon-Saintongeois)

**체고** 프티: 54-62cm (21-24in); 그랑: 62-72cm (24-28in)
**체중** 프티: 24-25kg (53-55lb); 그랑: 30-32kg (66-71lb)
**수명** 12-14년

희귀한 가스콩 생통주아는 프랑스 가스코뉴 지방에서 유래했다. 생통주아를 그랑 블뢰 드 가스코뉴(p.164), 아리에주아(p.162)와 교배시킨 비를라드 남작의 이름을 따서 비를라드 하운드라고도 한다. 지구력이 강하고 정밀한 후각을 지닌 사냥견으로, 크기가 작은 프티와 크기가 큰 그랑이 있다.

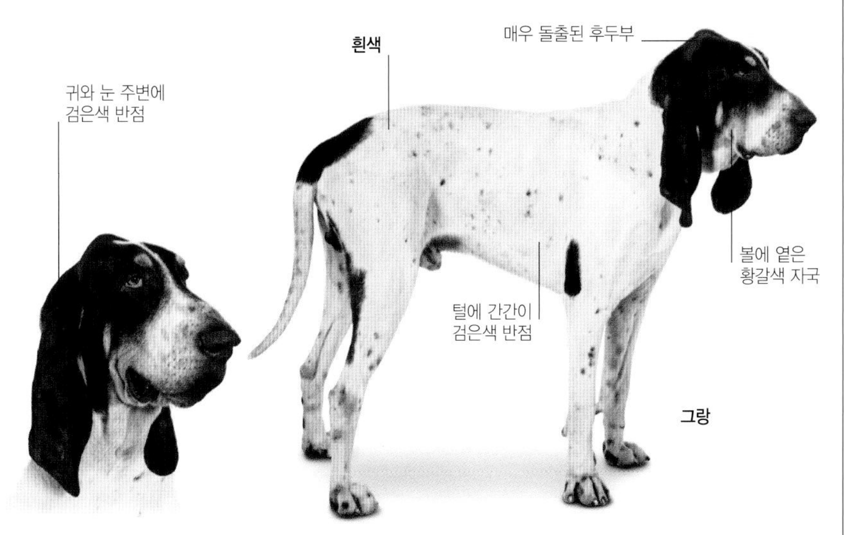


## 블루 가스코니 그리펀(Blue Gascony Griffon)

**체고** 48-57cm (19-22in)
**체중** 17-18kg (37-40lb)
**수명** 12-13년

프랑스 품종으로 프티 블뢰 드 가스코뉴(하단)와 털이 뻣뻣한 와이어 타입 하운드를 교배한 자손이다. 혹독한 환경에서도 일할 수 있는 거칠고 텁수룩한 털을 가지고 있다. 비교적 희귀한 품종으로 사슴, 여우, 토끼 사냥에 특화되었다. 스피드보다 지구력이 강한 편이며 후각이 고도로 발달되었다.

## 바세 블뢰 드 가스코뉴
(Basset Bleu de Gascogne)

**체고** 30-38cm (12-15in)
**체중** 16-20kg (35-44lb)
**수명** 10-12년

바세 블뢰 드 가스코뉴와 같은 타입의 블루 하운드는 12세기 프랑스에서 늑대, 사슴, 멧돼지 사냥에 사용되었고, 현대의 품종은 20세기에 인정받았다. 몸이 낮아서 움직임이 빠르지는 않지만 끈기가 강해서 한번 냄새를 맡으면 몇 시간이고 사냥감을 추적한다. 이 품종은 열정적인 실외 반려견이자 가정 애완견으로, 인내를 가지고 훈련하고 사회화시켜야 한다.

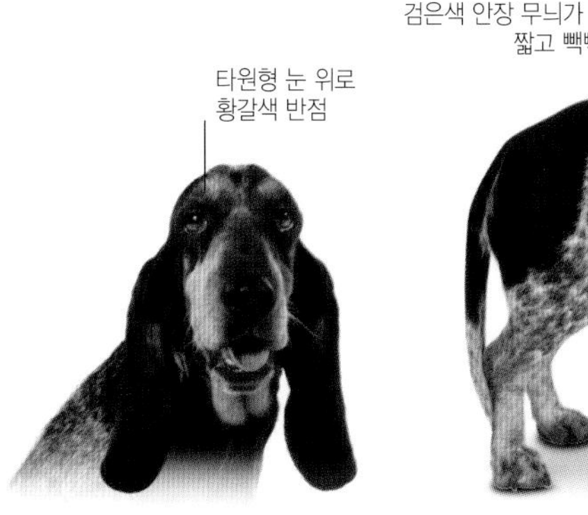


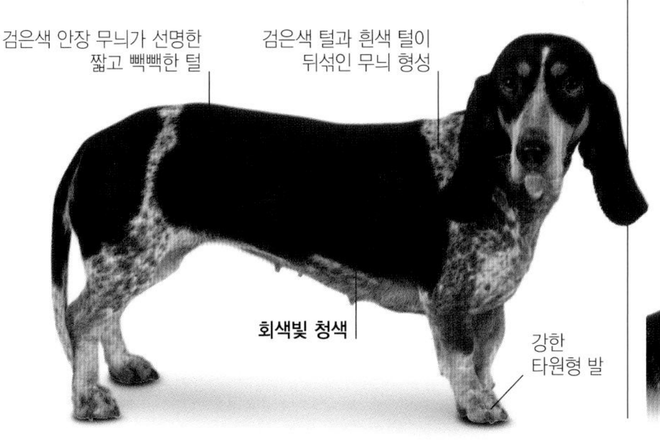


## 프티 블뢰 드 가스코뉴
(Petit Bleu de Gascogne)

**체고** 50-58cm (20-23in)
**체중** 40-48kg (88-106lb)
**수명** 12년

그랑 블뢰 드 가스코뉴(p.164)를 축소시킨 프랑스 품종으로 토끼 사냥뿐 아니라 큰 사냥감을 추격하는 데도 쓰였다. 좋은 후각과 노래하는 듯한 울음소리로 단독 혹은 무리 사냥 모두 수행한다. 애완견으로 키우려면 철저하게 훈련하고 운동을 많이 시켜야 한다.

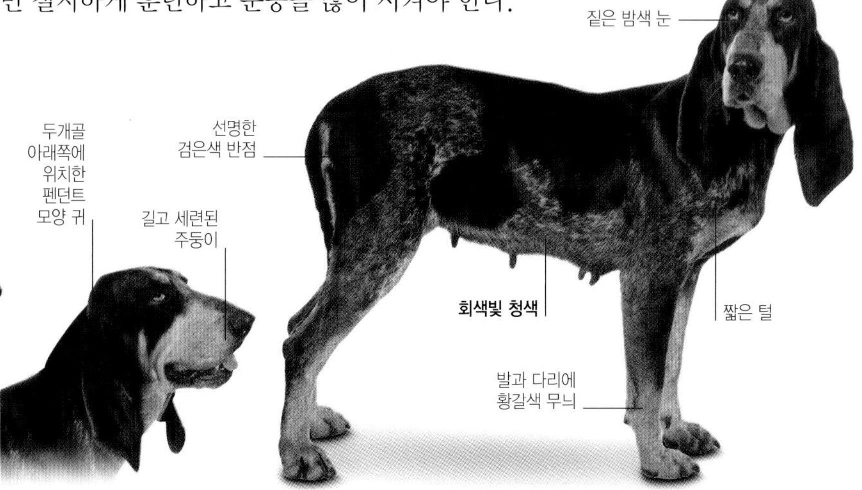

# 그랑 블뢰 드 가스코뉴(Grand Bleu de Gascogne)

| 체고 | 체중 | 수명 |
|---|---|---|
| 60-70 cm (24-28in) | 36-55kg (80-120lb) | 12-14년 |

**인상적인 외모의 대형 사역견으로 냄새를 쫓을 때 엄청난 지구력과 끈기를 발휘한다.**

프랑스산 후각 하운드인 그랑 블뢰 드 가스코뉴는 프랑스 남부와 남서부, 특히 가스코뉴 지방에서 유래했다. 고대 갈리아 사냥견의 자손으로, 페니키아 상인들이 들여온 개와 교배되어 남프랑스(일명 미디)에서 나타난 다른 모든 후각 하운드의 조상이 되었다. 이 품종은 오늘날에도 프랑스 전역에 퍼져 있으며 영국과 미국 등 다른 나라에도 소개되었다.

그랑 블뢰 드 가스코뉴는 원래 늑대 사냥에 사용되었지만, 늑대 숫자가 줄면서 야생 멧돼지와 사슴 사냥에 이용되었다. 오늘날 야생 멧돼지와 사슴뿐만 아니라 토끼 사냥에도 팩 하운드로 사용한다. 후각 능력이 매우 발달되어 추적할 때는 온전히 냄새에만 집중한다. 속도는 조금 느리지만 체력이 좋고 짖는 소리가 강하며 울리는 것이 특징이다.

큰 자태와 귀족적인 풍모로 '하운드의 왕'이라고 부른다. 흰 바탕에 검은 얼룩무늬가 있는 털이 희미하게 푸른빛을 띠면서 우아한 외모를 더욱 부각시킨다.

독쇼에도 참가하기 시작한 그랑 블뢰 드 가스코뉴는 유순하고 붙임성 있는 성격에 주인과 유대감이 강하지만, 덩치가 크고 에너지가 넘쳐 함께 생활하기 힘들 수 있다. 움직임과 두뇌 회전을 유도하는 훈련과 함께 충분한 운동이 필요하다.

## 프랑스에서 미국으로

1785년 조지 워싱턴은 라파예트 장군에게서 그랑 블뢰 드 가스코뉴 하운드(그림은 1907년 프랑스 인쇄물) 7마리를 선물로 받았다. 열렬한 사냥꾼이었던 워싱턴은 이 품종이 추적에는 탁월하지만 라쿤처럼 나무를 타는 동물을 쫓는 상황에는 익숙하지 않음을 알게 되었다. 워싱턴은 총을 쏘기도 전에 나무 위로 올라간 사냥감을 개들이 놓쳐 버리는 것이 못마땅했다. 이후 이런 사냥도 가능하도록 쿤하운드를 여러 품종과 교배했는데, 그때 포함된 품종인 그랑 블뢰 드 가스코뉴와 비슷한 색상을 블루틱 쿤하운드(p.161)에서도 볼 수 있다.

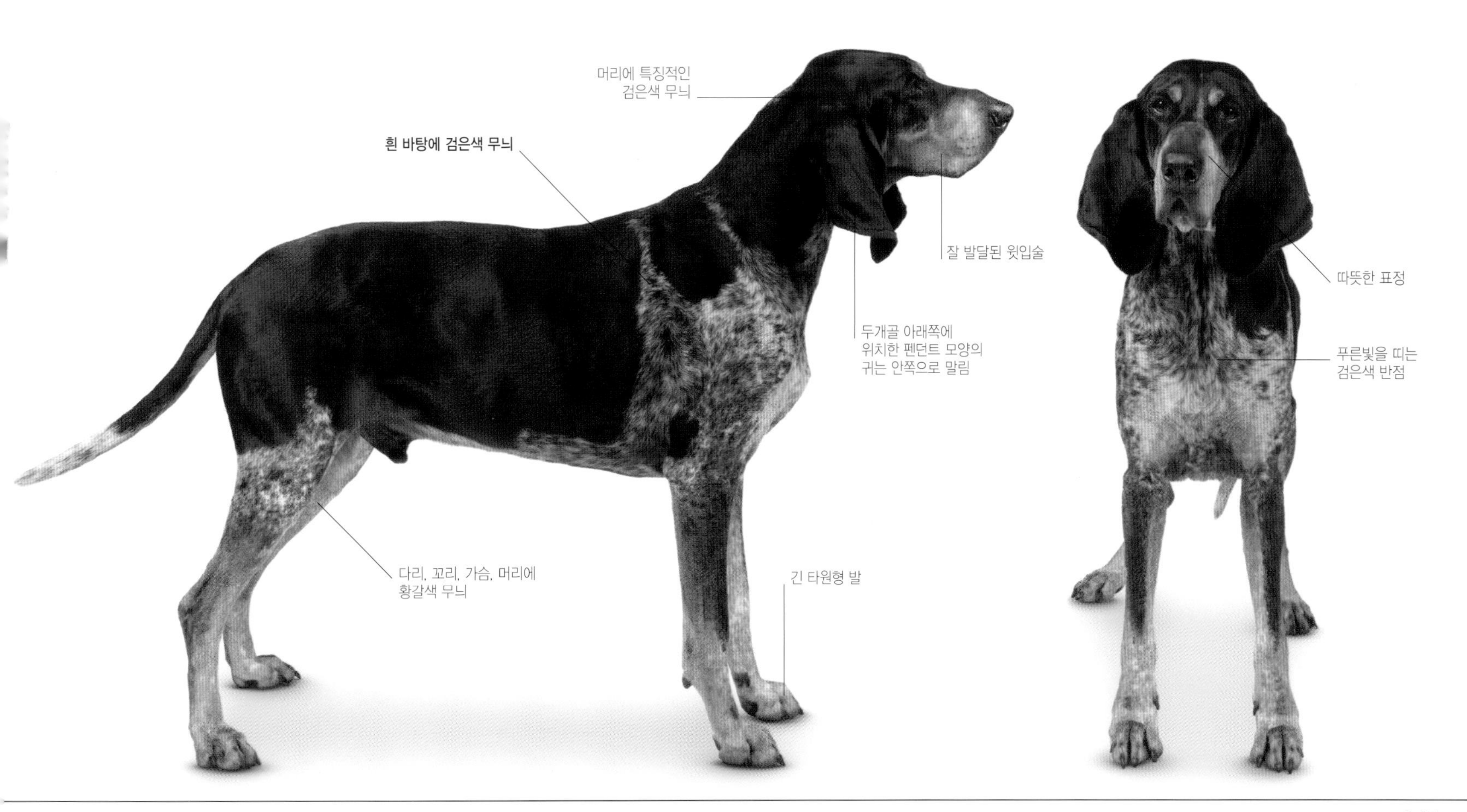

# 프와트방(Poitevin)

**체고** 62-72cm (24-28in)
**체중** 60-66kg (132-146lb)
**수명** 11-12년

**흰색에 오렌지색**
늑대색 털이 종종 발견됨

덩치가 크고 용감한 하운드인 프와트방은 거친 지형에서 빠르고 격렬한 무리 사냥에 능숙하다. 과거 프랑스 서부 방데와 브르타뉴 아래에 위치한 푸아투 지방에서 늑대를 사냥했다. 프와트방은 프랑스 팩 하운드 중 가장 오랜 기간 활동했다. 오늘날 이 품종은 강한 근육질 몸으로 야생 멧돼지와 사슴을 쫓을 때 엄청난 능력과 지구력을 자랑한다. 온종일 사냥할 수 있으며 사냥감을 쫓아 하천을 건너기도 한다.

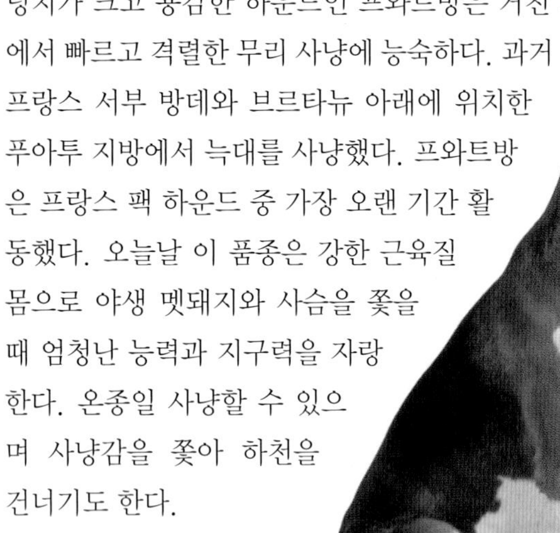


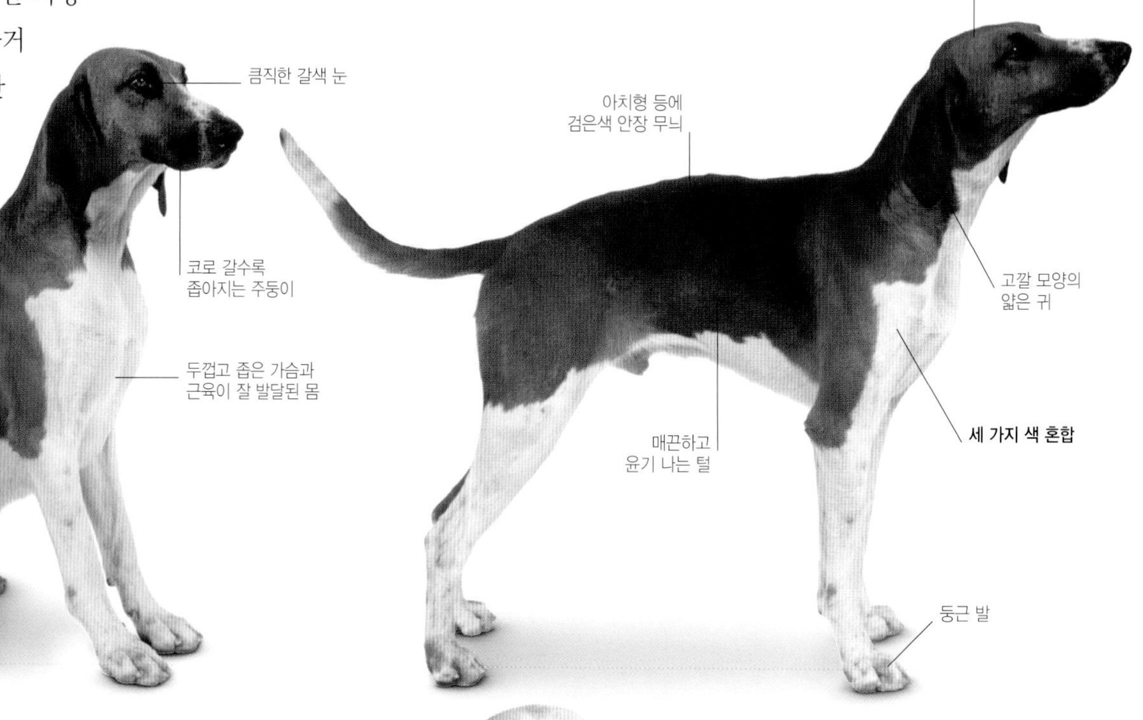


# 빌리(Billy)

**체고** 58-70cm (23-28in)
**체중** 25-33kg (55-73lb)
**수명** 12-13년

빌리는 매끈하고 재빠른 몸매를 가진 매력적인 품종으로 현재 원산지인 프랑스에서도 잘 알려지지 않았다. 빌리의 조상은 지금은 멸종한 몽탕뵈프(Montemboeuf), 세리(Ceris), 라르예(Larye) 품종이다. 독특한 품종명은 브리더인 '가스통 위블로 두 리볼'이 포이투에 위치한 샤토 드 빌리에서 1800년대 말 노루와 야생 멧돼지 사냥에 탁월했던 사냥견을 기르던 데서 유래했다. 제2차 세계대전 동안 개체 수가 급격히 줄었지만 그의 아들 앤서니 덕분에 품종이 유지되었다. 처음에 2마리로 시작한 그는 1970년대에 접어들어서야 여러 팩을 만들 정도로 충분한 개체 수를 구축했다. 이 품종은 프랑스 국외에서 희귀한 편이다.

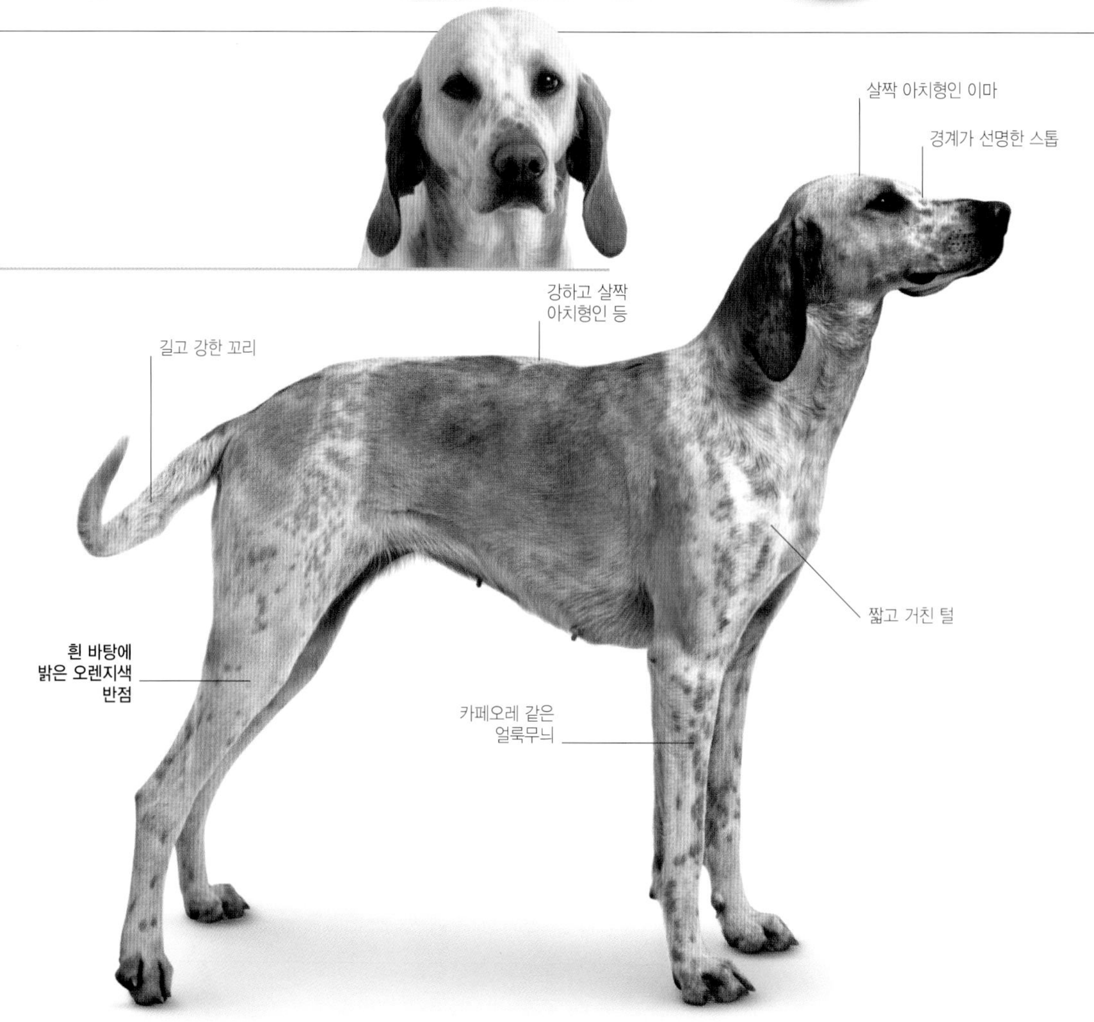

# 프렌치 트라이컬러 하운드
(French Tricolor Hound)

**체고** 60-72cm (24-28in)
**체중** 34-35kg (75-77lb)
**수명** 11-12년

프렌치 트라이컬러 하운드는 프랑스에서 가장 유명한 하운드다. 잉글리시 폭스하운드(p.158)의 피가 섞이지 않은 자국산 팩 하운드를 만들기 위해 프와트방(p.166)과 빌리(p.166)의 교배로 탄생했지만, 그레이트 앵글로-프렌치 트라이컬러 하운드(우측)의 모습이 엿보인다. 힘이 세고 근육이 잘 발달해서 오늘날 사슴과 야생 멧돼지 같은 동물을 사냥한다.

# 그레이트 앵글로-프렌치 트라이컬러 하운드(Great Anglo-French Tricolor Hound)

**체고** 60-70cm (24-28in)
**체중** 30-35kg (66-77lb)
**수명** 10-12년

다른 프랑스 후각 하운드와 마찬가지로 이름에서 나타나듯이 두 국가가 관련된 세 가지 색이 혼합된 품종이다. '그레이트'는 품종의 크기가 아니라 붉은사슴처럼 사냥하는 동물을 지칭한다. 털과 성격은 프와트방(p.166)에게, 강력한 근육과 지구력은 잉글리시 폭스하운드(p.158)에게 물려받았다.

# 그레이트 앵글로-프렌치 화이트 앤 블랙 하운드(Great Anglo-French White and Black Hound)

**체고** 62-72cm (24-28in)
**체중** 30-35kg (66-77lb)
**수명** 10-12년

영국-프랑스산 후각 하운드인 그레이트 앵글로-프렌치 화이트 앤 블랙 하운드는 세 가지 털색 타입 중 하나로 별개의 품종으로 본다. 이 품종은 1800년대에 블뢰 드 가스코뉴와 가스콩 생통주아(p.163)를 잉글리시 폭스하운드(p.158)와 교배해서 만들어졌다. 대부분 프랑스 켄넬에서 살면서 무리 지어 사슴 사냥에 사용된다. 힘세고 강인한 사냥견으로 극소수만 애완견으로 키우고 있다.

# 프렌치 화이트 앤 블랙 하운드(French White and Black Hound)

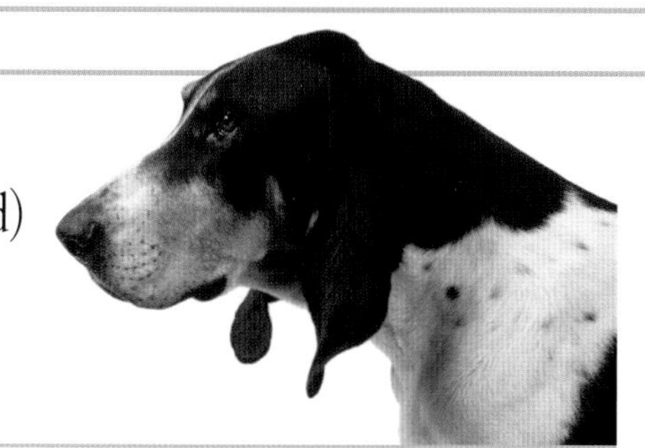

| 체고 | 체중 | 수명 |
|---|---|---|
| 62-72cm (24-28in) | 26-30kg (57-66lb) | 10-12년 |

## 시앵 도드르(chien d'ordre)

프랑스에는 다양한 품종의 하운드가 있지만 프렌치 화이트 앤 블랙 하운드를 포함한 극히 일부 품종만 시앵 도드르로 본다. 시앵 도드르는 무리 지어 활동하며 사슴과 같은 대형 동물을 사냥하는 개를 의미한다. 개들은 사냥꾼의 명확한 지시에 따라 사냥감을 잡아 죽일 때까지 냄새를 따라 추적한다. 프렌치 화이트 앤 블랙 하운드는 용기와 지구력, 스피드, 좋은 후각이 있기에 가능하다.

**프렌치 화이트 앤 블랙 하운드는 재빠르고 지구력이 충만한 사냥견으로, 대형 사냥감을 끝까지 추격하며 격렬한 운동이 필요하다.**

프렌치 화이트 앤 블랙 하운드는 흔하지 않지만 빼어난 외모의 하운드 종으로 20세기 초에 프랑스에서 처음 만들어졌다. 초기 조상인 생통주 하운드(Saintonge Hound)는 기원이 확실하지 않지만 늑대를 사냥하던 품종이었다. 현대의 프렌치 화이트 앤 블랙 하운드는 탁월한 지구력과 체력을 가진 하운드로 만들려고 했던 앙리 드 팔랑드르의 손에서 탄생했다. 블뢰 드 가스코뉴와 가스콩 생통주아(p.163)가 섞인 이 품종은 1957년에 국제애견협회의 공인을 받았다. 하지만 2009년 국제애견협회 기록에 따르면 현존하는 개체 수는 2,000마리 이하다.

프렌치 화이트 앤 블랙 하운드는 사슴, 특히 노루 사냥에서 끈기와 민첩성을 높이 평가받고 있다. 애완견보다는 주로 사역견으로 쓰이거나 개 사육장에서 무리 단위로 사육되고 있다. 귀염성 있고 아이들에게 유순한 편이라 주인을 잘 만나면 좋은 가정견이 될 수 있다. 하지만 무리 본능이 강해서 철저한 핸들링이 필요하다. 가정견으로 키우려면 시골에 있거나 넓은 마당이 있는 집에서 충분히 운동시키고, 사냥과 추적 욕구를 충족시켜 주어야 한다.

## 그레이트 앵글로-프렌치 화이트 앤 오렌지 하운드(Great Anglo-French White and Orange Hound)

**체고** 60-70cm (24-28in)
**체중** 34-35kg (75-77lb)
**수명** 10년

무리 사냥을 하는 그레이트 앵글로-프렌치 세 타입 중 하나로, 19세기 초에 잉글리시 폭스하운드(p.158)와 대형 프랑스 후각 하운드인 빌리(p.166)를 교배한 결과 탄생했다. 훈련이 쉽고 성격이 따뜻하지만 사냥용으로 만들어진 품종인 만큼 넘치는 에너지 때문에 가축처럼 키우기에 적합하지 않다.

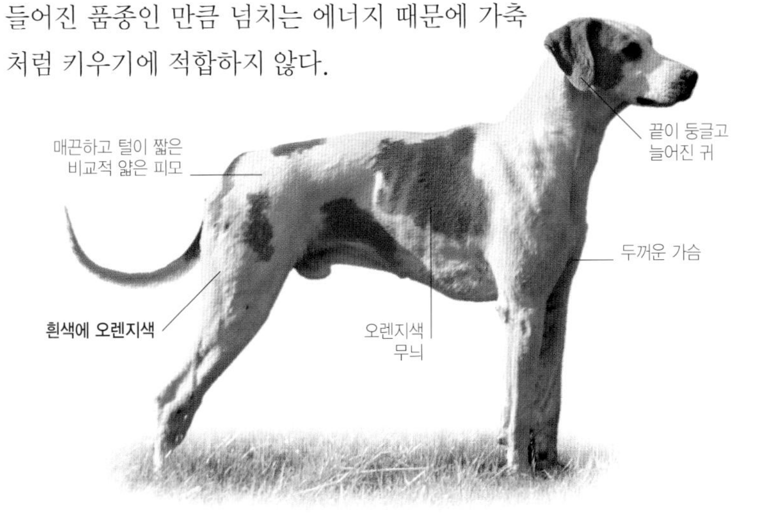


## 프렌치 화이트 앤 오렌지 하운드(French White and Orange Hound)

**체고** 62-70cm (24-28in)
**체중** 27-32kg (60-71lb)
**수명** 12-13년

1970년대에 공인된 다소 새롭고 희귀한 사냥견이다. 다른 팩 하운드보다 관리가 쉬워 아이들이나 다른 개들과 함께 지낼 수 있지만 작은 애완동물이 있다면 꼭 주의해서 지켜보아야 한다. 활동을 좋아하는 편이라 밀폐된 공간에 두면 안 된다.

## 베스트팔렌 닥스브라케(Westphalian Dachsbracke)

**체고** 30-38cm (12-15in)
**체중** 15-18kg (33-40lb)
**수명** 10-12년

작지만 튼튼한 베스트팔렌 닥스브라케는 다리가 짧은 저먼 하운드(p.172)다. 관목이 무성해서 대형견이 비집고 들어가기 어려운 지역에서 작은 동물을 사냥하기 위해 만들어졌다. 명랑하고 쾌활하며 성격이 좋아 기분 좋은 반려견으로 가정생활에 잘 어울린다.

## 알핀 닥스브라케(Alpine Dachsbracke)

**체고** 34-42cm (13-17in)
**체중** 12-22kg (26-49lb)
**수명** 12년

피어로이글
가슴에 흰 별무늬 가능

수백 년 전 존재했던 알핀 닥스브라케와 매우 유사하게 생긴 품종이 작은 사냥견인 알핀 닥스브라케의 조상일지도 모른다. 오늘날 품종은 1930년대에 오스트리아 최고의 후각 하운드 중 하나로 자리 잡았다. 튼튼하고 지치지 않는 사냥견으로서 가정견으로는 적합하지 않다.

# 닥스훈트(Dachshund)

**체고**
미니어처: 13-15cm (5-6in)
스탠더드: 20-23cm (8-9in)

**체중**
미니어처: 4-5kg (9-11lb)
스탠더드: 9-12kg (20-26lb)

**수명**
12-15년

다양한 색상

단모종

**닥스훈트는 호기심 많고 용감하며 충성스럽다. 체구에 비해 우렁차게 짖어 반려견과 감시견으로 인기가 높다.**

독일의 상징 닥스훈트는 세계적으로 유명해서 '소시지 개'와 '바이너(weiner)'라는 별명이 붙었다. 오소리처럼 땅속에 사는 동물을 사냥하던 몸이 길고 다리가 짧은 품종에서 유래했으며, 닥스훈트(Dachshund)는 독일어로 '오소리 개'라는 뜻이다. 다른 하운드처럼 냄새로 사냥감을 추적할 수 있고, 테리어처럼 땅을 공략해서 사냥감을 몰아내거나 죽일 수도 있었다. 오소리뿐만 아니라 토끼와 여우, 담비, 심지어 울버린도 사냥했다.

오늘날 닥스훈트는 옛 조상보다 다리가 짧아졌으며, 다리가 작거나 짧은 다른 품종이 뒤섞여 있다. 18세기와 19세기에는 사냥감의 크기에 따라 품종의 크기도 달랐다. 또한 기존의 털이 짧은 단모종 외에 털이 긴 장모종과 털이 뻣뻣한 와이어타입이 추가되었다. 아메리칸 켄넬 클럽은 상기 세 가지 털에 스탠더드와 미니어처 사이즈를 각각 적용해서 총 여섯 가지 타입을 인정하고 있다. 국제애견협회는 세 가지 털 타입 외에 가슴둘레에 따라 스탠더드, 미니어처, 래빗(가장 작음) 사이즈를 인정한다.

일부 닥스훈트는 지금도 독일에서 사냥에 이용되지만 대부분 가족 애완견이다. 크기는 작지만 충분한 운동과 두뇌 자극이 필요하다. 똑똑하고 대담하며 다정하지만 자기 의사가 강해서 냄새를 쫓을 때면 명령을 무시하는 경향이 있다. 닥스훈트는 가족들을 잘 지키고 좋은 경비견이지만 낯선 사람에게는 까다롭게 구는 편이다. 장모종은 매일 털 손질을 해야 한다.

## 예술가의 선택

파블로 피카소, 앤디 워홀, 데이비드 호크니의 공통점은 스무스 타입 닥스훈트를 길렀던 세계적인 예술가라는 점이다. 피카소와 워홀도 자신의 애견을 그렸지만, 호크니는 개를 그린 작품만으로 전시회가 가능할 정도로 많이 그렸다. 호크니는 자신의 애견 스탠리와 부기를 "귀염둥이 친구들", "사료와 사랑으로 사는 존재"로 표현했다.

데이비드 호크니

**즐거움이 한가득**

닥스훈트는 다리가 짧아도 활기차고 에너지 넘치는 품종으로 많은 활동과 두뇌 자극이 필요하다. 관심 가는 냄새를 쫓을 때는 아무리 명령해도 못 들은 척하는 것으로 유명하다.

# 저먼 하운드(German Hound)

**체고** 40–53cm (16–21in)
**체중** 16–18kg (35–40lb)
**수명** 10–12년

브라케 타입 사냥견은 몇백 년 동안 독일에 수많은 종류가 존재했다. 저먼 하운드는 도이체 브라케라고도 하며 지금까지 남아 있는 몇 안 되는 품종 중 하나다. 여러 브라케 타입을 교배해서 만들어졌으며 현재도 주로 사냥용으로 쓴다. 성격이 좋지만 실내 생활에 잘 적응하지 못한다.

# 드레버(Drever)

**체고** 30–38cm (12–15in)
**체중** 14–16kg (31–35lb)
**수명** 12–14년

다양한 색상

20세기 초에 작고 다리가 짧은 독일산 하운드인 베스트팔렌 닥스브라케가 스웨덴으로 들어왔다. 이 품종이 추적견으로 인기를 끌면서 1940년대에 스웨덴에서 자국 품종으로 드레버를 만들어 냈다. 사냥 본능이 강해서 사냥견으로 키우는 것이 가장 좋다.

# 라우프훈트(Laufhund)

| 체고 | 체중 | 수명 |
|---|---|---|
| 47–59cm (19–23in) | 15–20kg (33–44lb) | 12년 |

## 로마 출신의 날씬한 하운드 종으로, 우아한 두상을 가졌으며 느긋하게 생활한다.

스위스 하운드라고도 하는 라우프훈트 같은 품종은 수백 년 동안 스위스에 존재했다. 아방슈에서 발견된 로마 시대 모자이크에서는 라우프훈트를 닮은 팩 하운드가 나타난다. 털색에 따라 네 가지 종류가 있으며 스위스 칸톤의 이름을 따 버니즈(Bernese, 흰 바탕에 검은 반점), 루체른(Lucerne, 청색), 슈비처 라우프훈트(Schwyzer Laufhunds, 흰 바탕에 적색 반점), 브루노 주라(Bruno Jura, 황갈색 바탕에 검은 반점)(p.140)로 불린다. 그 외 투르고비아(Thurgovia)는 20세기 초까지 존재하다가 사라졌다.

라우프훈트는 지칠 줄 모르는 체력에 후각이 강한 추적견이다. 특히 높은 알프스산맥 지역에서도 힘들이지 않고 토끼, 여우, 노루를 추적하는 것으로 유명하다. 빽빽한 속털과 강한 겉털로 이루어진 이중모가 있어 어떤 날씨에도 스스로를 지킬 수 있다.

이 품종은 요즘도 사냥에 활용되고 있다. 또한 우아한 반려견이기도 한데, 조각상 같은 멋진 두상과 균형 잡힌 몸매로 고귀함이 감돈다. 가정에서는 느긋하고 온순하며 아이들에게 친근하다. 하지만 에너지를 소모하기 위해 운동을 많이 해야 하므로 전원주택에 사는 활동적인 주인에게 적합하다.

### 같거나 다르거나

원래 스위스 사냥견은 모두 스위스 비글이라고 불렀지만, 지역 간 차이에 따라 1881년에 4개 종으로 분리되었다. 주라, 슈비처, 버니즈(그림은 1907년 프랑스 인쇄물), 루체른은 비슷한 외형이지만 색상이 다른데, 이는 만들어지는 과정에서 서로 다른 품종이 섞였음을 암시한다. 예를 들어 루체른은 프티 블뢰 드 가스코뉴(p.163)와 유사한 무늬를 보인다. 1930년대에 국제애견협회는 견종표준에서 라우프훈트를 네 가지 털을 가진 한 품종으로 다시 묶었다. 하지만 품종을 평가하거나 쇼에 출전할 때는 별개의 품종으로 취급된다.

# 니더라우프훈트(Niederlaufhund)

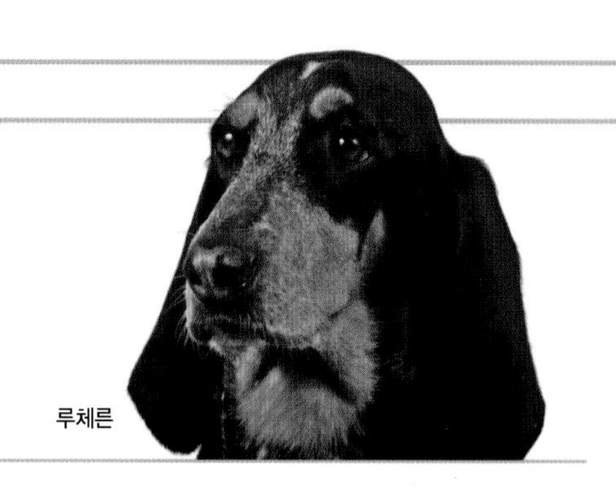


| 체고 | 체중 | 수명 |
| --- | --- | --- |
| 33-43cm (13-17in) | 8-15kg (18-33lb) | 12-13년 |

## 버니즈 러프 타입

라우프훈트를 니더라우프훈트로 줄이면서 브리더들은 본래 품종과 동일하지만 크기만 작은 후각 하운드 슈비처, 루체른, 주라를 만들어 냈다. 버니즈 니더라우프훈트를 교배할 때도 같은 방식을 적용했지만, 20-40마리 중 한 마리 꼴로 털이 긴 러프 타입 강아지가 태어났다. 이 털이 어떻게 발현되었는지는 정확하게 설명할 수 없고 아직도 희귀하다. 그 외 다른 모든 면에서는 스무스 타입 버니즈 니더라우프훈트와 동일하다.

**니더라우프훈트는 울음소리가 독특한 스위스 하운드로 운동을 충분히 시켜주면 훌륭한 사냥견이자 좋은 가족 애완견이 될 수 있다.**

20세기 초에 탄생한 니더라우프훈트는 라우프훈트(p.173)보다 작고 다리가 짧다. 이 품종은 스위스 칸톤 고산지대의 지정된 구역 내에서 총사냥을 할 수 있도록 특별히 만들어졌다. 대형 라우프훈트는 너무 빨리 움직여서 지정된 구역을 쉽게 벗어났기 때문이다. 사촌뻘인 라우프훈트보다 속도가 느리지만 큰 사냥감을 효과적으로 추적할 수 있다. 몸집이 더 땅딸막하고 탄탄하며 야생 멧돼지, 오소리, 곰 등을 감지하는 훌륭한 후각을 가지고 있다.

니더라우프훈트는 버니즈(Bernese), 슈비처(Schwyzer), 주라(Jura), 루체른(Lucerne) 등 네 가지 종류가 있으며, 각각 네 가지 라우프훈트에서 유래했다. 각 종류는 대응하는 대형견과 유사한 특징적인 털색을 가지고 있다. 버니즈 니더라우프훈트는 털이 매끈한 스무스 타입이 주를 이루고 수염이 적고 털이 거친 러프 타입은 희귀하다. 슈비처, 주라, 루체른은 모두 스무스 타입이다.

니더라우프훈트는 현재도 주로 사역견으로 사용되지만 붙임성 있고 아이들과 잘 어울리는 성격으로 훌륭한 가족 애완견이기도 하다. 엄격하면서도 긍정적인 복종훈련이 필요하다. 충분한 운동과 적절한 두뇌 자극을 제공할 수 있는 전원주택에 가장 잘 어울린다.

## 바바리안 마운틴 하운드(Bavarian Mountain Hound)

**체고** 44-52cm (17-20in)
**체중** 25-35kg (55-77lb)
**수명** 10년

**황갈색에서 옅은 황갈색**
털에는 얼룩무늬가 가능하며 가슴에 작은 밝은 색 반점 가능

잘생긴 독일 하운드인 바바리안 마운틴 하운드는 비교적 가벼운 체형으로, 1870년대에 특별히 산악지방에서 사역용으로 처음 만들어졌다. 뛰어난 추적견으로 야생 멧돼지나 사슴과 같은 대형 사냥감을 쫓는 데 사용되었다. 운동이 많이 필요하지만 성격이 차분해서 가정견으로도 좋다.

## 하노버리안 센트하운드(Hanoverian Scenthound)

**체고** 48-55cm (19-22in)
**체중** 25-40kg (55-88lb)
**수명** 12년

대형 사냥감을 추적하는 멋진 독일 품종인 하노버리안 센트하운드는 중세 이후 목줄을 하고 사냥하는 개로 완전히 자리 잡았다. 현대 품종은 외모에 조금 변화가 있지만 지금도 상처 입은 사냥감을 추적하는 용도로 쓰이고 있다. 신뢰하는 핸들러에게 충성을 다하고 낯선 사람을 경계한다.

# 도베르만(Dobermann)

| 체고 | 체중 | 수명 |
|---|---|---|
| 65-69cm (26-27in) | 30-40kg (66-88lb) | 13년 |

옅은 황갈색
청색
갈색

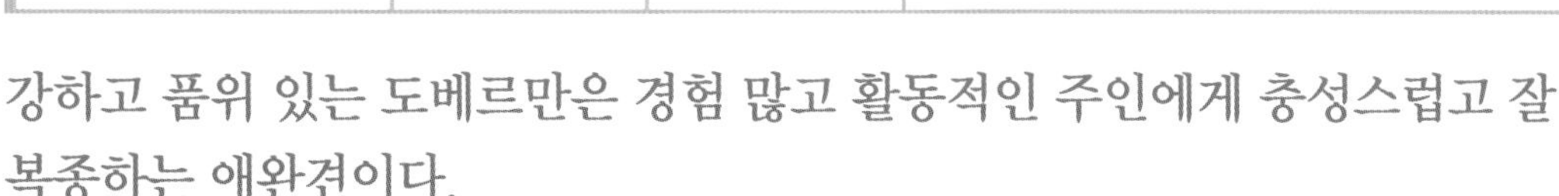

**강하고 품위 있는 도베르만은 경험 많고 활동적인 주인에게 충성스럽고 잘 복종하는 애완견이다.**

힘이 세고 보호에 적합한 도베르만은 19세 말에 자신을 보호해 줄 개가 필요했던 독일 조세 공무원 루이스 도베르만이 만들어 냈다. '도베르만 핀셔'라고도 불리는데 이는 저먼 셰퍼드 독(p.42)과 저먼 핀셔(p.218)를 교배한 데서 유래했다. 그 외에도 그레이하운드(p.126), 로트바일러(p.83), 맨체스터 테리어(p.212), 바이마라너(p.248)가 섞인 것으로 추정된다. 도베르만 핀셔는 다양한 품종에게서 경비와 추적 능력, 지능, 체력, 스피드, 멋진 외모 등 훌륭한 특성을 종합적으로 물려받았다.

도베르만은 1876년 처음 독쇼에 소개된 즉시 인기를 끌었다. 20세기에 들어 미국과 유럽에서는 경찰견과 경비견, 군용견으로 수요가 높아졌다. 현재도 경찰과 경비 업무에 널리 사용되고 있으며 가정견으로도 인기가 높다. 과거 도베르만은 이유를 알 수 없는 공격성으로 악명 높았다. 철저하고 권위적인 핸들링이 필요한 품종이지만 다정하고 충성스러우며 학습을 잘 받아들인다. 여러 연구에 따르면 도베르만은 가장 훈련이 쉬운 품종 중 하나다. 가정생활도 좋아하지만 활동적인 생활을 더 좋아한다. 아직도 미국과 일부 국가에서는 귀를 세우기 위해 잘라 내거나 꼬리를 짧게 만들기도 하지만 이런 행위는 대부분 유럽 국가에서 불법이다.

강아지

## 도베르만과 해병대

미국 해병대는 제2차 세계대전에서 보초, 정찰, 메신저, 적군 탐지에 최초로 개를 활용했다. '악마의 개'라는 별명이 붙은 군견도 대부분 도베르만이었다. 개들은 태평양 전선 7개 소대에서 복무했고 용감한 활동으로 많은 인명을 구했다. 1994년에는 50년 전 괌을 해방시키기 위해 전사한 견공 25마리를 기념하기 위한 도베르만 동상이 괌의 군견묘지에서 제막되었다. 동상 '변함없는 충성'은 해병대의 구호인 라틴어 'Semper Fidelis'를 번역한 것이다.

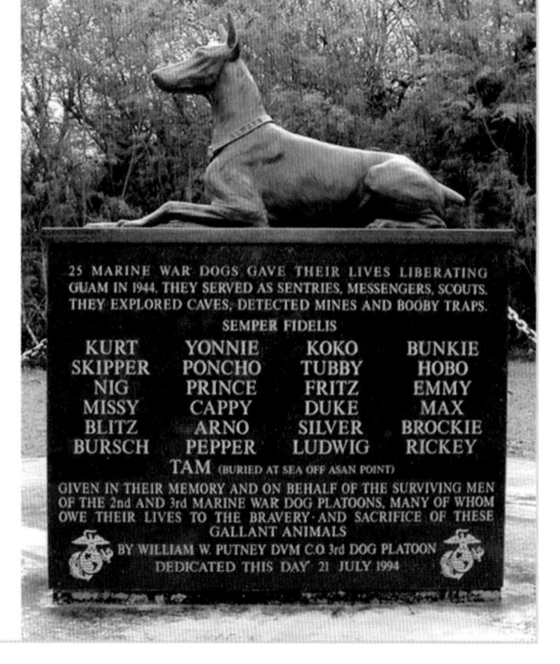


괌의 해병대 군견묘지에 있는 동상 '변함없는 충성'

길고 위가
납작한 두상
늘어진 삼각형 귀
특유의 황갈색
무늬
검은색에 황갈색
엉덩이 쪽으로 유려하게
기울어진 등
아몬드 모양 눈 위로
황갈색 반점
짧고 매끄러운 털
두꺼운 가슴
고양이 같은
탄탄한 발

## 블랙 포레스트 하운드(Black Forest Hound)

**체고** 40-50cm (16-20in)
**체중** 15-20kg (33-44lb)
**수명** 11-12년

슬로벤스키 코포우라고도 하는데, 언덕과 눈 덮인 산악림이 있는 동유럽 한가운데서 유래했다. 이 품종은 멧돼지, 사슴 등 사냥감을 무리 짓거나 단독으로 사냥하는 데 쓰였다. 거친 털 덕분에 우거진 풀숲을 헤치고 몇 시간이고 냄새를 따라갈 수 있어서 현지 사냥꾼들이 좋아한다.

## 폴리시 하운드(Polish Hound)

**체고** 55-65cm (22-26in)
**체중** 20-32kg (44-71lb)
**수명** 11-12년

희귀한 폴리시 하운드는 체격이 좋은 브라케와 몸집이 가벼운 후각 하운드의 교배로 탄생했다. 폴란드의 빽빽한 산악림에서 대형 동물을 사냥하는 데 쓰였다. 이 품종의 조상은 중세 시대에 폴란드 귀족과 함께 무리 지어 사냥했다. 폴리시 하운드는 어떤 속도로 달리더라도 훌륭한 추적 능력을 자랑한다.

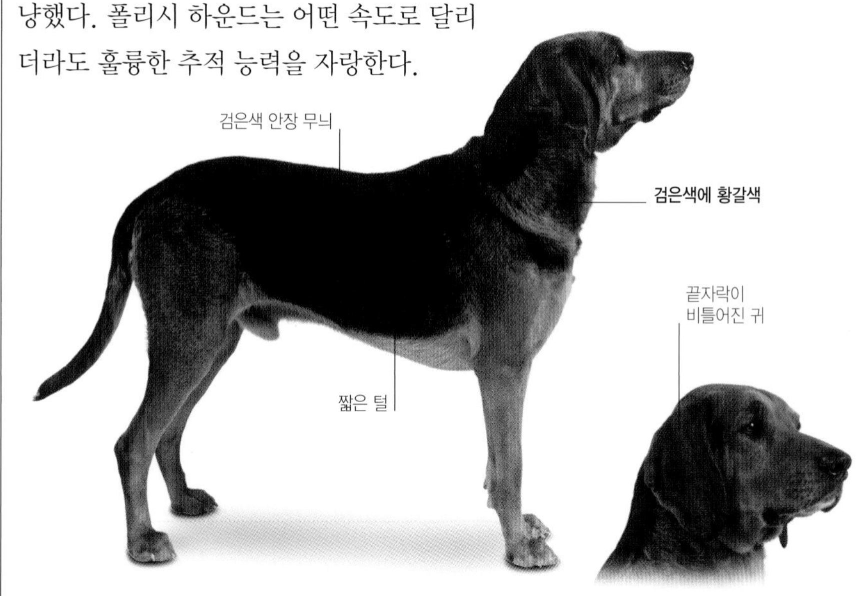


## 트란실바니안 하운드 (Transylvanian Hound)

**체고** 55-65cm (22-26in)
**체중** 25-35kg (55-77lb)
**수명** 10-13년

강인한 사냥견으로 헝가리언 하운드, 에르데이 코포라고도 한다. 과거 헝가리 왕과 대공의 전유물이었는데, 당시에도 지금처럼 예리한 방향 감각과, 눈 덮인 카르파티아 숲과 혹독한 기후를 견디는 강인함으로 대형 동물을 사냥했다. 하지만 현재 매우 희귀한 품종이다.

## 포사바즈 하운드(Posavaz Hound)

**체고** 46-58cm (18-23in)
**체중** 16-24kg (35-53lb)
**수명** 10-12년

포사바즈 하운드는 크로아티아어로 포사브키 고니치(Posavki Gonic)라고 하는데, '사바 계곡의 후각 하운드'를 의미한다. 신체가 튼튼해서 사바강 유역의 빽빽한 덤불에서 활동하기 좋다. 이 품종은 사냥할 때 열정이 넘치지만 가정에서는 매우 온순하다.

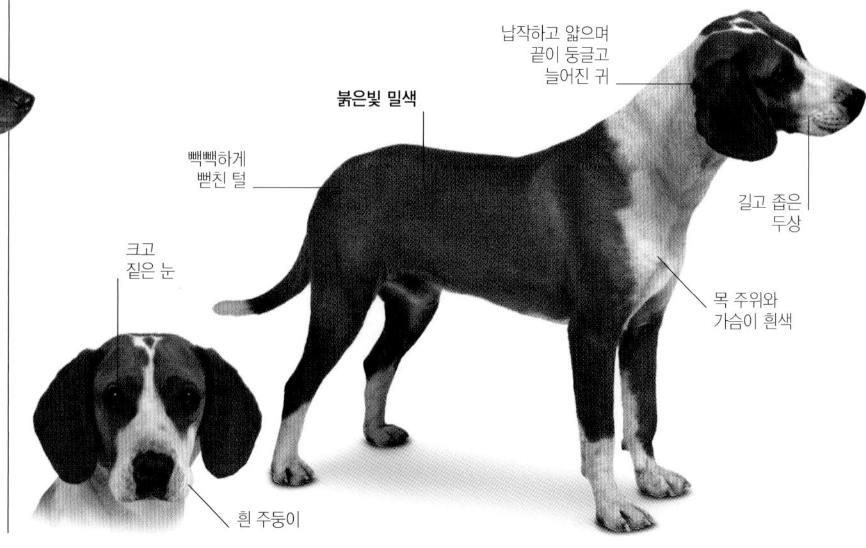

## 보스니안 러프 코티드 하운드(Bosnian Rough-coated Hound)

**체고** 45-56cm (18-22in)
**체중** 16-25kg (35-55lb)
**수명** 12년

세 가지 색 혼합

과거 일리리안 하운드라고 부르던 보스니안 러프 코티드 하운드는 19세기부터 사냥꾼의 동반자였다. 강인하고 튼튼한 체형에 빽빽하고 거친 털을 가지고 있어 매서운 날씨에도 빽빽한 덤불을 헤치면서 활동할 수 있다.

## 몬테네그린 마운틴 하운드(Montenegrin Mountain Hound)

**체고** 44-54cm (17-21in)
**체중** 20-25kg (44-55lb)
**수명** 12년

몬테네그린 마운틴 하운드는 세르비안 마운틴 하운드라고도 한다. 희귀한 품종으로 세르비아 플라니아 지역에서 유래했다. 차분하고 유순한 편이어서 사냥을 하지 않는 사람에게도 인정받는 애완견이지만, 여우나 토끼, 심지어 사슴, 야생 멧돼지 등 대형 동물도 사냥할 수 있는 최고의 하운드다.

## 세르비안 트라이컬러드 하운드(Serbian Tricolored Hound)

**체고** 44-55cm (17-22in)
**체중** 20-25kg (44-55lb)
**수명** 12년

세르비안 트라이컬러드 하운드는 과거 몬테네그린 마운틴 마운드(p.179)의 한 종으로 여기던 희귀한 품종으로 흰색 무늬가 더 두드러진다. 여우와 토끼 사냥에 사용되었고, 큰 사냥감을 잡기도 했다. 집에서는 유순하고 헌신적인 가정견이다.

## 세르비안 하운드(Serbian Hound)

**체고** 44-56cm (17-22in)
**체중** 20-25kg (44-55lb)
**수명** 12-14년

짖는 소리가 우렁차고 무리 지어 사냥하는 세르비안 하운드는 토끼에서 엘크, 멧돼지까지 크기를 가리지 않고 추적한다. 가정에서는 활동적인 가족에게, 특히 주변에 다른 개와 함께라면 다정한 성격을 가진 좋은 반려견이자 감시견이기도 하다.

# 헬레닉 하운드(Hellenic Hound)

**체고** 45–55cm (18–22in)
**체중** 17–20kg (37–44lb)
**수명** 11년

헬레닉 하운드는 고대 그리스 전통 후각 하운드의 자손으로 사냥할 때 짖는 소리가 노래처럼 멀리까지 울려 퍼진다. 과거 멧돼지, 토끼 사냥에 사용되었고, 세심하게 훈련시키면 상냥한 반려견이 될 수 있지만 뛰어다닐 공간이 없으면 문제 행동을 할 수 있다.

# 마운틴 커(Mountain Cur)

**체고** 41–66cm (16–26in)
**체중** 18–27kg (40–60lb)
**수명** 12–16년

다양한 색상

마운틴 커는 북미 원산으로, 유럽에서 온 초기 이주민들이 데려온 사냥개를 현지에 있던 개와 교배해서 만들어졌다. 1950년대에 처음 공인되었으며 현재도 라쿤, 곰 같은 대형 동물을 사냥하는 데 쓰인다. 마운틴 커는 실내견이 아니지만 잘 훈련시키면 좋은 반려견이 될 수 있다.

# 로디지안 리지백(Rhodesian Ridgeback)

| 체고 | 체중 | 수명 |
|---|---|---|
| 61–69cm (24–27in) | 29–41kg (65–90lb) | 10–12년 |

**활기 넘치고 쉽게 흥분하는 로디지안 리지백은 경험 많은 주인에게 적합하며, 신체활동과 두뇌 자극을 충분히 제공해야 한다.**

아프리카 하운드인 로디지안 리지백은 등 위에 다른 털과 반대 방향으로 자란 털로 생긴 등선이 특징적이다. 짐바브웨(과거 로디지아) 원산으로 16세기와 17세기에 유럽 이주민들이 남아프리카에 데려온 개들의 자손이다. 이 개들은 원주민들이 사냥에 쓰던 등선이 있는 반야생의 품종과 교배되었다. 그 결과 탄생한 품종은 1870년에 로디지아에 소개되었고, 1922년에 로디지안 리지백 견종표준이 처음 만들어졌다.

로디지안 리지백은 말 탄 사냥꾼과 함께 무리 지어 사자 사냥에 동원되어서 아프리칸 라이언 독이라고도 불린다. 또한 개코원숭이 등 다른 동물을 사냥하기도 했다. 하루 종일 활동할 수 있는 지구력을 갖추었고, 아프리카 초원의 무더운 낮과 추운 밤도 견딜 수 있었다. 또한 가족과 재산을 지키는 경비견으로도 활용되었다.

로디지안 리지백은 현재도 사냥과 경비에 사용되지만 가족 반려견으로도 인기가 높아지고 있다. 사나워 보이는 이미지와는 달리 따뜻하고 다정한 성격이지만 어린아이들이 감당하기에는 너무 활기가 넘칠 수 있다. 가족을 보호하려는 성향이 강하지만 낯선 사람에게는 내성적이므로 어린 시기부터 충분히 사회화시켜야 한다. 이 품종은 영리하고 의지가 강해서 따뜻하면서도 철저한 리더가 되어 줄 경험 많은 주인이 가장 잘 맞는다. 지루함을 느끼거나 운동이 부족할 때 문제 행동을 일으킬 수 있으므로 끊임없이 집중할 거리를 던져 주어야 한다.

## 사자 개

로디지안 리지백은 그레이트 데인(p.96), 마스티프(p.93), 포인터(pp.254–258) 등 유럽 품종과, 코이코이족이 키우던 강인하고 두려움을 모르는 품종으로부터 사냥 본능을 물려받았다. 이 품종은 작은 무리를 지어 사자 사냥에 활용되었다. 사냥감에 맞설 만한 스피드와 민첩성을 지녔고, 사냥꾼이 총을 쏘기 전까지 사자를 몰아넣을 정도로 용감했다. 또한 남미에서는 재규어, 북미에서 퓨마, 스라소니, 곰을 사냥하는 데도 사용했다.

**땅을 파는 본능**
사진 속의 잭 러셀 테리어가 본능에 충실하게 땅을 파헤치고 있다. 대부분 테리어는 끈덕지게 땅을 파헤치거나 구멍을 만든다.

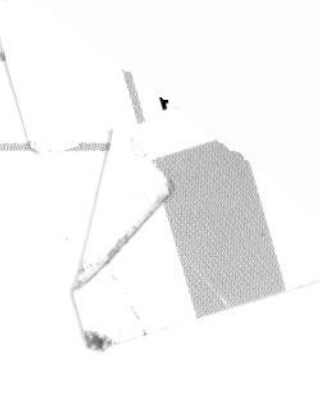

# 테리어

**강인하고 겁이 없으며 자신감과 에너지가 넘치는 품종. 테리어를 설명하는 말이지만 어쩌면 테리어는 그 이상일지도 모른다. 테리어 그룹은 흙을 뜻하는 라틴어 테라(terra)에서 이름이 유래했으며, 원래 쥐처럼 땅속에 사는 유해동물 사냥을 목적으로 하던 여러 종류의 소형견을 지칭한다. 하지만 현대의 테리어 중에는 다른 목적으로 만들어진 대형견도 있다.**

테리어 중 많은 품종이 영국에서 만들어졌는데 전통적으로 노동자의 사냥견으로 인식되었다. 일부 품종은 그들이 처음 생겨난 지역명에 따라 노퍽 테리어(p.192), 요크셔 테리어(p.190), 레이크랜드 테리어(p.206) 등으로 이름을 지었다. 그 밖에 그들이 사냥하던 동물 종류에 따라 폭스 테리어(p.209)나 랫 테리어(p.212) 등으로 불렀다.

테리어는 태생적으로 반응이 빠르며 사냥감을 쫓을 때 엄청난 집념을 발휘한다. 독립적이지만 한편으로는 제멋대로인 성격을 가지고 있어 대형견을 상대로 한 치도 물러서지 않는다. 인기 높은 잭 러셀 테리어(p.196)나 케언 테리어(p.189)는 땅속에서 사냥하도록 만들어져 작고 강인하며 다리가 짧다. 아이리시 테리어(p.200)나 아름다운 소프트 코티드 휘튼 테리어(p.205)처럼 다리가 긴 테리어는 과거 지상에서 사냥하는 데 쓰였고 가축을 보호하기도 했다. 테리어 중에 가장 큰 에어데일 테리어(p.198)는 원래 오소리와 수달을 사냥하기 위해 만들어졌다. 위엄 있는 몸집을 가진 러시안 블랙 테리어(p.200)는 군사용과 경비 업무를 위해 특별히 개발되었다.

19세기에는 다른 형태의 테리어들이 인기를 얻었다. 테리어와 불독을 교배한 불 테리어(p.197), 스태포드셔 불 테리어(p.214), 아메리칸 핏 불 테리어(p.213) 같은 품종은 지금은 금지된 투견과 불베이팅용(소괴롭히기)으로 사납게 만들어졌다. 이런 품종의 넓적한 두상과 강력한 턱은 마스티프와 근연관계에 있음을 보여 주며 실제로도 그럴 가능성이 있다.

오늘날 테리어 타입은 대부분 애완용으로 키우고 있다. 이들은 영리하고 대체로 붙임성 있고 다정해서 훌륭한 반려견이자 감시견이다. 테리어는 타고난 특성 때문에 일찍부터 훈련하고 사회화시켜서 다른 개나 애완동물 사이에 생길 문제를 예방해야 한다. 사냥용 테리어도 땅 파는 것을 좋아해서 잠시 눈을 돌리면 마당을 아수라장으로 만들 수 있다. 역사적으로 투견에 쓰였던 품종은 오늘날 공격성이 많이 사라져 경험 많은 주인이 적절히 훈련시킨다면 가족과 함께 있어도 신뢰할 수 있다.

# 체스키 테리어(Cesky Terrier)

| 체고 | 체중 | 수명 | 적갈색 |
|---|---|---|---|
| 25-32cm (10-13in) | 6-10kg (13-22lb) | 12-14년 | 수염과 볼, 목, 가슴, 배, 다리에 황색, 회색 혹은 흰색 무늬 가능<br>목 주변이나 꼬리 끝에 흰색 가능 |

**체스키 테리어는 강인하고 겁이 없으며 때로는 제멋대로 행동하지만 인내를 가지고 훈련하면 발랄하고 태평스러운 반려견이 될 수 있다.**

체코 테리어 혹은 보헤미안 테리어라고도 하며, 현 체코 공화국에서 1940년대에 탄생했다. 이 품종을 만든 프란티세크 호라크는 원래 키우던 스코티시 테리어보다 사냥감의 땅굴에 잘 들어갈 만큼 작고 관리하기 편하며 다루기 쉬운 개를 원했다. 그는 실리햄 테리어를 가진 사람들과 연락해서 1949년에 스코티시 테리어와 교배했고, 1950년대에 용의주도하게 기록하며 더 교배를 시도한 끝에 체스키 테리어가 만들어졌다. 호라크의 새 품종은 1959년에 체코슬로바키안 켄넬 클럽, 1963년에 국제애견협회에 등록되었다. 1980년대에 그는 실리햄 테리어와 추가로 교배해서 이 품종의 유전자 범위를 넓혔다.

체스키 테리어는 여우, 토끼, 오리, 비둘기 사냥에 잘 어울리며, 체코에서는 야생 멧돼지 사냥에도 이용된다. 이 품종은 지구력이 상당하고, 사냥 충동이 강하며 단독 사냥과 무리 사냥 모두 가능하다.

체스키 테리어는 지금도 사역견, 감시견으로 활용하고 있다. 유럽과 미국에도 퍼졌지만 체코 국외에서는 지금도 희귀하다. 테리어지만 비교적 느긋하고 명랑한 성격을 지녀 반려견으로 기르기도 한다. 하지만 테리어 특유의 고집이 있어 어린 시기부터 지속적인 훈련이 필요하다. 털은 다른 테리어보다 부드러우며 주로 몸에 난 털을 짧게 자르고 얼굴과 다리, 배는 길게 남겨 둔다. 털은 며칠 간격으로 브러시질해 주고, 3-4개월에 한 번씩 잘라 주어야 한다.

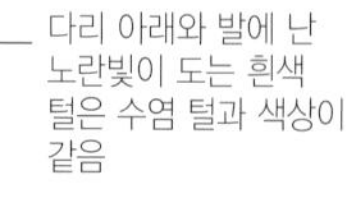


## 품종의 창시자

체스키 테리어를 세상에 태어나게 한 프란티세크 호라크(1909-1996)는 9세부터 개를 기르기 시작해서 1930년대에 자신의 첫 스코티시 테리어를 키웠다. 호라크와 그의 로부 즈다르(Lovu Zdar, 성공적인 사냥이라는 의미) 켄넬은 1949년부터 체스키 테리어를 만들면서 전국적으로 유명해졌고, 1989년 체코 공화국의 국경이 개방되자 그를 만나기 위해 전 세계에서 사람들이 찾아왔다. 호라크는 장수하면서 자신이 만들어 낸 품종이 국가의 상징이 되는 것까지 지켜보았다.

**체스키 테리어 1990년 체코슬로바키아 우표**

머리 앞쪽으로
길게 남긴 털
회색빛 청색
긴 수염 털
늘어진 삼각형 귀
뒷발보다
큰 앞발

# 웨스트 하이랜드 화이트 테리어(West Highland White Terrier)

**체고**
25-28cm
(10-11in)

**체중**
7-10kg
(15-22lb)

**수명**
9-15년

## 웨스티의 브랜드

웨스트 하이랜드 화이트 테리어는 흰 털과 도톰한 모양에 활기찬 성격을 가져 세계적으로 유명한 제품들을 대표하는 브랜드가 되었다. 가장 유명한 제품으로 소형견을 겨냥한 개 사료 브랜드 시저™가 있다. 블랙 앤 화이트 스카치 위스키도 전통적인 스코틀랜드 캐릭터인 검은 스코티시 테리어와 흰 웨스트 하이랜드 테리어를 병 라벨에 강조한다. 패션 브랜드 주시 쿠튀르는 향수 로고에 두 품종을 사용한다.

블랙 앤 화이트 스카치 위스키 광고

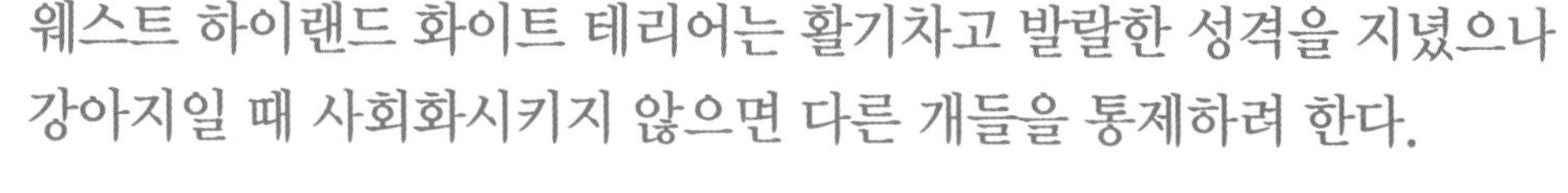

웨스트 하이랜드 화이트 테리어는 활기차고 발랄한 성격을 지녔으나 강아지일 때 사회화시키지 않으면 다른 개들을 통제하려 한다.

소형 테리어 중 가장 사랑받는 품종 중 하나인 웨스트 하이랜드 화이트 테리어는 '웨스티'라는 애칭으로 불린다. 19세기 스코틀랜드에서 케언 테리어로부터 만들어졌는데, 이 품종의 개발과 가장 밀접한 인물은 스코틀랜드 폴탈로크의 16대 지주인 에드워드 말콤 대령이다. 일화에 따르면 말콤 대령은 자신이 기르던 적갈색 케언 테리어를 여우로 착각해서 쏘아 죽였다. 이를 계기로 흰색 개라면 사냥감과 쉽게 헷갈리지 않을 것이라는 생각에 흰색 테리어를 만들기로 했다고 한다.

여우, 수달, 오소리와 쥐 같은 설치류 사냥을 위해 만들어진 웨스트 하이랜드 화이트 테리어는 원래 용도에 맞게 강하고 민첩하며 바위를 뛰어넘거나 작은 틈새를 비집고 들어갈 수 있다. 또한 좁은 공간에서 여우와 맞설 만큼 용감하다.

오늘날 웨스트 하이랜드 화이트 테리어는 대부분 애완견으로 키우고 있다. 이 품종은 영리하고 호기심 많으며 붙임성이 있어 모든 가정에 잘 맞는다. 충분한 활동과 어울릴 대상이 필요한데, 그렇지 않으면 지루함을 느껴 심하게 짖거나 땅을 파는 등 나쁜 습관이 생길 수 있다. 체구에 비해 자존감이 높아 다른 개들을 꼼짝 못 하게 할 수 있으므로 어릴 때 사회화시켜야 한다. 털은 며칠 간격으로 손질해 주어야 한다.

## 케언 테리어(Cairn Terrier)

**체고** 28-31cm (11-12in)
**체중** 6-8kg (13-18lb)
**수명** 9-15년

**적색**
**검정에 가까운 회색**
털에 얼룩무늬 가능

스코틀랜드 서부 도서지방에서 유래한 케언 테리어는 유해동물 사냥용으로 만들어졌다. 재미있고 개성이 강하며, 아파트 생활이 가능할 정도로 작지만 큰 전원주택에서 뛰어다닐 정도로 에너지가 넘친다. 케언 테리어는 움직이는 모든 것을 쫓으려는 욕구가 있어 어릴 때부터 자제시켜야 한다.

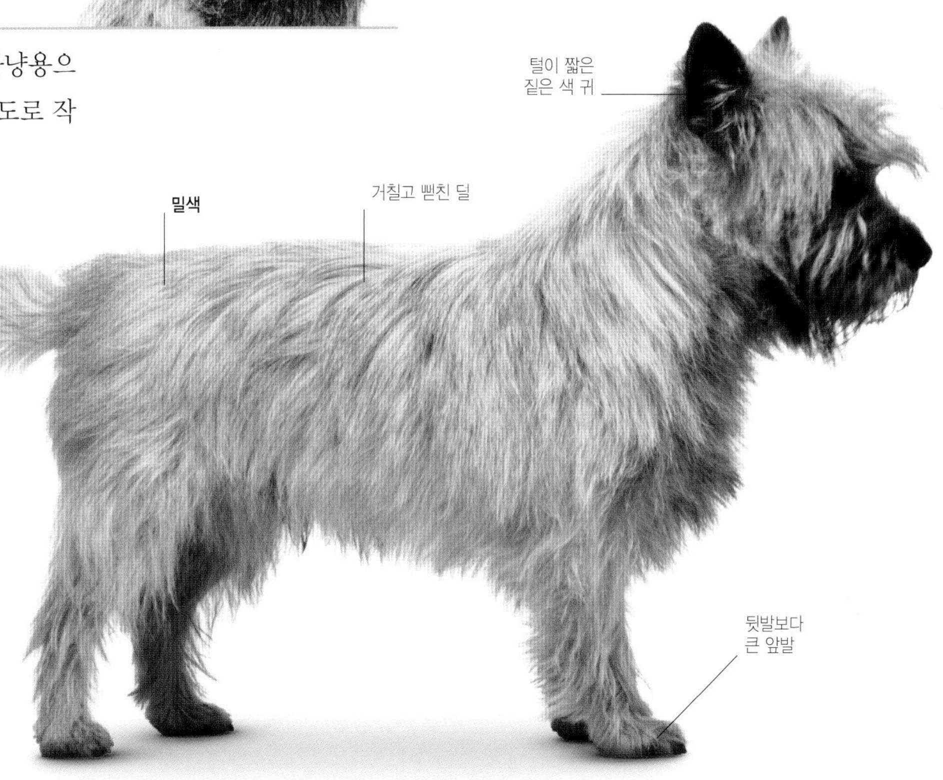


## 스코티시 테리어(Scottish Terrier)

**체고** 25-28cm (10-11in)
**체중** 9-11kg (20-24lb)
**수명** 9-15년

**밀색**
털에 얼룩무늬 가능

스코티시 테리어라는 이름은 19세기 말 처음 붙여졌지만, 훨씬 전부터 스코틀랜드 산악지대에 존재하던 품종이다. 작은 키에도 강력하고 민첩한 일명 '스카티'는 웨스트 하이랜드 화이트 테리어(p.188)와 케언 테리어(상단)처럼 유해동물 사냥용으로 만들어졌다. 스코티시 테리어는 다정하고 주의 깊은 성격을 지녀 반려견으로 좋다.

## 실리햄 테리어(Sealyham Terrier)

**체고** 25-30cm (10-12in)
**체중** 8-9kg (18-20lb)
**수명** 14년

실리햄 테리어는 본래 웨일스에서 오소리와 수달에 맞서기 위해 만들어졌지만, 오늘날에는 사역견이 아닌 애완용으로 우리 곁에 있다. 실리햄 테리어는 영역의식을 타고나 감시견으로 좋지만 고집스러운 면이 있어 지속적인 훈련이 필요하다. 쇼 출전용 미용이 독특하지만 정기적인 관리만 해 주면 충분하다.

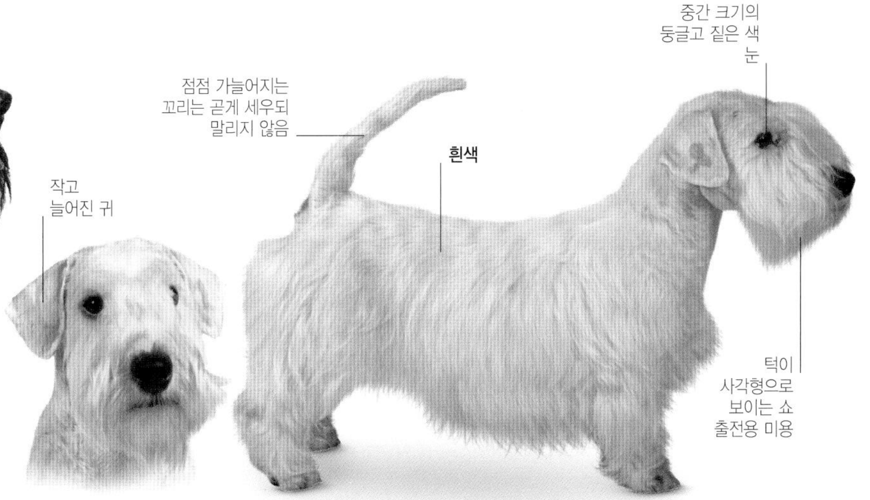

# 요크셔 테리어(Yorkshire Terrier)

| 체고 | 체중 | 수명 |
| --- | --- | --- |
| 20-23cm (8-9in) | 3kg까지 (7lb) | 12-15년 |

## 요크셔 테리어는 깜찍한 모습과 귀여운 크기에도 테리어다운 혈기왕성함이 있다.

요크셔 테리어는 작은 장난감 같은 자신의 모습을 잊은 듯 체구가 몇 배나 되는 개 못지않은 용기와 에너지, 자신감을 가지고 있다. 영리하고 복종훈련을 잘 받아들이지만, 큰 개라면 용납되지 않는 행동을 했을 때 주인이 눈감아주면 사납게 짖어 대고 까탈스러운 개가 될 수 있다. 그러나 이 품종은 적절하게 핸들링하면 타고난 다정함과 충성스러움, 활기찬 모습을 보여 준다.

요크셔 테리어는 영국 북부에서 방직공장과 탄광에 창궐하는 쥐를 잡기 위해 만들어졌다. 작은 개체에서 시작해서 브리딩으로 점점 크기를 줄여 나갔으며, 세월이 지나 여인들이 데리고 다니는 패션 액세서리가 되었다. 하지만 애지중지 키우는 것은 요크셔 테리어의 역동적인 성향과 맞지 않고 최소 하루 30분 이상 산책해야 더 즐겁게 지낸다.

길고 윤기 나는 독쇼용 미용은 평소에 종이로 말아 고무밴드로 고정한다. 관리하는 데 꽤 시간이 걸리지만 개도 주인의 관심을 즐기는 편이다.

몸보다 색이 짙은 꼬리 털

영리함과 기민함이 엿보이는 짙은 눈동자

짙은 강청색

얼굴과 가슴에 풍성하고 밝은 황갈색 털

### 미스터 페이머스

연예계 최초의 애견 스타 중 하나로 영화배우 오드리 헵번이 길렀던 요크셔 테리어 미스터 페이머스가 있다. 미스터 페이머스는 헵번의 충실한 동반자였지만 버릇이 조금 좋지 않았다. 그는 헵번이 가는 곳은 어디든 따라다녔고, 심지어 1957년에 영화 〈퍼니 페이스〉에도 출연했다. 헵번이 리틀 블랙 드레스에서 오버사이즈 선글라스까지 수많은 유행을 낳았다는 점에서, 미스터 페이머스는 오늘날 '핸드백 독'의 전신이라고도 할 수 있다.

작고 쫑긋한
V자형 귀
리본으로 묶은
긴 얼굴 털
검은색
코
고운 비단결 같은 털
쇼 목적으로 코에서
꼬리 끝까지 중심에서
가르마 진 긴 털
평평한 등

털을 자른 강아지

## 오스트레일리언 테리어(Australian Terrier)

**체고** 26cm까지 (10in)
**체중** 7kg까지 (15lb)
**수명** 15년

**청색에 황갈색**

오스트레일리언 테리어는 케언 테리어(p.189), 요크셔 테리어(p.190), 19세기에 영국 이주민들이 호주로 데려온 댄디 딘먼트 테리어(p.217) 등 여러 테리어를 교배한 결과 탄생했다고 알려졌다. 오스트레일리언 테리어는 작은 크기에도 활기가 넘치는 훌륭한 가정견이다.

## 오스트레일리언 실키 테리어(Australian Silky Terrier)

**체고** 23cm까지 (9in)
**체중** 4kg까지 (9lb)
**수명** 12–15년

매력적인 실키 테리어는 19세기 말에 오스트레일리언 테리어(좌측)와 요크셔 테리어(p.190)를 교배해서 만들어졌다. 테리어답게 땅굴 파기와 쫓아다니기를 좋아해 다른 작은 애완동물이 위험에 처할 수 있다. 털의 꼬임 방지를 위해 주기적인 털 손질이 필요하다.

## 노퍽 테리어(Norfolk Terrier)

**체고** 22–25cm (9–10in)
**체중** 5–6kg (11–13lb)
**수명** 14–15년

**적색**
**검은색에 황갈색**
털에 청회색 가능

소형견인 노퍽 테리어는 여러 쥐잡이 개에서 만들어진 에너지 넘치는 사냥꾼이다. 무리 지어 활동하던 쥐잡이 개들의 특성상 다른 개들을 상대로 사회성이 좋은 테리어에 속하지만 다른 애완동물과 함께 두면 안 된다. 이 품종은 다 자란 아이들이 있는 가족에게 좋은 경비견이자 반려견이다.

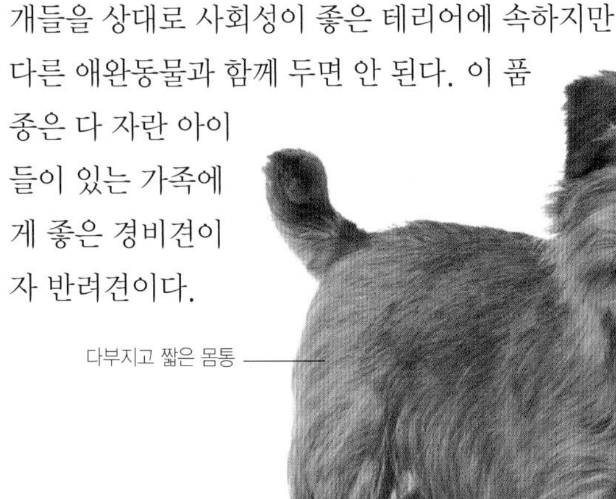

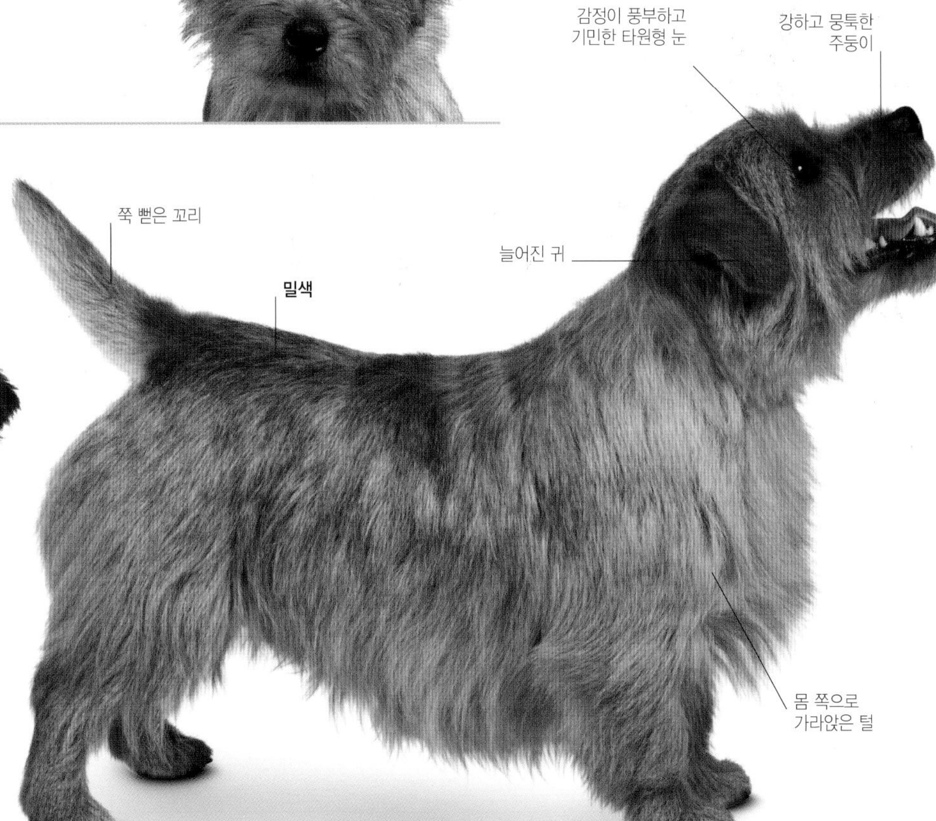

# 글렌 오브 이말 테리어(Glen of Imaal Terrier)

**체고** 36cm (14in)
**체중** 16–17kg (35–37lb)
**수명** 13–14년

청색
얼룩무늬

글렌 오브 이말 테리어는 소형견이지만 생각보다 훨씬 활동적이고 힘이 세다. 아일랜드 위클로 카운티가 원산지며 1960년대 말에 금지될 때까지 오소리를 도태시키는 데 사용되었다. 오늘날에는 차분하면서도 엄격한 주인에게 어울리는 눈치 빠르고 헌신적인 애완견이다.

# 노리치 테리어(Norwich Terrier)

**체고** 25–26cm (10in)
**체중** 5–6kg (11–13lb)
**수명** 12–15년

밀색
적색
적색 털에 청회색빛 가능

노리치 테리어는 사역견으로 쓰는 테리어 중 가장 작은 품종 중 하나로, 사촌뻘인 노퍽 테리어(p.192)처럼 용기와 얌전함이 절묘한 균형을 이룬다. 성격이 느긋해서 아이들과 잘 어울리지만 낯선 사람을 상대로 짖는다. 다른 쥐잡이 테리어처럼 성격이 명랑하고 무언가 쫓아가는 것을 매우 좋아한다.

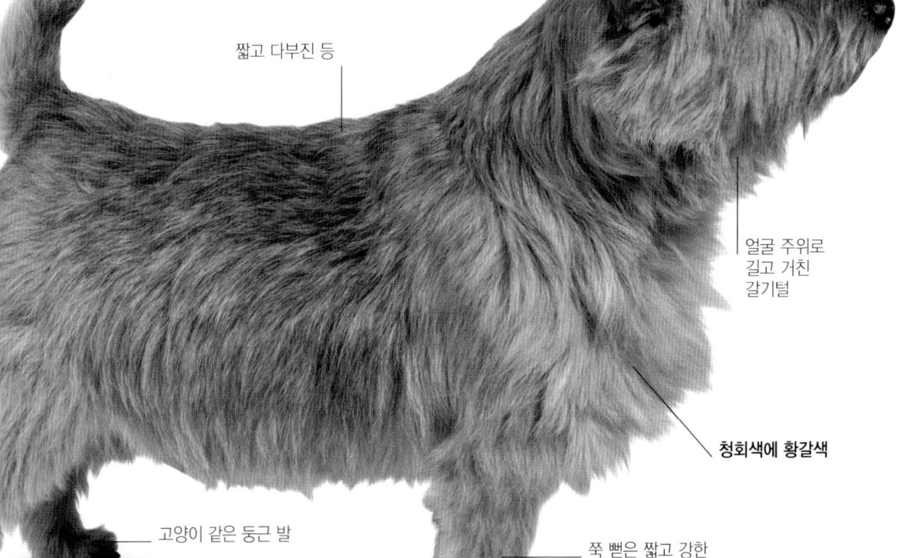

# 파슨 러셀 테리어(Parson Russell Terrier)

| 체고 | 체중 | 수명 | 흰색 |
|---|---|---|---|
| 33–36cm (13–14in) | 6–8kg (13–18lb) | 15년 | 검은색 무늬 허용 |

## 에너지가 넘치는 파슨 러셀 테리어는 사냥 본능이 강해서 철저한 핸들링과 활동적인 생활이 필요하다.

파슨 러셀 테리어는 여우 사냥용 테리어로, 과거 잭 러셀 테리어와 동일 품종으로 분류되었다. 오늘날 다리가 긴 품종은 파슨 러셀 테리어, 짧은 품종은 잭 러셀 테리어(p.196)라는 이름을 유지하게 되었다. 이 품종은 19세기 초에 영국 웨스트 카운티에서 존 러셀 목사의 손에서 탄생했다. 18세기 말과 19세기 여느 성직자들처럼 사냥을 좋아했던 러셀 목사는 1876년 폭스 테리어 클럽의 창립 멤버로 이상적인 폭스 테리어(p.208) 견종표준 작성에도 기여한 바 있다. 그는 암여우를 닮은 기존의 폭스 테리어 외에도 파슨 러셀 테리어, 이보다 더 작은 잭 러셀 테리어를 정립하기에 이른다.

1980년대에 파슨 러셀 테리어의 지지자들이 몇 년 동안 힘쓴 결과, 1984년에 영국 켄넬 클럽은 마침내 파슨 잭 러셀 테리어를 하나의 품종으로 인정했다. 파슨 러셀 테리어라는 이름은 1999년 확정되었다.

현대의 품종은 긴 다리와 좁은 가슴(성인 손바닥으로 쉽게 가려짐)으로 훌륭한 조화를 이룬다. 이 품종은 영리하고 활기가 넘쳐 어울릴 대상이 없거나 매일 운동하지 않으면 요란하게 짖고 주변 물건을 부술 것이다. 사람이나 말과 잘 어울리지만 사냥 충동이 있어서 작은 동물은 위험할 수 있다. 방한성 털은 빽빽한 속털과 뻣뻣한 겉털로 구성되며 스무스 타입과 러프 타입(털이 일부 삐죽한 브로큰 타입 포함)이 있다. 두 가지 타입 모두 털 손질은 쉬운 편이다.

스무스 타입 강아지

## 초기의 역사

1818년 옥스퍼드 대학에서 수학 중이던 존 러셀은 우유 장수에게서 흰 바탕에 황갈색 무늬가 있는 작은 암컷 테리어를 구입했다. 그는 사냥할 때 말을 따라올 정도로 빠르면서 땅굴에 들어가 여우를 몰아낼 정도로 작은 개를 만들고자 했다. 트럼프라고 이름 붙인 이 개는 러셀 테리어 품종의 기초가 되었다. 잭 러셀 타입은 1890년대에 들어 확실히 자리 잡아 개 그림으로 유명한 영국 예술가 존 엠스의 그림에도 등장했지만, 1980년대가 되어서야 파슨 러셀 테리어로 공식 인정을 받았다.

〈잭 러셀〉
존 엠스, 1891년

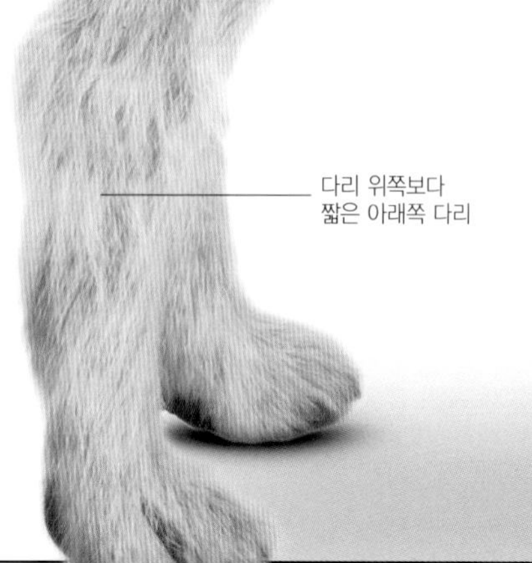

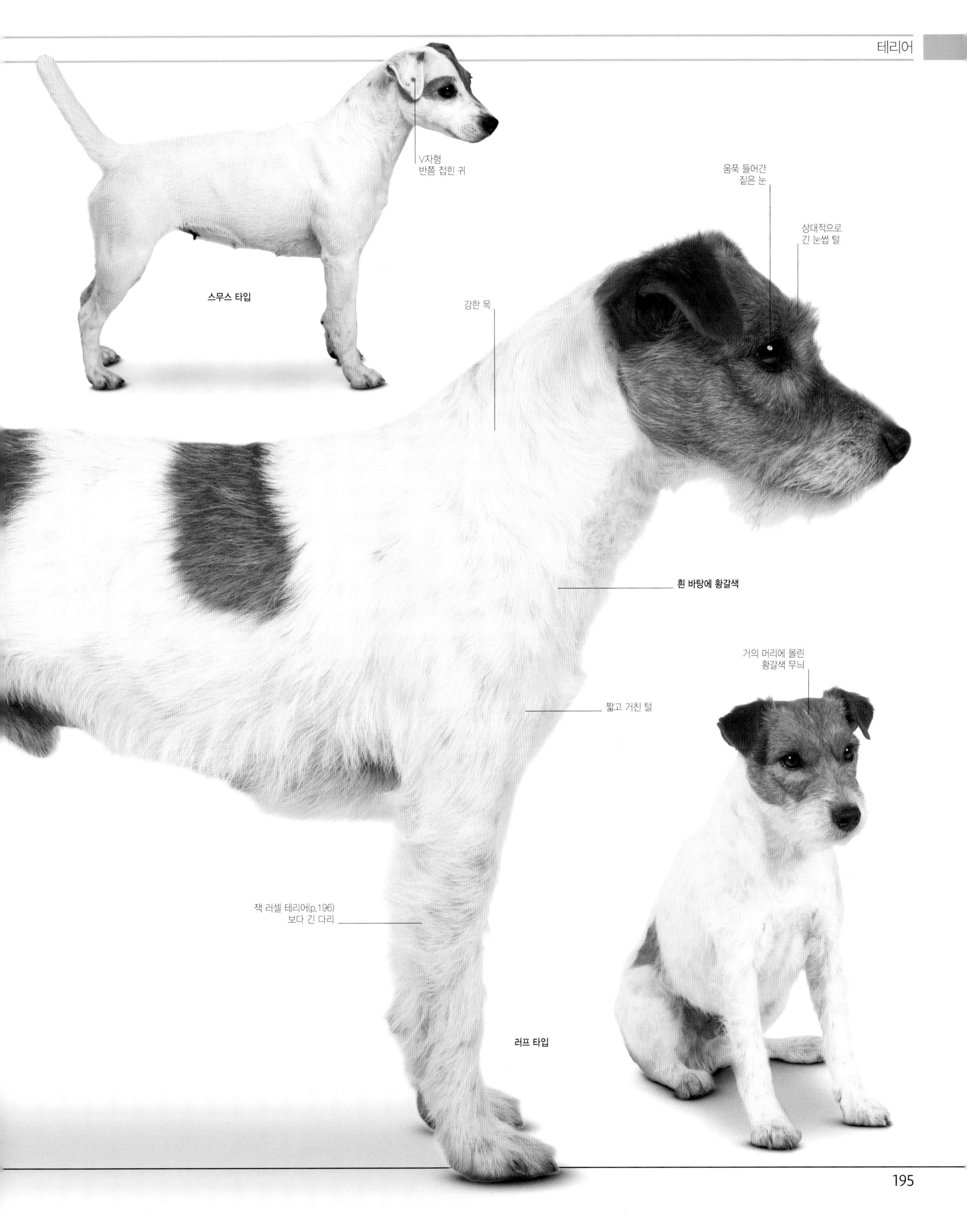
V자형
반쯤 접힌 귀
스무스 타입
움푹 들어간
짙은 눈
상대적으로
긴 눈썹 털
강한 목
흰 바탕에 황갈색
거의 머리에 몰린
황갈색 무늬
짧고 거친 털
잭 러셀 테리어(p.196)
보다 긴 다리
러프 타입

# 잭 러셀 테리어(Jack Russell Terrier)

**체고** 25–30cm (10–12in)
**체중** 5–6kg (11–13lb)
**수명** 13–14년

흰색에 검은색

생기 넘치고 대담한 잭 러셀 테리어는 1800년대에 여우몰이를 위해 이 품종을 만든 존 러셀 목사의 이름을 딴 것이다. 오늘날 이 품종은 훌륭한 쥐잡이 개이자 다정하고 활기찬 반려견이다. 사촌뻘의 딱 벌어진 체형인 파슨 러셀 테리어(p.194)보다 다리가 짧은 편이다. 털이 매끈한 스무스 타입과 뻣뻣한 와이어 타입 두 가지가 있다.

# 보스턴 테리어(Boston Terrier)

**체고** 38–43cm (15–17in)
**체중** 5–11kg (11–24lb)
**수명** 13년

**얼룩무늬**
얼룩무늬 털에 흰 반점이 있음

보스턴 테리어는 엉뚱하면서도 깔끔한 외모와 온순한 성격으로 '미국 신사'라는 별명으로 불린다. 불독과 여러 테리어 종이 섞여 쥐를 잡던 본능이 사라지고 사람들과 어울리기를 좋아해서 도시와 전원 어디에서든 멋진 가정 반려견이다. 잠시도 가만히 있지 못하는 성향으로 주기적인 운동이 필요하다.

# 불 테리어(Bull Terrier)

**체고** 53–56cm (21–22in)
**체중** 23–32kg (51–71lb)
**수명** 10–12년

다양한 색상

불 테리어는 19세기 영국에서 투견용으로 불독(p.95)과 다양한 테리어를 교잡육종한 결과 탄생했다. 잔인한 스포츠에서는 두각을 나타내지 못했지만 애완견으로 더 큰 성공을 거두었다. 현대의 불 테리어는 성격이 좋으며 엄격한 주인과 잘 맞는다.

# 미니어처 불 테리어(Miniature Bull Terrier)

**체고** 36cm까지 (14in)
**체중** 11–15kg (24–33lb)
**수명** 10–12년

다양한 색상

불 테리어(상단)의 축소판으로 1920년대에 거의 사라진 품종이다. 이후 수십 년에 걸쳐 부활했지만 현재까지도 흔하지 않다. 미니어처 불 테리어는 친척뻘인 불 테리어처럼 일찌감치 훈련과 사회화를 시켜야 멋진 가족 애완견이 될 수 있다.

# 에어데일 테리어(Airedale Terrier)

| 체고 | 체중 | 수명 |
|---|---|---|
| 56-61cm (22-24in) | 18-29kg (40-65lb) | 10-12년 |

**테리어 중 가장 대형인 에어데일 테리어는 다재다능하며 좋은 가족 애완견이지만 말썽꾸러기여서 얌전히 있지 않을 수도 있다.**

에어데일 테리어는 테리어 품종 중 가장 커서 테리어의 왕이라 불린다. 힘이 세고 어깨가 딱 벌어진 영국산 품종으로 요크셔 지역 에어강 계곡에서 유래했다. 19세기 중반에 해당 지역 사냥꾼들이 조류나 수달 같은 대형 동물을 사냥할 튼튼한 테리어를 원하면서 처음 만들어졌다. 브리더들은 블랙 앤 탄 테리어를 오터하운드(p.142), 아이리시 테리어(p.200)와 교배했고 불 테리어(p.197)도 섞인 것으로 추정된다. 그 결과 테리어의 용기와 오터하운드의 수영 기술을 가진 품종이 탄생했다. 강둑을 따라 활동했기 때문에 워터사이드 테리어라고도 하는 에어데일 테리어는 1878년에 단일 품종으로 공식 인정되었다.

에어데일 테리어는 흔적을 쫓아가거나 작은 사냥감을 물어올 수 있는 다목적 품종이다. 농부들은 가축을 몰거나 재산을 지키는 데도 활용했다. 에어데일 테리어는 에어강둑과 지류에서 펼쳐진 쥐 사냥 대회에도 출전했고, 1880년대부터 미국으로 수출되어 라쿤, 코요테, 보브캣 등을 사냥하는 데도 쓰였다. 이후에도 경비, 경찰과 군대, 탐색과 구조 업무 등에 쓰였는데, 인기 높은 반려견이기도 하다. 붙임성 좋고 영리하며 테리어다운 특징이 가득하며, 무언가 추격하기를 너무 좋아해서 매일 충분히 운동해야 한다. 나름의 성격이 있어 부드러우면서도 적극적인 핸들링이 필요하지만 훈련을 잘 받아들이는 편이다.

## 전장에 나가다

에어데일 테리어는 제1차 세계대전 동안 복무하면서 영국군과 적십자에 큰 힘이 되었다. 이 품종은 전장에서 메시지와 우편물을 전달하고 부상병들을 찾았다. 그 와중에 큰 위험에 빠지거나 심각한 부상을 당하기도 했다. 잭이라는 개는 늪지대와 빗발치는 포격을 지나 턱과 앞다리가 부러지면서도 메시지를 전달해 1개 대대를 구했다고 한다. 잭은 임무를 완수하자마자 숨을 거두었고 그의 용맹을 기린 훈장이 추서되었다. 에어데일 테리어는 제2차 세계대전 때도 훈련을 받아 복무했다. 아래는 1939년 훈련소 사진이다.

# 러시안 블랙 테리어(Russian Black Terrier)

**체고** 66–77cm (26–30in)
**체중** 38 65kg (84 143lb)
**수명** 10–14년

거대한 체격에 힘이 센 러시안 블랙 테리어는 1940년대에 구소련군이 특별히 개발한 품종이다. 브리더들은 군사 업무에 적합하고 러시아의 혹독한 겨울 날씨를 견딜 수 있는 큰 개를 만들기 위해 로트바일러(p.83), 자이언트 슈나우저(p.46), 에어데일 테리어(p.198) 등 여러 품종을 투입시켰다. 어마어마한 체구와 외모에도 붙임성이 좋아 책임감을 가지고 핸들링하면 가정견으로 잘 적응한다.

# 아이리시 테리어(Irish Terrier)

**체고** 46–48cm (18–19in)
**체중** 11–12kg (24–26lb)
**수명** 12–15년

밀색

멋진 외모의 아이리시 테리어는 아일랜드 코크 카운티에 존재했던 유서 깊은 품종으로 추정되지만 초기 조상은 알려지지 않았다. 유쾌한 성격을 지녀 아이들과 함께 있어도 믿음직하지만 밖에서 만나는 다른 개들에게는 공격적인 경향이 있다.

## 웰시 테리어(Welsh Terrier)

**체고** 39cm까지 (15in)
**체중** 9–10kg (20–22lb)
**수명** 9–15년

검은빛이 나는 청회색에 적갈색

웰시 테리어는 과거 무리를 지어 여우, 오소리, 수달을 사냥하던 품종이다. 1880년대에 단일 품종으로 인정받았고, 중형 테리어로 독쇼에서도 주목을 받았다. 웰시 테리어는 활기차고 에너지가 넘치지만 다른 테리어보다 관리가 쉬워 가정견으로 적합하다.

## 케리 블루 테리어(Kerry Blue Terrier)

**체고** 46–48cm (18–19in)
**체중** 15–17kg (33–37lb)
**수명** 14년

케리 블루 테리어는 아일랜드의 국견으로, 태어날 때 검은색이던 털이 2세령이 되기 전에 점점 청색으로 바뀐다. 다재다능한 농장견이자 경비견인 케리 블루 테리어는 영리해서 잘 훈련시키고 철저하게 핸들링하면 다정하고 순종적인 애완견이 될 수 있다.

# 베들링턴 테리어(Bedlington Terrier)

| 체고 | 체중 | 수명 | 모래색 / 황갈색 |
|---|---|---|---|
| 40-43cm (16-17in) | 8-10kg (18-22lb) | 14-15년 | 모든 색에 황갈색 무늬 가능 |

**베들링턴 테리어는 깜찍한 외모와 도도함, 발을 높이 드는 걸음걸이의 소유자로, 의욕이 넘치고 재빠르며 끈기가 있다.**

베들링턴 테리어는 복슬복슬한 털 속에 전형적인 테리어의 기상이 숨어 있어 "양의 외모에 사자의 심장"을 가진 품종으로 묘사되곤 했다. 이 품종은 영국 북동부의 노섬벌랜드에서 유래했으며 상류층, 노동자를 가리지 않고 길렀던 종이다. 베들링턴 테리어는 휘핏(p.128)과 다른 여러 테리어들의 자손이며 지상에서 토끼, 여우, 오소리를 사냥하는 데 쓰였다. 물에서도 사냥이 가능해서 쥐나 수달을 사냥하기도 했다. 베들링턴 테리어는 1877년에 품종협회가 만들어졌고, 독쇼뿐만 아니라 가정집에서도 인기를 끌었다.

베들링턴 테리어는 시각 하운드 조상으로부터 엄청난 스피드와 민첩성뿐만 아니라 테리어 중에서도 다른 품종에 관대한 기질까지 물려받았다. 현재 주로 애완용으로 길러지며 평소에는 조용하고 다정하며 살짝 예민하지만 누가 괴롭히면 테리어만의 방식으로 자신을 지킬 것이다. 베들링턴 테리어는 에너지를 발산하고 지루함을 예방하기 위해 충분한 운동과 두뇌 자극이 필요하다. 주인은 산책 중에 이 개의 추격 본능이 발동하지 않도록 신경 써야 한다. 이 품종은 어질리티 대회와 복종훈련 대회에서도 진가를 드러냈다.

강아지는 짙은 청색 혹은 짙은 갈색을 띠고 태어난다. 성숙하면서 털색이 점점 밝아지는데 이때 정기적으로 털을 잘라 주어야 한다. 쇼독은 얼굴과 다리, 귀 끝에 털을 길게 남기는 독특한 미용을 한다.

## 베들링턴의 역사

베들링턴 테리어의 조상은 영국 노섬벌랜드 로스버리 숲 인근에 살던 여러 종류의 테리어로, 로스버리 테리어로 통칭했다. 그중 초창기 베들링턴 테리어를 닮은 개로 1782년에 태어난 올드 플린트가 있었다. 1825년 베들링턴 마을에서 조셉 에인슬리라는 남자가 테리어 한 쌍을 베들링턴과 닮은 개와 교배시켰고, 이때 낳은 새끼를 새로운 품종인 베들링턴 테리어로 공언했다.

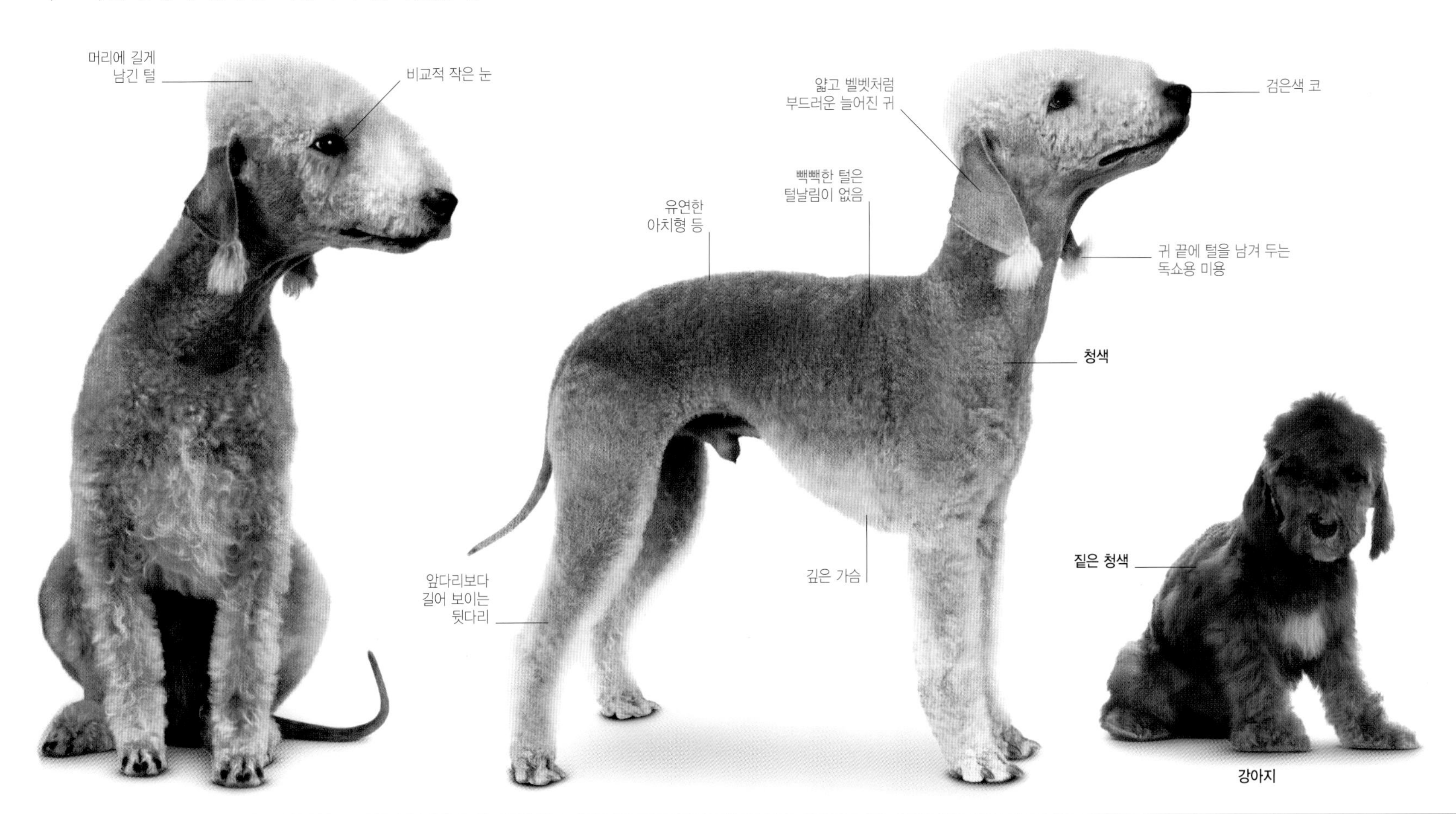

# 저먼 헌팅 테리어

(German Hunting Terrier)

| 체고 | 체중 | 수명 |
|---|---|---|
| 33-40cm (13-16in) | 8-10kg (18-22lb) | 13-15년 |

**저먼 헌팅 테리어는 두려움 없고 끈기 있는 사냥견이지만 충분한 활동과 두뇌 자극을 시켜 주면 충직한 반려견이 될 수 있다.**

저먼 헌팅 테리어는 20세기 초 독일에서 태어난 현대의 사냥견(독일어로 야크테리어)으로 1950년대에 미국으로 일부 개체를 들여오기 전까지는 국외로 거의 알려지지 않았다. 현재 독일에서 사냥에 널리 쓰이고, 북미에서는 다람쥐와 새 사냥용으로 인기가 높아지고 있다.

저먼 헌팅 테리어는 밤에도 거리낌 없이 실외에서 잘 수 있고, 지상이나 지하 그외 지형을 가리지 않고 하루 종일 사냥하는데, 심지어 물에서도 사냥이 가능하다. 이 품종은 여우, 족제비, 오소리 등 땅속에 사는 사냥감을 쫓거나, 토끼나 야생 멧돼지를 덤불 밖으로 몰아내거나, 사슴 등이 상처 입었을 때 핏자국을 추적할 수도 있다.

저먼 헌팅 테리어는 용감하고 활동적인 품종으로 사냥터에서 가장 돋보인다. 꾸준히 활동시킨다면 효과적인 경비견이자 충성스러운 가족 애완견이 될 수 있다. 붙임성이 있고 훈련에 잘 따르지만, 어릴 때 사회화시켜야 하고 엄격한 리더십을 갖춘 주인에게 적합하다. 매일 격렬한 운동을 필수적으로 시켜야 한다. 털이 거친 러프 타입과 매끈한 스무스 타입 두 가지가 있다.

## 만능 테리어

저먼 헌팅 테리어는 제1차 세계대전 직후 바바리아 지역 브리더 네 명이 세계적인 만능 테리어를 목표로 만들어 낸 품종이다. 당시 독일에서 폭스 테리어가 인기가 있었지만 기능성보다 외모를 보았다. 브리더들이 처음 확보한 폭스 테리어 네 마리는 목표로 했던 검은색에 황갈색 색상을 가지고 있었지만 사냥 솜씨가 부족했다. 그래서 그들은 이 개들을 사냥에 쓰던 와이어 폭스 테리어(p.208), 오래된 와이어 타입 영국산 테리어들, 웰시 테리어(p.201)와 교배시켰다. 그 결과 강인하고 용기 있는 다목적 사냥견이 태어나게 되었다(사진).

# 소프트 코티드 휘튼 테리어

(Soft-Coated Wheaten Terrier)

**체고**
46–49cm
(18–19in)

**체중**
16–21kg
(35–46lb)

**수명**
13–14년

**만능 농장견인 소프트 코티드 휘튼 테리어는 태평스럽고 다정한 성격으로 가정생활에 잘 적응한다.**

소프트 코티드 휘튼 테리어는 아일랜드에서 200년 넘게 알려진 가장 오래된 품종일 것이다. 아이리시 테리어(p.200), 케리 블루 테리어(p.201)와 공동조상을 두고 있다. 역사는 길지만 1937년에야 아일랜드에서 공인받은 품종이다. 처음에는 사역견으로 쓰였는데 쥐, 토끼, 오소리를 잡아 챔피언에 오르면서 존재감을 유지했다. 오늘날 주로 애완견으로 기르지만 치료견으로 활용되기도 한다.

소프트 코티드 휘튼 테리어는 사람들을 매우 좋아하고 다른 테리어보다 유순해서 아이들과 잘 지내지만, 유아기 어린이가 상대하기에는 너무 활기가 넘칠 수 있다. 강아지 때 습성이 커서도 남아 있지만 매우 영리한 편이어서 잘 훈련시키면 된다. 그리고 매일 충분한 운동을 시켜 주어야 한다.

이 품종의 이름은 뻣뻣한 털을 가진 다른 테리어와 차별된 털의 특성에서 유래했다. 털은 크게 두 종류로, 비단결 같고 윤기 나는 아이리시 타입과 털이 두꺼운 잉글리시 혹은 아메리칸 타입이 있다. 많은 강아지가 짙은 적색이나 갈색 털로 태어나고 점점 자라면서 옅은 금색으로 색이 밝아진다. 털은 며칠에 한 번씩 손질해 주고 주기적으로 잘라 주어야 한다.

## 가난한 자의 개

영국과 아일랜드에서는 수백 년 동안 귀족층만 하운드나 그 외 사냥견을 소유할 수 있었다. 가난한 사람들은 키우기 쉽고 여러 가지 작업을 시킬 수 있는 테리어를 키웠다. 소프트 코티드 휘튼 테리어(그림은 앨프리드 듀크의 19세기 작품)는 쥐나 다른 유해 동물을 죽이는 데 사용되었고 사유지와 가축 무리를 지키기도 했다. 시간이 지나면서 사냥견으로도 활용했다. 이 품종의 위상과 탁월한 사냥 기술 덕분에 '가난한 자의 울프하운드'로 알려졌다.

## 더치 스마우스혼드(Dutch Smoushond)

**체고** 35-42cm (14-17in)
**체중** 9-10kg (20-22lb)
**수명** 12-15년

과거 마부와 함께 다니고 말과 마차를 쫓아갈 정도로 강한 더치 스마우스혼드는 쥐잡이에 능했다. 1970년대에 거의 멸종 위기에 처했고, 현재도 희귀하지만 점점 인기를 되찾고 있다. 좋은 감시견으로 아이들과 잘 어울리고 가정에 있는 고양이와도 잘 지낸다. 활동량이 많아 충분한 운동을 시켜 주어야 한다.

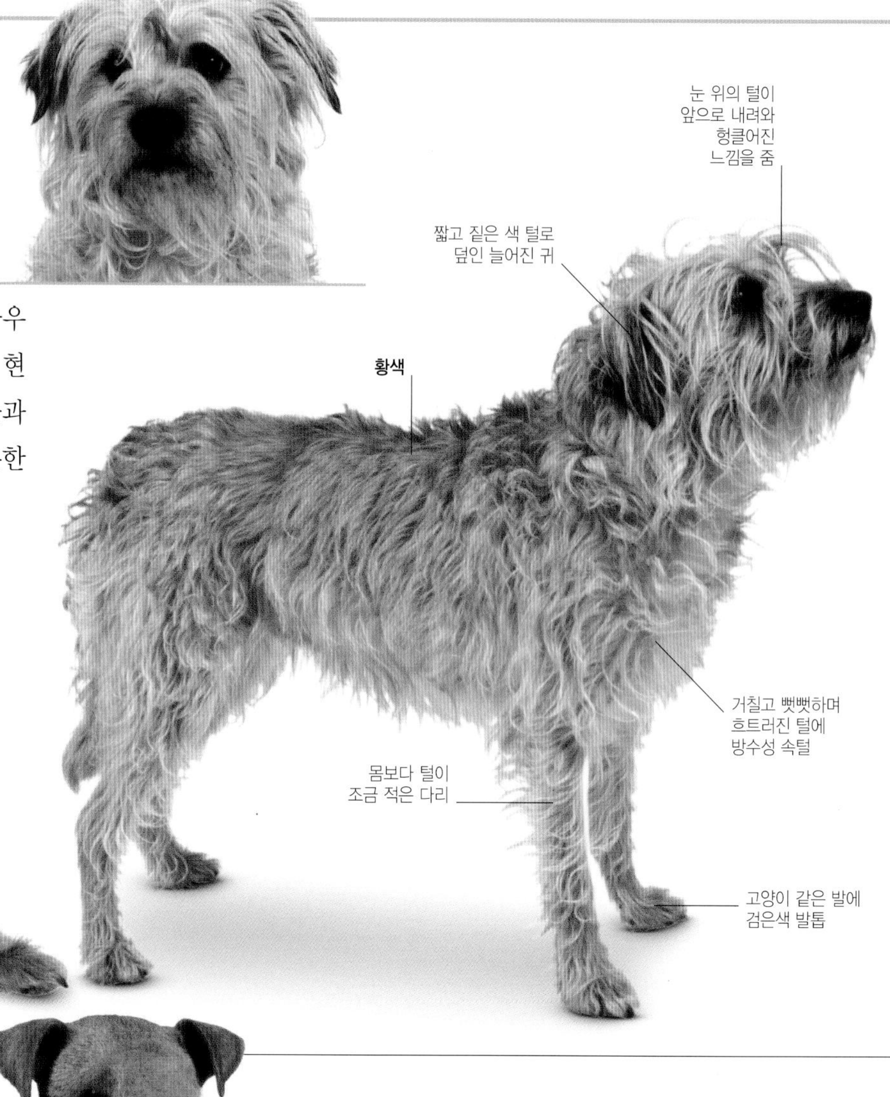


## 레이크랜드 테리어(Lakeland Terrier)

**체고** 33-37cm (13-15in)
**체중** 7-8kg (15-18lb)
**수명** 13-14년

다양한 색상

집중력이 좋고 민첩한 레이크랜드 테리어는 언덕이 많은 지형과 굴속으로 여우를 쫓기 위해 만들어졌다. 움직이는 대상이면 크기를 불문하고 쫓아가는 끈기를 지니고 있어 다른 개들에게도 공격적이다. 훈련을 통해 두려움 없는 경비견이자 열의가 넘치는 반려견이 될 수 있다.

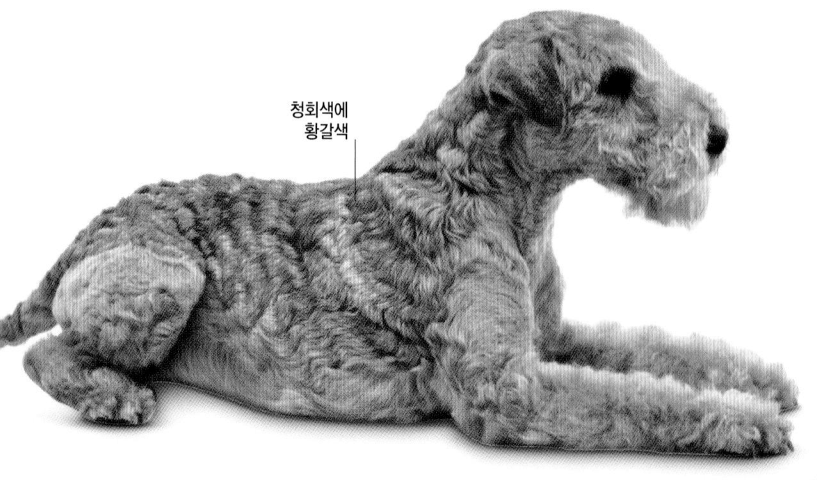

# 보더 테리어(Border Terrier)

| 체고 | 체중 | 수명 | |
|---|---|---|---|
| 25-28cm<br>(10-11in) | 5-7kg<br>(11-15lb) | 13-14년 | 밀색<br>적색<br>청색에 황갈색 |

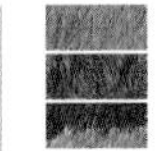

## 옛 품종을 위한 새로운 역할

보더 테리어가 좋은 사냥견일 수 있었던 특성은 현대에도 잘 발휘된다. 그중 하나가 치료견이다. 보더 테리어는 성격이 다정해서 아픈 어린이, 스트레스를 심하게 받은 사람, 외로운 노인들을 안정시키는 역할에 잘 맞는다. 뿐만 아니라 용감하고 끈기가 있어 홍수나 사고 등 재난현장에서 피해자들과 응급요원들의 스트레스를 줄이는 데도 활용되고 있다.

**발랄하고 에너지 넘치는 보더 테리어는 성격이 느긋해서 가족에게 좋은 애완견이 될 수 있다.**

체력이 좋고 수달을 닮은 머리가 특징인 보더 테리어는 잉글랜드와 스코틀랜드의 경계에 위치한 체비엇 힐스에서 유래했다. 영국 켄넬 클럽은 1920년에 공인했지만 최소 18세기 이후부터 존재했던 것으로 추정되며 영국에서 가장 오래된 테리어 중 하나다.

최초의 보더 테리어는 농장 사역견으로 만들어졌지만 사냥용으로 널리 쓰이게 되었다. 이 품종은 말과 함께 달릴 정도로 빠르면서도 굴속에 숨어 있는 여우나 쥐를 몰아낼 수 있을 정도로 작다. 또한 어떤 날씨에서도 온종일 일할 수 있는 용기와 지구력을 지니고 있다. 주인이 보더 테리어 스스로 음식을 찾아 먹도록 방치한 경우가 많아 사냥 욕구가 강하게 발달했다.

이 품종은 현재도 어질리티 대회와 복종훈련 대회뿐 아니라 사냥과 사냥 대회에서도 탁월한 기량을 보여 주고 있다. 또한 다른 테리어에 비해 어린아이나 다른 개들과 잘 어울리고 관대한 면이 있어 애완견으로도 인기가 높다. 매일 운동으로 에너지를 발산하지 않으면 침울해지고 주변 물건을 부술 수 있으므로 주의해야 한다.

**전형적인 테리어**

테리어는 조그마한 자극에도 즉각 반응한다. 와이어 폭스 테리어가 물이 나오는 호스를 장난치듯이 붙잡으면서 기민함을 보여 주고 있다.

# 폭스 테리어(Fox Terrier)

| 체고 | 체중 | 수명 | 흰색 |
|---|---|---|---|
| 39cm까지 (15in까지) | 8kg까지 (18lb까지) | 10년 | 황갈색 또는 검은색 무늬 가능 |

## 틴틴과 스노위

연재 만화 《틴틴의 모험》에서 주인공 틴틴의 가장 친한 친구는 애견 스노위다. 틴틴의 제작자 에르제는 연재 당시 와이어 폭스 테리어가 인기가 있어서 이 품종을 모델로 스노위를 만들어 냈다. 또한 그의 단골 레스토랑 주인이 키우던 와이어 폭스 테리어에게도 영감을 받았다. 스노위는 만화 속 캐릭터지만 위험에서 주인을 구하고 자신보다 훨씬 큰 적과 맞서는 지혜와 용기를 지녔는데 이는 테리어의 훌륭한 표본이 되었다.

**발랄하고 다정하며 놀이를 좋아하는 폭스 테리어는 아이들과 잘 지내고 전원에서 오래 산책하는 것을 좋아한다.**

폭스 테리어는 에너지가 넘치고 때로는 잘 짖는 반려견이지만, 원래 영국에서 유해동물을 죽이고, 토끼를 사냥하며, 굴 밖으로 나온 여우를 덮치기 위해 만들어졌다. 대담하고 겁이 없는 성격에 땅 파기를 매우 좋아하기 때문에, 입질을 방지하고 파헤치는 성향을 억제하려면 이른 시기에 사회화와 훈련이 필수적이다. 이 조건만 충족된다면 폭스 테리어는 놀이를 좋아하고 애정을 받는 만큼 화답하는 멋진 가족 애완견이다.

와이어 폭스 테리어는 정기적으로 털을 손질하고 플러킹하여 빠진 털을 제거하고, 1년에 3-4회 정도 대대적인 스트리핑을 해 주어야 한다. 클리퍼는 빠진 털을 제거하지 못하고 자극만 주며 털의 질감과 색상이 손상될 수 있으므로 절대 사용해서는 안 된다. 와이어 헤어 타입보다 희귀하고 사촌뻘인 스무스 폭스 테리어는 털이 짧아 손질이 쉽다.

폭스 테리어는 토이 폭스 테리어(p.210), 브라질리언 테리어(p.210), 랫 테리어(p.212), 파슨 잭 러셀 테리어(p.194), 잭 러셀 테리어(p.196) 등 다른 여러 품종의 조상이다.

강아지

와이어 폭스 테리어

스무스 폭스 테리어

# 재패니즈 테리어(Japanese Terrier)

**체고** 30–33cm (12–13in)
**체중** 2–4kg (5–9lb)
**수명** 12–14년

검은색, 황갈색에 흰색

희귀한 재패니즈 테리어는 일본(니폰 혹은 니혼) 테리어라고도 하는데, 체구에 비해 힘이 세고 운동 능력이 좋다. 잉글리시 토이 테리어(p.211)와 현재는 멸종한 토이 불 테리어가 조상인 것으로 추정된다. 재패니즈 테리어는 작은 애완견, 쥐잡이, 사냥감을 회수하는 리트리버로 쓰였고, 좋은 감시견일 뿐만 아니라 가정견으로도 잘 적응한다.

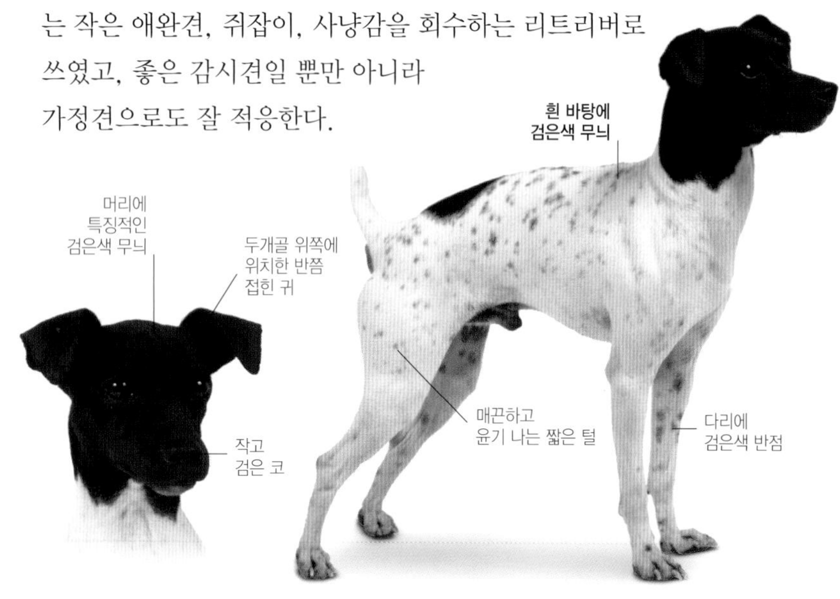


# 토이 폭스 테리어(Toy Fox Terrier)

**체고** 23–30cm (9–12in)
**체중** 2–3kg (5–7lb)
**수명** 13–14년

흰색에 황갈색
흰색에 검은색
흰색에 초콜릿색과 황갈색

토이 폭스 테리어는 아메리칸 토이 테리어라고도 하는데, 스무스 폭스 테리어(p.208)와 다양한 토이 품종 사이에서 탄생했다. 그 결과 쥐를 잘 잡고 가족과도 잘 지낸다. 다른 토이 품종과 마찬가지로 아기나 유아기 어린이가 있는 가정에는 추천하지 않지만, 나이가 있는 아이라면 이 품종의 넘치는 에너지를 만끽할 수 있다.

# 브라질리언 테리어(Brazilian Terrier)

**체고** 33–40cm (13–16in)
**체중** 7–10kg (15–22lb)
**수명** 12–14년

유럽 테리어들을 브라질 현지 농장견들과 교배해서 만들어진 품종이다. 사냥 본능을 잘 드러내며, 쥐를 잡는 것은 물론 탐험하거나 파헤치기를 매우 좋아한다. 작은 사촌뻘인 잭 러셀 테리어(p.196)처럼 상하관계를 철저히 할 필요가 있다. 주인이 엄격하게 다룰 때 헌신, 복종하고, 보호 성향이 커서 잘 짖는 감시견이다. 매우 활동적이어서 매일 긴 산책을 시켜 주지 않으면 잠시도 가만히 있지 못한다. 훈련을 잘 시키면 훌륭한 가족 애완견이 될 수 있다.

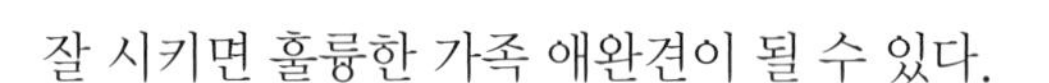

# 잉글리시 토이 테리어(English Toy Terrier)

| 체고 | 체중 | 수명 |
|---|---|---|
| 25-30cm (10-12in) | 3-4kg (7-9lb) | 12-13년 |

## 쥐 구덩이

영국 산업혁명이 이루어지던 시기에 빠르게 확장하던 도시에서 블랙 앤 탄 테리어 등은 쥐를 잡아 죽이는 데 필수였다. 도박꾼 사이에서는 스포츠로 발전하기도 했는데, 테리어를 일정 수의 쥐와 함께 '쥐 구덩이'에 집어넣고(그림은 19세기 작품 〈블루 앵커 주점에서 쥐잡이〉) 얼마나 빨리 모든 쥐를 잡는지 내기를 했다. 모든 쥐를 가장 빠르게 잡는 가장 작은 개를 확보하는 것이 관건이었다. 피가 난무하는 베이팅 스포츠는 1835년 영국에서 금지되었지만 랫 베이팅은 1912년 무렵까지 지속되었다.

**활기차고 붙임성 있으며 당당한 소형 반려견인 잉글리시 토이 테리어는 도시와 전원생활 모두 잘 적응한다.**

잉글리시 토이 테리어는 영국에서 가장 오래된 토이 품종으로 사촌뻘인 맨체스터 테리어(p.212)와는 크기와 쫑긋한 귀만 다르다. 두 품종은 1920년 이후에야 개별 품종으로 분류되었다.

영국에서 검은색에 황갈색 털을 가진 테리어는 16세기부터 쥐를 잡던 품종으로 알려졌다. 18세기에 이 테리어는 도시에서 애완견으로 인기가 높아졌다. 빅토리아 여왕 시대에는 이 품종을 더욱 작게 만들려는 열풍이 불어 건강에 심각한 이상이 생기기에 이르렀다. 이에 따라 헌신적인 이들의 주도하에 19세기 말 작은 품종에 대해 더욱 엄격한 기준을 세우게 된다.

이 품종은 처음에 '미니어처 블랙 앤 탄 테리어'라고 했으나 1960년부터 잉글리시 토이 테리어(블랙 앤 탄)로 알려졌다. 현재 무척 희귀해서 영국 켄넬 클럽에 취약고유종으로 등재되어 있다.

잉글리시 토이 테리어는 매우 기민하고 활동적인 테리어의 특성을 다른 테리어보다 더욱 강하게 지니고 있다. 주인이나 가족과 유대감을 형성하면 좋은 감시견이 되지만 작은 애완동물을 공격할 수도 있다. 다부진 체구로 매일 약간의 운동이면 충분하며 도시 생활에 잘 적응한다.

## 맨체스터 테리어(Manchester Terrier)

**체고** 38-41cm (15-16in)
**체중** 5-10kg (11-22lb)
**수명** 13-14년

매끈하고 멋진 외모를 가진 맨체스터 테리어는 친척뻘인 잉글리시 토이 테리어(p.211)보다 크고 우아하며 활발한 반려견이다. 품종명은 19세기 맨체스터에서 매주 열렸던 쥐잡기 대회에서 탁월했던 기량을 잘 나타낸다. 유해동물에게는 무자비하지만 주인에게는 유순하다.

## 랫 테리어(Rat Terrier)

**체고** 스탠더드: 36-56cm (14-22in)
**체중** 스탠더드: 5-16kg (11-35lb)
**수명** 11-14년

**다양한 색상**
황갈색 무늬가 일반적

랫 테리어는 쥐잡이에 탁월한 품종으로, 어떤 랫 테리어 한 마리가 7시간 동안 쥐를 2,500마리 넘게 잡은 것으로 유명하다. 미국에서 인기가 많은 편인데, 시어도어 루스벨트 대통령이 선택한 사냥견이기도 하다. 미니어처는 체고 20-36cm에 체중 3-4kg으로 좋은 애완견이며, 스탠더드는 에너지 넘치는 주인에게 적합하다. 귀는 쫑긋하거나, 반쯤 접힌 모양 두 가지가 있다.

## 아메리칸 헤어리스 테리어(American Hairless Terrier)

**체고** 25-46cm (10-18in)
**체중** 3-6kg (7-13lb)
**수명** 12-13년

**모든 색상 가능**

최초의 헤어리스 타입 랫 테리어(좌측)는 유전자 변이의 결과였으나 이후 다른 품종과의 교배로 아메리칸 헤어리스 테리어가 탄생했다. 털이 없는 점만 빼면 전형적인 테리어다. 겨울에는 외투로 보온하고 여름에는 살이 타지 않게 한다. 귀는 쫑긋하거나, 반쯤 쫑긋하거나, 반쯤 접힌 모양이 있다.

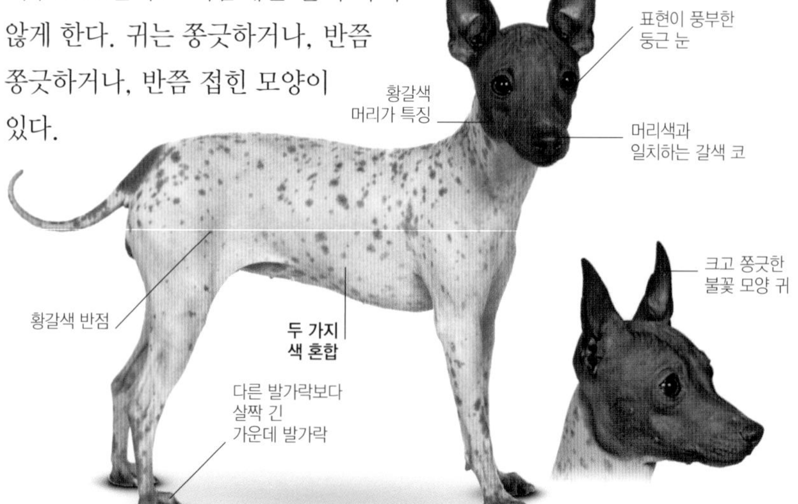

# 패터데일 테리어(Patterdale Terrier)

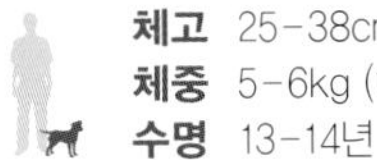

**체고** 25-38cm (10-15in)
**체중** 5-6kg (11-13lb)
**수명** 13-14년

적색
적갈색 또는 황동색
청회색 털 가능
검은색에 황갈색

영국 레이크 디스트릭트 계곡을 사이에 둔 두 지역에는 각자 고유의 테리어가 존재했다. 패터데일 테리어는 그중 하나로 패터데일 마을에서 유래했다. 지금도 영국에서 인기가 있지만 미국에서도 점점 인기를 끌고 있다. 패터데일 테리어는 사냥감을 절대로 포기하지 않는 훌륭한 사냥 동반자다. 털이 매끈한 스무스 타입과 겉털이 뻣뻣한 브로큰 타입 두 가지가 있다.

강아지

스무스 타입

# 아메리칸 핏 불 테리어
(American Pit Bull Terrier)

**체고** 46-56cm (18-22in)
**체중** 14-27kg (31-60lb)
**수명** 12년

모든 색상
얼룩무늬는 부적절함

아메리칸 핏 불 테리어의 조상은 19세기 아일랜드 이민자들이 미국으로 들여온 품종이다. 원래 투견용으로 만들어졌지만 사역견이나 가족 애완견으로 더 사랑받게 되었다. 최근 이 품종이 가진 공격성이 논란이 되고 있지만 지지자들은 이에 격렬하게 반박하고 있다.

# 아메리칸 스태포드셔 테리어
(American Staffordshire Terrier)

**체고** 43-48cm (17-19in)
**체중** 26-30kg (57-66lb)
**수명** 10-16년

다양한 색상

아메리칸 스태포드셔 테리어는 스태포드셔 불 테리어(p.214)에서 만들어졌으며 1930년대에 미국에서 별개의 품종으로 인정되었다. 영국산 조상보다 크기가 크다는 점을 제외하면 원조 '스태피'가 지닌 모든 특성을 지녔다. 대담하고 영리하며 충성스러운 가족 애완견이다.

# 스태포드셔 불 테리어(Staffordshire Bull Terrier)

| 체고 | 체중 | 수명 | 다양한 색상 |
|---|---|---|---|
| 36-41cm (14-16in) | 11-17kg (24-37lb) | 10-16년 | |

**용감한 스태포드셔 불 테리어는 아이들을 매우 좋아하고 올바른 핸들링으로 고도의 충성심을 이끌어 낼 수 있다.**

스태포드셔 불 테리어는 19세기 영국 미들랜드에서 불독(p.95)과 그 지방 테리어를 교배해서 투견용으로 만들어졌다. 처음 탄생한 품종은 불 앤 테리어라고 했는데, 작고 민첩하지만 힘이 세고 턱이 강했다. 투견장에서 싸울 때 용기와 공격성이 돋보였지만 사람이 핸들링할 때는 얌전하게 만들 필요성이 제기되었다. 1835년에 불 베이팅 등 다른 베이팅 스포츠가 금지되었을 때도 투견은 1920년대까지 은밀하게 계속되었다.

19세기에 불 앤 테리어 지지자들이 이 품종을 독쇼와 가정에 맞도록 재구성하는 방법을 모색했다. 이렇게 바뀐 품종이 스태포드셔 불 테리어이며 영국 켄넬 클럽에서 1935년에 공인되었다.

오늘날 '스태피'라는 애칭으로 불리는데, 도시와 전원 모두에서 큰 인기를 누리고 있다. 이 품종은 튼튼하고 활발하며 용감하다. 철저한 핸들링과 빠른 복종훈련이 필수적이지만 주인이 효과적으로 훈련시킨다면 순종적이고 만족스러운 애완견이 될 수 있다. 안타깝게도 최근 몇 년간 위험한 개라는 인식이 퍼져 많은 수가 버림받아 동물보호소로 보내졌다. 스태포드셔 불 테리어는 낯선 개가 덤비면 반응하는 편이지만 일반적으로 붙임성이 좋고 사람에게 다정하며 특히 아이와 친밀하다.

## 부시벨트의 족

족(Jock)은 퍼시 피츠패트릭이 1880년대에 남아프리카에서 황소가 끄는 우차를 몰면서 키우던 스태포드셔 불 테리어다. 함께 태어난 새끼들 중 가장 허약했지만 용감하고 충성스러운 경비견이자 사냥개로 자라났다(사진은 영양과 맞서는 족의 동상. 남아프리카 크루거 국립공원). 피츠패트릭은 족과 함께 아프리카 미개척지에서 겪은 수많은 모험담을 자녀들에게 이야기로 들려주었다. 피츠패트릭은 1907년에 이 이야기들을 《부시벨트의 족》으로 묶어서 출판했고, 이 책은 오늘날 남아프리카 아동문학의 고전이 되었다.

# 크롬폴랜더(Kromfohrländer)

| 체고 | 체중 | 수명 |
|---|---|---|
| 38-46cm (15-18in) | 9-16kg (20-35lb) | 13-14년 |

## 우연한 탄생

크롬폴랜더 품종은 1940년대에 와이어 폭스 테리어(p.208) 암컷과 떠돌이 개 피터를 교배해서 만들어졌다. 피터는 일세 슐라이펜바움이라는 주인이 키우던 그랑 그리퐁 방데앙(p.144)이었다. 그 결과 태어난 강아지들은 매력적이고 동일한 속성을 공유하고 있었다. 슐라이펜바움은 오토 보너와 함께 이 개들을 더 브리딩하기로 결심했다. 10년 후 두 브리더는 자신들이 만들어 낸 품종을 완전히 새로운 품종으로 독쇼에 출품하기에 이른다.

**성격이 차분하고 사랑스러운 크롬폴랜더는 가족들과 잘 지내지만 낯선 사람에게 낯을 가린다.**

크롬폴랜더는 1955년부터 공인된 현대의 독일 품종이다. 품종명은 독일 서부 지거란트의 크롬포어 지역에서 만들어진 데서 유래했다. 1962년 핀란드 여성 마리아 아커블롬이 핀란드에서 브리딩하기 위해 크롬폴랜더를 수입하기 시작한 이래 현재 핀란드는 두 번째로 크롬폴랜더가 많은 국가다. 아직 희귀한 품종으로 전 세계적으로 1,800마리 미만으로 확인된다.

크롬폴랜더의 조상으로는 와이어 폭스 테리어(p.208), 그랑 그리퐁 방데앙(p.144) 외 여러 피가 섞인 독일 지역 품종이 있다. 처음부터 가정견을 목표로 만든 결과, 매력적이고 관리가 쉬우며 칭찬받기를 좋아하는 품종이 탄생했다.

크롬폴랜더는 낯선 사람을 경계하지만 친한 사람이나 다른 개들에게 유순하고 발랄하다. 사냥 본능은 일반적인 테리어보다 낮은 편이지만 다른 테리어처럼 좋은 경비견이자 훌륭한 쥐잡이 개다. 훈련이 쉽고 다소 독립적인 성향이 있지만 어질리티 대회에서 좋은 성적을 내기도 한다. 수염이 있고 털이 거친 러프 타입과 부드러운 스무스 타입 두 가지가 있다.

스무스 타입

러프 타입

# 댄디 딘먼트 테리어(Dandie Dinmont Terrier)

**체고** 20–28cm (8–11in)
**체중** 8–11kg (18–24lb)
**수명** 13년 이상

**겨자색**
흰색 가슴 털 가능

댄디 딘먼트 테리어는 잉글랜드와 스코틀랜드의 국경지역에서 오소리와 수달 사냥용으로 만들어졌다. 품종명은 월터 스콧 경의 소설 속에서 이 품종과 비슷한 모습의 개를 키웠던 인물의 이름에서 유래했다. 놀이를 좋아하고 눈치 빠르며 영리한 품종으로 주인이 주는 사랑과 애정을 매우 좋아한다.

# 스카이 테리어(Skye Terrier)

**체고** 25–26cm (10in까지)
**체중** 11–18kg (24–40lb)
**수명** 12–15년

**크림색** **검은색**
**황갈색**
가슴에 흰 반점 가능

스코틀랜드 서부 도서지역에서 유래한 스카이 테리어는 원래 여우와 오소리 사냥에 사용되었다. 스카이 테리어는 길고 낮은 몸체를 가져 사냥감이 다니는 좁은 땅굴로 미끄러지듯 들어갈 수 있었다. 작고 우아한 품종으로 활동적이고 기운이 넘치는 훌륭한 가족 애완견이다. 이 품종의 특징인 긴 털은 완전히 길게 자라는 데 몇 년이 걸린다.

# 미니어처 핀셔(Miniature Pinscher)

**체고** 25–30cm (10–12in)
**체중** 4–5kg (9–11lb)
**수명** 15년 이상

**청색에 황갈색**
**갈색에 황갈색**

강인하지만 우아한 미니어처 핀셔는 독일에서 훨씬 큰 저먼 핀셔(p.218)에서 만들어졌는데, 과거 농가에서 쥐 사냥견으로 사용되었다. 미니어처 핀셔는 재빠르고 활발하며 발을 높이 드는 걸음걸이가 특징이다. 작은 가정에 완벽한 품종으로 예리한 감각을 지니고 있어 좋은 감시견이 될 수 있다.

# 저먼 핀셔(German Pinscher)

**체고** 43–48cm (17–19in)
**체중** 11–16kg (24–35lb)
**수명** 12–14년

옅은 황갈색
청색

키가 큰 테리어인 저먼 피셔는 스탠더드 핀셔라고도 하는데 만능 농장견으로 만들어졌다. 보호를 잘하는 경비견이지만 제대로 훈련시키지 않으면 보호 성향이 지나쳐서 너무 오랫동안 짖거나 다른 개를 공격적으로 대할 수도 있다. 제대로 훈련되면 유순하고 반응이 빠르다.

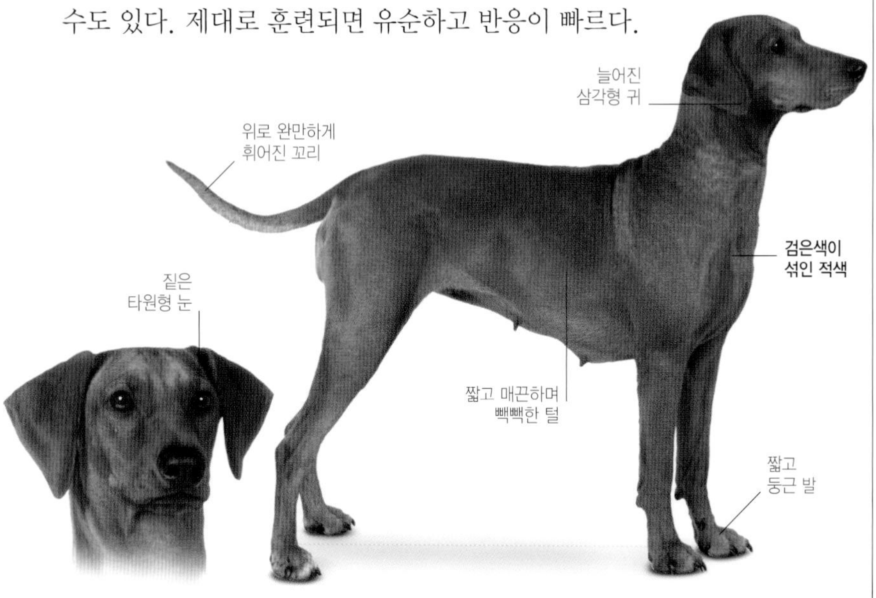


# 오스트리안 핀셔(Austrian Pinscher)

**체고** 42–50cm (17–20in)
**체중** 12–18kg (26–40lb)
**수명** 12–14년

적갈색이 도는 금색 또는 갈색을 띠는 황색
검은색에 황갈색

오스트리아에서 만능 경비견이자 가축몰이용 농장견으로 만들어졌으며 좋은 주인에게 충성심과 헌신으로 보답한다. 조금만 수상해도 짖는 성향이 있어 외딴 장소에서 감시견으로 적합하지만, 보호 본능이 강하고 용감해서 공격성이 나타날 수 있다.

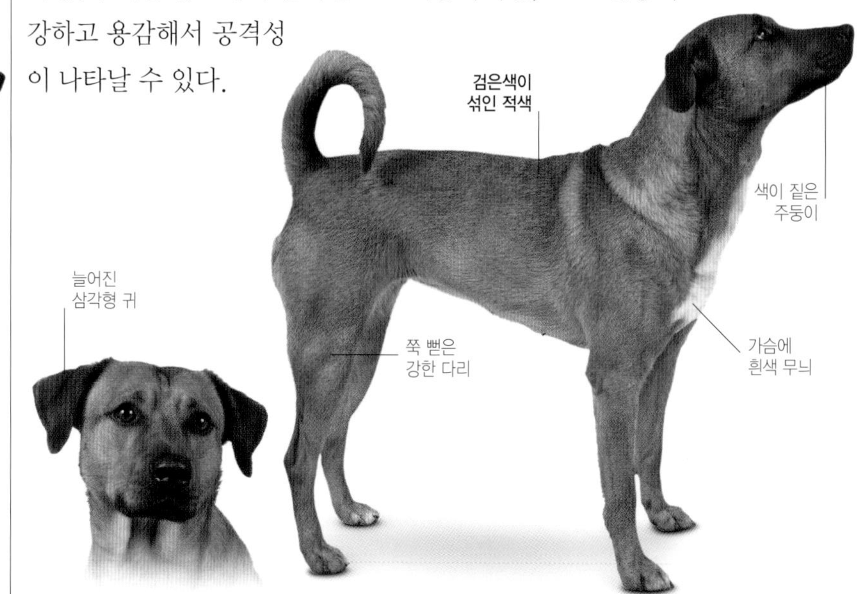


# 아펜핀셔(Affenpinscher)

**체고** 24–28cm (9–11in)
**체중** 3–4kg (7–9lb)
**수명** 10–12년

아펜핀셔는 검은 악마라고도 하는데, 유럽의 토이 타입 품종 중 가장 오래된 품종 중 하나다. 테리어의 본능을 간직하고 있어 덩치는 작지만 용감한 감시견이자 쥐잡이 개다. 밝은 성격에 가끔 고집스러울 때가 있고, 훈련시킬 때 학습이 빠른 편이지만 상하관계를 명확하게 인식시켜야 한다. 놀이를 매우 좋아하고 강아지를 부드럽게 다루는 아이들과 잘 지낸다.

# 미니어처 슈나우저(Miniature Schnauzer)

| 체고 | 체중 | 수명 | |
|---|---|---|---|
| 33–36cm (13–14in) | 6–7kg (13–15lb) | 14년 | 흰색<br>검은색<br>검은색에 은색 |

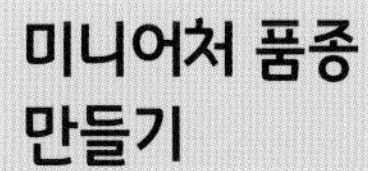

## 미니어처 품종 만들기

미니어처 슈나우저(사진 좌측)는 좀 더 다부진 스탠더드 슈나우저(사진 우측)를 원했던 농부들이 유해 동물을 사냥하고 사유지와 가축을 지키는 용도로 19세기에 만들어 냈다. 브리더는 작은 스탠더드 슈나우저를 사용하여 슈나우저 특유의 외모와 성격을 유지시켰다. 브리더는 이 개를 아펜핀셔(p.218)와 푸들(p.276), 그리고 어쩌면 미니어처 핀셔(p.217)와도 교배시켜 다부지면서 강한 뼈대를 가진 품종을 만들었다.

**발랄하고 붙임성 있고 놀이를 좋아하는 미니어처 슈나우저는 훈련을 잘 받아들이는 믿음직스러운 가족 애완견이다.**

미니어처 슈나우저는 자이언트 슈나우저와 마찬가지로 독일에서 스탠더드 슈나우저(p.45)에서 만들어졌다. 셋 중 가장 최근에 만들어졌지만 가장 인기 있는 품종이기도 하다. 품종명은 1879년 독쇼에 출전했던 슈나우저라는 개에서 유래했다. 모든 슈나우저는 털이 긴 주둥이가 특징으로 슈나우저(schnauze)는 독일어로 주둥이를 의미한다.

최초의 미니어처 슈나우저는 1899년에 선보였지만 1933년까지 스탠더드 슈나우저와 구분된 품종으로 보지 않았다. 제2차 세계대전이 끝난 후 이 품종은 국제적으로, 특히 미국에서 인기를 끌었다.

미니어처 슈나우저는 원래 농부가 쥐잡이용으로 길렀지만 현재는 주로 애완견이나 쇼독으로 키우고 있다. 발랄하고 가족을 잘 보호하며 경비견으로도 좋다. 미니어처 슈나우저는 활발하고 강인하며 영리해서 학습이 빠르지만, 자기 의지가 강한 편이므로 인내심을 가지고 철저하게 훈련시켜야 한다. 도시와 전원생활에 모두 만족하지만, 매일 활기차게 산책시키고 가끔 목줄이 없이 뛰어놀게 해 주어야 건강하고 행복하게 자랄 수 있다.

**멀티태스킹**

저먼 포인터는 멀티태스킹에 능해서 여러 가지 역할을 하는 사냥견 중 하나다. 사진은 사냥꾼에게 사냥감의 위치를 알려 주는 '포인팅'을 하는 모습이다.

# 사냥견

**총이 발명되기 전까지 사냥꾼은 개의 도움을 받아 사냥감의 위치를 알고 추격했다. 그런데 사냥에 총을 사용하게 되면서 다른 용도로 사냥견이 필요해졌다. 사냥견은 특별한 역할을 수행하고 사냥꾼과 더 긴밀히 작업하기 위해 만들어진 품종이다. 작업의 성격에 따라 종류가 세분화된다.**

사냥견 그룹에 속한 품종은 모두 냄새로 사냥을 하는데, 크게 세 종류로 나누어진다. 포인터와 세터는 사냥감의 위치를 찾아내고, 스패니얼은 숨어 있는 사냥감을 몰아내며, 리트리버는 떨어진 사냥감을 사냥꾼에게 물어 온다. 세 가지 기능을 모두 겸한 품종을 HPR 품종이라고 하는데, 바이마라너(p.248), 저먼 포인터(p.245), 헝가리언 비즐라(p.246)가 여기에 속한다.

포인터는 17세기 이후부터 사냥견으로 사용되었다. 이들은 코와 몸, 꼬리가 정렬한 채로 멈추는 '포인팅' 자세로 사냥감의 위치를 나타내는 특별한 능력을 지니고 있다. 포인터는 사냥꾼이 사냥감을 직접 몰아내거나 개에게 몰아내도록 명령하기 전까지 그 자세 그대로 기다린다. 포인터(p.254)는 이런 타입을 대표하는 고전적인 품종으로 과거 사냥 장면을 그린 초상화에서 종자들과 사냥감 주머니 옆에 서 있는 모습으로 자주 등장한다.

세터 또한 멈춘 자세로 사냥감이 있는 방향을 주목한다. 주로 메추라기, 꿩, 뇌조 사냥에 사용된 이 품종은 냄새를 감지하면 웅크리고 멈춘 자세를 취한다. 원래 세터는 사냥꾼이 사냥감을 그물로 잡는 동안 날아서 도망가지 않게 잡아 두는 역할을 하도록 훈련되었다.

스패니얼은 사냥 대상인 새가 날아가는 방향이 사격선상에 위치하도록 몰아낸다. 개는 새의 추락지점을 지켜보다가 사냥꾼이 명령하면 물어 온다. 이 그룹에서는 체구가 작고 비단결 같은 털에 귀가 긴 잉글리시 스프링거 스패니얼(p.224), 잉글리시 코커 스패니얼(p.222) 등이 지상에서 사냥감을 찾고, 바베트나 베터하운 등 다소 생소한 품종은 물새를 몰아내는 데 특화되어 있다.

리트리버는 물새를 물어 오는 용도로 특별히 만들어졌다. 스패니얼 그룹에 속한 품종들과 마찬가지로 방수성 털을 가지고 있다. 리트리버는 부드러운 입으로 사냥감을 손상시키지 않고 운반하는 법을 빠르게 습득한다.

# 아메리칸 코커 스패니얼(American Cocker Spaniel)

**체고** 34–39cm (13–15in)
**체중** 7–14kg (15–31lb)
**수명** 12–15년

모든 색상 가능

아메리칸 코커 스패니얼은 다정하고 활발해서 애완견, 사역견, 사냥견에 모두 잘 어울린다. 스피드와 지구력이 있어 충분한 운동이 필요하다. 또한 낯을 가리는 성향이 있어 어릴 때부터 지속적으로 사회화시켜야 한다.

# 잉글리시 코커 스패니얼(English Cocker Spaniel)

**체고** 38–41cm (15–16in)
**체중** 13–15kg (29–33lb)
**수명** 12–15년

모든 색상 가능
단색 털은 흰색 무늬가 없어야 함

잉글리시 코커 스패니얼은 원래 코킹 스패니얼로 알려졌는데, 멧도요나 뇌조를 몰아내는 데 사용했던 가장 인기 있는 스패니얼 품종이다. 잉글리시 스프링거 스패니얼(p.224)보다 작으며 빽빽한 덤불에서 작업하도록 만들어졌다. 쇼독은 사역견보다 강인하고 체구가 크지만 두 가지 모두 애완용으로 훌륭하다.

## 저먼 스패니얼(German Spaniel)

**체고** 44–54cm (17–21in)
**체중** 18–25kg (40–55lb)
**수명** 12–14년

**적색**
**갈색**
**적색 혼재**

저먼 스패니얼은 물을 매우 좋아하는 훌륭한 리트리버다. 지구력이 넘치고 사냥할 때 가장 활기를 띠므로 오랜 시간 산책시켜야 만족해한다. 이 품종은 실외에서 생활하지만 실내에서 가족과 함께 더 잘 지내며 좋은 사냥견이자 애완견이다.

## 보이킨 스패니얼(Boykin Spaniel)

**체고** 36–46cm (14–18in)
**체중** 11–18kg (24–40lb)
**수명** 14–16년

**적갈색**
가슴과 발가락에 흰색 털 가능

보이킨 스패니얼은 사우스캐롤라이나주를 상징하는 품종으로 헌신적인 반려견이며 다른 개나 아이들과 잘 지낸다. 성격이 느긋하고 작업의욕이 강해서 사냥견이나 활동적인 가족의 애완견으로 적합하다. 보이킨 스패니얼의 곱슬한 털은 정기적으로 손질해 주어야 한다.

## 필드 스패니얼(Field Spaniel)

**체고** 44–46cm (17–18in)
**체중** 18–25kg (40–55lb)
**수명** 10–12년

**검은색**
**혼재된 색**
황갈색 무늬 가능

필드 스패니얼은 서식스 스패니얼(p.226)과 잉글리시 코커 스패니얼(p.222)을 교배해서 처음 탄생했는데, 물과 빽빽한 덤불에서 사냥감을 물어 오는 용도로 쓰였다. 온순하지만 에너지 넘치는 중형 사냥견으로, 몰두할 거리를 던져 주어야 한다. 전원생활을 하는 활동적인 가족에게 완벽한 사냥 동반자다.

# 잉글리시 스프링거 스패니얼(English Springer Spaniel)

| 체고 | 체중 | 수명 | 검은색과 흰색 |
|---|---|---|---|
| 46-56cm (18-22in) | 18-23kg (40-51lb) | 12-14년 | 황갈색 무늬 가능 |

## 사회성 좋은 반려견인 잉글리시 스프링거 스패니얼은 열의가 넘치고 애정으로 충만한 훌륭한 사역견이다.

대표적인 사냥견으로 원래 사냥감을 공중으로 날아오르게 하는 데 쓰였다. 사냥견으로 쓰인 스패니얼은 과거 크기에 따라 분류되었다. 큰 타입(스프링거, p.224-226)은 사냥용 새를 몰아내는 데 쓰였고, 작은 타입(코커, p.222)은 멧도요 사냥에 쓰였다. 이후 노퍽 스패니얼이라는 타입까지 발전했지만 20세기 초에 들어서기 전까지 잉글리시 스프링거 스패니얼은 공식 품종으로 인정되지 않았다.

잉글리시 스프링거 스패니얼은 거친 지형이나 궂은 날씨에 구애받지 않고 사냥터에서 사냥꾼과 하루 종일 작업하며 상황에 따라 얼음장 같은 물에도 뛰어든다. 사냥꾼들 사이에서 인기가 높지만 붙임성 좋고 순종적인 성격이라 가정견으로도 훌륭하다. 동료들과 어울리기를 좋아해서 아이들과 다른 개, 함께 키우는 고양이와도 잘 지내지만 장시간 혼자 내버려 두면 과도하게 짖을 수 있다. 사역견으로 쓰지 않는다면 오랜 산책으로 에너지를 발산해야 하는데, 특히 물속으로 뛰어들거나 진흙탕에 구르거나 던진 장난감을 가져오기를 좋아한다. 이 품종은 성격이 밝고 학습을 잘 받아들여 차분하게 권위를 보일 때 잘 반응한다. 매우 예민하므로 거칠거나 언성이 높은 명령은 역효과가 날 가능성이 크다. 잉글리시 스프링거 스패니얼은 실외 생활을 좋아하는데, 두꺼운 털이 꼬이고 더러워지는 것을 방지하기 위해 매주 털 손질이 필요하고, 특히 귀와 다리의 장식 털은 주기적으로 잘라 주어야 한다.

잉글리시 스프링거 스패니얼은 사역견과 쇼독 두 가지 타입으로 나뉜다. 사냥터에서 일하는 사역견은 꼬리를 짧게 자르고 크기나 체구도 쇼독보다 조금 작다. 두 타입 모두 반려견으로 좋다.

강아지

장식 털이 달린 꼬리는 등보다 아래에 위치

다리에 적갈색 반점

### 마약 탐지견

잉글리시 스프링거 스패니얼은 전통적으로 사냥용으로 길렀지만 현재 마약, 폭발물, 돈, 심지어 사람도 찾아내는 탐지견(사진)으로도 자주 볼 수 있다. 후각이 매우 뛰어나 미약한 폭발물의 흔적이나 땀에 스며든 마약 냄새도 탐지할 수 있다. 잉글리시 스프링거 스패니얼은 넓은 지역을 빠르게 탐색하는 스피드와 에너지를 가졌을 뿐만 아니라 차량 내부처럼 좁은 공간에서 작업할 정도로 다부지고 민첩하다.

두드러진 스톱
눈과 같은 높이에
달린 펜던트 모양 귀
두껍고 웨이브 진
방수성 털
적갈색에
흰색
장식 털이
풍부한 가슴
따뜻함이 느껴지는
아몬드 모양의
짙은 녹갈색 눈
몸 전체에 적당한 장식 털
둥글고
탄탄한 발

# 웰시 스프링거 스패니얼(Welsh Springer Spaniel)

**체고** 46–48cm (18–19in)
**체중** 16–23kg (35–51lb)
**수명** 12–15년

웨일스의 중형 사냥견으로 잉글리시 스프링거 스패니얼(p.224)과 잉글리시 코커 스패니얼(p.222)의 사촌뻘이다. 쾌활한 성격을 지녀 좋은 가정견이자 사냥 동반자다. 돌아다니려는 성향이 있어 어린 시절부터 꾸준하게 훈련시켜야 한다.

# 서식스 스패니얼(Sussex Spaniel)

**체고** 38–41cm (15–16in)
**체중** 18–23kg (40–51lb)
**수명** 12–15년

서식스 스패니얼은 영국 서식스 지역의 사냥견으로 활동성을 타고났지만 운동을 충분히 시켜 주면 작은 집에도 잘 적응할 것이다. 사냥 중에 짖는 편인데 이는 모든 사냥견이 피해야 할 행동이다. 흔들거리는 걸음걸이도 이 품종의 또 다른 특징이다.

# 클럼버 스패니얼(Clumber Spaniel)

| 체고 | 체중 | 수명 |
|---|---|---|
| 43-51cm (17-20in) | 25-34kg (55-75lb) | 10-12년 |

## 본업으로 돌아오다

클럼버 스패니얼(그림은 19세기 말 판화)은 사냥견으로는 거의 사라졌지만, 1980년대 이후 영국의 사냥 마니아들이 이 품종을 재발견했다. 클럼버 스패니얼은 다른 스패니얼보다 느리고 성숙이나 훈련에 시간이 걸리지만 어떤 상황에서도 조용하고 우직하게 일한다. 애쓰지 않고도 가시 많은 두꺼운 덤불 속으로 들어가고 물을 만나도 잘 대처하며 아주 미묘한 냄새도 탐지할 수 있다.

**덩치가 크고 성격이 좋으며 느긋한 클럼버 스패니얼은 가족과 잘 어울리고, 특히 널찍한 전원주택을 좋아한다.**

클럼버 스패니얼은 영국 미들랜드 노팅엄셔에 위치한 뉴캐슬 공작의 영지 클럼버 파크에서 유래한 이름이다. 이 품종의 조상으로는 오래된 브리티시 블렌하임 스패니얼, 지금은 멸종된 알파인 스패니얼, 바셋 하운드(pp.146-147) 등이 거론된다. 18세기 말 뉴캐슬의 2대 공작과 그의 사냥터 관리인이 오늘날 클럼버 스패니얼로 보이는 품종을 처음 만들었다.

클럼버 스패니얼은 19세기와 20세기 초에 영국 왕실에서 선호했다. 앨버트 공(빅토리아 여왕의 배우자)을 시작으로 에드워드 7세, 조지 5세도 노퍽에 위치한 샌드링엄 하우스에서 클럼버 스패니얼을 길렀다. 그런데 이 품종은 숫자가 줄어들어 현재도 드물며 영국 켄넬 클럽의 취약고유종으로 등재되어 있다.

근육질에 몸체가 낮아 스패니얼 중 가장 튼튼한 체격을 가지고 있다. 차분하고 침착한 성격으로 애완견과 쇼독으로 좋으며 다시 사냥견으로도 쓰이고 있다. 클럼버 스패니얼은 유순하고 품행이 좋아 훈련이 쉬운 편이지만, 열에 민감해서 따뜻한 날씨로부터 보호해 주어야 한다.

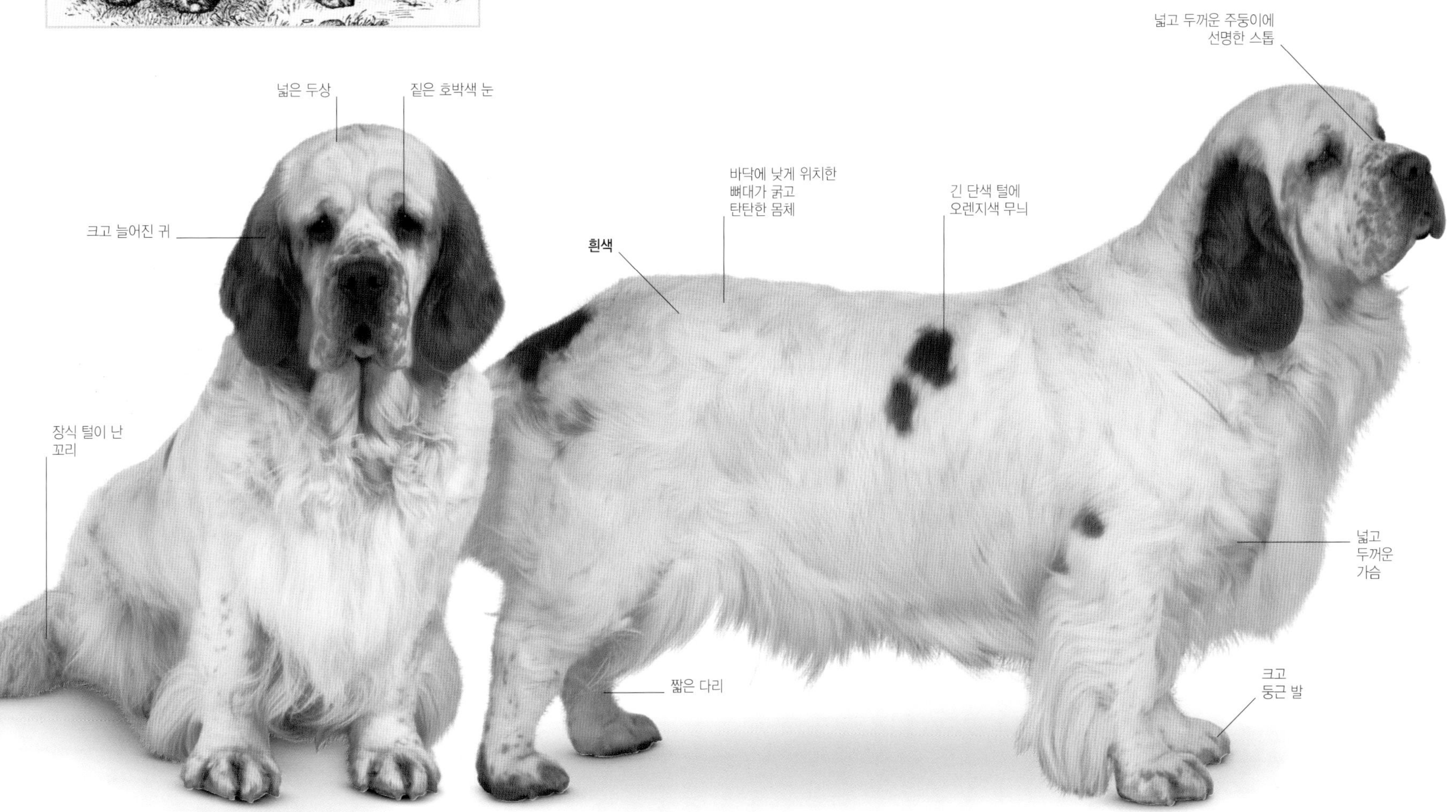

## 아이리시 워터 스패니얼(Irish Water Spaniel)

**체고** 51-58cm (20-23in)
**체중** 20-30kg (44-66lb)
**수명** 10-12년

아이리시 워터 스패니얼은 쉽게 지치지 않아 도보 여행자에게 잘 어울리는 동반자다. 방수성인 적갈색 털과 얼음장 같은 물에도 뛰어드는 열의를 가져 보그독이라는 별명이 붙었다. 유순하고 충직하지만 성숙이 느리고 고집을 피울 수 있어 어릴 때 철저하게 훈련시켜야 한다.

## 포르투기즈 워터 독(Portuguese Water Dog)

**체고** 43-57cm (17-22in)
**체중** 16-25kg (35-55lb)
**수명** 10-14년

- 흰색
- 갈색
- 검은색에 흰색
- 갈색에 흰색

검은색에 갈색 개체는 흰색 무늬 가능

포르투기즈 워터 독은 사냥견으로 분류되었지만 사냥꾼의 사냥감과 어부의 그물을 회수하는 데 사용되었다. 활발하고 칭찬받기를 좋아하고 적응 능력이 뛰어나지만 몰두할 거리를 던져 주지 않으면 주변 물건을 부술 수 있다. 털이 길고 웨이브 진 타입과 짧고 곱슬한 타입 두 가지가 있다.

## 아메리칸 워터 스패니얼(American Water Spaniel)

**체고** 38-45cm (15-18in)
**체중** 12-21kg (26-46lb)
**수명** 10-12년

**초콜릿색**
가슴과 발가락에 약간의 흰 털 가능

아메리칸 워터 스패니얼은 그레이트레이크 지역에서 만능 사냥견과 워터 독으로 처음 만들어졌다. 적당한 크기와 날씬한 몸매로 물가뿐만 아니라 배에서도 작업할 수 있다. 이 품종은 지금도 물새를 몰아내는 데 쓰이지만 활동적인 가족의 느긋한 반려견이기도 하다.

빽빽하고 곱슬한 털은 아이리시 워터 스패니얼(p.228), 컬리 코티드 리트리버(p.262) 등의 조상에게 물려받았다. 일부 개체는 마르셀 코트라고 하며 털이 덜 곱슬거린다.

성견과 강아지

## 프렌치 워터 독(French Water Dog)

**체고** 53-65cm (21-26in)
**체중** 16-27kg (35-60lb)
**수명** 12-14년

**다양한 색상**

프렌치 워터 독의 조상은 중세시대까지 거슬러 올라가는 유럽에서 가장 오래된 워터 독 중 하나로, 이 품종에서 다른 수많은 품종이 탄생했다. 아이들과 다른 개를 잘 받아들이고 붙임성 있지만, 작업할 때 몸을 완벽하게 보호하는 털을 관리하기 힘들어서 애완견으로 인기가 예전만 못하다.

## 스탠더드 푸들(Standard Poodle)

**체고** 38cm 이상 (15in)
**체중** 21-32kg (46-71lb)
**수명** 10-13년

**모든 단색 가능**

프랑스 품종이라 주장하지만 독일 원산으로 알려진 스탠더드 푸들은 원래 워터 독으로 만들어졌고, 푸들의 시초에 가까운 스탠더드 사이즈가 남아 있다. 튼튼하고 영리하며 성격이 좋아 교잡육종용으로 인기가 좋다. 간단하게 전신미용을 시킬 때 가장 관리가 편하다.

## 코디드 푸들(Corded Poodle)

**체고** 24-60cm (9-24in)
**체중** 21-32kg (46-71lb)
**수명** 10-13년

모든 색상 가능

다른 푸들과 마찬가지로 코디드 푸들도 잘 알려진 스탠더드 푸들(p.229)과는 다른 혈통으로 수년 동안 브리딩되었지만, 아직 개별 품종으로 인정받지 못했다. 코디드 푸들과 같이 꼬이는 털은 가축을 모는 품종에서 더 흔한데, 이는 거친 기후와 천적으로부터 몸을 보호해 준다. 털은 약간의 외력으로도 꼬이며 관리가 꽤 쉬운 편이다.

## 프리지안 워터 독(Frisian Water Dog)

**체고** 55-59cm (22-23in)
**체중** 15-20kg (33-44lb)
**수명** 12-13년

짙은 갈색

더치 스패니얼 또는 베터하운이라고도 하는데, 원래 어부가 수달을 잡는 데 사용되었다. 현재도 사냥감을 몰아내거나 물어 오는 데 사용되지만 경비견과 농장견으로도 활약 중이다. 독립적이고 살짝 경계심이 있는 성격으로 도시 생활에 맞지 않고, 전원주택에서 생활할 때 더 믿음직스럽고 강인한 품종이다.

# 라고토 로마뇰로(Lagotto Romagnolo)

| 체고 | 체중 | 수명 | |
|---|---|---|---|
| 41-48cm (16-19in) | 11-16kg (24-35lb) | 12-14년 | 오렌지색<br>혼재된 색<br>오렌지색과 혼재된 색 털은 갈색 마스크 무늬 가능 |

**라고토 로마뇰로는 다정해서 좋은 애완견이지만 활기가 넘치는 편이어서 전원생활에 가장 잘 맞는다.**

라고토 로마뇰로는 원산지인 이탈리아에서 최소 중세 시대부터 알려졌고, 다른 모든 워터 독 품종의 조상으로 추정된다. 원래 이탈리아 북부 로마냐 지역 습지대에서 리트리버로 활동했는데, 품종명은 이탈리아어로 '로마냐 지역의 호수 개(워터 독)'라는 뜻이다. 19세기 말부터 습지가 마르고 물새 숫자가 줄어들자, 송로버섯(트러플)을 찾는 새로운 역할을 맡게 되었다.

20세기 중반에 들어 라고토 로마뇰로는 트러플 하운드로 특화되었다. 하지만 다른 품종과 너무 많이 교배하면서 1970년대에 극소수만 순종으로 남게 되었다. 일부 헌신적인 사람들의 노력으로 이 품종이 되살아났고, 1995년에 국제애견협회에서 공인을 받았다.

오늘날 라고토 로마뇰로는 사역견만큼이나 반려견으로도 많이 길러진다. 훌륭한 경비견이자 다정한 가족 애완견이기도 하다. 성격이 좋아 훈련이 쉬운 편이고, 충분히 걷고 수영하며 땅을 파는 등 무언가에 몰두하는 것을 좋아한다. 특유의 곱슬한 털은 매주 브러시질을 하고 연 1회 밀어 주어야 한다.

## 오리에서 송로버섯까지

수백 년 동안 로마냐 지방의 소작농들은 라고토 로마뇰로를 납작한 배에 태워 물새 사냥에 사용했는데, 일부는 지금도 이 일을 하고 있다. 이 품종은 최고의 워터 독으로 발가락 사이에 물갈퀴가 있어 수영을 매우 잘하고 곱슬한 이중모로 차가운 물속에서 몇 시간이고 일할 수 있다. 수영과 리트리빙 본능은 지금도 간직하고 있다. 또한 후각이 뛰어나고 파헤치는 욕구가 강해서 송로버섯을 찾는 훈련을 시키기 적합하다(사진).

# 스패니시 워터 독(Spanish Water Dog)

| 체고 | 체중 | 수명 | | |
|---|---|---|---|---|
| 40–50cm (16–20in) | 14–22kg (31–49lb) | 10–14년 | 흰색, 갈색 | 검은색 |

**스패니시 워터 독은 적응력이 좋은 사역견으로 직관적인 태도를 가져 고집스러울 수 있지만 잘 훈련시키면 훌륭한 반려견이 될 수 있다.**

독특한 품종인 스패니시 워터 독은 원산지에서 다양한 역할과 이름을 지녔는데, 현재 페로 데 아과 에스파뇰로 불리고 있다. 기록에 따르면 복슬복슬한 털을 가진 개가 1100년부터 스페인에 존재했다고 한다. 이 품종의 기원은 알려지지 않았지만 북아프리카나 터키에서 온 교역상들이 안달루시아 지방으로 들여온 것으로 추정된다. 스페인에는 세 가지 타입이 있었는데, 지방별로 북부 스페인에서는 체구가 작은 타입, 서부 안달루시아 습지대에서는 길고 밧줄처럼 꼬인 털을 가진 타입, 남부 안달루시아 산악지방에서는 체구가 큰 타입이 각각 발달했다.

18세기에 스패니시 워터 독은 신선한 목초지를 찾아서 매년 스페인 남부와 북부를 대규모로 이동하는 양을 모는 데 사용되었다. 특히 물에서 하는 사냥에도 사용되었으며, 스페인 항구에서 낚시꾼의 배에 함께 타거나 입항하는 배의 밧줄을 당겨 물가로 끌어오는 역할을 하기도 했다.

현대의 스패니시 워터 독은 표준 크기와 털 타입으로 통일되었다. 1980년까지 남부 스페인 밖으로 거의 알려지지 않았고, 품종 홍보에 노력하고 있지만 현재도 희귀한 편이다.

탐지견으로 탐색과 구조 업무에 투입될 뿐만 아니라 현재도 사역견으로 사용되고 있다. 스패니시 워터 독은 일반적으로 분별력 있는 반려견이지만 아이들과 함께 있을 때 조바심을 낼 수 있다. 털은 절대 브러시질을 하면 안 되고, 필요할 경우 목욕을 시키며 1년에 한 번 짧게 깎는다.

비절에 겨우 닿는 꼬리

강아지

## 공인 품종이 되기까지

스패니시 워터 독은 1980년에 안토니오 페레즈가 말라가의 독쇼에서 이 품종을 자세히 알게 되면서 최근 역사가 시작되었다. 페레즈는 당시 독쇼 기획자였던 산티아고 몬테시노스와 다비드 살라망카에게 당시 안달루시안으로 출품된 이 품종을 왜 단일 품종으로 보지 않는지 물어보았다. 그들도 이 품종을 잘 알고 있었던 만큼 공인을 위해 페레즈를 돕기로 했나. 1983년에서 견종표준이 세워지고 1985년에는 스패시니 워터 독 약 40마리가 등록되었다. 마침내 국제애견협회는 1999년에 스패니시 워터 독을 단일 품종으로 공식 인정했다.

꼬리 쪽으로 부드럽게
기울어지는 등
털을 밀지 않으면
밧줄처럼 꼬이는
복슬복슬한 털
갈색에 흰색
꼬인 털색과
동일한 갈색 코
가슴에
밝은 색 무늬
몸길이보다
살짝 짧은 다리
털로 덮인
둥근 발

# 브리타니(Brittany)

| 체고 | 체중 | 수명 | |
|---|---|---|---|
| 47–51cm (19–20in) | 14–18kg (31–40lb) | 12–14년 |  적갈색에 흰색 / 검은색에 흰색  검은색에 황갈색과 흰색 / 털색이 혼재되어 경계가 뚜렷하지 않을 수 있음 |

## 영국의 핏줄

브리타니 품종은 아래의 1907년 프랑스 인쇄물에서도 나타나듯 웰시 스프링거 스패니얼(p.226)과 놀라울 정도로 닮아 두 품종이 섞였을 가능성이 있다. 브리타니는 19세기 중반부터 영국 사냥꾼들이 들여온 다른 스패니얼이나 잉글리시 세터(p.241)와 교배되었다. 영국 사냥꾼들은 검역법이 시행되자 사냥철이 끝나고 개들을 프랑스에 버리고 돌아갔는데, 그중 일부가 프랑스 개들과 교배되었다.

**적응력이 좋고 믿음직스러운 브리타니는 아이들과 잘 어울리는데, 활동적이고 전원생활을 하는 주인에게 적합한 반려견이다.**

과거에는 브리타니 스패니얼이라고 불렸고, 원산지인 프랑스에서는 에파누엘 브리통이라고도 하는데, 현재 간단히 브리타니라는 명칭으로 부른다. 사냥 스타일은 스패니얼(사냥감을 몰아내는 데 사용)보다 포인터나 세터(사냥감의 위치 확인에 초점)에 가깝다. 빠르고 민첩해서 새나 토끼 등 다른 동물을 사냥하는 데 쓰이고, 리트리빙도 가능하지만 사냥 대상 새의 위치를 찾아내는 데 가장 능하다.

사냥견 중에서도 역사가 깊은 브리타니는 프랑스 북서부 지역에서 품종명이 유래했다. 최초의 브리타니 타입은 17세기까지 거슬러 올라가 그림이나 태피스트리에서 발견할 수 있다. 프랑스 귀족층 사이에서 인기를 끌었고 복종심에 포인팅, 리트리빙 기술을 겸비해서 밀렵꾼 사이에서도 유용하게 사용되었다. 이 품종은 1907년 프랑스에서 공인되었다.

오늘날 브리타니는 스포츠견이자 성격 좋고 유순한 가족 반려견으로 인기가 있다. 에너지가 넘치는 품종으로 충분히 운동시키고 두뇌 자극을 줄 수 있는 전원주택에 더 어울린다. 일부 브리타니는 꼬리가 없거나 짧은 상태로 태어난다.

## 라지 문스터란더(Large Munsterlander)

**체고** 58–65cm (23–26in)
**체중** 29–31kg (65–68lb)
**수명** 12–13년

독일어로 그로세 문스터란더라고 하며 스몰 문스터란더(하단)보다 저먼 포인터(p.244)와 혈통이 더 가깝다. 성숙이 느리지만 차분하고 훈련이 쉬우며 다재다능한 사냥견이다. 사람들과 친밀하게 지내는 것을 좋아하고 특히 아이들과 잘 지낸다.

## 스몰 문스터란더(Small Munsterlander)

**체고** 52–54cm (20–21in)
**체중** 18–27kg (40–60lb)
**수명** 13–14년

이 품종의 다른 독일어 이름은 '야생 메추라기 개'를 뜻하는 하이데바흐텔로 원래 새를 모는 개였음을 암시한다. 발랄하고 다정한 반려견이지만 매년 태어나는 몇 안 되는 개체를 사냥꾼들이 확보해 간다. 이름과는 달리 라지 문스터란더(상단)와 직접적인 관련이 없다.

# 퐁-오드메르 스패니얼(Pont-Audemer Spaniel)

| 체고 | 체중 | 수명 | |
|---|---|---|---|
| 51-58cm (20-23in) | 18-24kg (40-53lb) | 12-14년 | 갈색 |

**퐁-오드메르 스패니얼은 매력적인 품종으로 가정에서 유순하고 느긋하지만 트인 공간을 매우 좋아해서 도시 생활에 어울리지 않는다.**

프랑스의 포인터이자 리트리버인 퐁-오드메르 스패니얼은 희귀한 품종으로 물과 늪지대에서 사냥에 매우 능하다. 19세기에 프랑스 북서부 노르망디의 늪지대가 많은 퐁-오드메르 지역에서 유래한 것으로 추정된다. 당시 일부 품종이, 영국 사냥꾼들이 데려왔다가 사냥철이 끝나고 프랑스에 남기고 간 영국 품종들과 교배된 것으로 보고 있다. 초기에 아이리시 워터 스패니얼(p.228)과 섞였다고 보는 사람도 많다.

20세기에는 개체 수가 너무 줄어들어 이 품종을 살리기 위해 온갖 노력을 기울였다. 그 결과 적은 숫자가 살아남았고 현재도 주로 사냥에 사용되고 있다. 퐁-오드메르 스패니얼은 전통적으로 작은 물새를 몰아내는 데 사용되었다. 하지만 포인팅과 리트리빙이 가능한 만능 사냥견으로 훈련되기도 했다. 물에서 작업하는 능력을 물려받았지만 숲지대와 빽빽한 덤불에서도 토끼와 꿩을 사냥할 수 있다.

퐁-오드메르 스패니얼은 순수 애완용으로는 잘 기르지 않지만 귀여운 매력을 가진 가정견이다. '늪지대의 작은 광대'라는 별명이 붙을 만큼 활달하고 즐거운 성격을 지녀 자유롭게 뛰어다닐 수 있는 전원주택에 적합하다. 곱슬하고 헝클어진 듯한 털은 관리가 특별히 어렵지 않지만 주 1-2회 정도 빗질을 해 주어야 한다.

## 위기에 처한 품종

퐁-오드메르 스패니얼(그림은 1907년 프랑스 인쇄물)은 원산지인 프랑스에서도 사람들 사이에 잘 알려지지 않고 19세기 말에 접어들면서 숫자가 줄어들었다. 브리더들은 품종을 되살리기 위해 힘을 썼지만 1940년대에는 거의 멸종에 이르렀다. 1949년 근친교배의 위험을 해결하기 위해 아이리시 워터 스패니얼과 교배했지만 현재도 그 수가 매우 적다. 1980년대에 퐁-오드메르 스패니얼 브리딩 협회는 피카르디 스패니얼(p.239)과 블루 피카르디 스패니얼(p.239) 협회에 통합되어 세 품종 모두 멸종되지 않도록 공동의 노력을 쏟고 있다.

살짝 휘어진 꼬리
끄트머리에 밝은 색 털

둥근 두개골에
곱슬한 관모
길고 비단결 같은
털로 덮인 늘어진 귀
갈색에
회색 얼룩무늬
길고 약간
뾰족한 주둥이
갈색 반점
상완까지 닿는
두껍고 넓은 가슴
작고 짙은
호박색 눈
곱슬하고 헝클어진
모습의 털
발가락 사이에 길고
곱슬한 털이 난
둥근 발

# 쿠이커혼제(Kooikerhondje)

| 체고 | 체중 | 수명 |
| --- | --- | --- |
| 35–40cm (14–16in) | 9–11kg (20–24lb) | 12–13년 |

## 암살을 저지하다

17세기에 네덜란드의 대가들은 얀 스틴의 작품 〈듣는 대로 노래 부르기 마련〉처럼 가족들 사이에 있는 쿠이커혼제와 유사한 개를 그림으로 묘사했다. 사람들은 쿠이커혼제를 충성스럽고 다정한 반려견으로 인식했는데, 쿤체라는 개는 오렌지 공 윌리엄 2세의 목숨을 구하기도 했다. 스페인-네덜란드 전쟁 중이던 어느 날 밤 쿤체는 윌리엄을 깨워서 침입자가 있음을 알려 암살 위기에서 구한 것이다. 이에 감복한 윌리엄은 그날 이후 쿠이커혼제를 늘 곁에 두었다.

**발랄하고 에너지 넘치는 쿠이커혼제는 붙임성 좋은 애완견이지만 트인 공간을 좋아하므로 도시 생활에 적합하지 않다.**

네덜란드 품종인 쿠이커혼제는 더치 디코이 스패니얼 등 여러 이름을 거쳤는데, 이름에서 독특한 용도를 유추할 수 있다. 쿠이커혼제는 전통적으로 오리와 다른 물새를 사냥하는 데 사용되었다. 쿠이커혼제가 깃발 같은 꼬리를 살랑살랑 흔들면서 절대로 짖지 않고 물새의 시선을 끌어 물속에 설치한 터널 모양의 쿠이(kooi, 네덜란드어로 덫이라는 뜻)로 물새를 유인하면, 사냥꾼은 산 채로 새를 잡는다.

쿠이커혼제는 최소 16세기부터 존재했지만 1940년대에 들어 거의 멸종에 이르렀다. 이 품종을 되살린 것은 하르덴브록 반 암머스톨이라는 귀부인이었다. 오늘날 쿠이커혼제는 희귀하지만 유럽과 북미에서 인기가 점점 높아지고 있다. 이 품종은 물새를 유인하는 전통적인 작업을 계속하고 있지만 지금은 주로 환경보호주의자들이 새에 인식표를 붙였다가 풀어 주는 작업에 이용되고 있다. 쿠이커혼제는 탐색과 구조 작업용으로 훈련받기도 했다. 장난기가 넘치고 성격이 좋은 가정견이지만 어리거나 혈기왕성한 아이들과 지내기에 너무 예민할 수 있다. 주인에게 헌신적이지만 낯선 사람에게는 무관심할 수 있다.

## 프리지안 포인팅 독(Frisian Pointing Dog)

**체고** 50–53cm (20–21in)
**체중** 19–25kg (42–55lb)
**수명** 12–14년

오렌지색 바탕에 흰색 무늬

프리지안 포인팅 독은 농부가 만들어 낸 품종으로 스테비훈이라고도 하는데, 사냥꾼 곁에서 추적, 포인팅, 리트리빙을 한다. 활동적이며 차분한 성격을 가진 가족 반려견이며 아이들과 매우 잘 지낸다. 개체 수를 늘리기 위해 힘쓰고 있지만 원산지인 네덜란드 내에서도 희귀한 품종이다.

## 드렌츠 파트리지 독(Drentsche Partridge Dog)

**체고** 55–63cm (22–25in)
**체중** 20–25kg (44–55lb)
**수명** 12–13년

네덜란드 품종인 드렌츠 파트리지 독은 파트레이스혼트라고도 한다. 포인터와 리트리버의 중간 타입으로 스몰 문스터란더(p.235)와 프렌치 스패니얼(p.240)의 친척뻘인 전형적인 다재다능한 유럽 사냥견이다. 충분히 활동할 수 있다면 믿음직스럽고 느긋한 가족 반려견이 될 수 있다.

## 피카르디 스패니얼(Picardy Spaniel)

**체고** 55–60cm (22–24in)
**체중** 20–25kg (44–55lb)
**수명** 12–14년

피카르디 스패니얼은 가장 오래된 스패니얼 품종 중 하나로 현재도 프랑스의 숲지대와 습지대에서 물새를 몰아내는 데 사용된다. 수영을 매우 좋아하며, 얌전하고 믿음직스럽고 다정한 가정견으로 충분히 운동시켜 주면 도시 생활에도 적응한다.

## 블루 피카르디 스패니얼(Blue Picardy Spaniel)

**체고** 57–60cm (22–24in)
**체중** 20–21kg (44–46lb)
**수명** 11–13년

조용하고 느긋한 품종으로 주로 습지대에서 도요새를 포인팅하고 리트리빙하는 워터 독으로 사용되었다. 놀이를 좋아하는 반려견으로 아이들과 잘 지내지만, 붙임성이 좋아서 경비용으로 적합하지 않다.

# 프렌치 스패니얼(French Spaniel)

**체고** 55–61cm (22–24in)
**체중** 20–25kg (44–55lb)
**수명** 12–14년

프렌치 스패니얼은 원산지인 프랑스에서 모든 사냥용 스패니얼의 원조라고 주장하는 품종이다. 현재도 자국이나 해외에서 사냥용으로 쓰지만 충분히 운동시키고 애정을 주면 도시 생활도 잘 적응한다.

# 아이리시 레드 앤 화이트 세터 (Irish Red and White Setter)

**체고** 64–69cm (25–27in)
**체중** 25–34kg (55–75lb)
**수명** 12–13년

많은 사냥견에서 전형적으로 볼 수 있는 적색에 흰색 털을 지녔는데, 오늘날에는 반려용으로 더 많이 키우고 있다. 영리하고 조금은 충동적인 아이리시 레드 앤 화이트 세터는 친척뻘인 아이리시 세터(p.242)의 그늘에 오랫동안 가려져 있었지만 인기를 서서히 되찾고 있다. 발랄하고 에너지가 넘치지만 관심을 주고 엄격하게 지도하면 잘 지낸다.

넓고 동그란 두상
선명하고 산뜻한 털색
적색에 흰색
귀는 눈과 같은 높이에서 뒤쪽에 위치
얼굴에 붉은 반점
가슴이 두꺼운 강한 몸체
곱고 웨이브 진 털

# 고든 세터(Gordon Setter)

**체고** 62–66cm (24–26in)
**체중** 26–30kg (57–66lb)
**수명** 12–13년

원래 스코틀랜드에서 활용하던 사냥견으로 사냥용 새를 추적하다가 위치를 확인했는데, 사냥 방법이 변하자 삶의 터전이 거실 벽난로 옆으로 바뀌었다. 침착하고 충성스러운 성격을 지녔지만 매일 격렬하게 운동시키고 활동하기 충분한 넓은 공간이 필요하다.

두꺼운 두상에 살짝 둥근 두개골
훌쭉하고 긴 목
진한 검은색
윤기 나는 털
복부의 장식 털은 가슴과 목까지 이어질 수 있음
긴 근육질 허벅지를 덮은 장식 털
발과 다리 아래에 밤색빛이 나는 적색 무늬가 특징

# 잉글리시 세터(English Setter)

| 체고 | 체중 | 수명 | |
|---|---|---|---|
| 61–64cm<br>(24–25in) | 25–30kg<br>(55–66lb) | 12–13년 | 오렌지색 또는 레몬색 벨턴 반점<br>적갈색 벨턴 반점<br>적갈색 벨턴 반점 털은 황갈색 무늬 가능 |

## 에드워드 레버랙

19세기에 브리더인 에드워드 레버랙은 전통적인 잉글리시 세터를 새롭게 변모시켰다. 1825년에 개 두 마리에서 시작한 레버랙은 기존 품종보다 사냥용 새를 더 꼿꼿한 자세로 탐지하고, 더 크고 날씬한 체형에 장식 털이 풍성한 혈통을 만들어 냈다. 레버랙의 개는 1870년에 만들어진 견종표준의 기초가 되었다. 1890년에 발행된 카드(그림)에서 잉글리시 세터의 초기 형태를 볼 수 있다.

**외모와 성격 모두 전원주택에 완벽한 잉글리시 세터는 지치지 않는 체력으로 탁 트인 넓은 공간을 매우 좋아한다.**

세터 중 가장 오래된 잉글리시 세터는 최소 400년이 넘었는데, 품종명은 사냥감의 위치를 발견하면 멈춰 서서 사냥감 쪽으로 고개를 돌리는 자세에서 유래되었다. 잉글리시 세터의 조상에는 잉글리시 스프링거 스패니얼(pp. 224-225), 스패니시 포인터, 대형 워터 스패니얼이 포함된 것으로 알려졌다. 이들 사이에서 태어난 세터는 개방된 황무지에서 사냥감을 추적하고 발견하는 데 능하다.

오늘날 품종은 두 인물이 기틀을 잡았다. 에드워드 레버랙은 1820년에 순수한 잉글리시 세터를 만들어 냈고, 19세기 말 R. 퍼셀 흐웰린은 레버랙의 품종을 일부 사용해서 사냥용으로 구분되는 혈통을 브리딩했다. 흐웰린이 만든 세터는 레버랙의 개와 외모가 달라 별개의 품종으로 보는 이들도 있다.

잉글리시 세터는 현재도 사냥에 사용되지만 사냥과 독쇼에 쓰이는 품종은 혈통이 다르다. 사냥용은 사촌뻘인 아이리시 세터나 스코티시 세터보다 다리가 조금 짧다. 잉글리시 세터는 우아한 품종으로 차분하고 믿음직스러운 성격을 타고나 가정견으로 좋다. 하지만 운동을 많이 시키고 달릴 수 있는 넓은 공간이 필요하다. 쇼독은 사냥용보다 더 길고 웨이브 진 털을 가지고 있다.

# 아이리시 세터(Irish Setter)

| 체고 | 체중 | 수명 |
|---|---|---|
| 64–69cm (25–27in) | 27–32kg (60–71lb) | 12–13년 |

**활기차고 열의가 넘치는 아이리시 세터는 화려하면서도 다정한 성격으로, 인내심 있고 활동적인 주인에게 적합하다.**

'세터'는 사냥용 새 근처에서 새의 위치를 알려 주기 위해 낮게 취하던 자세(set)에서 이름이 유래했다. 영국에서는 16세기 말에서 17세기 초 사이에 최초의 기록이 있고, 18세기에 별개의 타입으로 인정받았다. 아이리시 세터는 18세기에 잉글리시 세터(p.241), 고든 세터(p.240), 아이리시 워터 스패니얼(p.228) 외 기타 스패니얼과 포인터를 교배해서 만든 것으로 알려졌다. 고지대의 새 사냥용으로 만들어져 스피드와 효율성에 예리한 후각까지 갖추어 좋은 평가를 받고 있다.

최초의 세터는 오늘날 아이리시 레드 앤 화이트 세터(p.240)처럼 적색에 흰색이었으나 19세기에 암적색이 아이리시 세터의 표준이 되었다. 하지만 지금도 일부 개체는 작은 흰색 무늬를 가지고 태어난다.

1850년대에 접어들면서 붉은색 아이리시 세터가 아일랜드와 영국에 퍼져 나갔고 쇼독으로도 보이기 시작했다. 1862년에 태어난 팔머스턴이라는 수컷은 최초의 독쇼 챔피언이자 종견으로 대부분의 현대 아이리시 세터의 조상이 되었다. 오늘날 이 품종은 주로 쇼독이나 반려견으로 키우고 있지만 일부 브리더는 외모 외에도 작업 능력을 갖춘 품종을 만들어 내고 있다.

아이리시 세터는 매력적이고 다정한 애완견으로 아이들과 다른 개를 매우 좋아하고 장난기 넘친다. 성숙이 느린 편이며 어릴 때부터 철저히 훈련시켜야 한다. 자유롭게 달리는 등 가정에서 매일 충분히 운동시켜야 한다.

### 빅 레드

북미에서는 1962년 디즈니 영화 〈빅 레드〉로 아이리시 세터가 가진 자유로운 영혼이 유명해졌다. 캐나다에서 촬영된 이 영화는 챔피언 쇼독 빅 레드가 고아 르네와 친구가 되는 이야기를 다루었다. 빅 레드는 좋은 쇼독이 되기보다 르네와 사냥하는 데 점점 관심을 쏟아 결국 주인은 빅 레드를 없애 버리려고 한다. 멀리 도망쳤던 빅 레드는 주인을 퓨마로부터 구하는 과정에서 르네와 재회한다.

# 노바 스코샤 덕 톨링 리트리버

(Nova Scotia Duck Tolling Retriever)

| 체고 | 체중 | 수명 |
|---|---|---|
| 45–53cm (18–21in) | 17–23kg (37–51lb) | 12–13년 |

## 여우처럼 영리하게

톨링은 자연에서 여우가 보여 주는 행동이다. 여우 한두 마리가 물새 근처 물가에서 놀면서 새의 시선을 끌면 새는 여우를 쫓아내기 위해 접근하거나 때로는 여우를 잡을 정도로 다가온다. 아메리카 원주민들은 이 속임수를 흉내 내어 여우털을 줄에 매달아 앞뒤로 당기면서 오리를 잡는다. 유럽인들은 여우를 닮은 붉은 털을 가진 품종을 만들어 동일한 행동을 하도록 훈련시켰다. 여우 같은 색상과 행동(사진)은 노바 스코샤 덕 톨링 리트리버에서 관찰할 수 있다.

**노바 스코샤 덕 톨링 리트리버는 온화한 성격에 매력적인 사냥견으로 육체 활동을 충분히 시키면 가정에서 잘 지낸다.**

캐나다 품종으로 오리와 거위를 특이하게 사냥하는 방법에서 톨러라는 이름이 붙었다. 전통적으로 덤불에서 사냥꾼과 함께 작업했는데, 사냥꾼이 숨어 있는 상태에서 막대를 물어 오도록 던지면 개는 쫓아가면서 큰 동작으로 날뛰지만 짖지 않는 방법으로 호기심을 보이는 새들을 유혹한다. 새들이 사정거리에 들어오면 사냥꾼은 총을 쏘고 개는 떨어진 새를 물어 온다.

노바 스코샤 덕 톨링 리트리버는 19세기 중반 노바스코샤에서 만들어졌다. 이 품종은 유럽에서 들어온 일명 '바람잡이 개'의 자손으로 쿠이커혼제(p.238) 같은 품종과 유사한 사냥법을 사용한다. 이 품종은 스패니얼, 리트리버, 아이리시 세터(p.242)의 피가 섞여 있다. 품종명은 1945년 캐나다 켄넬 클럽의 공인을 받으며 확정되었다.

노바 스코샤 덕 톨링 리트리버는 탄탄하고 민첩하며 두꺼운 방수성 털과 발가락 사이에 물갈퀴를 가지고 있다. 털은 붉은빛을 띠며 가슴과 꼬리 끝이 여우털처럼 흰 경우가 많다. 명랑하고 조용하며 순종적인 성격을 지닌 훌륭한 반려견이다. 또한 지치지 않는 체력을 가져 충분히 운동시켜야 한다.

# 저먼 포인터(German Pointer)

| 체고 | 체중 | 수명 | |
|---|---|---|---|
| 53–64cm (21–25in) | 20–32kg (44–71lb) | 10–14년 | 적갈색<br>갈색<br>검은색 |

## HPR 품종

저먼 포인터는 사냥(hunt), 포인팅(point), 리트리빙(retrieve)이 가능한(HPR) 만능 사냥견으로 분류된다. HPR 품종은 사냥꾼이 개 한두 마리에게 여러 역할을 맡겨야 했던 유럽 본토에서 유래했다. 포인터 외에도 바이마라너(p.248), 헝가리언 비즐라(p.246), 이탤리언 스피노네(p.250)가 이 그룹에 속한다. 이와 대조적으로 영국 브리더들은 한 가지 역할과 사냥감에 특화된 사냥견을 만들었다. 멧도요새를 몰아내기 위해 만들었던 코커 스패니얼(p.222)이 대표적이다.

**인기 많고 영리한 저먼 포인터는 다정하고 유순하며, 몰두할 거리를 주면 활동적인 주인에게 만족을 주는 가족 애완견이다.**

저먼 포인터는 19세기에 만들어졌으며 초지에서 습지대까지 어떤 지형에서도 추적, 포인팅, 리트리빙이 가능한 최고의 만능 사냥견이다. 솜즈-브라운펠스 가문의 알브레히트 대공을 필두로 한 브리더 그룹은 슈바이스훈트(사냥감 추적과 포인팅 모두 가능한 체격이 큰 하운드 타입 품종), 포인터(p.254) 등 독일산 하운드를 리트리버 종과 교배해서 스피드와 민첩성, 우아함을 더했다.

저먼 포인터는 세 가지 타입이 있다. 가장 유명한 저먼 쇼트헤어드 포인터(도이치 쿠어츠하르)는 영국 사냥꾼들이 GSP라고 부른다. 1880년대부터 내려온 품종이며 세계에서 가장 유명한 사냥견 중 하나다. 저먼 롱헤어드 포인터(도이치 랑하르)도 비슷한 시기에 등장했다. 저먼 와이어헤어드 포인터(도이치 드라트하르)는 이들보다 조금 늦게 저먼 쇼트헤어드 포인터에서 만들어졌다.

저먼 포인터는 원산지인 독일에서 사냥견뿐만 아니라 가정견으로 키우며 침착하고 믿음직스러운 성격을 지니고 있다. 하지만 에너지가 넘치는 품종이므로 매일 운동을 많이 해야 한다. 사냥꾼이나 걷기, 하이킹, 자전거를 즐기는 사람에게 가장 잘 맞는다.

저먼 쇼트헤어드 포인터

저먼 와이어헤어드 포인터

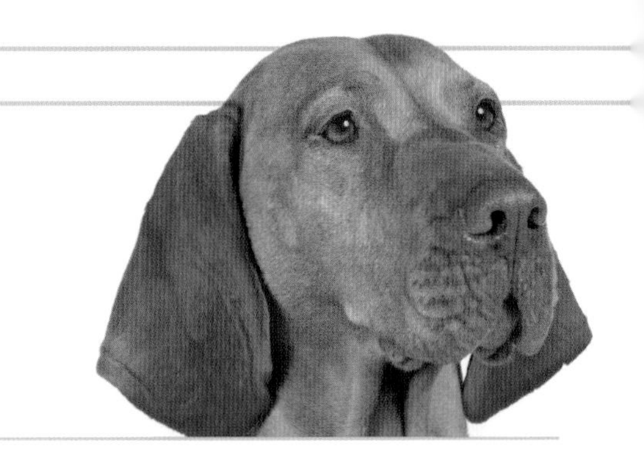

# 헝가리언 비즐라(Hungarian Vizsla)

| 체고 | 체중 | 수명 |
|---|---|---|
| 53-64cm (21-25in) | 20-30kg (44-66lb) | 13-14년 |

**충성스럽고 유순한 헝가리언 비즐라는 매력적인 가족 반려견이지만 넘치는 에너지를 충족시켜 주어야 한다.**

헝가리언 비즐라는 대표적인 유럽산 만능 사냥견으로 14세기 문헌에 언급되는데, 조상은 그 이전부터 존재했을 것이다. 1,000년 전 돌조각에는 마자르 사냥꾼들이 매와 비즐라를 닮은 개를 함께 데리고 있는 모습이 확인된다. 헝가리언 비즐라는 수백 년 동안 헝가리 귀족층이 아끼는 존재로 순수한 혈통을 유지했고, '왕의 선물'로 불리며 왕족과 선별된 외국인에게만 주어졌다. 이 품종은 제2차 세계대전 후 대부분 죽었지만 헝가리 이민자들이 들여오면서 현재 서유럽과 미국에서 인기가 치솟고 있다.

사냥터에서 헝가리언 비즐라는 스피드와 지구력으로 지상과 물을 가리지 않고 어떤 환경에서도 하루 종일 작업한다. 오리, 토끼, 늑대, 멧돼지 등 사냥 대상도 다양하다. 추적에 좋은 훌륭한 후각과 리트리빙에 좋은 부드러운 입을 가지고 있으며, 영리해서 훈련도 잘 따른다.

헝가리언 비즐라는 사냥견이지만 가족 반려견이기도 한데, 전통적으로 자녀에 버금가는 가족의 일원이었다. 이 품종은 매우 충성스럽고 다정다감하지만 매일 격렬한 운동을 충분히 시켜야 한다.

헝가리언 포인터라고도 하는 오리지널 단모종과 1930년에 더 강인하게 만들어진 와이어 타입 두 가지가 있다.

## 쇼 챔피언 요기

독쇼에서 가장 유명한 헝가리언 비즐라는 요기(등록명은 헝가르군 베어 이튼 마인드)라는 이름의 수컷이다. 2002년 호주에서 태어났으며 겨우 12주령일 때 처음으로 독쇼의 우승자가 되었다. 2005년 영국으로 온 요기는 화려한 커리어를 이어 갔다. 요기는 2010년까지 영국에서 우승 타이틀을 17회 획득하며 70년 묵은 최고 기록을 깨트렸다. 2010년 크러프츠 독쇼(사진은 트로피를 든 핸들러 존 서웰)에서 우승을 마지막으로 종견으로 은퇴했다.

살짝 휘어진 꼬리는 점점 가늘어지다가 뾰족해짐

탄탄하고 아치형으로 둥근 고양이 같은 발

와이어 타입 강아지

털색과
일치하는 코
강한 근육질 등
매끈하고 근육질인
아치형 목
특징적인 매끈한 피모는
보온성 속털이 없음
털색보다 살짝
짙은 눈
털이 살짝 짧은
늘어진 귀
점점 가늘어지는
주둥이는
끝이 사각형
적갈색이 도는 금색
긴 앞다리

단모종

와이어 타입

# 바이마라너(Weimaraner)

| 체고 | 체중 | 수명 |
|---|---|---|
| 56–69cm (22–27in) | 25–41kg (55–90lb) | 12–13년 |

## 사진의 미학

1970년대 미국 예술가 윌리엄 웨그먼(사진)은 애견 만 레이(초현실주의 화가이자 사진작가의 이름에서 따옴)를 시작으로 자신이 기르는 바이마라너에서 영감을 얻어 자신의 사진과 영상 작품에 넣었다. 웨그먼은 바이마라너의 몸매와 가죽의 질감이 지닌 아름다움을 강조한다. 또한 특이한 자세나 독특한 의상, 불가사의한 영상물을 통해 표현함으로써 바이마라너의 비현실적인 모습을 이끌어 낸다.

**우아하고 독특한 색상을 가진 영리한 바이마라너는 끝없는 에너지의 소유자로, 돌아다닐 수 있는 충분한 공간이 필요하다.**

바이마라너는 19세기 품종으로 사냥, 포인팅, 리트리빙을 모두 수행하는(HPR 품종, p.245) 만능 사냥견으로 만들어졌는데, 여러 독일 사냥견의 후예다. 이 품종이 만들어진 독일 바이마르 궁전에서 이름이 유래했고 오랫동안 주로 귀족층만 소유했다. 처음에는 늑대나 사슴 등 큰 사냥감을 쓰러뜨리는 데 사용되었으나 이후 지상이나 물에서 새를 물어 오는 리트리빙에 쓰였다.

바이마라너는 부드럽지만 힘 있는 걸음걸이와 엄청난 지구력을 가지고 있다. 또한 사냥터에서 숨어 있는 상태나 다름없을 정도로 조심스럽게 다닌다. 이런 사냥 방식 때문에 눈부신 은회색 털과 옅은 눈빛과 어우러져 '회색 유령'이라는 별명을 얻었다. 이 품종은 우아한 윤곽선과 은회색 털, 품위 있는 움직임으로 사역견뿐만 아니라 쇼독과 애완용으로도 인기를 끌었다. 바이마라너는 낯선 사람을 어려워할 수 있지만 활발한 가족 반려견이 될 수 있고, 어린아이들이 상대하기에 너무 활기찰 수 있다. 에너지를 발산하기 위해 달리기와 산책 등 운동을 많이 시켜야 한다. 단모종과 비교적 흔하지 않은 장모종 두 가지가 있다.

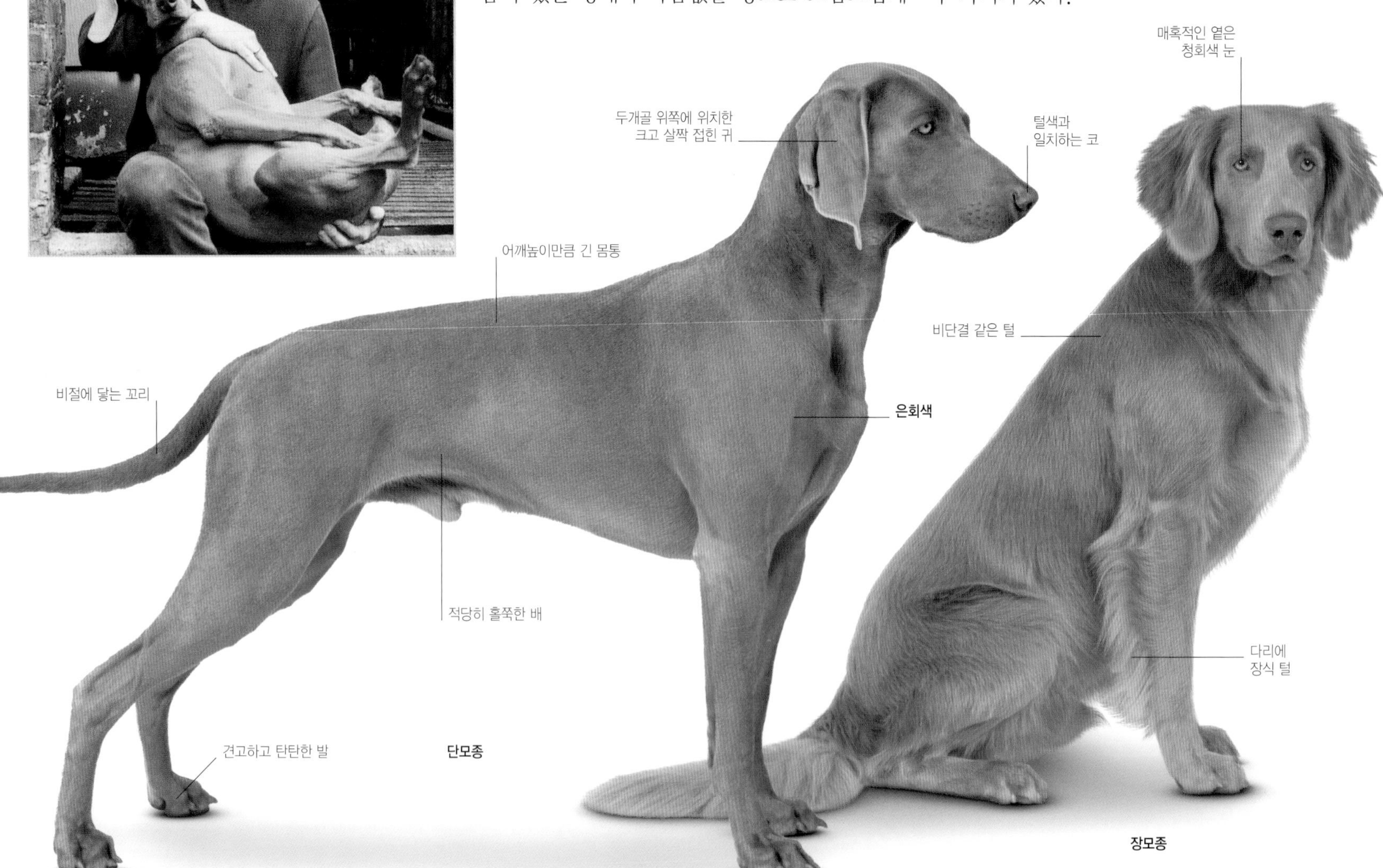

## 체스키 포우세크(Cesky Fousek)

**체고** 58-66cm (23-26in)
**체중** 22-34kg (49-75lb)
**수명** 12-13년

**갈색**
갈색 털은 가슴과 다리 아래쪽에 색이 섞인 무늬 가능

체코, 슬로바키아, 보헤미안 가문에서 유래되었다고 각 지역에서 주장하는 체스키 포우세크는 실제로 인기가 많지만 그 밖의 지역에서는 희귀하다. 충성스럽고 훈련이 쉬우며 주변 사람에게는 대체로 유순하지만, 타고난 사냥견이므로 다른 애완동물과 있을 때는 주의해야 한다.

## 코르탈스 그리펀(Korthals Griffon)

**체고** 50-60cm (20-24in)
**체중** 23-27kg (51-60lb)
**수명** 12-13년

**적갈색 또는 적갈색빛 갈색**
**적갈색 혼재 또는 흰색에 갈색**

다재다능하고 느긋한 품종인 코르탈스 그리펀은 저먼 포인터(p.245)의 친척뻘이다. 네덜란드인 에드워드 코르탈스가 만들어 냈고, 프랑스 사냥꾼들이 애용했다. 가장 빠른 사냥견은 아니지만 순종적이고 긴밀하게 작업하는 품종이 필요한 사냥에서 인기가 높다. 이런 특성으로 반려견으로 사랑받고 있다.

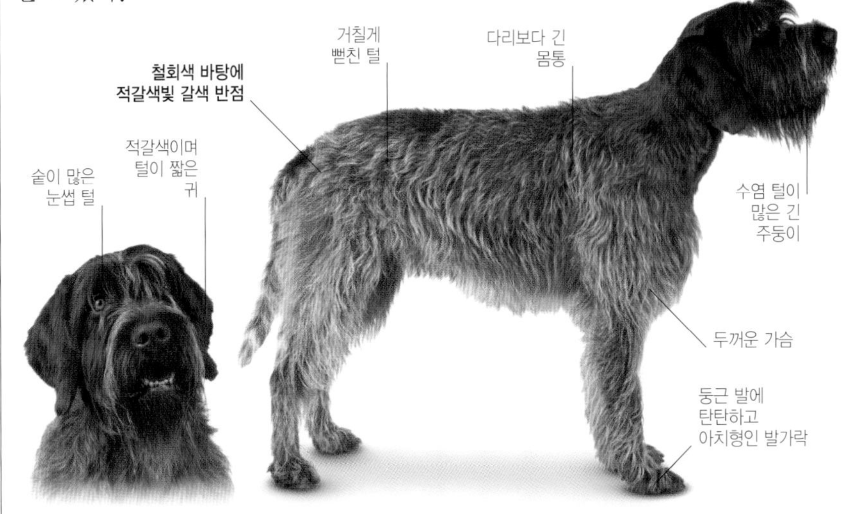


## 포르투기즈 포인팅 독(Portuguese Pointing Dog)

**체고** 52-56cm (20-22in)
**체중** 16-27kg (35-60lb)
**수명** 12-14년

포르투기즈 포인팅 독은 포르투갈어로 '자고새 개'를 의미하는 '페르디게이루 포르투게스'라고도 하는데, 매와 그물을 사용하는 사냥꾼의 포인터로 활용되었다. 현재도 사냥에 쓰이지만 침착하고 순종적인 성격을 지닌 고분고분한 반려견이기도 하다. 하지만 사냥견다운 끈기 있는 습성 때문에 매일 상당한 운동량과 두뇌 자극이 필요하다.

# 이탤리언 스피노네(Italian Spinone)

| 체고 | 체중 | 수명 | 색 |
|---|---|---|---|
| 58–70cm (23–28in) | 29–39kg (65–85lb) | 12–13년 | 흰색<br>오렌지색 혼재<br>흰색에 갈색 또는 갈색 혼재 |

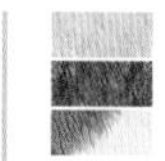

**느긋하고 태평스러운 성격의 이탤리언 스피노네는 한곳에 집중하기 어려워 실내 생활에 치중하는 주인에게 적합하지 않다.**

이탤리언 스피노네의 기원은 확실하지 않지만 와이어 헤어 포인터 타입 품종은 르네상스 시대부터 이탈리아에 알려져 있었다. 안드레아 만테냐가 1470년대에 그린 만투아 공작 저택의 벽화 〈곤자가 가의 궁전〉에서도 이런 품종을 확인할 수 있다.

현대의 품종은 이탈리아 북서부에 위치한 피에몬테 지역에서 유래했고, 스피노네라는 이름은 19세기에 붙여졌다. '사냥, 포인팅, 리트리빙'이 가능한 이 다재다능한 품종(p.245)은 20세기 전까지 이 지역에서 가장 인기 있는 사냥견이었다. 이탤리언 스피노네는 제2차 세계대전 동안 식량을 나르거나 적군을 추적하는 등 이탈리아 비정규군 활동에 중요한 역할을 담당했다. 전쟁이 끝났을 때 개체 수가 매우 줄어들어, 이탈리아 브리더들은 이 품종을 멸종 위기에서 구하기 위해 1950년대부터 클럽을 결성했다.

이탤리언 스피노네는 공기 중이나 지면에 남아 있는 냄새를 모두 추적할 수 있고, 두꺼운 가시덤불 속에서도 작업한다. 추적은 사냥꾼 곁에서 큰 보폭으로 지면을 지그재그로 훑으면서 조용하고 면밀하게 수행한다. 이 품종의 거친 털은 빽빽한 가시덤불이나 얼음장 같은 물에서도 몸을 보호해 준다. 이탤리언 스피노네는 현재도 사냥에 활용되지만 이탈리아에서는 더 빠른 브라코 이탈리아노(p.252)가 사냥용으로 더 큰 인기를 누리고 있다.

최근 몇 년 동안 이탤리언 스피노네는 유순한 성격과 충성심이 높은 평가를 받아 여러 나라에서 애완견으로 인기가 높아졌다. 매일 충분한 운동이 필요하지만 다른 사냥견보다 천천히 다니는 성향 때문에 산책용 반려견으로 적절하다. 털은 가끔 브러시질과 스트리핑을 해 주는 것 외에는 거의 관리가 필요 없지만 특유의 체취를 지니고 있다.

강아지

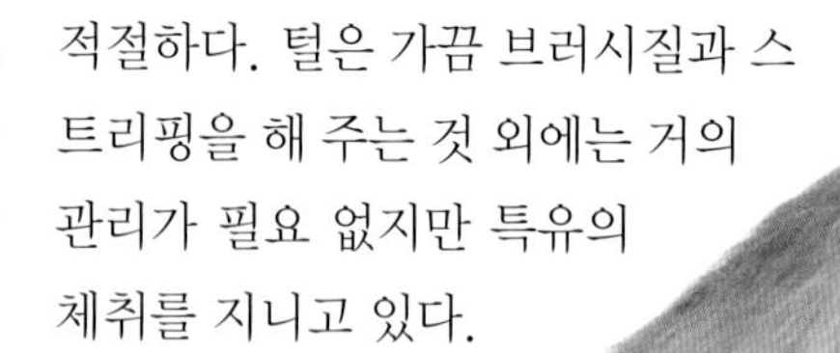

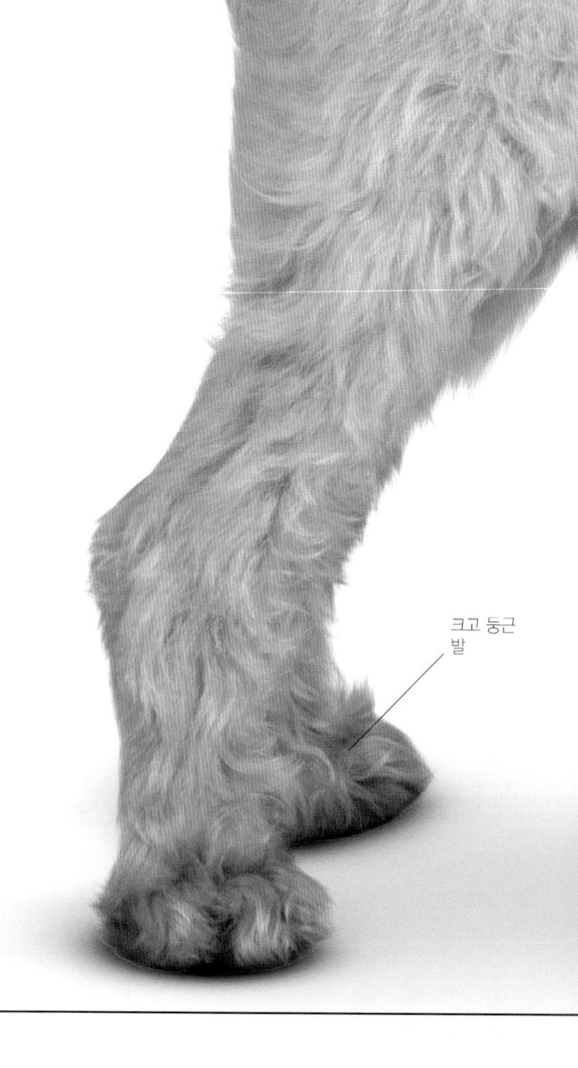


## 가시 돋친 이름

지금은 이탤리언 스피노네라는 이름으로 부르지만 과거에는 키우던 지역에 따라 이름이 다양했다. 그중 하나가 '가시 난 포인터'라는 뜻을 가진 브라코 스피노소로 이 품종의 뻣뻣하고 까칠한 털을 나타낸 것으로 추정된다. 스피노네라는 이름은 이탈리아의 빽빽한 가시덤불의 일종인 피노라는 단어와 연관이 있다. 튼튼한 피부와 거친 털을 가진 스피노네는 사냥감에 닿기 위해 가시덤불 사이로 밀고 들어갈 수 있는 몇 안 되는 사냥견이었다(1907년 프랑스 인쇄물에 나타난 모습).

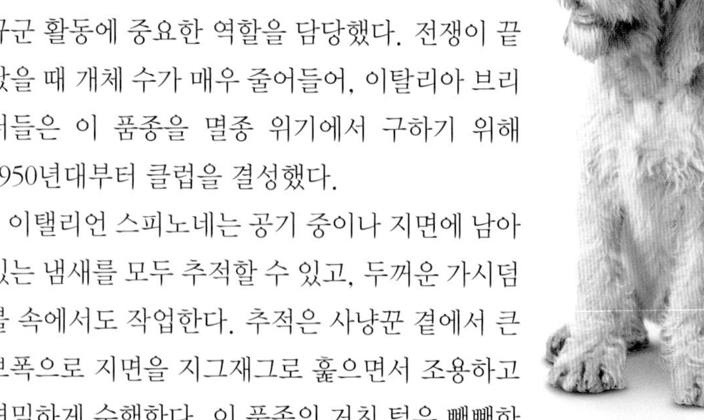

따뜻함이 느껴지는
크고 둥근 황토색 눈
펜던트 모양의
삼각형 귀
부드럽게 휘어진 등
긴 수염 털이 뒤섞임
흰색에 오렌지색
밝은 색 코
살짝 홀쭉한 배
거칠고
빽빽한 털
넓고 두꺼운
가슴

# 브라코 이탈리아노(Bracco Italiano)

| 체고 | 체중 | 수명 | |
|---|---|---|---|
| 55-67cm (22-26in) | 25-40kg (55-88lb) | 12-13년 | 흰색<br>흰색에 오렌지색, 호박색 또는 밤색 |

## 고귀한 사냥견

르네상스 시대에 브라코 이탈리아노 같은 품종들은 이탈리아 귀족층 사이에서 인기를 끌었다. 이 품종은 매와 함께 새 사냥에 동원되었다. 메디치 가문이나 곤자가 가문 등 귀족들은 브리딩 켄넬을 소유하며 사냥 기술이 좋은 개들을 번식시켰다. 1527년에는 밤색 개 몇 마리를 프랑스 궁중에 선물로 준 기록이 있다. 피에몬테즈 독(1907년 프랑스 인쇄물)은 유럽 전역의 왕궁에서 사람들이 원하던 품종이었다.

**희귀한 사냥견인 브라코 이탈리아노는 체구에 비해 놀라운 운동 능력을 지녔지만 성격이 침착해서 가족 애완견으로 잘 맞는다.**

브라코 이탈리아노는 이탤리언 포인터라고도 하며, 이탈리아 북부에서 유래한 이 품종의 조상은 최소 중세 시대까지 거슬러 올라간다. 이 품종은 14세기 그림에서 확인할 수 있으며 당시 사냥용 새를 그물로 몰아넣는 데 이용했다. 사냥꾼들이 총을 사용하게 되면서 이 품종은 '사냥, 포인팅, 리트리빙'(HPR)이 가능한 만능 사냥견(p.245)으로 발전했다.

19세기에 이 품종은 흰색에 갈색 혼재 털을 가진 롬바르디아 지방의 크고 강인한 브라코 롬바르도와, 산에서 사냥하도록 더 가볍고 흰색에 오렌지색 털을 가진 브라코 피에몬테스 두 가지 종류가 있었다. 20세기 초까지 개체 수가 지속적으로 줄어들었지만 헌신적인 이들의 노력으로 되살아났고, 이탈리아 켄넬 클럽은 1949년 견종표준을 만들었다. 두 가지는 하나로 합쳐졌지만 더 크거나 가벼운 개는 지금도 찾아볼 수 있다.

브라코 이탈리아노는 지금도 사역견으로 사용되며, 넓은 보폭에 코를 높이 들고 냄새를 좇는 이 품종의 독특한 방식을 이탈리아인들은 '코가 인도한다'고 표현한다. 사람을 매우 좋아하며 차분하고 유순한 반려견이지만 많은 운동이 필요하고 강한 사냥 충동을 통제하기 위해 목줄을 하고 산책해야 한다.

# 푸델포인터(Pudelpointer)

**체고** 55-68cm (22-27in)
**체중** 20-30kg (44-66lb)
**수명** 12-14년

낙엽색
검은색

사냥터와 가정에서 모두 최고가 될 품종을 목표로 푸들과 포인터를 교배한 품종이다. 영리하고 강인하며 사회성이 좋고 훌륭한 만능 작업 능력을 겸비하고 있다. 푸델포인터는 사냥꾼들 사이에서 인기가 높으며 고분고분하고 발랄해서 전원생활에 어울리는 반려견이다.

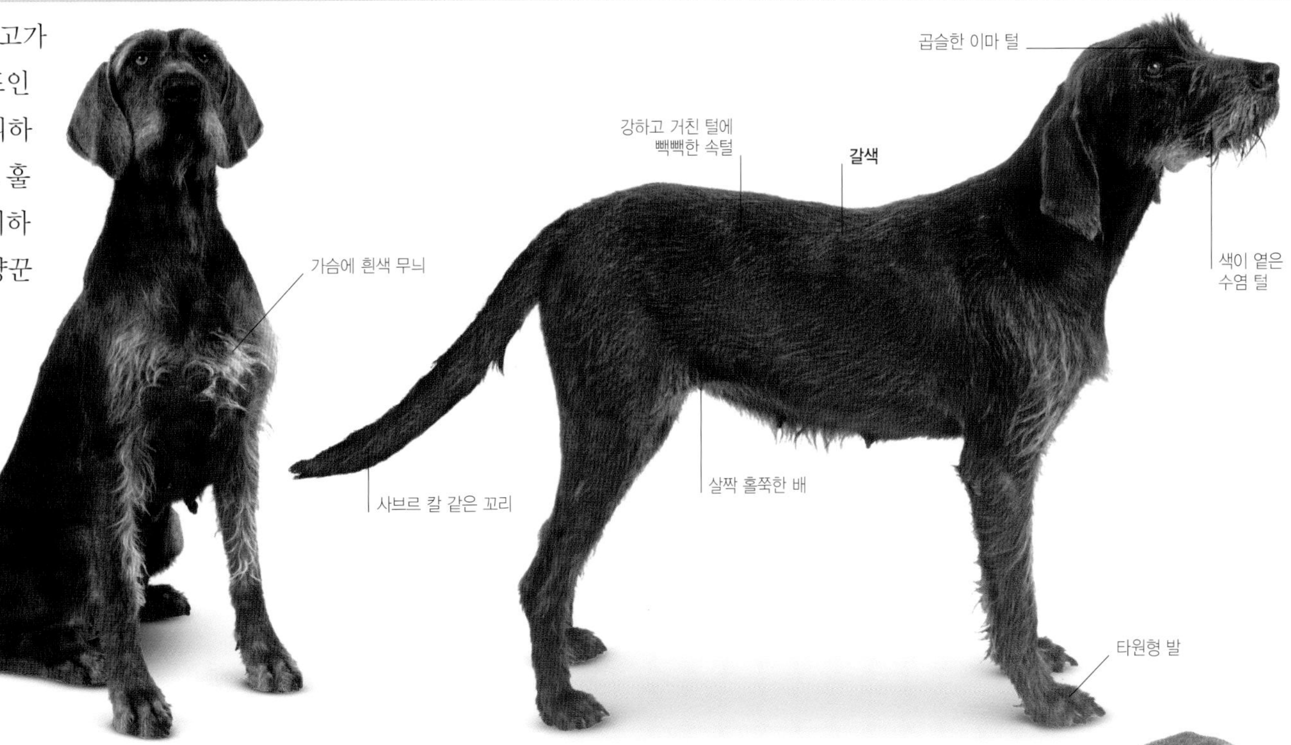


# 슬로바키안 러프 헤어드 포인터(Slovakian Rough-haired Pointer)

**체고** 57-68cm (22-27in)
**체중** 25-35kg (55-77lb)
**수명** 12-14년

슬로바키안 러프 헤어드 포인터는 슬로벤스키 포인터, 와이어 헤어드 슬로바키안 포인터, 원산지에서는 슬로벤스키 흐루보스르스티 스타바치 등 다양한 이름으로 알려져 있다. 독일산 사냥견의 자손으로 여겨지며 지능, 명랑한 성격, 에너지 등의 특징을 고스란히 물려받았다. 이 품종은 어울릴 동료와 활동하기를 좋아하므로 집에 홀로 남겨 두면 안 된다.

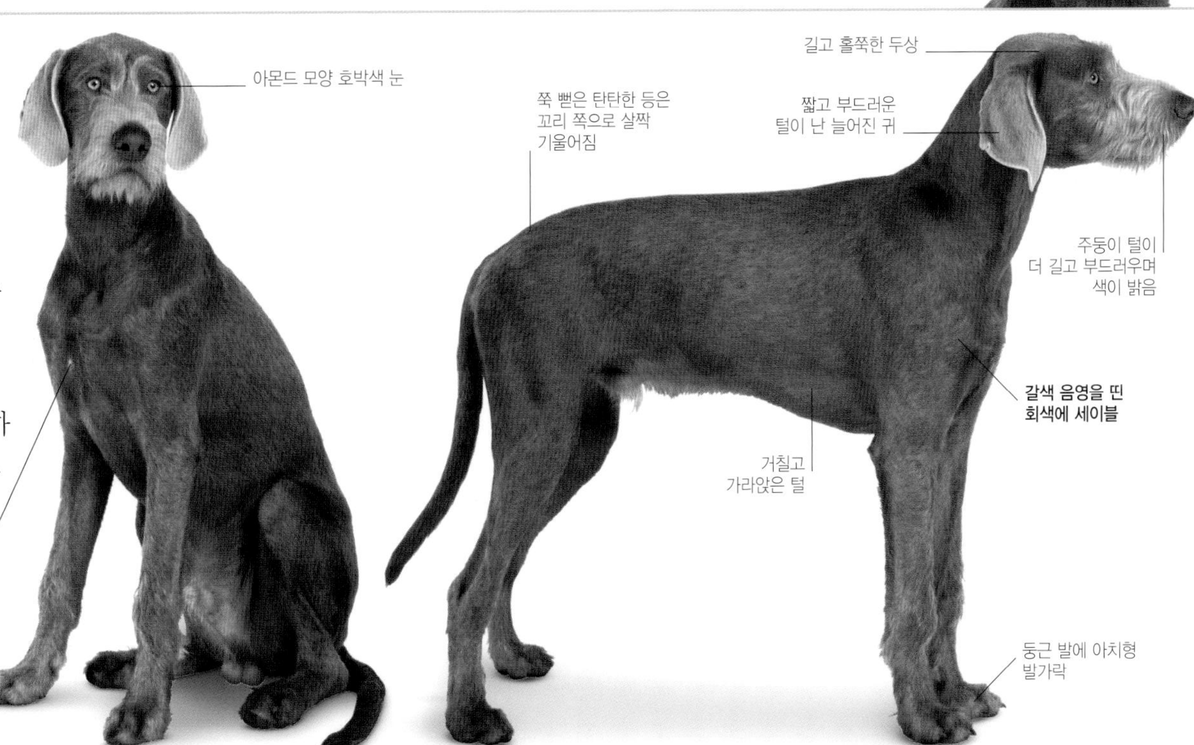

# 잉글리시 포인터(English Pointer)

| 체고 | 체중 | 수명 | |
|---|---|---|---|
| 53–64cm (21–25in) | 20–34kg (45–75lb) | 12–13년 | 다양한 색상 |

**붙임성 있고 영리하며 운동 능력이 뛰어난 잉글리시 포인터는 애완견으로 키우려면 충분한 운동과 두뇌 자극이 필요하다.**

포인터는 사냥감을 발견했을 때 가만히 서서 한 쪽 발을 들고 코로 사냥감 쪽을 가리키는 자세를 취하는 데서 이름이 유래했다. 이 품종은 유럽 여러 나라에서 동시에 만들어졌는데 영국에서는 조상이 1650년 무렵에 나타났다. 이 초기 품종은 잉글리시 폭스하운드(p.158), 그레이하운드(p.126) 외 오래된 세팅 스패니얼 품종이 섞인 것으로 여겨진다. 이후 스페인산 사냥견, 세터와 교배해서 포인팅 기술과 훈련성을 향상시켰다.

처음에 잉글리시 포인터는 그레이하운드가 쫓을 토끼를 포인팅하거나, 매 사냥에 함께 사용되었다. 18세기부터 날아가는 새를 잡는 사냥이 유행하면서 잉글리시 포인터는 특히 고지대에서 사냥용 새의 위치를 알아내는 데 사용되었다. 공기 중에 있는 냄새를 잘 맡아 포인터로 활약하는 데 적합하며, 포인팅만큼은 아니지만 리트리빙 기술도 쓸 만하다. 잉글리시 포인터는 스피드와 체력이 유명하며 현재도 영국과 미국에서 사냥과 사냥 대회에서 사용된다.

잉글리시 포인터는 유순하고 충성스러우며 순종적이다. 다정한 가족 반려견으로 아이들에게도 믿음직스럽지만 걸음마를 배우는 아이가 상대하기에는 조금 활기가 넘칠 수 있다. 이 품종은 사냥을 뛸 정도의 지구력이 있으므로 매일 격렬한 운동을 충분히 시켜야 한다.

강아지

## 문학 속 포인터

19세기에 일부 영국인들은 포인터에 스페인 혈통이 섞인 것을 의식하여 스페인식 이름을 붙여 주었다. 찰스 디킨스의 소설 《픽윅 페이퍼스》에 등장하는 폰토라는 개도 그중 하나다. 폰토는 교활한 징글 씨가 허풍같이 말해 주는 이야기에 등장한다. 이야기 속에서 낮 사냥을 따라온 폰토는 구역 내 보이는 모든 개는 사냥터 관리인이 쏴 버린다는 안내문을 주인의 명령도 듣지 않은 채 제자리에 서서 물끄러미 보고 있다. 분명 포인터는 영리한 품종이지만 안내문을 읽을 수는 없는 노릇이다.

《픽윅 페이퍼스》 1837년판 삽화

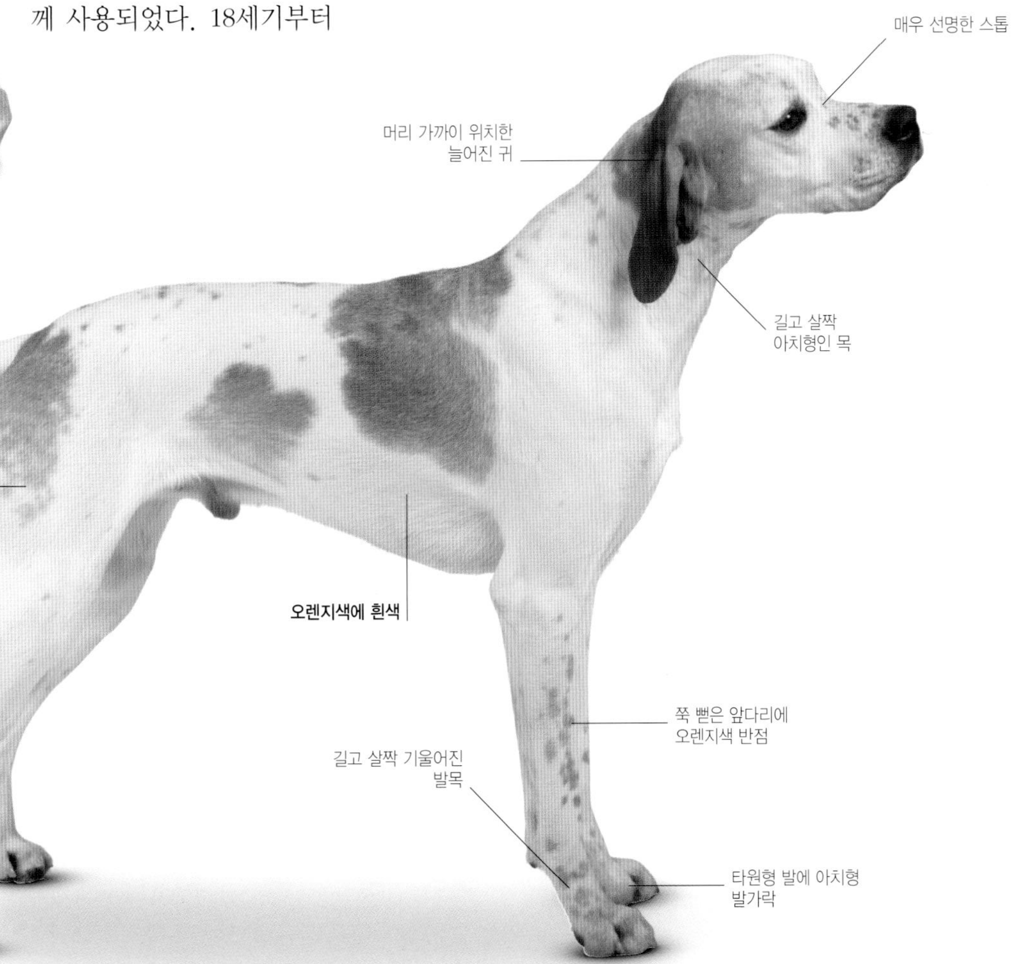


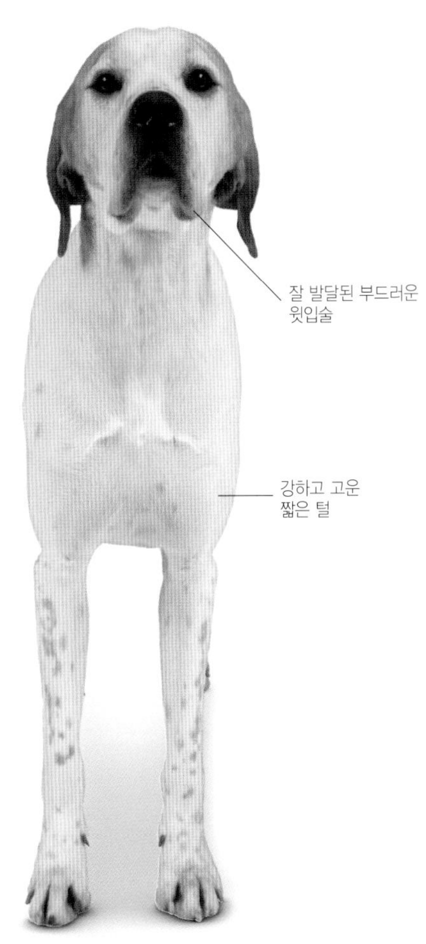

## 프렌치 피레니언 포인터(French Pyrenean Pointer)

**체고** 47–58cm (19–23in)
**체중** 18–24kg (40–53lb)
**수명** 12–14년

**밤색을 띠는 갈색**
밤색을 띠는 갈색 털에 황갈색 무늬 가능

프랑스 포인터 중 가장 인기 있는 프렌치 피레니언 포인터는 아직 희귀하며 대부분 사냥에 사용된다. 프랑스 남서부 산악지방에서 일하기 위해 만들어진 품종으로 날렵하고 지치지 않는다. 가정에서 유순하고 다정하며 활동적인 주인에게 적합한 반려견이다.

## 생 제르맹 포인터(Saint Germain Pointer)

**체고** 54–62cm (21–24in)
**체중** 18–26kg (40–57lb)
**수명** 12–14년

발이 빠른 생 제르맹 포인터는 브라크 생 제르맹이라고도 하며 들판, 숲지대, 늪지대에서 새를 포인팅하거나 리트리빙한다. 하지만 털의 방한 능력이 약해서 전천후 사냥견은 아니다. 생 제르맹 포인터는 다정하지만 예민하여 엄하면서도 부드러운 핸들링을 요하며 도시의 가정생활에도 놀라울 정도로 잘 적응한다.

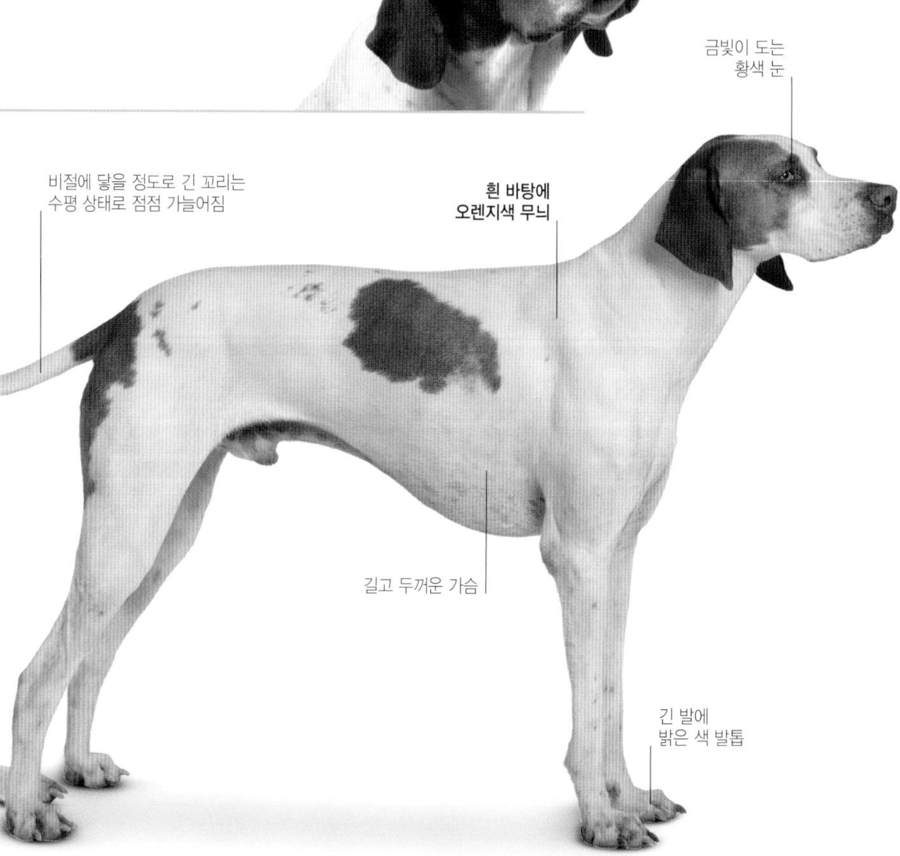

## 부르보네 포인팅 독(Bourbonnais Pointing Dog)

**체고** 48-57cm (19-22in)
**체중** 16-26kg (35-57lb)
**수명** 12-14년

프랑스 사냥견 중 가장 오래되고 어쩌면 가장 침착하고 다재다능한 부르보네 포인팅 독은 추격, 포인팅, 리트리빙 모두 가능하다. 이 품종은 튼튼한 체격에 힘이 넘치는 인상을 주며 사냥 중일 때 지구력으로 충만하지만 일에서 벗어나면 느긋하고 다정하다.

## 오베르뉴 포인터(Auvergne Pointer)

**체고** 53-63cm (21-25in)
**체중** 22-28kg (49-62lb)
**수명** 12-13년

오베르뉴 포인터는 브라크 도베르뉴라고도 하며 프랑스 중부에서 사냥용으로 만들어졌다. 끈기 있는 만능 사냥견으로 하루 종일 장거리를 움직이며 일할 수 있다. 붙임성 있고 영리한 이 품종은 활발하고 다정해서 훈련이 쉽고 어울릴 동료를 좋아한다. 오베르뉴 포인터는 활동적인 가정이라면 어디서든지 잘 지낸다.

## 아리에주 포인팅 독(Ariege Pointing Dog)

**체고** 56-67cm (22-26in)
**체중** 25-30kg (55-66lb)
**수명** 12-14년

원산지인 프랑스 남부에서도 희귀한 아리에주 포인팅 독은 바라크 드 아리에주라고도 한다. 포인팅과 리트리빙에 사용되었고 추적 능력도 어느 정도 갖추고 있다. 대부분 사냥꾼들이 기르는데 사냥터에서 넘치는 열의를 가라앉히기 위해 인내심을 가지고 훈련시키고 기물을 부수지 않도록 잘 관리해야 한다.

# 프렌치 가스코니 포인터(French Gascony Pointer)

**체고** 56–69cm (22–27in)
**체중** 25–32kg (55–71lb)
**수명** 12–14년

**밤색을 띠는 갈색**
밤색을 띠는 갈색 털에 황갈색 무늬 가능

프렌치 가스코니 포인터는 프랑스 남서부에서 유래한 가장 오래된 포인터 종 중 하나로 가족 반려견이자 현재도 사냥꾼의 개로 남아 있다. 충성스럽고 다정한 이 품종은 성격이 예민하여 부드럽고 지속적인 훈련을 가장 잘 받아들인다. 사냥터에서는 집중력이 좋고 열의가 넘친다.

# 스패니시 포인터(Spanish Pointer)

**체고** 59–67cm (23–26in)
**체중** 25–30kg (55–66lb)
**수명** 12–14년

스패니시 포인터는 페르디게로 데 부르고스라고도 하며 사슴 추적용으로 만들어졌지만 현재는 대부분 작은 동물을 사냥한다. 믿음직스럽고 느긋해서 가족과 잘 지낸다. 하지만 후각 하운드와 포인터의 중간에 위치한 사냥견으로 작업에 몰두하는 것을 매우 좋아한다.

# 올드 데니시 포인터(Old Danish Pointer)

**체고** 50–60cm (20–24in)
**체중** 26–35kg (57–77lb)
**수명** 12–13년

현지에서 가멜 덴스크 흰제훈트라고 하며 이를 그대로 번역하여 올드 데니시 치킨 독 또는 버드 독이라고도 한다. 이 품종은 현재도 집중력 좋은 추적견, 포인터, 리트리버 외에 탐지견으로 활동하지만, 많은 활동을 함께 하는 사람에게 성격이 차분한 가정견이기도 하다.

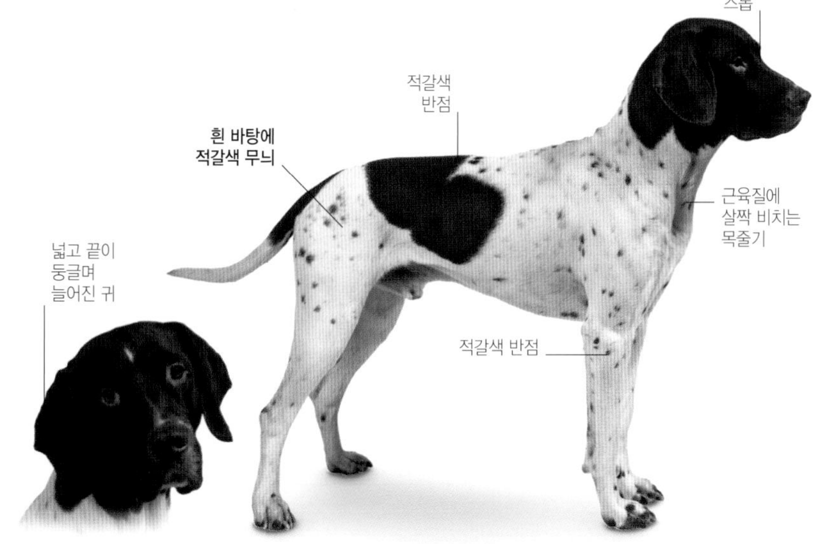

# 골든 리트리버(Golden Retriever)

| 체고 | 체중 | 수명 | |
|---|---|---|---|
| 51-61cm (20-24in) | 25-34kg (55-75lb) | 12-13년 | 크림색 |

## 맹인안내견

맹인안내견은 맹도견이라고도 하며 맹인 또는 시각장애가 있는 사람들이 집 밖으로 다닐 수 있도록 도와준다. 순종 또는 골든 리트리버가 섞인 품종이 이 업무에서 가장 유명한 품종 중 하나다. 리트리버는 사람을 이끌기에 적절한 덩치와 힘을 지니고 있으며 영리해서 다양한 역할를 수행하도록 훈련시키기 쉽다. 뿐만 아니라 유순하고 붙임성 있는 성격으로 주인과 쉽게 유대감을 형성한다.

**골든 리트리버는 활기차면서도 느긋한 성격으로 많은 국가에서 가장 사랑받는 가정견이다.**

골든 리트리버는 세계적으로 가장 인기 있는 품종 중 하나로 19세기 중반 스코틀랜드 귀족 트위드마우스 경이 자신이 키우던 옐로 리트리버를 지금은 멸종한 영국과 스코틀랜드의 국경지역 트위드 워터 스패니얼과 교배하면서 만들어졌다. 이후에는 아이리시 세터(p.242)와 플랫 코티드 리트리버(p.262)와도 교배가 이루어졌다. 그 결과 탄생한 리트리버는 활동적이고 영리하며 거친 고지대, 빽빽한 수풀, 얼음장 같은 물에서도 장시간 작업할 수 있다. 또한 훈련이 쉽고 사냥감을 부드럽게 물어 오는 것으로 유명하다.

골든 리트리버는 현재도 사냥꾼들이 애용하며 사냥 대회와 복종훈련 대회에도 출전한다. 탐색과 구조 그리고 마약과 폭발물 탐지에 효과적인 품종이기도 하다. 이 품종은 맹인안내견 및 다른 장애를 가지고 있는 사람들을 돕는 보조견, 치료견으로도 활용된다. 붙임성이 너무 좋아 유일하게 경비견으로는 부적합하다. 애완견으로도 엄청난 인기를 누리고 있다. 사람들과 어울리기 좋아하고 반응성이 좋으며 성격이 차분한 이 품종은 무엇보다 칭찬받는 것을 좋아한다. 어울려 놀 수 있는 동료와 격렬한 운동을 필요로 하며 리트리빙과 물건 나르는 놀이를 매우 좋아한다.

# 래브라도 리트리버(Labrador Retriever)

| 체고 | 체중 | 수명 | 색 |
|---|---|---|---|
| 55-57cm (22in) | 25-37kg (55-82lb) | 10-12년 | 초콜릿색, 검은색<br>가슴에 작은 흰색 반점 가능 |

**래브라도 리트리버는 따뜻하고 차분한 성격에 스포츠와 수영을 매우 좋아해 가정에서 사랑받는다.**

가장 흔하게 보이는 개 중 하나인 래브라도 리트리버는 20년 넘게 인기 품종에서 수위를 지키고 있다. 오늘날의 래브라도 리트리버까지 이어져 내려온 품종은 일반적으로 추정하는 캐나다 래브라도 지역이 아닌 뉴펀들랜드주에서 유래했다. 이곳에서는 18세기 이후로 지역 어부들이 방수성 털을 가진 검은 개를 키우며 그물을 끌고 도망친 물고기를 물어 오는 데 사용했다. 초기 품종은 현재 존재하지 않지만 그중 소수가 영국으로 들어와 19세기에 현대 래브라도 리트리버의 발달로 이어졌다. 20세기 초에 공인받은 이 품종은 훌륭한 리트리빙 기술로 사냥꾼들의 끊임없는 찬사를 받았다.

래브라도 리트리버는 현재도 사냥견으로 널리 쓰이고 있으며 추적용 경찰견 등 다른 작업에서도 효율성을 입증했다. 특히 침착해서 최고의 맹인안내견이다. 이 품종이 엄청난 인기를 누리게 된 것은 가정견이 되면서부터다. 래브라도 리트리버는 다정다감하고 사랑스러우며 훈련이 쉽고 칭찬받기를 좋아하여 아이들이나 다른 애완동물과 함께 있어도 믿음직스럽다. 하지만 좋은 경비견이 되기에는 너무 정이 넘친다.

이 품종은 에너지가 넘쳐 지속적인 운동과 두뇌 자극이 필요하다. 매일 오랜 산책이 필수적이며 수영을 포함시키면 더 좋다. 물을 보면 바로 뛰어들 것이다. 래브라도 리트리버는 운동이 부족하거나 자기 뜻대로 하게 내버려 두면 과도하게 짖거나 주변 기물을 부술 수 있다. 체중이 쉽게 늘어나는 편이므로 운동부족과 끝없는 식욕이 합쳐지면 체중 문제를 일으킬 수 있다.

## 안드렉스 강아지

안드렉스 강아지는 영국에서 40년 이상 화장지 상표 안드렉스®의 상징이었다. 필수적이지만 매력적인 아이템은 아니었던 화장지는 금색 래브라도 리트리버 강아지 덕분에 부드럽고 포근하며 끌리는 이미지를 갖게 되었다. 강아지는 호주와 30개국 이상의 광고에 출연했고 현지에서 '클리넥스 강아지'로도 알려졌다. 영국의 안드렉스와 호주의 클리넥스 코트넬은 강아지를 모델로 맹인과 다른 장애인들을 위한 개를 훈련하는 자선 사업을 홍보하고 있다.

강아지

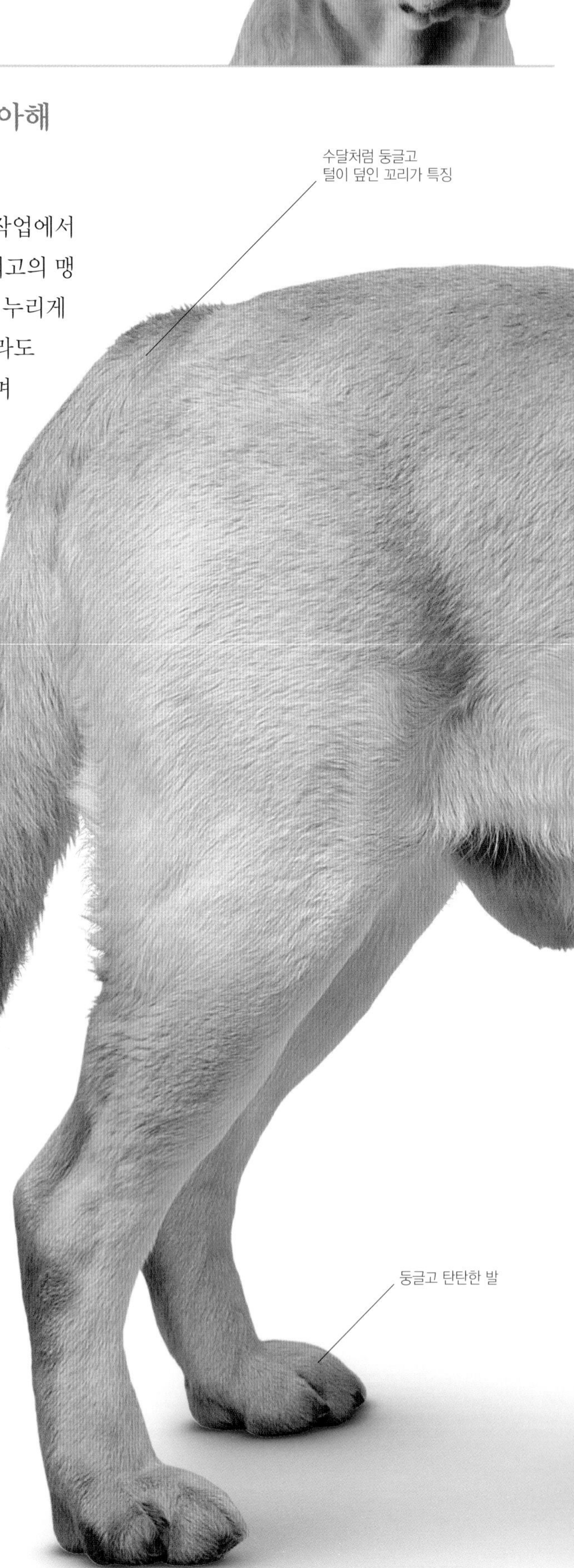

수달처럼 둥글고 털이 덮인 꼬리가 특징

둥글고 탄탄한 발

적당히 드러난 스톱
강력한 목
평평한 등
황색
넓은 두상
중간 크기의
녹갈색 눈
짧은 방수성 털
검은색 코는
나이가 들면서
밝은 갈색으로
변함
넓은 가슴

# 플랫 코티드 리트리버(Flat Coated Retriever)

**체고** 56-61cm (22-24in)
**체중** 25-36kg (55-79lb)
**수명** 11-13년

적갈색

가장 초기 형태의 리트리버 품종으로 과거 영국의 사냥터 관리인이 애용하던 품종이다. 현재도 작업용으로 사용되지만 성격 좋고 멋진 애완견으로 더 자주 보인다. 활발하고 열의가 넘치는 플랫 코티드 리트리버는 침착하고 순종적이다. 짖는 소리가 울려서 좋은 경비견이기도 하다.

# 컬리 코티드 리트리버(Curly Coated Retriever)

**체고** 64-69cm (25-27in)
**체중** 27-32kg (60-71lb)
**수명** 12-13년

적갈색

희귀한 영국 리트리버인 컬리 코티드 리트리버는 물새 사냥용으로 만들어졌다. 다정하고 침착해서 반려견과 보조견으로 사용된다. 에너지가 넘치고 어울릴 동료가 필요하므로 도시보다 전원생활이 더 잘 맞는다.

# 체사피크 베이 리트리버(Chesapeake Bay Retriever)

| 체고 | 체중 | 수명 | |
|---|---|---|---|
| 53-66cm (21-26in) | 25-36kg (55-79lb) | 12-13년 | 담황색을 띠는 금빛 갈색<br>붉은빛 금색<br>작은 흰색 무늬 가능 |

## 난파선의 생존자

체사피크 베이 리트리버의 기원은 1807년까지 거슬러 올라간다. 메릴랜드 해안 난파선에서 뉴펀들랜드 타입 강아지 두 마리가 구조된다. 검붉은 강아지는 세일러, 검은색 암컷은 (배 이름을 딴) 칸톤으로 이름을 지었고 각자 다른 주인이 키웠다. 이들은 총에 맞은 새를 물어 오기 위해 열정적으로 물속으로 뛰어드는 최고의 물새 리트리버로 인정받았다(사진). 세일러와 칸톤이 플랫 코티드 리트리버(p.262)와 컬리 코티드 리트리버(p.262) 등 그 지역 품종들과 교배되어 낳은 강아지는 최초의 체사피크 베이 리트리버가 되었다.

**차분하고 강인한 체사피크 베이 리트리버는 전원생활에 잘 맞으며 충분히 관심받고 운동하는 것을 좋아한다.**

'체시'라고도 하는 체사피크 베이 리트리버는 메릴랜드주에서 유래했다. 최고의 워터 독으로 체사피크만의 차갑고 거친 바다에서 물새를 물어오도록 만들어졌다. 19세기에는 체사피크 베이 독의 근간이었던 세일러와 칸톤의 동상을 주철 제조자들이 회사 엠블럼으로 만들어 사용할 정도로 인기를 누렸다. 1880년대에 체사피크 베이 리트리버는 고유의 타입으로 떠올랐고 1918년 미국 켄넬 클럽으로부터 공인받았다. 체사피크 베이 리트리버는 현재 메릴랜드주를 상징하는 품종이다.

리트리버 특유의 유순하면서도 기민하고 집중력이 좋은 체사피크 베이 리트리버는 현재도 사냥용으로 쓰이고 있다. 이 품종은 높은 파도와 강한 바람 등 어떤 환경에서도 작업하며 사냥감 쪽으로 가기 위해 앞발로 얼음을 깨부수기도 한다. 또한 하루에 수백 마리의 새를 리트리빙한다고 한다. 체사피크 베이 리트리버는 최고의 수영꾼으로 발가락 사이에 물갈퀴와 짧고 빽빽하며 기름진 방수성 털을 가졌다. 반려견으로도 좋지만 충분한 운동, 특히 수영과 리트리빙으로 에너지 소비를 높여야 한다.

**멕시코 애완견**

치와와는 핸드백에 들어갈지 몰라도 패션 액세서리가 아니다. 이 멕시코산 소형견은 대형견만큼 운동을 많이 시켜야 한다.

# 반려견

**세상의 모든 개는 반려견이 될 수 있다. 과거에 가축을 모는 등 실외 작업에 사용된 많은 품종이 이제는 실내에서 가족과 함께 살게 되었다. 이 품종은 대체로 특수한 역할을 하기 위해 만들어졌기 때문에 전통에 따라 원래 용도별로 그룹을 짓는다. 일부 예외가 있지만 이 장에서 소개하는 반려견은 오직 애완 목적으로 만들어졌다.**

반려견은 대부분 소형견으로 일차적으로 무릎에 앉히고 매력적인 외모에 공간을 많이 차지하지 않으면서도 주인을 즐겁게 해 주도록 만들어졌다. 예를 들어 스탠더드 푸들(p.229)은 과거 가축몰이나 물새를 물어 오는 데 쓰였던 푸들을 토이 독으로 축소시켜 더 이상 실제 용도대로 일할 수 없다. 그 외 반려견 그룹으로 묶인 큰 개들 중 달마시안(p.286)은 경비견이나 마차 호위견으로 역할을 수행한 시기가 짧았다. 그리고 그 역할 자체가 더 이상 존재하지 않으므로 달마시안은 이제 사역견으로 쓰이지 않는다.

반려견의 역사는 길다. 그중 몇몇 품종은 중국에서 수천 년 전에 유래했고, 황궁에서 소형견을 장식용 내지는 위로를 얻는 존재로 키웠다. 19세기 말이 되기 전까지 반려견은 대부분 부유층만 향유할 수 있는 소중한 애완동물이었다. 반려견은 초상화에 등장하거나 거실에 다소곳하게 앉아 있는 모습, 보육용 노리개로 아이들과 함께 있는 광경 위주로 그려졌다. 잉글리시 토이 스패니얼(p.279) 등 일부 품종은 과거 왕족의 후원에 힘입어 오래도록 인기를 누렸다.

외모는 반려견의 브리딩에 늘 중요한 요소였다. 수백 년에 걸친 선택교배는 기능적으로 쓸데없지만 매력적인, 간혹 특이한 특징을 만들어 냈다. 예를 들어 사람 얼굴이 눌린 듯한 모양에 크고 둥근 눈을 가진 페키니즈(p.270)와 퍼그(p.268)가 있다. 일부는 불필요하게 긴 털과 휘어진 꼬리를 가졌고, 차이니즈 크레스티드(p.280)처럼 귀 끝과 머리, 다리의 일부분을 제외하면 아예 털이 없는 품종도 있다.

현대에 들어와 반려견은 더 이상 계급의 상징이 아니다. 개들은 다양한 연령대의 주인을 만나, 큰 전원주택에 살거나 작은 아파트에 살기도 한다. 반려견은 지금도 외모로 선택받지만 애정을 나눌 친구나 가족과 즐겁게 활동할 존재를 찾는 이들도 있다.

# 그리펀 브뤼셀(Griffon Bruxellois)

| 체고 | 체중 | 수명 | |
|---|---|---|---|
| 23–28cm (9–11in) | 3–5kg (7–11lb) | 12년 이상 | 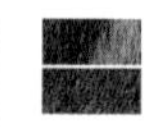 검은색에 황갈색<br>검은색 |

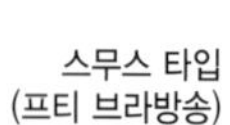

스무스 타입
(프티 브라방송)

## 활발하고 균형이 잘 잡힌 그리펀 브뤼셀은 테리어의 기질을 가졌으며 도시 생활에 잘 적응하지만 유럽 이외 국가에서는 드물다.

소형견인 그리펀 브뤼셀은 벨기에 마구간에서 키우던 개에서 유래했다. 이 품종은 아펜핀셔(p.218)와 친척뻘로 '원숭이를 닮은 얼굴'을 물려받은 것으로 여겨진다. 19세기에는 퍼그(p.268), 루비 킹 찰스 스패니얼(p.279)과 교배된 이후 붉은빛 또는 검은색에 황갈색 털을 가진 개체도 나타나기 시작했다.

그리펀 브뤼셀은 19세기 말에 인기가 있었지만 1945년 즈음에는 벨기에에서 거의 사라졌고, 영국으로부터 개를 수입하는 브리더들 손에서 겨우 살아남았다. 현재도 드물게 존재하지만 〈이보다 더 좋을 순 없다〉, 〈고스포드 파크〉 등 메이저 영화에도 출연했다.

털은 프티 브라방송이라고 부르는 스무스 타입과 수염 털이 독특한 러프 타입이 있다. 일부 국가에서는 검은색 러프 타입을 벨지언 그리펀으로 정의하고 그 외 러프 타입의 모든 색상을 그리펀 브뤼셀이라 한다.

대담하고 당당한 성격으로 다정하고 즐거움을 주는 반려견이지만 어린아이와 함께 살기에는 너무 예민할 수 있다. 이 품종은 충분한 산책이 필요하고, 애정받기를 좋아한다.

### 마구간에서 왕실 애완견으로

그리펀 브뤼셀은 브뤼셀 거리에서 '거리의 작은 아이'라 불리며 흔히 보이던 털이 거친 소형견의 자손이다. 이 품종은 도시의 멋진 마부들이 좋아하여 쥐를 잡기 위해 마구간에서 길렀다. 19세기에 이 품종은 애완견으로 사회 전반에서 인기를 끌었다. 벨기에 왕비 마리 앙리에트(사진은 하녀와 함께한 모습)도 열렬한 애호가였던 덕분에 그리펀 브뤼셀은 국제적으로 유명해졌다.

러프 타입
(그리펀 브뤼셀)

스무스 타입
(프티 브라방송)

## 아메리칸 불독(American Bulldog)

**체고** 51–69cm (20–27in)
**체중** 27–57kg (60–125lb)
**수명** 16년까지

다양한 색상

초기 영국 이주민들이 불독(p.95)을 미국으로 들여왔다. 브리더인 존 D. 존슨과 앨런 스콧은 영국의 다양한 종을 활용하여 더 크고 활동적이며 다재다능한 아메리칸 불독을 개발했다. 이 품종은 수컷이 암컷보다 훨씬 몸집이 크다.

## 올드 잉글리시 불독(Olde English Bulldogge)

**체고** 41–51cm (16–20in)
**체중** 23–36kg (51–79lb)
**수명** 9–14년

다양한 색상

올드 잉글리시 불독은 근육질 품종으로 19세기 오리지널 불독을 재탄생시킨 것이다. 1970년대에 미국에서 데이비드 레빗이 만들었으며 현대의 불독이 가진 건강 문제를 해결했다. 당당하고 용감하며 영리한 이 품종은 훌륭한 가족 반려견이지만 어릴 때부터 사회화와 훈련을 시키는 것이 좋다.

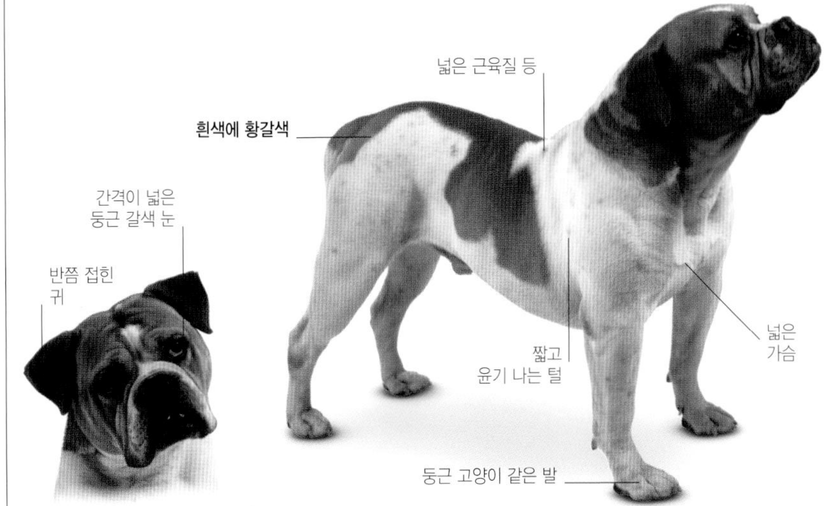


## 프렌치 불독(French Bulldog)

**체고** 28–33cm (11–13in)
**체중** 11–13kg (24–29lb)
**수명** 10년 이상

얼룩이 섞인 검은색

프렌치 불독은 강인하고 탄탄한 소형견으로 훌륭한 반려견이지만 주인이 아끼는 의자에 함께 앉기를 원할 정도로 주인을 대하는 의식이 약하다. 이 품종은 놀이를 매우 좋아하며 따뜻하지만 엄한 지도가 필요하다. 19세기에 프랑스로 들여온 영국의 토이 불독의 자손이다.

# 퍼그(Pug)

| 체고 | 체중 | 수명 | 색상 |
|---|---|---|---|
| 25-28cm (10-11in) | 6-8kg (13-18lb) | 10년 이상 | 은색, 살구색, 검은색 |

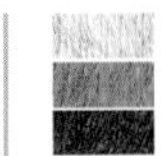

## 명랑하고 차분하며 영리한 퍼그는 사람들을 매우 좋아하지만 가끔 고집스러울 수 있다.

작고 다부진 체격에 퍼그를 닮은 품종은 수백 년 동안 존재했지만 퍼그의 조상과 기원은 아직 불확실하다. 유전적 증거에 따르면 그리펀 브뤼셀, 특히 스무스 타입 프티 브라방송(p.266)과 가장 가까운 관계에 있다. 또한 페키니즈(p.270), 시추(p.272)와 공통의 조상을 가지고 있다. 이 품종들은 퍼그와 함께 현재는 멸종한 중국의 하바궈(哈吧狗, Chinese Happa Dog)와 연결고리가 있는 것으로 추정된다.

퍼그를 닮은 품종은 16세기에 동인도회사 교역상들이 유럽으로 들여왔다. 이 품종은 네덜란드 귀족층 사이에서 매우 유명해져 1689년 오렌지 공 윌리엄과 메리가 왕위계승을 위해 영국으로 갈 때 함께 데리고 갔다. 이 품종은 18세기에 인기가 더욱 높아져 프란시스코 고야(1746-1828)와 윌리엄 호가스(1697-1764)(p.22)의 그림에도 등장했다.

19세기에 퍼그는 미국으로 수입되어 1885년에 공인되었다. 1877년 중국에서 영국으로 개가 수입되면서 세 번째 색상으로 검은색 퍼그가 출현했고 1896년 켄넬 클럽에서 이를 인정했다.

주름지고 슬픈 듯한 퍼그의 작은 얼굴 밑에는 발랄하고 때로는 짓궂기까지 한 외향적인 성격이 숨어 있다. 퍼그는 매우 영리하고 다정다감하며 충성스러워 아이들이나 다른 애완동물과 잘 지낸다. 이 품종은 주기적으로 운동을 시켜야 하지만 넓은 공간이 필요하지는 않다.

### 얼굴의 변화

아래의 1893년 판화에서 보이듯이 퍼그의 외모는 19세기 이래로 급격한 변화를 겪었다. 당시 퍼그는 주둥이가 더 길고 납작한 얼굴이나 들창코가 아니었다. 다리도 더 길었으며 몸통은 사각형이 아닌 근육질이었다. 현대의 퍼그가 가진 특징들은 19세기가 끝날 무렵에 나타나기 시작했다. 당시에는 그림 속 퍼그와 같이 귀를 자르는 것이 일반적이었는데, 빅토리아 여왕이 이를 잔인하다고 여겨 영국에서 금지시켰다.

# 페키니즈(Pekingese)

| 체고 | 체중 | 수명 | 다양한 색상 |
|---|---|---|---|
| 15-23cm (6-9in) | 5kg (11lb) | 12년 이상 | |

**위엄 있고 용감하지만 예민하며 성격이 좋은 페키니즈는 자기 의지가 강해서 훈련이 어렵다.**

페키니즈는 중국의 수도(과거 페킹, 현재는 베이징)에서 이름이 유래했으며 DNA 분석에 따르면 현존하는 가장 오래된 품종 중 하나다. 작은 들창코를 가진 이 품종은 최소 당나라 시대(618-907)부터 중국 황실과 연을 맺었다. 이 품종은 불교에서 고귀한 상징인 사자를 닮은 신성한 존재로 여겨 왕족들만 소유할 수 있었다. 평민들은 개에게 절을 해야 했고 개를 훔치는 자는 사형에 처했다. 그중 가장 작은 개체는 '소매에 넣는 개'라 하여 귀족의 넓은 소매 속에 감시견으로 넣고 다녔다.

1820년대에 이 품종은 중국에서 인기가 절정에 달했으며 최고의 개는 황실 개 도감에 그려 족보처럼 남겼다. 페키니즈는 1860년에 영국이 황궁을 약탈했을 때 포획한 5마리가 서양으로 넘어갔다. 이후 1900년대에 서태후가 유럽과 미국에서 온 손님들에게 페키니즈를 선물로 주었다.

페키니즈는 아파트에 완벽한 품종이며 운동을 좋아하지만 오래 산책할 필요가 없다. 충성스럽고 두려움이 없는 반려견이지만 아이들이나 다른 개를 질투할 수 있다.

## 사자와 마모셋 원숭이

중국 설화에 따르면 어느 사자는 마모셋 원숭이와 몸집의 차이로 이루어질 수 없는 사랑에 빠졌다. 사자는 동물의 수호성인에게 자신의 몸을 마모셋 원숭이와 같은 크기로 줄이되 사자의 심장과 특징은 남겨 달라고 간청했다. 그리하여 사자와 마모셋 원숭이가 합쳐진 동물인 사자 개가 태어나게 되었다[황실 개 도감에 하바궈(우측)와 함께 그려진 삽화].

## 비숑 프리제(Bichon Frise)

**체고** 23-28cm (9-11in)
**체중** 5-7kg (11-15lb)
**수명** 12년 이상

비숑 프리제는 테네리페 독이라고도 하며 프렌치 워터 독(p.229)과 푸들(p.229)의 자손으로 테네리페섬에서 프랑스로 넘어갔다고 한다. 발랄한 소형견으로 관심을 한 몸에 받기를 좋아하고 혼자 남겨지는 것을 좋아하지 않는다.

## 코통 드 툴레아(Coton de Tulear)

**체고** 25-32cm (10-13in)
**체중** 4-6kg (9-13lb)
**수명** 12년 이상

털이 긴 소형견인 코통 드 툴레아는 발랄한 성격으로 잘 알려져 있다. 이 품종은 사람이나 다른 개와 어울리기를 좋아하고 혼자 남겨지는 것을 좋아하지 않는다. 프랑스에 소개되기 전 수백 년 동안 마다가스카르에 있던 품종으로 '로열 독 오브 마다가스카르'라고도 한다.

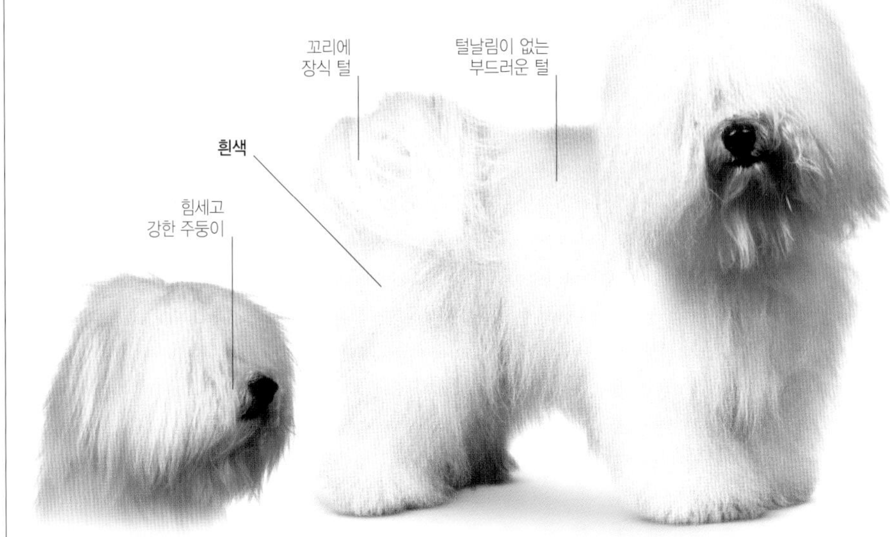


## 라사 압소(Lhasa Apso)

**체고** 25cm까지 (10in)
**체중** 6-7kg (13-15lb)
**수명** 15-18년

다양한 색상

라사 압소는 티베트 사원과 수도원에서 감시견으로 처음 키웠으며 1920년대에 인도를 통해 유럽으로 들어왔다. 작고 강인한 품종으로 수 킬로미터는 가볍게 걷는다. 길게 흘러내리는 털은 관리가 어렵지 않다.
이 품종은 매우 다정하지만 꽤나 고집스러울 수 있다.

# 시추(Shih Tzu)

| 체고 | 체중 | 수명 | 다양한 색상 |
|---|---|---|---|
| 27cm까지 (11in) | 5-8kg (11-18lb) | 10년 이상 | |

**영리하고 활기가 넘쳐 외향적인 시추는 가족의 일원이 되는 것을 좋아해서 전 세계적으로 인기 있는 애완견이다.**

강인한 품종인 시추는 티베트에서 기르던 작고 털이 긴 '사자 개'의 자손이다. 티베트의 영적 지도자 라마는 이 귀중한 개를 중국 황제에게 진상품으로 바쳤고, 그 개들은 수백 년 동안 서양에서 들어온 소형견들과 교배되었다. 시추는 페키니즈(p.270)와 마찬가지로 불교에서 신성한 상징이며, 중국인들이 사자와 닮았다고 생각해 신성한 개로 취급되었다. 품종명은 중국어로 '작은 사자'라는 뜻이다.

시추는 왕족들이 좋아한 품종이다. 19세기 말 서태후는 퍼그(p.268), 페키니즈(p.270)와 함께 시추 브리딩 켄넬을 소유했지만 1908년 그녀가 죽자 개들은 사라졌다.

1912년 중국이 공화정으로 바뀌면서 시추는 해외로 수출되었다. 수출된 개 중 일부가 영국과 노르웨이에서 살아남았고 그중 영국으로 간 개들이 오늘날 시추의 토대가 된다. 이 품종은 1934년 영국에서 공인되었다. 영국 시추는 유럽과 호주로 수출되었고 제2차 세계대전 이후 미국에도 소개되었다. 하지만 원산지인 중국에서는 개체 수가 줄어들다가 1949년 공산혁명이 일어나면서 거의 멸종에 이르렀다. 오늘날 시추는 세계에서 가장 인기 있는 토이 품종 중 하나다. 위엄 있는 자태와는 달리 다정하고 붙임성 있는 애완견이지만 자기 의지가 강할 수 있다. 긴 털은 매일 손질해 주어야 하지만 털날림이 거의 없어 알레르기가 있는 이들에게 적당하다.

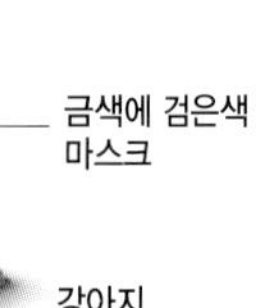

금색에 검은색 마스크

강아지

검은색에 흰색

## 새로운 발견

열정적인 브리더였던 레이디 브라운리그(사진)는 1930년 검은색에 흰색 털의 작은 개를 암컷과 수컷 한 마리씩 영국으로 들여왔다. 두 번째로 들여온 수컷은 아일랜드로 보내졌다. 이 세 마리의 자손은 레이디 브라운리그 켄넬의 기초축이 되어 오늘날 존재하는 많은 개의 조상이 되었다. 1933년 티베트 독 부문에서 처음 공개되었을 때 브라운리그의 개는 라사 압소(p.271)나 티베탄 테리어(p.283)와 확연히 다른 품종이었다. 이후 그녀는 티베탄 라이온 독 클럽을 창설하고 최초로 견종표준을 세우게 된다.

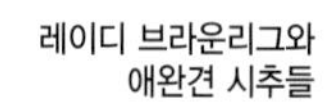

레이디 브라운리그와 애완견 시추들

풍성하고 끝이 흰 장식
털이 있는 꼬리
길고 빽빽한
겉털
위로 자라서 주둥이를
감싸는 털
이마에
흰 줄무늬
긴 털에 가려진
짧은 근육질 다리

# 로첸(Löwchen)

**체고** 25-33cm (10-13in)
**체중** 4-8kg (9-18lb)
**수명** 12-14년

모든 색상 가능

로첸은 프랑스와 독일에서 유래되었다. 로첸은 독일어로 '작은 사자'라는 뜻으로 리틀 라이언 독이라는 이름도 있다. 밝은 성격의 다부진 품종으로 민첩하고 재빠른 것으로 유명하다. 영리하고 외향적인 로첸은 같이 생활하기 좋다. 애완견으로 추천되며 크기와 털날림이 없어서 가정견으로 적합하다.

# 볼로네즈(Bolognese)

**체고** 26-31cm (10-12in)
**체중** 3-4kg (7-9lb)
**수명** 12년 이상

볼로네즈는 북부 이탈리아에서 유래했다. 유사한 품종이 로마 시대에도 알려져 있었으며 16세기 이탈리아 그림에도 다수 나타난다. 친척뻘인 비숑 프리제(p.271)보다 살짝 내성적이고 낯을 가린다. 볼로네즈는 사람들을 매우 좋아하며 주인과 긴밀한 관계를 형성한다. 비숑 프리제처럼 털날림이 없다.

# 말티즈(Maltese)

**체고** 25cm까지 (10in)
**체중** 2-3kg (5-7lb)
**수명** 12년 이상

지중해의 고대 품종으로 기원전 300년경 문헌에도 말티즈를 닮은 품종을 언급하고 있다. 초콜릿 박스를 닮은 작은 몸집 속에는 활발하고 놀이를 좋아하는 성격이 숨어 있다. 길고 비단결 같은 털은 털날림은 없지만 엉킴 방지를 위해 매일 손질하는 등 가장 많이 신경 써야 한다.

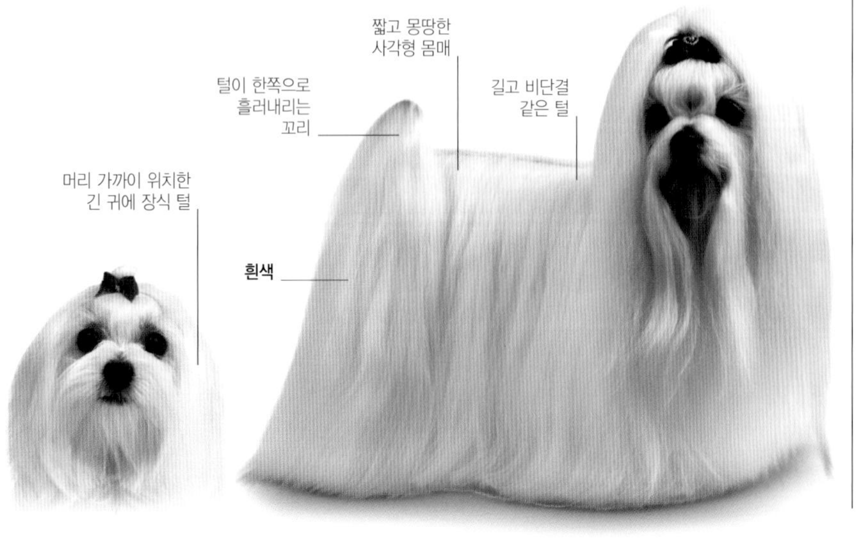


# 하바니즈(Havanese)

**체고** 23-28cm (9-11in)
**체중** 3-6kg (7-13lb)
**수명** 12년 이상

모든 색상 가능

하바니즈는 쿠바의 국견이며 현지에서는 아바네로라고 부른다. 비숑 프리제(p.271)의 친척뻘로 이탈리아 혹은 스페인 교역상들이 쿠바로 들여온 것으로 여겨진다. 하바니즈는 가족들과 함께 있기를 좋아하고 아이들과 끝없이 놀 수 있으며 좋은 감시견이기도 하다.

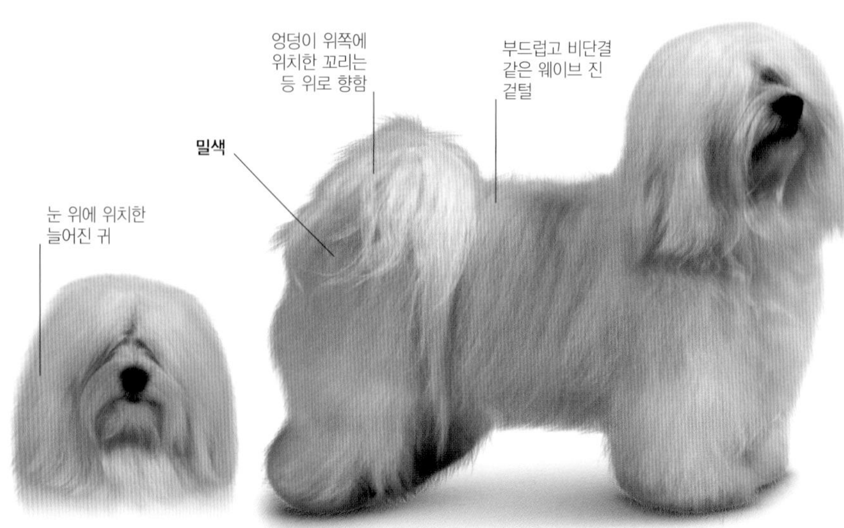

# 러시안 토이(Russian Toy)

| 체고 | 체중 | 수명 | |
|---|---|---|---|
| 20-28cm (8-11in) | 3kg까지 (7lb) | 12년 이상 | 적색<br>검은색에 황갈색<br>청색에 황갈색 |

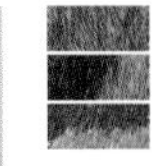

## 자그마한 테리어

소형견은 애완견으로 늘 인기가 많아서 여러 가지 품종이 만들어졌다. 러시안 토이는 국제애견협회에서 2006년에 공인한 가장 최근에 탄생한 품종 중 하나다. 치와와(p.282)만큼 작아 세계에서 가장 작은 품종 중 하나이기도 하다. 이 품종은 작은 몸집에 표현이 풍부한 큰 눈과 큼직하고 쫑긋한 삼각형 귀를 가지고 있다.

스무스 타입 강아지

**작지만 연약하지 않고 대범한 성격을 가진, 사랑스러운 러시안 토이는 사람들과 잘 지낸다.**

루스키 토이라고도 하는 이 초소형 품종은 18세기에 러시아로 처음 들어와 영국식 생활을 동경하는 귀족층의 열망을 채워 주었다. 러시안 토이는 귀족과 연계된 덕분에 1917년 공산 혁명 기간 동안 개체 수가 심각하게 줄어들게 된다. 1940년대 말에는 숫자가 더욱더 줄어 군사적 용도로만 키웠다. 그 와중에 살아남았던 미니어처의 자손이 스무스 타입 러시안 토이가 된다. 장모종 러시안 토이는 1958년 모스크바에서 스무스 타입 부모에게서 비단결 같은 털과 귀에 장식 털이 달린 강아지가 태어나면서 등장했다.

1980년대에 소련이 해체되자 이번에는 서양 품종들이 유입되면서 장모종과 단모종 모두 개체 수가 많이 줄었다. 현재 두 타입 모두 희귀하지만 1988년 러시아에서 공인하면서 생존이 확인되었다. 러시안 토이는 자그마한 크기와 연약해 보이는 모습에도 활동적이고 에너지가 넘치며 대체로 몸이 튼튼하다.

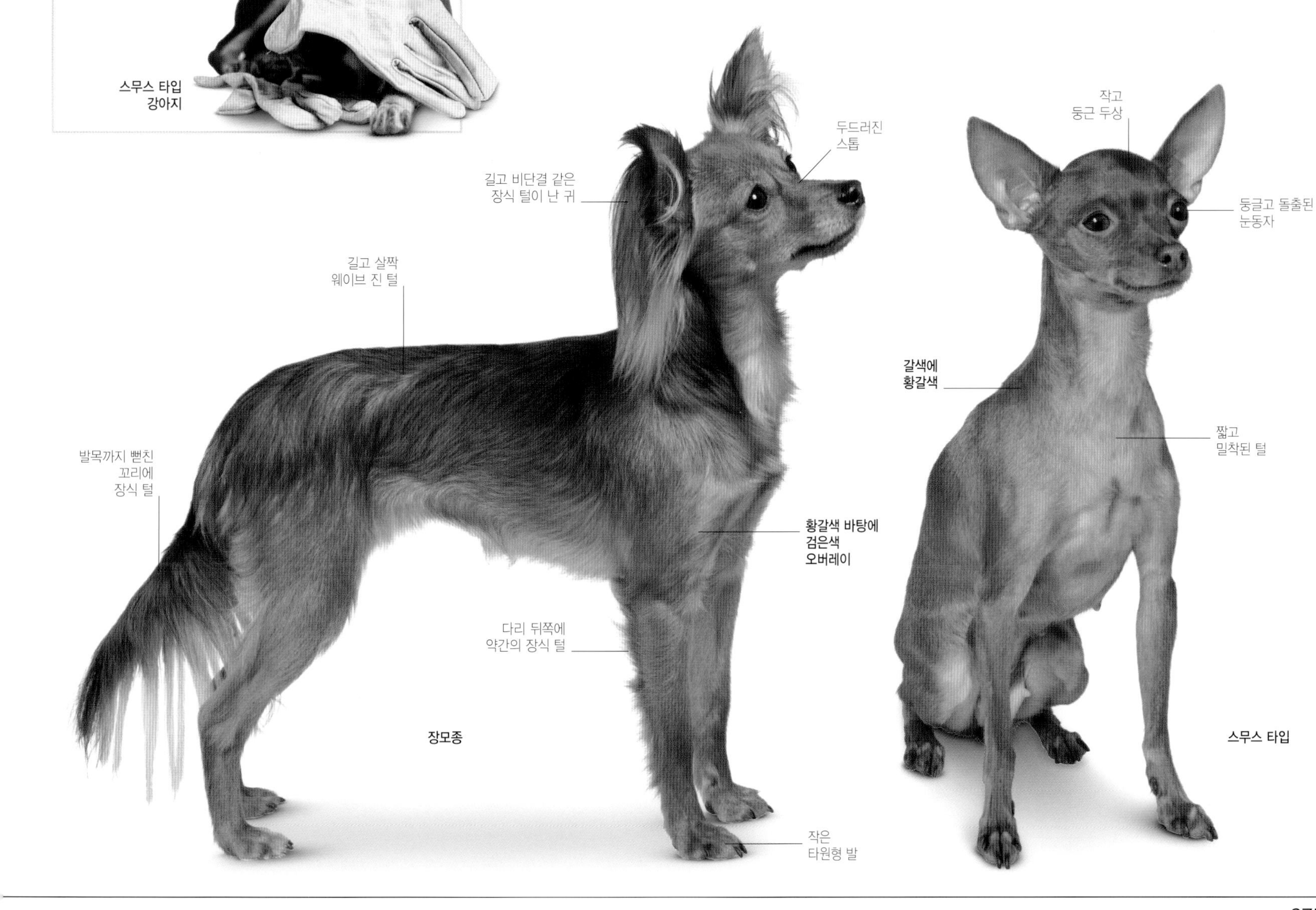


장모종

스무스 타입

# 푸들(Poodle)

| 체고 | 체중 | 수명 | 모든 단색 허용 |
|---|---|---|---|
| 토이: 28cm까지 (11in)<br>미니어처: 28-38cm (11-15in)<br>미디엄: 38-45cm (15-18in) | 토이: 3-4kg (7-9lb)<br>미니어처: 7-8kg (15-18lb)<br>미디엄: 21-35kg (46-77lb) | 12년 이상 | |

**매우 영리하고 타고난 재주꾼인 푸들은 외향적인 품종으로 활동적이고 민첩하며 학습이 빠르다.**

오늘날 존재하는 작은 사이즈의 푸들은 모두 스탠더드 푸들(p.229)을 근간으로 만들어졌다. 푸들이 처음 출현한 직후 푸들의 크기를 줄이는 과정은 빠르게 진행되어 축소판은 단시간에 출현했다. 푸들을 닮은 품종은 15세기 말에서 16세기 초 사이 독일 예술가 알브레히트 뒤러의 판화에 나타난다. 작은 푸들은 과거부터 반려견으로 키웠으며 루이 14세와 루이 16세의 통치 기간 동안 프랑스 궁중과 스페인 궁중에서 큰 인기를 끌었다. 영국에는 18세기에 소개되었다. 작은 푸들은 19세기 말에 미국에 소개되어 1950년대가 되어서야 유명세를 타기 시작했지만 현재는 미국에서 가장 사랑받는 품종 중 하나다. 작은 푸들 중 가장 잘 알려진 것은 미니어처 푸들과 토이 푸들이다. 그 외에도 국제애견협회에서는 스탠더드 푸들과 미니어처 푸들의 중간 크기인 미디엄 푸들(클라인 푸들 또는 무아옝 푸들)을 인정하고 있다.

작은 푸들은 특이하게도 서커스에서 활용되었는데, 지능이 높고 훈련이 쉬워 다양한 재주를 부릴 수 있었다. 독쇼뿐만 아니라 서커스는 다양하고 멋진 푸들 미용이 발달한 계기가 된 것으로 보고 있다.

푸들은 에너지가 넘치고 영리하고 다정하며 칭찬받기를 좋아한다. 예민한 품종으로 한 사람과 가장 긴밀한 유대감을 형성하는 경향이 있다. 털날림이 적지만 정기적으로 브러시질과 미용을 해 주어야 한다.

강아지

## 미용 스타일

푸들은 털날림이 없어서 털을 밀어 주어야 한다. 대부분의 미용에서 일부 부위는 털을 길게 남기고 나머지는 민다. 사역견으로 쓰던 스탠더드 푸들(p.229)의 오리지널 스타일은 다리를 덤불로부터 보호하고 중요한 기관들은 따뜻하게 유지하는 형태로 털을 깎되 얼굴, 뒷다리, 허벅지는 청결을 유지하고 이동을 쉽게 하기 위해 털을 밀었다. 독쇼, 퍼포먼스, 프로페셔널 그루밍에 따라 수많은 미용법이 탄생했고 그중 두 가지를 19세기 판화에서 확인할 수 있다(사진).

미니어처

# 카이 레오(Kyi Leo)

**체고** 23-28cm (9-11in)
**체중** 4-6kg (9-13lb)
**수명** 13-15년

**다양한 색상**
황갈색 무늬 가능

발랄하고 다정한 미국 품종으로 인기가 점점 높아진 카이 레오는 부모 견종에서 이름을 지었다. 티베트어로 개라는 뜻의 카이는 티베트 원산인 라사 압소에서 라틴어로 사자라는 뜻의 레오는 과거 라이언 독으로 불렸던 말티즈에서 각각 이름을 따왔다. 기민한 성격으로 실내 생활에 잘 맞으며 감시견으로 좋다.

# 캐벌리어 킹 찰스 스패니얼(Cavalier King Charles Spaniel)

**체고** 30-33cm (12-13in)
**체중** 5-8kg (11-18lb)
**수명** 12년 이상

**프린스 찰스(우측)**
**루비 적색**

잉글리시 토이 스패니얼(p.279)의 친척뻘인 이 품종의 조상은 수백 년을 거슬러 올라간다. 크고 짙은 색 눈에 마음을 녹이는 표정을 지으며 늘 반갑게 꼬리를 치는 캐벌리어 킹 찰스 스패니얼은 놀이를 좋아하고 훈련이 쉬우며 아이들을 매우 좋아하는 완벽한 가족 애완견이다. 비단결 같은 털은 정기적인 손질이 필요하다.

# 킹 찰스 스패니얼(King Charles Spaniel)

| 체고 | 체중 | 수명 | |
|---|---|---|---|
| 25-27cm (10-11in) | 4-6kg (9-13lb) | 12년 이상 | 루비 적색<br>킹 찰스 |

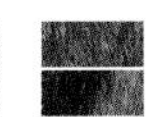

## 왕실의 애견

애완견에 푹 빠져 있던 영국의 찰스 2세(1630-1685)는 애견이 왕궁 어디든지, 심지어 국가 행사 시에도 돌아다닐 수 있도록 했다(안토니 반 다이크의 그림에 나오는 어린 시절의 찰스와 두 누이, 그리고 두 마리 애견). 새뮤얼 피프스가 쓴 일기는 왕이 개를 얼마나 사랑하는지, 심지어 개와 노느라 회의에 참석하지 않은 기행에 대해 기록하고 있다. 찰스 2세가 개에 가졌던 애착은 킹 찰스 스패니얼이라는 품종 이름으로 오늘날까지 남아 있다.

**바른 품행을 타고나고 칭찬받기를 좋아하는 킹 찰스 스패니얼은 유순하고 다정한 반려견이다.**

잉글리시 토이 스패니얼이라고도 하며 캐벌리어 킹 찰스 스패니얼(p.278)보다 조금 크고 먼저 탄생한 친척뻘인 품종이다. 킹 찰스 스패니얼의 조상은 16세기에 유럽과 영국의 궁중에서 처음 나타났으며 중국과 일본 소형견의 자손으로 추정된다.

주인을 편안하게 하는 용도로 쓰인 이 품종의 초기 모습은 다른 스패니얼과 외양이 비슷했으며 일부 사냥에 쓰이는 개체도 있었다. 18세기 말부터 퍼그(p.268)와 교배되면서 코가 멋지게 짧아지고 무릎 개 위주로 사용하게 되었다. 19세기가 끝날 무렵에는 네 가지 종류가 존재했다. 검은색에 황갈색 털을 가진 킹 찰스, 적색에 흰색 털을 가진 블레넘, 짙은 적색 털을 가진 루비, 흰 바탕에 검은색과 황갈색 무늬를 가진 프린스 찰스의 네 가지 종류는 모두 1903년에 킹 찰스 스패니얼이라는 단일 품종으로 재분류되었다.

현대의 킹 찰스 스패니얼은 조용하고 순종적이면서도 장난기 넘치는 품종으로 훌륭한 가족 애완견이다. 이 품종은 작은 집에서 즐겁게 지내며 적당한 운동만 필요로 한다. 누군가 함께 어울리는 것을 매우 좋아해서 오랜 기간 홀로 내버려 두면 안 된다. 긴 털은 며칠에 한 번씩 손질해 줘야 한다.

**촬영 준비 완료**

기민한 표정, 근육질 몸매, 꼬리의 위치가 사진 속 차이니즈 크레스티드의 장난기 넘치는 성격을 잘 나타낸다. 길게 흘러내리는 관모 털과 귀의 장식 털이 매력을 더한다.

# 차이니즈 크레스티드(Chinese Crested)

| 체고 | 체중 | 수명 | 모든 색상 가능 |
|---|---|---|---|
| 23-33cm (9-13in) | 5kg까지 (11lb) | 12년 | |

## 집시 로즈 리

현대의 차이니즈 크레스티드를 만들어 낸 최초의 브리더 중 하나로 유명한 미국 풍자극 연기자 집시 로즈 리가 있다. 리는 여동생이 동물보호센터에서 구조한 차이니즈 크레스티드를 받으면서 이 품종을 접했다. 리(사진 좌측)는 자신의 애견을 연기에 등장시켜 이 품종을 대중에게 알리는 데 일조했다. 또한 그녀는 1950년대에 리 브리딩 켄넬을 설립해서 차이니즈 크레스티드를 브리딩했고, 오늘날 존재하는 두 메인 혈통 중 하나를 정립하게 된다.

**우아하고 영리한 차이니즈 크레스티드는 어디서든 시선을 끌지만 실외 운동을 좋아하지 않는 편이다.**

세계적으로 몇몇 품종은 털이 없는 것이 특징이다. 이 현상은 유전자 돌연변이로 처음에는 특이하다고 여겼지만 벼룩, 털날림, 채취가 없다는 점에서 사람들이 선호하게 되었다. 차이니즈 크레스티드는 털 손질이 거의 필요없지만 민감한 피부가 노출되어 있어서 겨울에는 외투를 입혀 따뜻하게 하고 여름에는 피부가 타거나 건조해지지 않도록 보호해야 한다. 섬세한 피부를 지니고 실제로 운동이나 활동을 하지 않아도 되는 이 품종은 실외에서 많은 시간을 보내는 주인에게 맞지 않는다. 하지만 즐겁고 붙임성 있고 발랄해서 노인과 잘 어울리는 반려견이다.

파우더퍼프 타입은 털이 있는 차이니즈 크레스티드로 길고 부드러운 털은 엉킴 방지를 위해 주기적인 손질이 필요하다. 두 타입 모두 한 배에서 출생할 수 있다. 차이니즈 크레스티드 중 일부는 다른 개체보다 몸집이 더 가볍다. 뼈대가 가는 개체는 디어라고 하고 몸집이 큰 개체는 코비라고 한다.

파우더퍼프 타입

# 치와와(Chihuahua)

| 체고 | 체중 | 수명 | 모든 색상 가능 |
|---|---|---|---|
| 15-23cm (6-9in) | 2-3kg (5-7lb) | 12년 이상 | 언제나 단색이며 얼룩무늬가 전혀 없음 |

## 다정하고 영리하며 자그마한 치와와는 대형견의 성격을 지닌 헌신적인 애완견이다.

세계에서 가장 작은 치와와는 1850년대에 이 품종이 발견된 멕시코주 이름에서 유래했다. 이 품종은 토착민이던 톨텍족(800-1000)들이 키우면서 식용이나 종교 의식에 사용했던 작고 짖지 않는 개인 테치치의 후손으로 여겨진다.

작은 개는 15-16세기에 탐험가 크리스토퍼 콜럼버스와 스페인 정복자들에게 알려졌다. 치와와는 1890년대에 미국으로 처음 수입되었고 1904년에 미국 켄넬 클럽의 공인을 받았다. 치와와는 1930년대와 1940년대의 인기 여배우 루페 벨레스와 밴드 리더인 사비에르 쿠가트의 무릎 개 패션으로 유명해졌으며 현재는 미국에서 가장 인기 있는 품종 중 하나다.

치와와는 전형적으로 코가 짧고 두개골이 동그란 애플헤드를 가졌다. 단모종과 장모종 두 가지가 있으며 양쪽 모두 최소한의 털 손질만 필요하다.

이 품종은 다정다감한 반려견이며 종종 주인과 깊은 애착관계를 형성한다. 매일 짧은 산책과 놀이면 충분하다. 대체로 아이에게는 추천하지 않으며 성인의 경우 액세서리가 아닌 견공으로 대할 것을 유념해야 한다.

### 타코벨의 마스코트 기젯

1997년 기젯이라는 치와와는 텍사스식 멕시칸 푸드 텍스멕스 체인점 타코벨의 마스코트로 선정되었다. 기젯은 암컷이었지만 광고 속에서 연기한 캐릭터는 멕시코 억양의 성인 남성 목소리였다. 기젯은 슈퍼스타가 되었고 타코벨 상표는 엄청나게 유명해졌다. 2000년에 광고활동이 끝나자 기젯은 영화 〈금발이 너무해 2〉와 다른 광고에도 출연했다. 기젯은 15세를 일기로 2009년에 죽었다.

# 티베탄 스패니얼(Tibetan Spaniel)

**체고** 25cm (10in)
**체중** 4-7kg (9-15lb)
**수명** 12년 이상

모든 색상 가능

이 소형견은 유쾌하고 느긋한 성격을 지니고 있다. 티베트 승려들이 길렀던 품종으로 오랜 역사를 자랑하는 티베탄 스패니얼은 1900년 무렵에 의료 선교사들이 귀국하면서 영국으로 처음 들여왔다. 살짝 도도한 모습을 보이지만 하루 종일 놀 정도로 즐거운 성격의 소유자다.

# 티베탄 테리어(Tibetan Terrier)

**체고** 36-41cm (14-16in)
**체중** 8-14kg (18-31lb)
**수명** 10년 이상

다양한 색상

올드 잉글리시 쉽독(p.56)의 축소판을 닮은 티베탄 테리어는 원래 가축을 몰기 위해 만들어졌으며 중국을 오가는 교역상들이 경비견으로도 활용했다. 이 중형견은 엄하게 이끌 필요가 있지만 충성심과 헌신으로 보답하는 반려견이다. 긴 털은 매일 손질해 주어야 한다.

## 재패니즈 친(Japanese Chin)

**체고** 20–28cm (8–11in)
**체중** 2–3kg (5–7lb)
**수명** 10년 이상

적색에 흰색

재패니즈 친의 조상은 중국에서 일본 천황에게 하사한 선물로 추정된다. 이 품종은 일본 황궁에서 여인들의 무릎과 손을 데우는 데 특별히 사용되었다. 작은 공간에서도 즐겁게 생활하므로 아파트에서 키우기 적합하지만 풍성한 털이 많이 빠진다.

## 노스 아메리칸 셰퍼드 (North American Shepherd)

**체고** 33–46cm (13–18in)
**체중** 7–14kg (15–31lb)
**수명** 12–13년

적색 얼룩무늬
청색 얼룩무늬

노스 아메리칸 셰퍼드는 미국 브리더가 만든 오스트레일리언 셰퍼드(p.68)의 축소판으로 미니어처 오스트레일리언 셰퍼드라고도 한다. 매우 영리하고 훈련이 쉬우며 아이들과 아주 잘 지낸다. 이 품종은 칭찬받기를 좋아하지만 장기간 홀로 내버려 두면 기물을 파괴할 수 있다.

## 데니시-스웨디시 팜독(Danish-Swedish Farmdog)

**체고** 32–37cm (13–15in)
**체중** 7–12kg (15–26lb)
**수명** 10–15년

세 가지 색 혼합

사역견인 데니시-스웨디시 팜독은 역사적으로 덴마크와 스웨덴의 농장에서 반려견 외에도 가축몰이, 감시, 쥐잡이에 사용되었다. 놀이를 매우 좋아하며 아이들과 잘 지내는 멋진 가정견이다. 작은 동물을 쫓아가는 성향이 있다.

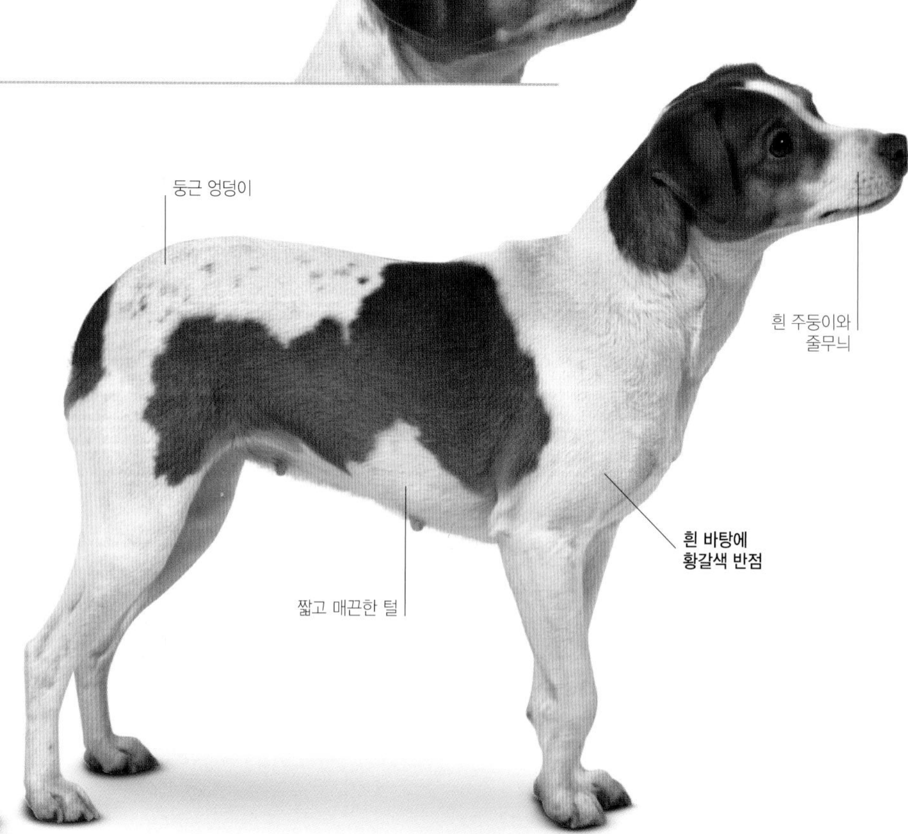

# 히말라얀 쉽독(Himalayan Sheepdog)

**체고** 51–63cm (20–25in)
**체중** 23–27kg (51–60lb)
**수명** 10–11년

금색
검은색
검은색에 황갈색(우측)

히말라야의 저지대에서 유래한 히말라얀 쉽독은 희귀한 품종으로 보티아라고도 한다. 더 큰 티베탄 마스티프(p.80)와 친척뻘이지만 정확한 기원과 용도는 불분명하다. 이 품종은 힘이 세고 가축몰이 본능이 강하다. 가족 애완견으로 기를 때 좋은 반려견이자 효율적인 경비견이다.

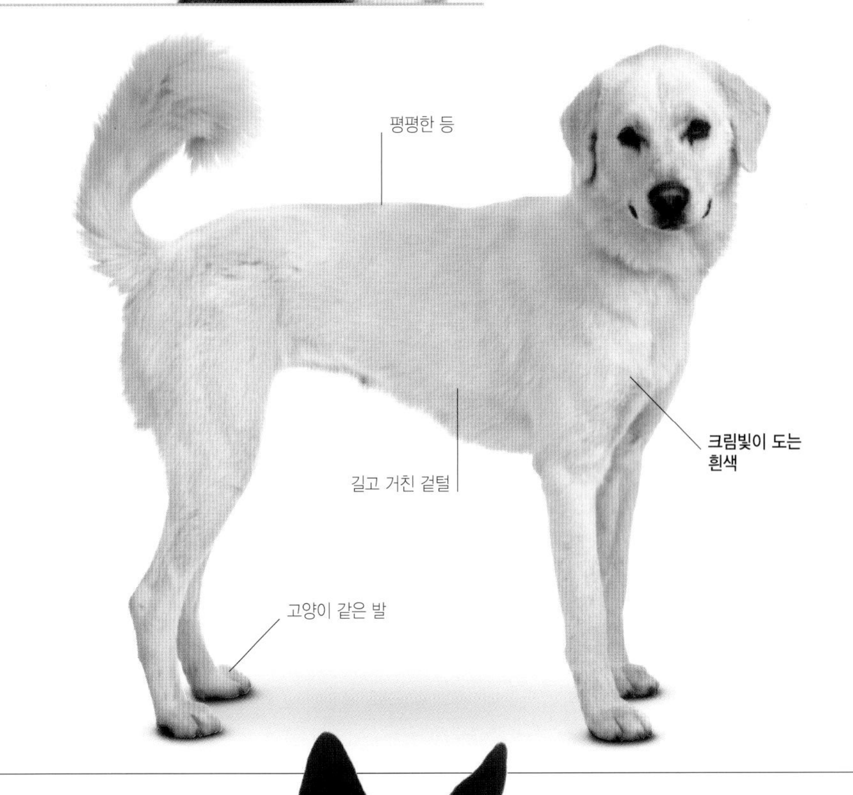


# 타이 리지백(Thai Ridgeback)

**체고** 51–61cm (20–24in)
**체중** 23–34kg (51–75lb)
**수명** 10–12년

옅은 황갈색
적색
청색

오래된 품종인 타이 리지백은 태국 내에서 키우다가 1970년대 중반 이후 다른 나라에 알려졌다. 사냥견, 수레 호위견, 경비견으로 사용되었고 초기에 지리적으로 고립되어 다른 개들과 교배되지 않아 대부분 타고난 본능과 충동이 남아 있다. 오늘날 반려견으로 주로 키우며 집과 가족을 본능적으로 지키는 충성스럽고 다정다감한 애완견이다. 다만 종종 다른 개들을 경계해서 사회화시키지 않으면 공격적이거나 낯가림을 할 수 있다.

# 달마시안(Dalmatian)

| 체고 | 체중 | 수명 | 흰 바탕에 적갈색 반점 |
|---|---|---|---|
| 56-61cm (22-24in) | 18-27kg (40-60lb) | 10년 이상 | |

**장난기 넘치고 느긋한 달마시안은 좋은 가족 애완견이지만 충분한 운동과 꾸준한 훈련이 필요하다.**

달마시안은 현존하는 유일한 점박이 무늬 품종이다. 점박이 품종은 고대부터 유럽, 아프리카 아시아에서 알려졌지만 그 원형은 불분명하다. 국제애견협회는 이 품종의 원산지를 아드리아 해 동쪽 해안에 위치한 크로아티아 달마티아로 정의했다.

달마시안은 사냥, 전쟁, 가축 경비 등 다양한 용도로 사용되었는데, 19세기 초에 영국에서 특히 인기를 끌었다. 당시 '마차 개'로 알려져 말이 끄는 마차 아래나 옆으로 달리도록 훈련을 받아 먼 거리를 함께 이동하곤 했다. 우아한 외모지만 사냥감을 찾아 돌아다니는 떠돌이 개들로부터 말과 마차를 보호하는 역할을 담당했다.

미국에서 달마시안은 '소방서 개'로 말이 끄는 소방차와 함께 짖으면서 달리며 길을 트는 역할을 했다. 지금도 일부 소방서는 달마시안을 마스코트로 키우고 있다. 또한 아메리칸 앤호이저부시사의 엠블럼에서, 유명한 클라이즈데일 말이 끄는 수레 옆에서 달리는 모습으로 나온다.

달마시안은 영리하고 붙임성이 좋으며 성격이 외향적이다. 사람들과 어울리기를 매우 좋아하고 지금도 말과 친밀감을 보여 준다. 하지만 에너지가 넘치고 때로는 고집스러워서 다른 개들에게 공격적일 수 있으므로 주인은 활동적인 생활을 보장하고 훈련에 많은 시간을 할애해야 한다.

강아지는 새하얀 털로 태어나서 4주령이 지나서야 검은색 또는 적갈색 점이 나타나기 시작한다. 흰색 털은 털 날림이 심하다.

## 101마리 달마시안

도디 스미스가 1956년에 쓴 동화 《101마리 달마시안》은 악당 크루엘라 드 빌이 가죽을 벗겨서 코트로 만들기 위해 납치한 달마시안 강아지들의 이야기를 다루고 있다. 다행히도 강아지는 부모인 퐁고와 페르디타가 구출한다. 달마시안은 이후 출시된 월트 디즈니 영화 두 편으로 엄청난 인기를 끌었다. 하지만 새로운 주인들은 에너지 넘치는 이 품종을 감당한 경험이 없었고 유기된 수많은 달마시안이 보호센터로 들어가게 되었다.

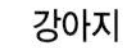
강아지

경계가 선명한 스톱
흰 바탕에 검은 반점
빽빽하고 윤기 나는 짧은 털
두개골 위쪽에 위치한 늘어진 귀는 점점 가늘어져 끝이 둥긂
검은색 코

**골든두들**

이 매력적인 품종은 푸들과 골든 리트리버의 교잡종이다. 푸들에게 물려받은 특징이 확연히 드러난다.

# 교잡종

**여러 종이 섞인 품종은 이른바 디자이너 독에서 (공인된 순종 두 마리를 교배시킨) 조금씩 섞인 품종, 우연한 결과, 무작위 교잡종(p.298)까지 매우 다양하다. 일부 디자이너 교잡종은 현재 무척 유행하고 있다. 대부분의 경우 코커푸(코커 스패니얼-푸들 교잡)처럼 기발하게 조합한 이름을 붙였다.**

현대의 하이브리드 독은 한쪽에서 원하는 특성을, 다른 한쪽에서 털날림이 없는 털을 얻을 목적으로 탄생되었다. 이런 품종 중 현재 래브라도 리트리버(p.260)와 스탠더드 푸들(p.229)이 섞인 래브라두들이 엄청난 인기를 끌고 있다. 하지만 이 경우처럼 확연한 특징을 가진 품종일지라도 강아지가 어느 부모의 특성을 더 강하게 타고날지 예측하기란 불가능에 가깝다. 가령 래브라두들로 태어난 강아지는 푸들처럼 곱슬한 털이 난 개체가 있는가 하면 래브라도의 영향을 더 많이 받은 개체도 있는 등 일관성이 없다. 이렇듯 디자이너 교잡종에서는 규격화가 떨어지는 것이 일반적이지만, 간혹 규격에 맞춘 브리딩이 가능함을 증명한 경우가 있다. 그중 한 예가 실리햄 테리어(p.189)와 노퍽 테리어(p.192)를 교배하여 탄생한 루카스 테리어(p.293)다. 현재 이런 교잡종 중 일부만 공식 품종으로 인정을 받았다.

어떤 특징을 목적으로 두 가지 품종을 섞는 계획적인 교배는 20세기가 끝날 무렵 확산되기 시작했지만 현대에 들어 유행하기 시작했다고 볼 수는 없다. 가장 유명한 교잡종 중 하나인 러처(p.290)는 수백 년 전부터 존재했다. 이 품종은 그레이하운드(p.126), 휘핏(p.128)과 같은 빠른 시각 하운드가 지니는 특징에 콜리의 작업 의욕, 테리어의 끈기 등 목표로 하는 여러 특성이 합쳐졌다.

교잡종, 디자이너 독의 주인이 되려면 교배에 쓰이는 양쪽 품종의 성향과 기질을 고려해야 한다. 이 차이는 매우 클 수 있고 어느 한쪽이 우세할 수 있다. 양쪽 부모 품종이 어느 정도 관리나 운동을 필요로 하는지도 중요하다.

모든 교잡종은 일반적으로 순종보다 영리하다고 추정되지만 타당한 근거는 없다. 잡종이 종종 순종보다 건강하다고 하는 주장은 일부 품종에서 흔한 유전병이 발현될 위험성이 훨씬 적다는 점에서 사실이다.

# 러처(Lurcher)

**체고** 55–71cm (22–28in)
**체중** 27–32kg (60–71lb)
**수명** 13–14년

모든 색상 가능

러처는 밀렵꾼의 개로 유명했으며 토끼 사냥용으로 쓰였다. 전통적으로 시각 하운드를 테리어 또는 목양견과 교배해 태어난 1세대다. 오늘날 러처끼리도 브리딩하는데 그레이하운드와 비슷한 크기를 이상적으로 본다. 가정에서 러처는 평온하고 다른 동물을 잘 받아들이는 좋은 가족 반려견이다.

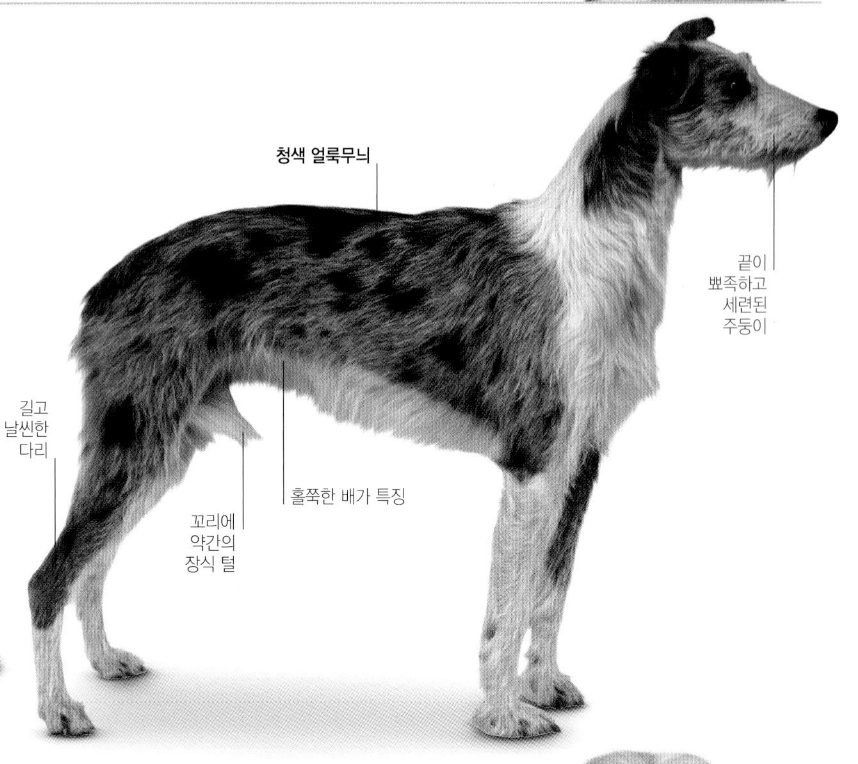


# 코커푸(Cockerpoo)

**체고** 토이: 25cm까지 (10in) / 미니어처: 28–35cm (11–14in) / 스탠더드: 38cm 이상 (15in)
**체중** 토이: 5kg까지 (11lb) / 미니어처: 6–9kg (13–20lb) / 스탠더드: 10kg 이상 (22lb)
**수명** 14–15년

모든 색상 가능

코커푸는 대부분 토이 또는 미니어처 푸들(p.276)을 코커 스패니얼 또는 잉글리시 코커 스패니얼(pp.222-223)과 교배해 태어난 1세대다. 이 품종은 특히 길들이기 쉽고 다정한 성격이 매력이다. 외양은 부모 품종이 섞인 모습으로 다양하지만 털날림이 매우 적은 웨이브 진 털을 공통적으로 가진다.

# 래브라두들(Labradoodle)

| 체고 | 체중 | 수명 | |
|---|---|---|---|
| 미니어처: 36-41cm (14-16in)<br>미디엄: 43-51cm (17-20in)<br>스탠더드: 53-61cm (21-24in) | 미니어처: 7-11kg (15-24lb)<br>미디엄: 14-20kg (31-44lb)<br>스탠더드: 23-29kg (51-65lb) | 14-15년 | 모든 색상 가능 |

## 도널드 캠벨의 애견

푸들과 래브라도 리트리버를 개인적으로 교배하는 사례는 래브라두들을 단일 품종으로 보기 전에도 존재했다. 1950-1960년대에 영국에서 지상과 수상 속도 신기록을 세운 영국 훈장 수훈자, 도널드 캠벨(사진 좌측)의 개도 그중 하나였다. 1955년에 출판한 자서전 《물의 장벽 속으로》에서 캠벨은 1949년생 래브라도와 푸들의 교배로 태어난 애견 맥시를 래브라두들로 불렀다. 이는 브리더 월리 콘론이 호주에서 래브라두들로 이름 붙이기 전이다.

**점점 인기가 높아지는 래브라두들은 부모를 닮아 매우 명랑하고 다정하며 영리한 기질을 가지고 있다.**

이 하이브리드 독은 호주의 가이드 독스 빅토리아 소속 월리 콘론이 남편의 개 알레르기를 악화시키지 않는 안내견이 필요하다는 하와이의 시각장애 여인의 의뢰를 받아 만들어졌다. 콘론은 알레르기가 있는 사람에게 적당한 털을 가진 푸들과 래브라도 리트리버 안내견을 교배했다. 이때 태어난 강아지 중 술탄이라는 수컷은 조건에 맞는 자극이 없는 털과 좋은 성격을 지니고 있었다. 술탄은 래브라도 리트리버(p.260)와 푸들(pp.229, 276)을 교배한 최초의 래브라두들로 인정받았다.

호주에서 래브라두들은 순종견으로 전환 중이다. 그 외 국가에서는 공식적으로 교잡종이지만 수요가 치솟고 있다. 교배했을 때 1세대는 외양이 제각각이지만, 이후 래브라두들만으로 브리딩하면 특성이 점점 통일된다. 현재 털에 따라 푸들처럼 털이 단단하게 곱슬한 울 코트와 길고 느슨하게 곱슬한 플리스 코트 두 가지 타입이 주로 존재한다. 래브라두들은 가정견으로 인기가 급속히 높아지고 있다. 이 품종은 외모만큼이나 붙임성 좋고 영리한 성격으로 주인의 마음을 빼앗는다.

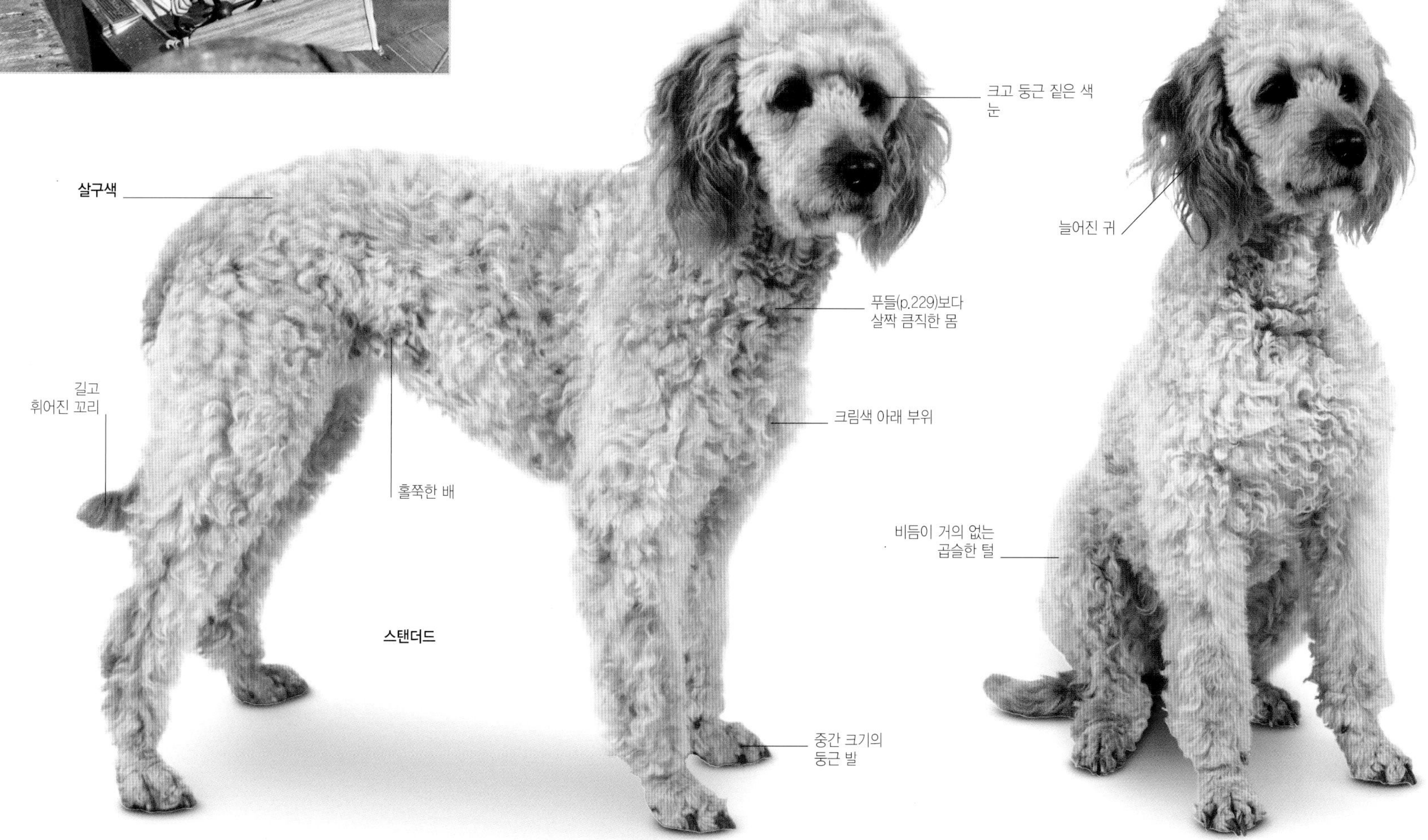

## 비숑 요키(Bichon Yorkie)

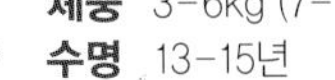

**체고** 23-31cm (9-12in)
**체중** 3-6kg (7-13lb)
**수명** 13-15년

다양한 색상

일부 교잡종은 계획적으로 만들어졌지만 비숑 요키는 브리더들이 즐겨 선택하던 비숑 프리제(p.271)와 요크셔 테리어(p.190)가 우연히 교배된 결과 탄생했다. 이 품종은 대부분 작은 요크셔 테리어보다 컸으며 테리어의 거침없는 기질이 비숑 프리제의 고분고분한 성격과 섞여 누그러졌다.

## 불 복서(Bull Boxer)

**체고** 41-53cm (16-21in)
**체중** 17-24kg (37-53lb)
**수명** 12-13년

모든 색상 가능

불 복서는 성격이 느긋한 복서(p.90)와 스태포드셔 불 테리어(p.214) 등 불베이팅 품종의 교배로 탄생했다. 매우 인기 있지만 다른 애완동물과 함께 두기 어렵다. 불 복서는 두 품종의 중간쯤 되는 크기와 성격을 지닌다. 돌보기가 어렵지만 그만큼 주인에게 만족감을 주는 품종이다.

# 루카스 테리어(Lucas Terrier)

| 체고 | 체중 | 수명 | 흰색 |
|---|---|---|---|
| 23-30cm (9-12in) | 5-9kg (11-20lb) | 14-15년 | 황갈색 털은 검은색 또는 회갈색을 띠는 회색 안장 무늬 가능<br>흰색 털은 검은색, 오소리 회색, 황갈색 무늬 가능 |

**붙임성 있고 요란하게 짖지 않는 루카스 테리어는 긴 산책을 좋아하고 아이들이나 다른 애완동물과 잘 지낸다.**

희귀한 사역용 테리어인 루카스 테리어는 1940년대에 노퍽 테리어(p.192)와 실리햄 테리어(p.189)를 교배하여 만들어졌다. 품종명은 루카스 테리어를 처음 브리딩한 영국 정치인이자 운동선수인 조슬린 루카스 경의 이름에서 유래한 것으로 그는 실리햄 테리어보다 작고 날렵한 사냥견을 만들기 원했다. 1960년대부터 루카스 테리어는 미국으로 수출되어 할리우드 스타 등 다양한 사람들 사이에서 인기를 입증했다.

조슬린 경과 그의 사업 파트너 에니드 플러머가 죽은 후 1987년 영국에서 루카스 테리어의 홍보와 발전을 위해 품종협회가 세워졌다. 루카스 테리어 클럽은 1988년에 견종표준을 제정하고 공식 인정을 받기 위해 최근 몇 년간 힘쓰고 있지만 현재까지 공인되지 못했다. 이 품종은 영국에 약 400마리, 미국에 약 100마리 있는 것으로 추정된다.

오늘날 루카스 테리어는 주로 반려견으로 키우고 있다. 순종적이고 똑똑하며 칭찬받기를 좋아해서 훈련이 쉽다. 또한 아이들과 잘 지내고 매일 격렬한 산책을 시켜 주면 집 안에서도 얌전히 지낸다. 놀이를 즐기고 파헤치기를 좋아하는 등 테리어다운 특성을 지녔지만 다른 테리어보다 덜 짖는 편이다.

## 사역용 테리어 만들기

실리햄 테리어 브리더로 유명한 조슬린 루카스 경은 쇼독의 크기와 체중이 늘어나는 것이 불만이었다. 이런 품종들은 원래 용도에 맞지 않을 뿐만 아니라, 루카스가 키우던 개들을 쇼독과 교배했을 때 출산에도 문제가 생겼다. 노퍽 테리어를 처음 키우게 된 루카스는 자신의 개와 이종교배를 시켰다. 그 결과 태어난 강아지들은 루카스의 관심을 끌었고 지속적인 브리딩으로 루카스 테리어가 탄생했다.

미니어처 실리햄 강아지를 안고 있는 조슬린 루카스 경

# 골든두들(Goldendoodle)

| 체고 | 체중 | 수명 | 모든 색상 가능 |
|---|---|---|---|
| 61cm까지 (24in) | 23-41kg (51-90lb) | 10-15년 | |

## 알레르기를 가진 사람을 위한 개

골든두들은 일명 '저알레르기', '털날림이 없는' 개로 알레르기가 있는 사람들에게 잘 맞는 품종이다. 엄밀하게 말해서 저알레르기(알레르기를 거의 혹은 절대 일으키지 않는다는 의미)는 존재하지 않지만 골든두들 중 곱슬하거나 웨이브 진 털을 가진 타입은 다른 품종보다 확실히 털날림이나 비듬이 적다. 이런 요소는 개(또는 개털) 알레르기 반응을 보이는 사람들에게 애완견으로 알맞다.

**유쾌한 성격의 골든두들은 사회성이 좋고 훈련이 쉬워 함께 생활하면 즐겁다.**

골든두들은 푸들과 골든 리트리버(p.259)가 섞인 새로운 디자이너 독 중 하나로 미국과 호주에서 1990년대에 처음 만들어졌다. 이후 골든두들의 인기가 높아지자 다른 지역 브리더들도 개발을 계속하고 있다. 오리지널 스탠더드 골든두들은 스탠더드 푸들(p.229)과 골든 리트리버를 교배했지만 1999년부터 크기가 작은 미니어처 푸들 혹은 토이 푸들(p.276)과 교배시켜 더 작은 '미디엄'과 '미니어처', '프티' 골든두들이 만들어졌다. 이 품종은 대부분 1세대 교잡종이며 개체간 차이가 크다. 골든두들끼리도 교배가 가능하며 다시 푸들을 만들어 내는 것도 가능하다. 털은 골든 리트리버처럼 뻗친 스트레이트 타입, 푸들처럼 곱슬한 컬리 타입, 웨이브 지고 느슨하고 텁수룩한 컬을 가진 타입 세 가지로 나누어진다.

골든두들은 안내견, 보조견, 치료견과 탐색, 구조 작업에도 수요가 있다. 또한 애완견으로도 엄청난 인기를 끌고 있다. 2012년 미국 가수 어셔는 자선경매에서 골든두들 강아지를 1만 2,000달러에 입찰했다. 골든두들은 에너지가 넘치면서도 유순하며 대체로 훈련이 쉽다. 아이들이나 다른 애완동물과 잘 지내며 사람들과 매우 잘 어울린다.

# 래브라딩거(Labradinger)

| 체고 | 체중 | 수명 | |
|---|---|---|---|
| 46-56cm (18-22in) | 25-41kg (55-90lb) | 10-14년 | 황색<br>적갈색<br>초콜릿색 |

## 군견 트레오

트레오는 스패니얼과 래브라도의 교잡종으로 아프가니스탄에서 영국군과 함께 한 작업으로 영웅이 되었다. 트레오는 원래 사람에게 입질하거나 으르렁거리는 성향 때문에 군부대로 넘겨졌지만, 군에서 핸들러인 데이브 헤이호 하사와 함께 일하면서 무기와 폭발물 탐지에 재능을 발휘하기 시작했다. 트레오는 탈레반이 도로변에 줄줄이 매설한 폭탄을 두 차례 탐지해서 폭탄을 해체함으로써 수많은 목숨을 구할 수 있었다. 그 용맹으로 동물 빅토리아 십자훈장인 디킨 훈장을 받았다.

디킨 훈장을 든 트레오와 핸들러인 데이브 헤이호 하사

**매력적이고 만능인 래브라딩거는 운동을 충분히 시키면 사냥견과 가정견에 모두 잘 어울린다.**

래브라도 리트리버(p.260)와 잉글리시 스프링거 스패니얼(p.224)을 교배한 래브라딩거는 스프링가도르라고도 한다. 두 품종이 모두 존재했던 국가에서는 수백 년 동안 우연히 교잡종이 존재했을 것으로 추정된다. 최근 래브라두들(p.291) 등 '디자이너' 교잡종에 대한 관심에 힘입어 래브라딩거는 현재 인기와 지명도를 함께 얻고 있다.

래브라딩거는 외모가 제각각이지만 래브라도 리트리버보다 몸집이 작은 경향이 있으며 두상이 조금 더 뚜렷하다. 이 품종은 잉글리시 스프링거 스패니얼보다 크고 다리가 길다. 털은 곧게 뻗어 가라앉거나 살짝 길면서 부스스할 수 있다.

래브라딩거는 훌륭한 사냥견으로 래브라도의 리트리빙이나 스패니얼의 사냥감 몰이 등 어느 쪽으로도 훈련시킬 수 있다. 이 품종은 영리하고 놀이를 좋아하고 다정하며 사람들과 함께 지내는 것을 좋아한다. 함께 지낼 동료가 많이 필요하고 지루함을 느낄 때 발생하는 문제 행동을 방지하기 위해 걷기나 놀이 등 매일 충분한 운동을 시켜야 한다.

# 퍼글(Puggle)

| 체고 | 체중 | 수명 | | |
|---|---|---|---|---|
| 25-38cm (10-15in) | 7-14kg (15-31lb) | 10-13년 | 적색 또는 황갈색<br>레몬색<br>검은색 | 좌측 색상과 흰색 조합 가능(파티컬러). 검은색 마스크 가능 |

## 성격이 다정하고 영리한 퍼글은 운동을 충분히 시키면 가족 반려견으로 잘 어울린다.

퍼글은 가장 최근에 탄생한 '디자이너 독' 중 하나로 1990년대에 미국에서 퍼그(p.268)와 비글(p.152)을 교배해서 만들어졌다. 브리더는 퍼그의 다부진 체구에 비글의 다정함을 지니면서 퍼그를 괴롭히던 건강 문제를 없애는 것에 초점을 맞추었다. 이렇게 탄생한 퍼글은 현재 미국 개 하이브리드 클럽에 등록되어 있다. 최근 몇 년 동안 퍼글의 인기는 큰 폭으로 상승했다. 미국 언론은 퍼글을 '2005년 화제의 개'로 선정했고 유명 인사들이나 할리우드 스타 사이에 엄청난 인기를 끌었다. 2006년 퍼글은 교잡종 판매량의 50% 이상을 차지했다. 현재 퍼글은 미국에서 가장 인기 있는 교잡종으로 2013년에는 강아지 한 마리당 약 1,000달러에 팔렸다.

퍼글은 코가 납작한 비글처럼 생겼으며 퍼그처럼 휘어진 꼬리와 얼굴에 검은 마스크가 있는 경우가 많다. 활발하고 다정하며 훈련이 쉬운 가정견으로 주인과 주변 사람과 유대감을 잘 형성한다. 아이들과 잘 지내며 낯선 사람이나 다른 개도 잘 받아들인다. 아파트 생활에 쉽게 적응하므로 로스앤젤레스와 뉴욕 등 도시 지역에서 특히 인기가 있다. 퍼글의 활발한 성격에 맞춰 매일 놀이는 물론 산책을 시켜 주어야 한다. 짧은 털은 매주 브러시질 외에는 손질이 거의 필요 없다.

### 유명 인사의 애완견

퍼글은 유명 인사들이 개에 가지는 관심에 힘입어 순식간에 유명세를 얻었다. 제임스 갠돌피니, 제이크 질렌할, 우마 서먼 및 애견인으로 유명한 헨리 윙클러(사진) 외에도 퍼글을 키우는 인물은 한둘이 아니다. 유명 인사들은 퍼글과 함께 파티, TV 쇼, 방송 행사에 참석하거나 사진을 찍음으로써 퍼글을 대중에게 소개하는 데 일조했다. 사람들은 이 특이한 품종이 무엇인지 궁금해하면서 일부는 실제로 구매까지 하게 되었다.

# 무작위 교잡종(Random Breeds)

조상을 알 수 없는 품종들

## 무작위 교잡종은 품종견이 아니지만 사랑과 친밀함, 즐거움을 줄 수 있다.

무작위로 교배된 품종은 부모 세대에서 이미 피가 섞여 있어 대체로 조상을 확인할 수 없다. 이런 강아지들은 성숙하면 어떤 모습이 될지 예측하기 어렵다는 점에서 주인은 복권을 손에 쥐었다고 볼 수도 있다. 하지만 무작위로 교배된 품종은 품종견보다 유전성 질병을 물려받을 가능성이 낮아 대체로 건강하다. 구조센터의 많은 개가 무작위 교잡종이며 대부분 애완견으로 훌륭하다.

**반쯤 길고 부드러운 털**
조상 중에 콜리나 스패니얼을 둔 개들은 비단결 같은 털, 다리와 귀에 장식 털, 반쯤 선 귀 또는 머리에 가깝게 늘어진 귀를 가진 경우가 많다.

**뻣뻣하고 곱슬한 털**
뻣뻣하고 곱슬한 털을 가진 개들은 시각 하운드, 테리어, 일부 목양견을 닮을 수 있지만 DNA 분석 없이는 계보 확인이 불가능하다.

**짧은 이중모**
여기 세 종류의 개는 짧은 이중모를 제외하면 생김새는 각각 다르다. 검은 개는 래브라도 리트리버(p.260)와 유사성이 있는 반면에 우측 끝에 위치한 개는 저먼 셰퍼드 독(p.42)에 더 가깝다.

**짧은 단일모**
짧고 넓은 턱과 짧고 거친 털은 스태포드셔 불 테리어(p.214) 같은 개와 연결고리가 있음을 나타낸다. 우측 끝에 위치한 개는 옆의 두 개보다 훨씬 작지만 테리어를 닮은 특성을 간직하고 있다.

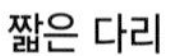

**짧은 다리**
가장 작은 개체를 선택교배하는 방법으로 품종의 크기를 축소시킬 수 있지만, 짧은 다리는 무작위로 교배할 경우에도 나타날 수 있다. 다리가 짧은 개는 앞다리 뼈가 휘어지는 연골무형성증(왜소증) 증상을 보일 수 있다. 다리가 짧은 개에서 모든 털 타입이 관찰된다.

**평생을 즐겁게 살기**

테리어를 닮은 이 무작위 교잡종도 좋은 집에서 충분히 운동시키고 두뇌 자극을 주면 품종견과 다름없이 주인에게 충분한 만족감을 안겨 줄 것이다.

# 개 기르기

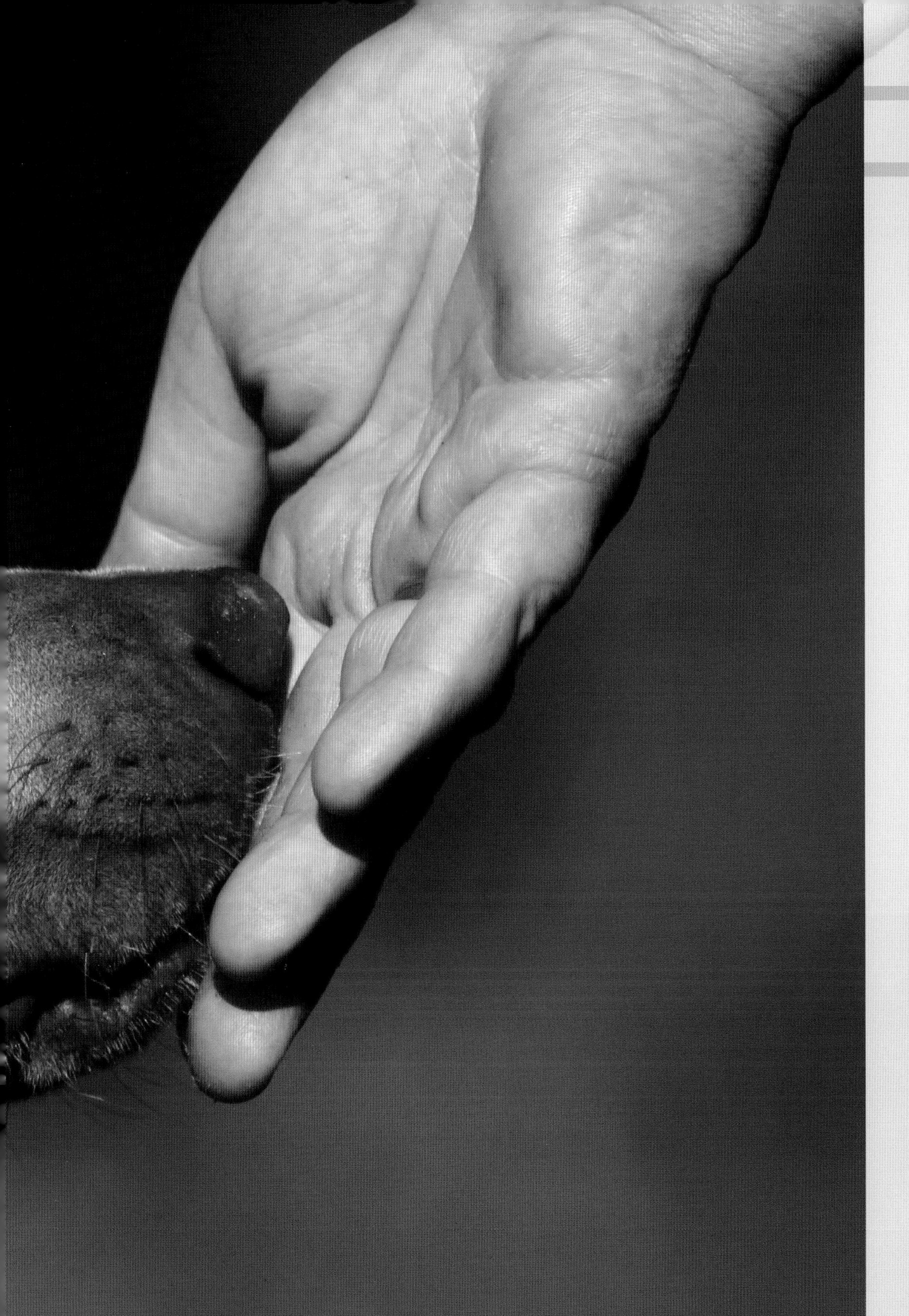

**행복한 시작**

원하는 개의 크기나 성별, 품종을 미리 고민해서 올바른 결정을 내린다면 애견과 오랫동안 좋은 관계로 발전할 수 있다.

# 개 주인이 된다는 것

**애견은 더할 나위 없이 좋은 가족이 되겠지만 새로운 애완동물을 당신의 일상생활에 맞이하는 과정에는 준비와 계획이라는 책임이 따른다. 당신에게 어떤 종류의 개가 필요한지, 당신의 집은 개가 지내기에 안전한 환경인지 고민해 보자.**

## 우선 고민할 것들

애견을 분양받거나 입양해 오기 전에 여러분이 어떤 존재를 떠맡는 것인지 분명히 이해해야 한다. 개는 18세까지 살 수 있고 데려오는 순간부터 죽을 때까지 당신이 돌봐야 한다.

이와 관련해서 자신에게 몇 가지 질문을 해 보자. 당신 혹은 가정 내에 누군가 강아지를 훈련시키고 함께 놀아 줄 시간이 있는가? 개를 키우는 비용을 감당할 수 있는가? 당신의 집은 개를 키우기 알맞은 환경인가? 다른 애완동물이나 어린 자녀가 있는가? 가정에 개 알레르기가 있는 사람은 없는가?

품종을 알아보면서 어떤 종류의 개를 원하는지 심사숙고해야 한다. 또한 특정 품종의 외모에 끌리더라도 겉모습보다 성격이 중요함을 명심해야 한다. 에너지가 넘치는 품종을 잘 받아 줄 수 있는가? 아이들과 잘 지내는 품종이 필요한가? 대형견은 대체로 많은 보살핌과 훈련, 음식이 필요하고 하나같이 비용이 많이 든다. 소형견이 당신의 라이프스타일과 주변 환경에 더 잘 맞는가?

암컷과 수컷 중에 원하는 쪽이 있는가? 개는 사람에게 다정하지만 훈련 중에 이내 집중력을 잃어버린다. 중성화되지 않은 개는 공격적일 수 있다. 암컷은 아이들과 있을 때 더 차분하다.

어떤 연령대가 가장 좋은가? 강아지는 성장하면서 당신 가족의 생활방식에 적응하겠지만 초반에 손이 더 많이 가고 오랜 기간 혼자 두어서는 안 된다. 가족 전원이 하루 종일 집을 비운다면 성견을 입양하는 것이 더 나을지도 모른다.

성견은 일반적으로 구조센터에서 많이 데리고 온다. 일부 구조센터는 복지단체에서 운영하며 다양한 크기와 연령의 개를 데리고 있다. 레이싱에서 은퇴한 그레이하운드, 도베르만(p.176)이나 스태포드셔 불 테리어(p.214)처럼 특별한 보살핌과 훈련이 필요한 품종에 특화된 시설도 있다. 대부분의 품종협회도 구조 서비스를 운영하고 있다.

구조센터에 들어온 개들은 각자의 성격을 평가받는다. 대부분 주인이 버리거나 방치하는 등 힘든 경험을 거쳤기에 운영진은 개들이 사랑과 보호를 받을 수 있는 가정으로 가기를 간절히 바랄 것이다. 지원서를 작성하고 (다른 가족 구성원도 함께) 인터뷰에 참석하면, 입양이 승인되기 전에 운영자가 당신의 집을 확인할 것이다. 물론 당신도 질문을 하고 당신의 라이프스타일에 맞는 개들을 만나 볼 수 있다. 시설 운영자는 동물의 관리, 수의학적 처치, 문제 행동에 관한 조언을 해 줄 것이다.

## 법적 요건

당신은 자신이 키우는 애완동물 복지에 책임을 져야 하며, 여러 나라에서 주인이 애완동물을 적정하게 관리하도록 법으로 정하고 있다. 주요 내용으로 안전한 장소, 좋은 음식, 개가 어울릴 대상을 충분히 보장할 의무 등이 포함된다. 또한 주인은 애완견이 자신 혹은 다른 사람이나 동물에게 해를 끼치지 않도록 관리해야 한다.

개의 주인이 되기 전에 애완동물 보험에 가입하라. 보험은 애완동물의 질병과 부상 외 실종, 사망 혹은 다른 사람이나 동물, 재산에 상해를 입혔을 때 발생하는 비용을 보장해 준다.

### 안전한 집을 위한 확인 사항

**실내**

- 바닥이 단단한 곳은 물기가 없도록 하고 개가 젖으면 수건으로 바로 말리기
- 외부로 통하는 문 닫아 두기, 계단 문 설치하기
- 가구 사이나 뒤로 통하는 틈새 막기
- 벗겨진 전기 코드 고치기
- 수납장과 서랍에 잠금장치 설치하기
- 뚜껑을 닫는 쓰레기통 사용하기
- 세척제는 닿기 힘든 곳에 치우기
- 약은 수납장에 보관하고 독성이 있는 식물 치우기
- 바닥과 낮은 장소에 작거나 뾰족한 물체가 있는지 확인하기
- 명절에 깨지기 쉬운 장식품이나 촛불에서 떨어져 있게 하고, 폭죽이 터질 때 개가 숨을 안전한 장소 마련하기

**실외**

- 울타리나 울타리 문 아래에 생긴 틈 없애기
- 독성이 있는 식물을 옮겨 심거나 치우기
- 마당에 개가 쉴 수 있는 그늘 마련하기
- 차고와 창고 문을 닫아 두어 애견이 기계나 날카롭고 무거운 공구, 부동액, 페인트, 시너 등 화학물질을 가까이 못 하게 하기
- 유독성 물질과 비료는 높은 선반에 잘 보관하기
- 유독성 물질이나 민달팽이 제거제를 살포한 장소에 개를 오지 못하게 하기
- 뜨거운 석탄과 뾰족한 꼬챙이에 다칠 위험이 있으므로 절대 바비큐 그릴 근처에 개를 혼자 두지 않기

새로운 애견을 당신의 삶으로 초대한다는 것은 신나는 경험이지만 큰 책임이 뒤따른다. 시간을 들여서 집과 마당을 대비한다면 애견이 안전하게 도착해서 당신과 애견 모두 즐거움을 누릴 수 있다.

# 애견을 집으로 데려오기

**새로운 애완동물을 집으로 들이는 과정은 흥분되지만 개 입장에서는 조금 불안함을 느낄 수 있다. 가능한 한 미리 준비해서 개가 도착하는 첫날 평온하고 차분하게 적응할 수 있도록 한다.**

### 맞이할 준비하기

개를 데려오기 전에 필수 용품을 미리 구비하는 것이 좋다. 우선은 잠자리를 구비해야 한다. 강아지는 튼튼한 골판지 박스면 충분하다. 더러워지거나 강아지가 물어뜯거나 다 자라면 버리면 그만이다. 플라스틱 침대는 청소가 용이하고 강아지가 물어뜯어도 어느 정도 견딜 수 있다. 어떤 형태를 고르더라도 개가 몸을 뻗거나 돌리기에 충분한 공간이 있어야 한다. 바닥에는 부드러운 수건이나 담요, 폼 베드 등을 깔아 주자. 폼 베드는 사용이 편리하고 커버를 따로 세탁할 수 있다. 그러나 관절이 불편한 노령견에게는 좋지만 어린 개는 물어뜯거나 더럽힐 수 있어 적당하지 않다. 어린 강아지를 들인다면 박스나 바구니를 당신이 머무는 방에 두어 적응을 돕는다.

새로 온 강아지나 개가 안정을 취해야 한다면 옆면과 윗면이 철망으로 되어 있고 바닥면이 평평한 개 철장이나 위가 뚫린 개 울타리가 도움이 된다. 따뜻하고 조용한 곳에 설치하면 사람들을 보고 소리를 들을 수 있어 외로워하지 않을 것이다. 바닥은 급한 용변에 대비해 신문지를 깔고 잠자리와 장난감을 넣어 준다. 이 장소는 배변 훈련을 위해 잠시 넣어 두거나 아프고 다쳤을 때 안전한 장소로 쓰일 수는 있지만 철장 안에 장시간 두거나 가두어 벌을 주는 용도로 써서는 안 된다.

그다음 필수적인 용품으로 사료와 물을 담는 그릇이 있다. 두 그릇은 매일 청결을 유지해야 하며 밥그릇은 식사 시간 전에 매번 씻어 준다. 도자기 그릇은 대형견이 쓰기에 튼튼하지만 옆면이 수직인 경우가 많아 구석까지 핥아먹기 쉽지 않다. 스테인리스 그릇은 사용이나 세척이 쉽다. 가장 좋은 그릇은 기울어지지 않고 바닥 테두리에 고무가 둘러져 식사 중에 움직이지 않는 것이다. 플라스틱 그릇은 강아지나 소형견에게 적당하다. 식단표와 초기 물품은 브리더나 보호센터에서 모두 받아 두고 최소 일주일치 사료를 준비하도록 한다.

또한 개는 목걸이를 착용해야 한다. 강아지는 부드러운 패브릭 재질 목걸이를 사용해서 목 사이에 손가락 2개가 들어갈 정도로 조정하고 너무 조이지 않는지 매주 확인한다. 성견은 패브릭이나 가죽 목걸이를 쓰고 힘이 센 개라면 하네스를 착용한다.

단모종인 개라도 기본적인 미용기구(p.319)가 필요하다. 실외에서 분변을 치울 수 있도록 작은 생분해 배변봉투를 휴대한다. 동물병원이나 애견용품점에서 이런 특수 봉투를 판매한다.

용품 외에도 이름을 미리 지어야 한다. 이름은 한두 음절로 개가 외우기 쉽도록 하되, '기다려', '안 돼' 등 훈련할 때 사용하는 용어와 혼동되는 단어는 피해야 한다.

**필수용품**
변형이 적고 세척이 쉬운 사료 그릇과 물 그릇, 착용이 편한 패브릭 목걸이와 이름표, 튼튼한 목줄은 모두 개를 데려오기 전에 구비해야 할 중요한 용품이다.

## 애견 장난감

장난감은 개들이 쫓아가거나 씹는 등 타고난 습성을 표현하도록 해 준다. 사진에 있는 특별한 제품들을 구매하거나 오래된 공이나 밧줄을 활용해 자신만의 장난감을 만들 수도 있다. 장난감은 쪼개지거나 목이 막히지 않는 소재로 만든 것을 고르고 목에 걸리지 않을 정도로 커야 한다. 오래된 옷이나 신발은 나쁜 습관이 생길 수 있으므로 사용하면 안 된다.

### 개가 안전한 가정

새로운 애견을 집으로 데려오기 전에 개가 다칠 수 있는 요소(p.305)가 있는지 확인해야 한다. '개의 시선'에서 탈출경로 등 위험요소를 평가해 보자. 개는 문이나 울타리 아래, 계단을 쏜살같이 지나 거리로 뛰쳐나갈 수 있다. 주변에 뾰족한 물체가 있는지 확인하고 풍선처럼 물어뜯다가 폐색을 일으킬 수 있는 물건은 치워야 한다. 초콜릿이나 포도, 건포도 등 사람 음식 중 개에게 해로운 것(p.344)도 함께 치우자.

강아지나 개와 함께 집에 도착하면 마당이나

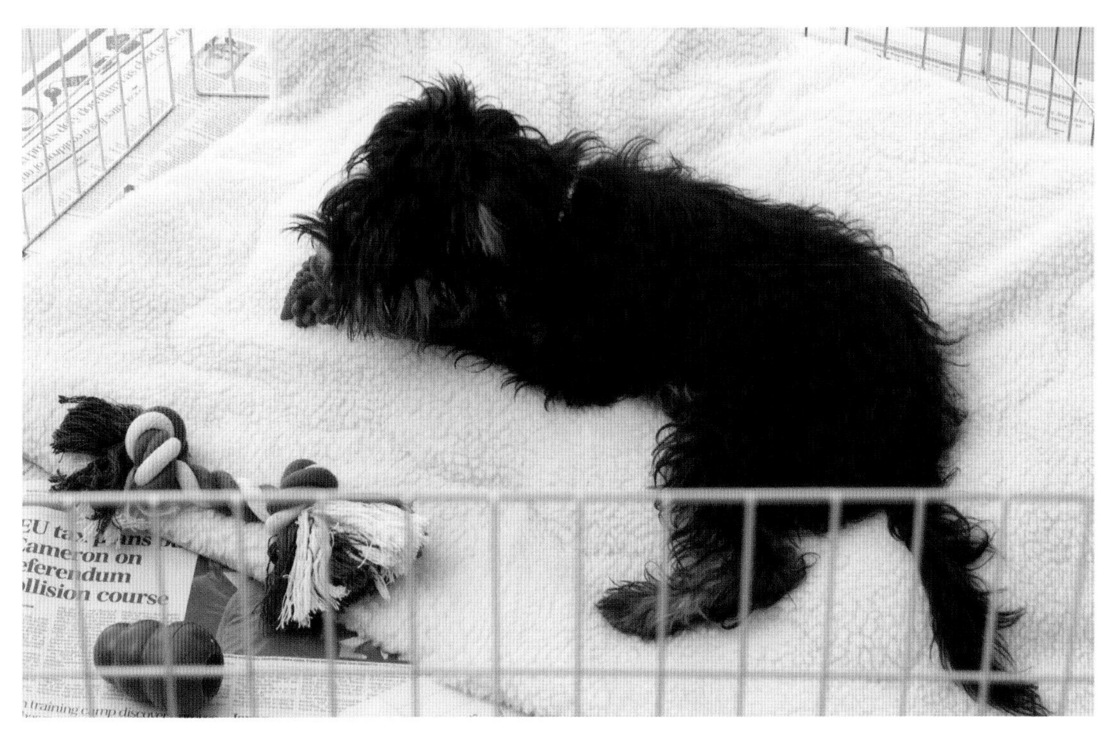

**강아지 울타리**
울타리는 따뜻하고 외풍이 없는 공간에 설치해서 강아지가 낮 시간에 당신이나 다른 가족을 볼 수 있도록 한다. 울타리 내부는 강아지가 돌아다닐 정도로 충분히 넓어야 한다.

**어린아이에게 소개하기**
개가 집에 적응했다면 아이와 만나게 한다. 개를 부드럽게 쓰다듬는 법을 보여 주고 아이도 해 보게 한다.

집 밖에서 잠시 숨을 고를 수 있도록 해 주자.

그 후 집안으로 데려와 집 안을 돌아볼 수 있게 한다. 최소한 첫날은 개가 선택한 은신처에서 천천히 집에 적응할 수 있도록 해 준다. 강아지는 금방 지치므로 어디서든 원하는 장소에서 자도록 내버려 둔다.

## 주변 환경 소개

가족 구성원들에게 개를 소개해 보자. 자녀가 있다면 개와 아이들이 서로 익숙해지도록 며칠간 지켜본다. 아이들에게는 새로 온 개가 조금 긴장할 수 있으므로 근처에서 조용히 해야 한다고 설명해 준다. 아이들이 개를 방으로 데려오도록 하고 차분히 앉아서 간식을 주도록 한다. 처음 며칠은 놀이 시간을 짧게 끊어 개가 지치거나 지나치게 흥분하지 않도록 한다. 아이들이 개를 잡거나 갑자기 들어 올려 개가 놀라서 무는 일이 없도록 한다.

첫날 혹은 다음 날 개가 집에 적응했다면 다른 애완동물을 하나씩 만나도록 해 준다. 주민들이 키우는 개들을 새 친구에게 소개할 때는 어느 한 쪽이 긴장했을 때 도망갈 수 있도록 마당 등 '중립 지역'에서 자리를 만든다. 만에 하나 질투를 방지하기 위해 이웃 개들을 먼저 반갑게 맞아 준 후 새로운 개에게 관심을 돌리도록 하자.

고양이를 소개한다면 큰 방 안에서 개를 잡은 상태로 고양이가 다가오게 한다. 이때 고양이가 쉽게 도망갈 경로는 열어 두어야 한다. 개는 고양이 사료를 뺏어 먹을 수 있으므로 절대 함께 급식해서는 안 된다.

## 초반 동선

첫날부터 동선을 만들고 주변 사람들의 협조를 구한다. 개가 식사를 하고 바람 쐬는 시간은 규칙적으로 지킨다. 원칙을 정해서 개가 출입할 수 있는 곳과 없는 곳을 구분한다.

동선이 만들어지면 배변훈련 동안 실수를 줄일 수 있다. 강아지를 밖으로 데리고 나가는 시간은 식사 후, 낮잠 후, 잠자기 전, 그리고 신나는 일이 일어난 후(예를 들어 새로운 사람을 만나는 일)로 맞춘다. 어린 강아지는 한 시간에 한 번 데리고 나가야 할 수도 있다. 바닥을 킁킁거리거나 원을 그리며 돌거나 쭈그려 앉는 동작을 보인다면 즉시 밖으로 데리고 간다. 밖에 나와 있는 동안 개가 볼일을 보면 칭찬을 많이 해 준다.

가정용품 중 진공청소기나 세탁기는 소음이 심하여 개가 겁을 먹을 수 있다. 불편하지 않을 거리에서 기계가 작동하는 모습을 보여 주되 도망갈 통로는 만들어 둔다. 개가 긴장한다면 부드러운 목소리로 말을 걸거나 장난감으로 주의를 돌린다.

개는 홀로 남겨질 때 스트레스를 받으므로 혼자 있어도 안전하다는 점을 학습하고 주인이 돌아온다는 믿음을 주어야 한다. 훈련의 일환으로 개가 안정되거나 졸린 시간에 울타리나 방 안에 몇 분간 홀로 남겨 둔다. 다시 들어와도 반갑게 맞아 주지 않고 개가 진정할 때까지 잠자코 곁에 있자. 이런 식으로 몇 시간을 적응할 때까지 남겨 두는 시간을 점차 늘려 간다. 집에 홀로 개를 남겨 둔다면 잠자리를 준비하고 그릇에 마실 물을 준다. 개가 좋아하는 장난감을 함께 두고 그중 하나 속에 간식을 숨겨 두어 당신이 자리를 비워도 잠시 간식이 들어 있는 장난감에 몰두하도록 한다.

**친구 만들기**
집이나 마당에 토끼나 다른 작은 동물이 있다면 개에게서 분리시키고 개가 근처로 갈 때마다 지켜봐야 한다.

# 동네와 동네 밖

**개는 바깥 세계의 다른 사람들이나 자동차, 다른 애완동물에 익숙해져야 한다. 충분히 사회화시키면 개와 함께 휴가를 떠날 수도 있고 개를 집에 남겨 두고 휴가를 떠날 수도 있다.**

## 동네 산책

강아지가 예방접종을 받고 마이크로칩을 했다면 이제 산책을 나갈 수 있다. 강아지는 첫 12주 동안 최대한 많은 상황을 경험하는 것이 중요하다. 12주가 지나면 강아지가 더 조심스럽게 변해서 낯선 것을 만나면 본능적으로 도망칠 가능성이 높다. 나이가 든 개에게 산책은 자기 '영역'을 알게 해 주는 과정이다. 이때 개들은 생전 처음 보는 가축이나 야생동물 등과 만날 수도 있다.

## 자신감 길러 주기

처음으로 넓은 세상에 발을 내딛는 당신의 개는 경험하는 모든 것이 놀랍다. 자동차나 트럭 등 처음 보는 광경에 겁을 먹기도 한다. 자전거나 스케이트보드를 탄 아이, 들판에 있는 양에게서 시선을 떼지 못하기도 한다. 어떤 상황을 만나도 당신의 개가 잘 대처하리라는 확신을 가지기 위해서 개에게 자신감을 길러 주어야 한다.

주변에 개를 보고 싶어 하는 사람이 있다면 누구든지 보여 주자. 자녀가 있다면 학교에 갈 때 강아지를 데리고 가 다른 아이들과 만나는 데 익숙해지도록 하자.

다른 개들과 만나게 할 때는 일면식이 있는 개들을 먼저 활용하자. 예를 들면 성격이 느긋한 개를 기르고 있는 지인과 함께 산책을 나가는 방법이 있다. 강아지를 사회화시키는 모임에도 참여할 수 있다.

주변에 가축이나 야생동물이 있다면 목줄을 한 상태로 있는 것이 좋다. 아무리 조용한 개라도 추격하고 싶은 유혹은 순간적으로 찾아오며 거부할 수 없다. 많은 나라에서 주인은 개가 가축을 괴롭히지 않도록 조치할 의무를 법으로 정하고 있다.

## 자동차 여행

개 주인은 개와 다른 보행자들이 안전한 방법으로 개를 이동시킬 법적인 의무가 있다. 큰 차량을 소유하고 있다면 뒷좌석에 차량용 개 분리대를 설치할 수 있다. 이 방법은 1시간 이내의 짧은 이동에 효과적이다. 장거리 여행이나 더 큰 차량이라면 개 철장에 집어넣도록 하자. 차량 뒷좌석에 개를 넣는다면 안전벨트에 하네스를 연결시켜 안전하게 잡아 둔다. 차멀미를 예방하기 위해 개가 차 안에서 제대로 서 있을 수 있도록 미끄럼 방지 바닥을 깔아 준다.

여행 훈련으로 우선 시동을 끄고 문을 열어 둔 채 개를 차 안에 몇 분간 앉아 있도록 한다. 그런 다음 차 문을 닫고 시동을 켠 채 다시 몇 분간 앉아 있도록 한다. 이후 몇 분 동안 가까운 거리부

**새로운 개와 만나기**
산책 중에 마주치는 낯선 개와 만나게 하되 개가 불편해한다면 돌아서 가거나 당신이 지나갈 동안 상대방에게 개를 잡거나 목줄을 해 달라고 요청한다.

### 차량에 익숙해지기

- 개가 놀라거나 시선을 뺏기는 시끄러운 차를 보여 줄 때는 차량이 지나갈 동안 편안한 거리를 두고 앉아 있도록 한다.
- 쪼그려 앉아서 개가 차를 쫓아가지 않도록 잡아 주고 개가 조용히 앉으면 칭찬해 준다.
- 차가 하나 지나갈 때마다 보상으로 간식을 준다.
- 차와 점점 가까워지되 빠른 차량으로부터 안전한 거리에서 익숙해지도록 한다.
- 인내심을 가지고 개가 적응하기를 기다려 준다.

**편안한 여행**
차량 안에는 개가 편안하게 눕거나 몸을 돌릴 수 있는 공간이 있어야 한다. 철장을 사용한다면 담요나 베개를 넣어 개를 편하게 해 준다.

**안전하게 운동하기**
다른 개를 좋아하지 않는 개도 있다. 당신의 개가 낯선 개를 대할 때 펫시터나 애견호텔에서 참고할 수 있도록 다른 개와 함께 산책해도 될지, 특별히 낯을 가리거나 자기 의지가 강한지 여부를 사전에 알려 주어야 한다.

터 시작해서 점점 더 멀리 다녀온다. 여행 중에는 머리나 눈을 다칠 우려가 있으므로 개가 창문으로 목을 내밀지 않도록 한다.

장거리 여행에서는 물과 그릇을 챙기고 최소 2시간에 한 번씩 개가 물을 마시며 숨을 돌리도록 한다. 따뜻한 날에는 에어컨을 켜고 창문을 열어 놓는다고 해도 절대로 개 혼자 차 안에 두지 않는다. 더운 날씨나 직사광선으로 열사병이 오면 20분 내에 죽을 수 있다(p.345). 침을 흘리거나 헐떡거리는 등 차멀미의 징후가 있는지 관찰한다. 심하게 짖거나 차의 인테리어를 물어뜯는 것은 괴롭다는 신호다.

## 휴가 떠나기

애견과 함께 떠나는 여행은 즐겁지만 어느 정도 준비가 필요하다. 개는 공공장소에서 통제할 수 있고 자동차 여행을 견딜 훈련이 되어 있어야 한다. 마이크로칩과 이름표도 필수다. 또한 목적지가 개가 지내기 좋은 환경인지 미리 확인해야 한다. 개와 함께 해외로 여행 갈 계획이라면 각 나라에서 개를 차에 태울 때 어떤 규정을 적용하는지 알아본다. 동물복지단체에서 관련 정보를 얻을 수도 있다. 또한 개와 관련된 여행자 보험과 어떤 예방접종이 필요한지도 알아본다. 항공사나 페리회사에 개를 운송하는 방법을 문의한다. 일부 항공사는 개를 운송할 때 특정 이동장을 사용해야 한다. 기존에 먹던 사료를 넉넉하게 챙기고 원래 쓰던 그릇도 함께 넣는다. 평소 식사, 산책, 잠자리에 드는 시간을 가급적 지켜서 스트레스를 최소화한다.

## 개를 남기고 갈 때

휴가 기간 동안 개를 데리고 갈 계획이 없다면 부재중 개를 돌봐 줄 몇 가지 방법이 있다. 어떤 선택을 하든 개가 당신과 떨어지는 상황이 익숙하도록 만들어 주어야 한다(p.307). 친척이나 친구, 이웃에게 펫시팅을 부탁하거나 등록된 펫시터를 고용해서 자기 집에서 개를 돌보게 할 수도 있다. 펫시터의 집은 가급적 미리 여러 번 방문해서 개에게 익숙한 장소로 느끼게 만든다. 개는 이름표를 늘 착용하고 있어야 한다. 펫시터에게는 사료를 넉넉히 주고 식사, 산책, 잠자는 시간과 관련된 전달사항, 비상 연락용으로 자신과 수의사의 번호를 알려 준다. 등록된 펫시터를 쓴다면 수의사나 주변 애견인에게 추천을 받고 시터에게 등록증을 요구한다.

또 다른 방법으로 애견호텔을 이용할 수 있다. 수의사나 다른 애견인이 좋은 업체를 추천해 줄 것이다. 예약은 미리 해야 하며 특히 성수기라면 필수적이다. 애견호텔에서는 가정환경에 비해 스트레스를 더 받을 수 있으므로 이용을 결정하기 전에 먼저 방문해서 확인하는 것이 좋다.

**가족용 켄넬 시설**
개를 두 마리 키운다면 애견호텔에서 두 마리를 함께 수용할 수 있는지 확인하자. 개들은 함께 있을 때 새로운 환경에 적응하도록 서로 도움을 준다.

# 균형 잡힌 식단

**개는 고기만 먹고 살 수 없고 체격에 맞는 건강하고 균형 잡힌 식단으로 적절한 양을 섭취해야 한다. 사람들은 대부분 시중에 판매하는 사료를 구입하지만 원한다면 직접 만들어 먹일 수도 있다.**

### 필수 요소

좋은 식단은 개에게 필요한 모든 영양소를 제공하며 아래의 성분을 포함해야 한다.

- 단백질: '몸을 구성하는 벽돌'로 근육을 만들고 신체를 재생한다. 살코기, 달걀, 치즈는 좋은 단백질 공급원이다.
- 지방: 에너지가 높고 음식에 풍미를 더하며 지방에 포함된 필수지방산은 세포벽을 유지하고 개의 성장과 상처치유에 도움을 준다. 비타민 A, D, E, K의 공급원이기도 하며 고기, 기름기 많은 생선, 아마씨유, 해바라기유 등 오일에 많다.
- 섬유질: 감자, 채소, 쌀에 풍부하며 음식의 부피를 늘리고 개의 소화를 늦춤으로써 더 오랜 시간 동안 영양소를 흡수하고 분변이 잘 통과할 수 있도록 도와준다.
- 비타민과 무기질: 피부, 뼈, 혈액 세포 등 개의 신체 구조를 유지하는 데 도움을 주고, 음식이 에너지로 바뀌는 화학 반응을 도우며, 혈액 응고 등 필수적인 생체 기능이 작동하게 한다.
- 물: 사람과 마찬가지로 개의 생존에 필수적이다. 물그릇은 하루에 두세 번 갈아 주어 늘 신선한 물을 마실 수 있도록 한다.

### 상업용 사료

상업용 사료에는 습식, 반습식, 건식이 있다. 건식 사료는 이빨과 잇몸을 건강하게 하지만 주요 재료를 몸에 좋은 것으로 썼는지 확인해야 한다. 건식 사료를 먹는 개에게는 물을 충분히 주어야 한다는 점도 잊지 말자. 습식 사료는 내용물에 수분이 많고 지방과 단백질 함량이 높다.

상업용 사료는 강아지, 노령견, 임신 또는 수유 중인 암컷에 특별히 맞추어 출시된 다양한 상품을 선택할 수 있다는 큰 장점이 있다. 또한 영양가가 명확히 표기되어 있어 활용하기 좋다. 하지만 이런 사료는 보존료, 착향료 등을 원료로 쓸 수 있어 일부 개에게 맞지 않을 수 있다. 포장지를 꼼꼼이 확인해 보자.

### 수제 가정식

포장된 사료 대신 가정에서 생고기 위주로 만든 자연에 가까운 음식을 먹이는 방법도 있다. 여기에 조리된 야채와 밥 같은 전분을 추가해서 섬유질을 급여해야 한다. 비타민 보충제를 첨가할 경우에는 수의사에게 확인해 본다.

수제 가정식은 야생에서 개가 먹는 음식에 가깝고 보존료나 다른 첨가물이 없다. 하지만 영양의 균형을 잘 고려해야 하고 영양 수준을 꾸준히 유지하거나 에너지 요구가 다른 개에게 맞추기 어려울 수 있다. 또한 매일 신선한 음식을 준비해야 하므로 시간이 많이 필요하다.

### 개껌

개가 개껌에 몰두할 동안 집 안의 기물이나 주인 손을 물어뜯는 것을 방지할 수 있다. 특히 이빨이 나기 시작하는 강아지에게 좋고 이빨을 청결히 하고 건강한 턱을 만드는 데도 중요하다.

## 개 간식

많은 주인이 훈련할 때 좋은 행동의 보상으로 특별히 더 맛있는 음식이나 간식을 준다. 개들은 냄새가 좋고 고기 맛이 나는 부드러운 간식을 좋아하므로 여러 간식 중 어떤 것을 가장 좋아하는지 시험해 보자. 대체로 닭과 치즈가 들어간 간식이 인기가 있다. 지방 함량이 높은 간식도 있으므로 이런 간식을 자주 줄 경우에는 과식 방지를 위해 식사량을 꼭 줄여야 한다. 어떤 개든지 간식은 며칠에 한두 개면 충분하다. 간식은 기성품을 구입하거나 가정에서 직접 만들 수도 있다.

한입 간식

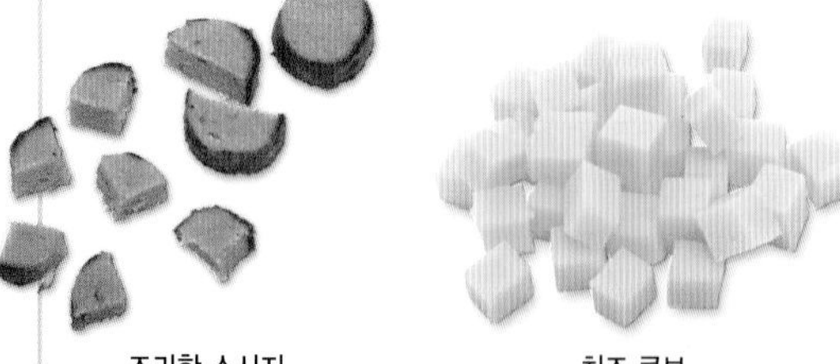

조리한 소시지

치즈 큐브

고기 맛 간식

촉촉한 간식

**다양한 사료**
개 사료는 종류가 무척 다양해져서 선택지가 넓어졌다. 건식 사료, 습식 사료, 반습식 사료 등 특별 제조된 상업용 사료에서 가정에서 만들 수 있는 수제 가정식까지 다양하다.

습식 사료

건식 사료

수제 가정식

**좋은 선택**

강아지 시절부터 건강하고 균형 잡힌 식단으로 성장에 필요한 모든 영양소를 제공해야 한다.

# 식단의 변화

**개는 성장기 강아지, 수유 중인 암컷, 스포츠견, 노령견 등 성장 단계별로 특정 영양소가 필요하다. 건강하게 키우기 위해서는 개의 연령에 적합한 영양을 공급해 주는 것이 중요하다.**

## 강아지

강아지가 젖을 떼면 처음에는 하루 4회 정도로 조금씩 자주 먹이다가 6개월령 이후부터 하루 3회로 줄인다. 강아지는 성장이 빨라 에너지가 높은 음식을 먹여야 한다. 강아지 크기에 맞는 사료의 양을 가늠하기 어렵다면 수의사에게 문의하자. 성장에 맞춰 천천히 양을 늘리되 과식은 금물이다. 제대로 균형 잡힌 영양을 공급하고 싶다면 강아지용 상업용 사료가 가장 좋을 수 있다.

브리더로부터 데려온 강아지는 기존에 먹던 사료를 샘플로 받을 수 있으므로 초반에는 이 사료를 먹이다가 점차 변화를 주도록 한다.

## 성견

아침, 저녁으로 하루에 두 번 급여하면 충분하다. 중성화된 개는 칼로리 요구량이 더 적다. 그 외에는 몸집과 활동량, 체중 변화에 맞춰 주도록 한다(pp.314-315).

## 사역견

사역견이나 스포츠견은 고단백, 고에너지에 소화가 쉬운 음식으로 힘과 지구력을 최대한 끌어내야 한다. 하지만 일반적인 성견보다 더 많은 양을 급여해서는 안 된다. 레이싱이나 어질리티 대회 등 짧은 시간에 폭발적으로 운동하는 개들은 지방 함량을 적당히 높여 준다. 썰매 끌기, 사냥, 가축몰이 등 체력을 요하는 작업에 종사하는 개는 고지방, 고단백 음식을 급여해야 한다.

## 수유 중인 암컷

임신한 개는 평소 식단을 임신기 마지막 2-3주까지 급여한다. 이후 새끼를 낳기 전까지 에너지 필요량이 25-50% 정도 증가한다. 출산이 다가올수록 식욕이 떨어질 수 있지만 강아지가 태어나면 곧 식욕을 되찾는다. 수유 중인 암컷은 강아지의 모유 의존도가 가장 높은 첫 4주 동안 평소보다 2-3배 많은 칼로리가 필요하다. 수유기 암컷을 위해 특별히 배합된 에너지 함량이 높은 사료를 조금씩 자주 먹이도록 하자. 6-8주령인 강아지가 젖을 떼기 시작해도 암컷은 여전히 높은 칼로리가 필요하다. 식단은 젖 생산이 끝난 후에 교체한다.

**성장할 나이**
강아지는 언제나 균형 잡힌 식단으로 튼튼하게 자라도록 해야 한다. 강아지용 사료를 선택해 먹이다가 강아지가 성숙함에 따라 성견용으로 바꾸도록 한다.

## 회복 중인 개

몸이 아픈 개는 삶은 닭고기와 쌀 등 소화가 쉽고 영양 함량이 높은 음식이나 전용 상업용 사료를 급여한다. 관련 정보는 수의사에게 문의한다. 조금씩 자주 급여하면서 음식을 체온처럼 따뜻하게 해 주면 식욕을 더 돋울 수 있다. 개가 먹는 양을 기록하고 식욕을 잃으면 수의사에게 알린다.

## 노령견

7세령 이후부터 개는 영양소 요구량은 늘어나지만 칼로리 요구량은 줄어든다. 일반적인 성견용 식단도 좋지만 양을 조금 줄이고 비타민과 미네랄 보충제를 주도록 한다. 더 부드럽고 고단백, 저지방에 비타민과 미네랄이 보충된 노령견용 사료를 구입할 수도 있다. 급여는 필요에 따라 하루 세 번으로 조정한다. 노령견은 대사율이 더 느려 비만이 오기 쉽다. 건강한 체중을 유지해서 개의 삶의 질과 수명을 향상시키도록 하자.

**날씨를 고려하기**
추운 기후나 실외에서 생활하는 개는 따뜻한 지역에 사는 개보다 더 많은 에너지가 필요하다. 체온을 안정적으로 유지하기 위해서 평소 지방 칼로리가 높은 식단을 구성해야 에너지 요구량을 충족시킬 수 있다.

### 수유에 필요한 것

성장 중인 개보다 수유하는 암컷에게 영양소가 더 많이 필요하다. 강아지의 성장과 함께 칼로리 요구량이 서서히 증가하며 이에 맞춰 젖 생산도 늘어난다.

# 급여 수준 모니터링하기

**사람과 마찬가지로 동물도 과식이나 빈약식으로 건강 문제를 야기할 수 있다. 질 좋은 음식을 정량 급여하여 개가 품종이나 몸집에 맞는 최적의 체중을 유지하도록 하자.**

## 좋은 급여 습관

처음부터 좋은 습관을 들이면 성장해서도 급여 관련 문제를 줄이는 데 도움이 된다.
가이드라인은 아래와 같다.

- 정해진 시간에 식사한다.
- 늘 신선한 물이 있는지 확인한다.
- 밥그릇은 매번 씻어서 사용한다.
- 개가 음식을 다 먹으면 남은 음식(특히 습식 캔 사료나 수제 음식)은 꼭 치워야 한다.
- 주인이 먹는 음식을 개에게 주지 않는다. 개의 영양 요구는 사람과 다르고, 초콜릿 같은 일부 음식은 개에게 독성이 있다(p.344).
- 식단에 변화를 준다면 소화불량 방지를 위해 점진적으로 바꿔 나간다.

## 너무 빨리 먹는다면?

개가 빨리 먹는 것은 야생에서 다른 개체에게 먹이를 뺏기지 않으려 했던 자연스러운 현상이다. 과식방지 그릇을 사용해 보자. 개가 그릇 바닥의 울퉁불퉁한 돌출부를 피하면서 먹기 때문에 속도가 줄어들 것이다. 이는 가스, 구토, 소화불량 등 소화장애를 예방하는 데 도움을 준다.

**과식방지 그릇**
과식방지 그릇은 개가 돌출부를 피해서 먹어야 하므로 한 번에 많이 먹지 못한다. 그 결과 천천히 먹어서 급여 시간에 여유가 생긴다.

## 비만 예방하기

개는 본래 먹이를 주워 먹던 동물로 언제 음식을 다시 찾을지 알 수 없어 눈앞에 있으면 무엇이든 먹는 성향이 있다. 따라서 애완용 개는 규칙적으로 충분한 음식을 주면 과체중이 될 확률이 매우 높다. 바셋 하운드(p.146), 닥스훈트(p.170), 캐벌리어 킹 찰스 스패니얼(p.278)처럼 체중이 쉽게 늘어나는 품종도 있다. 하지만 어떤 개라도 고열량 음식을 많이 섭취하고 운동이 적으면 살이 찔 수 있다. 과식은 심장 문제, 당뇨, 관절에 통증을 유발할 수 있다. 특히 로트바일러(p.83)나 스태포드셔 불 테리어(p.214) 등 몸통이 크고 다리가 가는 품종은 운동 시 체중의 영향으로 인대에 문제를 일으킬 수 있다.

## 체중 문제 예방법

- 연령, 크기, 활동량에 맞는 양을 먹인다(pp. 312-313)
- 개에게 추가 먹이나 주인이 먹던 음식을 주지 않는다. 개가 애원해도 절대 안 된다.
- 소형견은 화장실에 저울을 두고 체중을 확인하고, 대형견은 동물병원에서 확인한다.
- 몸매는 체중만큼 중요한 정보이므로 꾸준히 관찰한다.
- 개가 살이 찐다면 영양 균형이 잡힌 체중 감소용 식단을 수의사와 상담한다.

**건강한 체중**
개가 너무 뚱뚱하거나 마르지 않는지 주인이 정기적으로 확인해야 한다. 품종별로 몸매가 다르므로 자신이 키우는 품종의 정상 범주를 알아보자. 적정 급여량을 가늠하기 어렵다면 수의사와 상담한다.

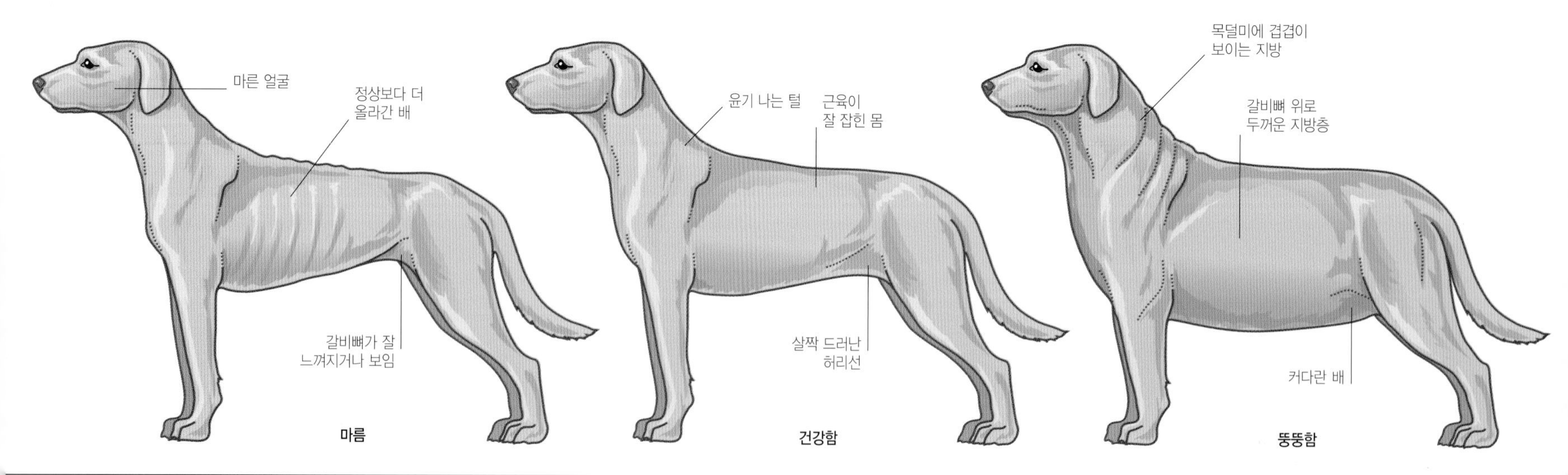

**동물병원에서**

동물병원에는 동물 전용 체중계가 있다. 개를 저울에 앉혀서 당신과 수의사가 정확하게 체중을 잴 수 있도록 한다.

# 운동

**개가 지루해하거나 불만을 느끼지 않도록 운동을 시켜야 한다. 규칙적으로 운동하고 놀이를 하면 애견과 친밀한 관계를 형성할 수 있다. 또한 왕성한 에너지를 소비해서 애견이 집 안에서 차분하게 지낼 수 있다.**

### 산책과 게임

개는 매일 규칙적인 산책이 필요하다. 강아지는 산책으로 몸에 힘이 붙고 학습이 빨라지며, 노령견은 가벼운 활동으로 비만이나 관절 통증 등 문제를 예방하는 데 좋다.

사냥과 작업용으로 태어난 개들은 다른 품종들보다 에너지 소비 수준이 높다. 요크셔 테리어(p.190)나 퍼그(p.268)는 매일 30분씩 두 번 산책으로 충분하지만, 달마시안(p.286)이나 복서(p.90)는 최소 한 시간은 산책하거나 달리고 따로 놀이 시간까지 확보해 주어야 한다.

개는 성장하면서 운동 요구량도 변한다. 예방접종을 한 어린 강아지는 짧게 산책을 할 수 있다. 성견은 긴 산책과 달리기, 에너지를 소비하는 게임이 가장 좋다. 임신한 암컷, 아프거나 회복 중인 개는 짧은 시간 가벼운 운동으로 충분하다. 노령견은 짧고 가벼운 산책을 좋아하지만 새로운 게임을 배우는 데 적극적일 수 있다.

운동이 부족한 개는 체중이 늘고 문제 행동이 심해져 가만히 있지 못하고 불안함을 보이며 안정을 취하지 못하기도 한다. 또한 정신적, 육체적 에너지를 다른 형태로 발산해서 집 안의 가구를 물어뜯거나 과도하게 짖고, 자극거리를 찾아 밖으로 뛰쳐나간다.

개 운동을 하루 일과에 포함시키는 방법도 있다. 예를 들어 아이들을 데리러 학교에 가거나 장을 볼 때 개를 데리고 갈 수 있다. 개가 뛰어놀 수 있는 공터를 찾거나 마당에서 운동하게 하자. 개가 편안하게 운동할 수 있도록 하는 요소는 다음과 같다.

- 개가 너무 지치지 않도록 지켜본다. 운동 앞뒤로 '워밍업'과 '쿨다운' 시간을 가진다.
- 더운 날에는 물을 준비하고 시원한 오전이나 저녁에 운동한다.
- 추운 날씨에는 털이 짧거나 나이 든 개에게 외투를 입혀 근육을 따뜻하게 유지한다.
- 거친 지면에 익숙하지 않다면 발바닥을 다칠 수 있으므로 개가 달리지 않도록 한다. 마찬가지로 너무 덥거나 추울 때 딱딱한 바닥은 피한다.
- 개가 좋아하는 장난감이나 공을 준비해서 재미를 더하고 에너지를 소비해서 쫓아가는 게임을 유도한다. 이런 게임은 개의 두뇌 자극에도 좋다.
- 매일 비슷한 시간에 운동을 시켜 개가 운동 시간에 적응하고 중간에 쉴 수 있도록 한다.

**물어 와!**
물어 오기 게임을 할 때는 막대기보다 장난감을 사용하자. 물어 오기는 개를 불렀을 때 당신에게 오게 만드는 효과도 있다.

**가족과 즐겁게**
온 가족이 개와 함께 운동할 때 즐거운 시간을 보낼 수 있고 애견과 유대감이 강해진다.

**활동적인 생활**
에너지 소모가 높은 개는 운동과 놀이를 충분히 시켜야 차분하고 만족스럽게 생활한다. 특히 어린 개들은 마음껏 뛰어놀 공터가 필요하다.

## 산책과 조깅

개와 타인의 안전을 위해 개는 목줄을 하고 차분히 걸을 수 있어야 한다(p.326). 이 훈련이 끝나면 개는 어느 곳에서든 산책할 수 있다. 조깅은 개와 주인 모두의 건강 유지에 좋다. 분변을 치워서 버릴 수 있도록 생분해 봉투를 꼭 챙기도록 한다.

## 마음껏 달리기

공터에서 달리기는 휘핏(p.128)이나 그레이하운드(p.126) 등 에너지 소모가 많은 개나 경주견에게 특히 좋다. 주인에게서 멀리 달려나간 개를 신뢰하려면 불렀을 때 확실하게 돌아오는 훈련이 선행되어야 한다(p.328). 들판이나 사람이 적은 넓은 공간을 찾은 후 개의 시선을 빼앗는 가축이 없는지 살핀다. 해당 공간에 자유롭게 개를 풀어 놓아도 문제가 없는지 확인해 본다. 많은 도시 공원은 특정 장소에서 목줄 푸는 것을 금지하고 있다.

개가 달리면서도 주인을 확실하게 의식하도록 하기 위해 숨바꼭질이나 물어 오기 게임을 몇 번 한다. 장애물을 넘거나 통과하며 달리는 어질리티 게임도 개에게 큰 즐거움을 선사한다.

## 아이들과 놀이

개와 아이들은 최고의 친구가 될 수 있지만 서로 익숙해지는 데 시간이 걸린다. 아이들은 조금 거칠게 개를 대할 수 있으므로 함께 노는 모습을 계속 지켜봐야 한다. 개가 참지 못하고 공격하는 상황이 생기지 않도록 하고 필요하면 언제든지 도와줄 수 있도록 대기해야 한다. 아이들에게는 약이 오른 개가 물 수도 있으므로 개를 괴롭히지 말아야 하고, 강아지는 쉽게 지치므로 자고 싶을 때 자게 두어야 한다고 설명해 준다. 개는 식사 중에 방해받는 것을 싫어하므로 아이들이 개의 음식이나 물 그릇 주변에서 놀지 않도록 해야 한다. 개 음식 급여는 성인만 하도록 한다.

## 놀이 시간

게임을 하면 개나 강아지의 타고난 본능이 즐겁게 표출된다. 다른 개와 노는 법을 아는 강아지는 소심하거나 공격성을 띨 가능성이 줄어든다. 운동 시간은 개가 지치거나 지나치게 흥분하지 않도록 짧게 끊는다. 운동의 시작과 끝은 주인이 결정해서 은근히 통제하는 느낌을 준다. 절대 개가 다른 사람을 쫓도록 부추겨서는 안 된다. 사람은 친구나 리더가 되어야 하고 절대 사냥감이 되면 안 된다.

**물어 오기:** 물어 오기는 개의 에너지를 소진시키는 데 좋다. 개는 장난감을 주인에게 가져오면 한 번 더 쫓아갈 기회가 생긴다는 것을 배우며, 그 과정에서 리트리빙 기술을 익힌다. 막대기는 잡거나 물어 오는 과정에서 입을 다칠 수 있으므로 장난감을 사용한다.

**줄다리기:** 줄다리기용 장난감(p.306)을 사용하도록 한다. 개보다 주인이 더 많이 이겨야 한다는 점을 잊어서는 안 된다. 모든 장난감은 주인의 소유물이고 주인이 원하면 개는 장난감을 포기해야 한다. 개가 옷자락이나 피부를 당긴다면 즉각 놀이를 멈추고 뒤돌아선다. 절대로 개가 다른 사람에게 점프하거나 손에 든 물건을 뺏으려 들지 않도록 해야 한다.

**숨바꼭질:** 숨바꼭질은 개가 음식을 찾던 본능을 충족시켜 준다. 작은 음식을 장난감 속에 숨겨 개가 뒤지고 냄새를 맡으며 찾을 수 있도록 한다. 두 사람이 함께 할 수도 있다. 한 명이 물어 올 장난감을 가지고 숨어 있고, 다른 한 명이 개를 잡는다. 숨은 사람이 개를 부르면 다른 한 명은 개를 놓아 준다. 개가 숨었던 사람을 찾으면 장난감을 던져 물어 오게 한다. 이 게임은 불렀을 때 돌아오는 법을 가르치는 데도 좋다.

**소리 나는 장난감:** 소리 나는 장난감은 쫓아가서 잡는 재미를 배가시킨다. 소리가 나지 않을 때까지 장난감을 갈기갈기 물어뜯다가 목에 걸릴 위험이 있으므로 주인은 언제든지 회수할 준비를 한다.

# 털 손질

개는 어떤 품종을 기르더라도 정기적으로 털을 손질하고 가끔씩 목욕을 시켜야 건강하게 생활할 수 있다. 털 손질과 목욕은 피부와 털을 건강하게 유지하고 먼지, 냄새, 털날림을 최소화해 준다.

### 기본 털 손질

정기적인 털 손질은 모든 개에게 유익하므로 개를 키운다면 그만큼 시간을 할애할 수 있어야 한다. 털 손질은 손상된 털을 제거할 뿐만 아니라 피부 건강에 좋고 벼룩이나 진드기 같은 기생충이 개에 옮을 가능성을 줄여 준다. 털을 관리하다 보면 수의학적 처치가 필요한 응어리, 혹, 상처가 생기지 않았는지 살펴볼 수도 있다. 털 손질은 개를 안정시키고 주인과의 유대감을 키우는 데 도움을 준다.

단모종은 최소 일주일에 한 번만 손질해도 무방하지만 장모종은 기본적으로 더 자주 신경을 써 야 하며 일부 품종은 매일 브러시질을 해야 한다. 스패니얼처럼 털이 길어서 꼬이거나 엉키면 고통스럽고 일단 꼬임이나 엉킴이 생기면 떼어 내기 어렵다. 마찬가지로 피부에 자극을 줄 수 있으므로 머리카락 사이에 먼지가 엉기지 않도록 제거해야 한다.

털을 손질할 때 다리 사이, 귀, 다리, 가슴 등 신체끼리 비벼지는 부위에 특별히 신경을 써야 한다. 이 부위는 꼬임이나 엉킴이 생기기 쉽다. 또한 개의 발과 꼬리 아래쪽에도 먼지가 쉽게 엉길 수 있으므로 주의 깊게 관찰한다.

털 손질도 중요하지만 너무 열중하지 않도록 주의해야 한다. 금속 이가 나 있는 도구를 사용할 때는 손에 힘이 들어가거나 한 부위를 너무 오래 다듬을 때 찰과상이 날 수 있으므로 조심한다. 브러시질로 느슨한 털을 모두 제거하되 일반적으로 빗의 절반 이상이 털로 가득 차 더 이상 빗어 내기 어려운 시점이 되면 브러시질을 끝낸다.

털 손질은 강압적이지 않고 늘 차분하고 느긋한 방식으로 접근한다. 개가 어떤 이유로든 불편해한다면 시간에 여유를 가지고 간식을 주면서 끝까지 마무리한다. 완력을 쓰면 빨리 끝날지 모르지만 향후 개가 털 손질을 불편하게 여겨 피하게 되면 털 손질이 더욱 힘들어질 것이다.

### 빗과 클리퍼

시중에는 다양한 털 손질 도구가 나와 있으며 각각 손질에 효율성을 더하기 위해 만들어졌다. 예를 들어, 빗은 길이와 손잡이가 다양한 제품이 출시되어 있다. 브러시는 애견의 털 특성에 맞추어 고르는 것이 중요하다. 브러시 헤드도 다양한 모양과 크기가 있다. 시간을 들여 애견의 크기에 맞고 다루기 편한 도구를 선택한다. 도구는 사용 후 매번 깨끗하게 손질해서 오염 위험성을 줄인다.

**털 손질**
털 손질은 품종과 상관없이 정기적으로 수행해서 손상된 털을 제거하고 기생충을 점검하도록 한다.

**장모종 손질하기**
긴 털을 가진 개는 매일 털 손질을 하여 엉킴을 막아야 한다. 엉킨 털 전용 빗으로 엉키는 부위를 작게 분리시키면 한결 손질이 쉬워진다.

## 목욕시키기

애견의 목욕 주기는 털의 특성에 따라 달라진다.

장모종 중에도 따뜻한 속털 위로 숱이 많은 보호털이 있는 이중모를 가진 품종이 있다. 이중모는 보호털이 먼지로부터 보호해 주는 기능이 있으므로 자주 목욕시킬 필요 없이 연 2회 정도면 충분하다. 단일모나 단모종은 더 자주 목욕을 시켜야 하는데 3개월에 한 번이 적당하다. 푸들처럼 곱슬한 털을 가진 품종은 털이 날리지 않으므로 한 달에 한 번 정도 정기적으로 목욕을 시킨다. 너무 자주 목욕시키면 보상작용으로 털에 기름기가 분비되어 채취가 심해질 수 있어 너무 자주 씻기지 않는 것이 중요하다. 산책 후 진흙투성이가 된 개는 굳이 목욕시킬 필요 없이 진흙이 마른 후에 빗으로 빗어내면 된다.

**목욕 시간** 목욕 시간이 애견에게 즐거운 경험이 될 수 있도록 만들어 준다. 물을 뿌리기 전 간식을 주고 필요한 도구를 가까이 두어 중간에 자리를 비우는 일이 없도록 한다. 목욕 중에는 개가 편안하고 만족스러워하는지 확인한다.

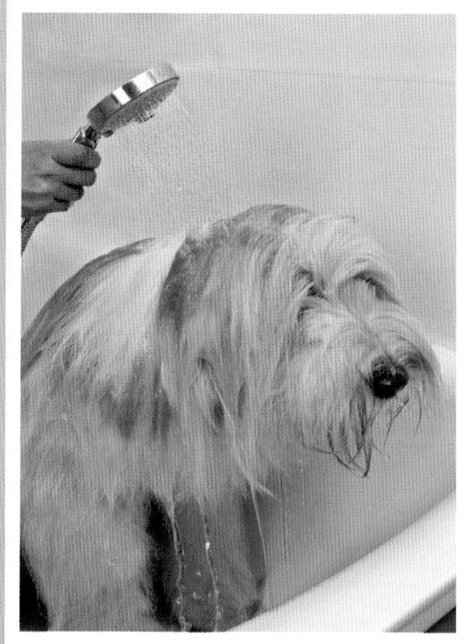

**1** 물을 뿌리기 전 온도를 확인한다. 따뜻하지만 뜨거워서는 안 된다. 물은 머리부터 시작해서 꼬리까지 충분히 적신다. 물이 눈이나 귀, 코로 들어가지 않도록 주의한다.

**2** 개 전용 샴푸를 뿌리고 피부까지 닿도록 털 전체를 충분히 마사지 한다.

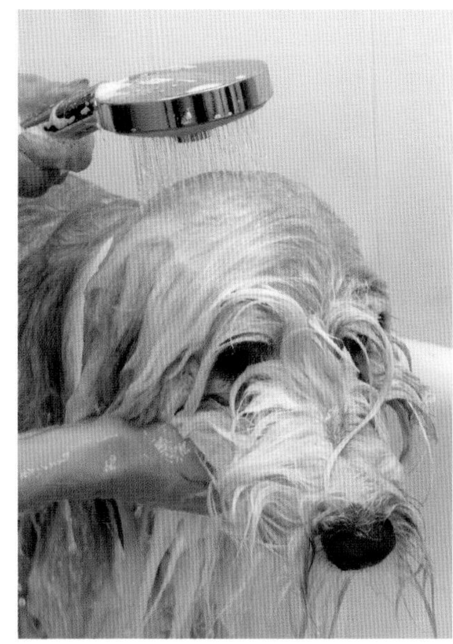

**3** 따뜻한 물로 샴푸를 모두 씻겨 낸다. 털에 남은 샴푸는 피부자극의 원인이 되므로 깨끗이 씻는다.

**4** 털이 머금은 물을 손으로 짜내고 거의 마를 때까지 수건으로 몸을 닦아 준다. (개가 드라이어 소리를 꺼리지 않는다면) 드라이어를 저온에 맞추고 브러시질을 하며 완전히 말려 준다.

# 털 손질 시 확인 사항

**털을 손질하면서 개의 신체를 구석구석 확인하면 개가 자연스럽게 일상적인 검사에 익숙해질 수 있다. 이때 털뿐만 아니라 이빨, 귀, 발톱도 정기적으로 확인해야 한다.**

### 정기적인 검사

어린 강아지 시절부터 정기적인 털 손질에 익숙해지면 건강 상태도 동시에 확인할 수 있다. 작은 변화를 감지해서 건강 문제를 빨리 진단하면 더 나은 치료효과도 기대할 수 있다.

신체 각 부위의 털을 손질하고 검사하는 동안 개에게 말을 걸어 진정시키거나, '이빨', '귀' 등 명령어를 사용한다. 우선 몸매와 자세에 큰 변화가 있는지 관찰한 후 세부적으로 상처, 응어리, 외부 기생충이 있는지 훑어본다. 양손으로 개의 머리와 몸통, 다리, 꼬리를 감싸면서 내려온다. 털을 옆으로 헤치면서 확인하되 혹이 있는 부위는 특히 주의 깊게 본다. 이때 벼룩이나 벼룩 먼지의 흔적이 없고, 부스러기가 거의 없으며, 털에서 기분 좋은 느낌과 냄새가 나야 한다. 개를 쓰다듬는 과정은 애견이나 주인 모두에게 좋은 경험이 될 것이다.

눈은 눈물이 과다하거나 끈적한 분비물이 나오지 않는지 확인한다. 약간의 눈곱은 정상이므로 물에 적신 면봉으로 닦아 낸다. 아래 눈꺼풀을 부드럽게 내려서 테두리와 홍채 주변 흰자에 염증이 생기거나 붉은 부위가 없는지 확인한다.

꼬리 아래쪽 항문은 지저분하거나 부풀었는지 관찰하고, 암컷의 경우 생식기가 붓거나 분비물이 있는지 살펴본다. 수컷은 생식기에 상처가 있거나 끝부분에 과도한 분비물 또는 출혈이 없는지 검사한다.

**눈 확인하기**
애견이 눈을 잘 뜨고 반짝이는지 늘 확인한다. 눈 문제는 수의사의 즉각적인 치료를 요한다. 분비물이 나오거나 자극 때문에 눈을 발로 긁는 등의 증상을 간과해서는 안 된다.

이빨 닦기
칫솔이나 핑거브러시를 사용해서 개의 이빨을 닦고 너무 힘을 주지 않도록 한다. 이빨을 닦으면서 이빨, 잇몸, 입이 건강한지 함께 확인한다.

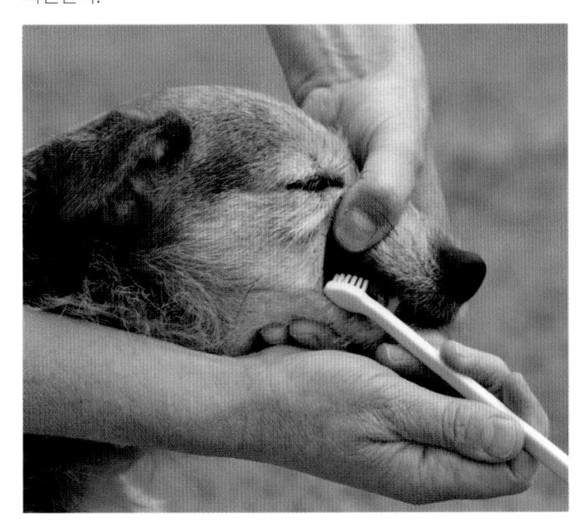

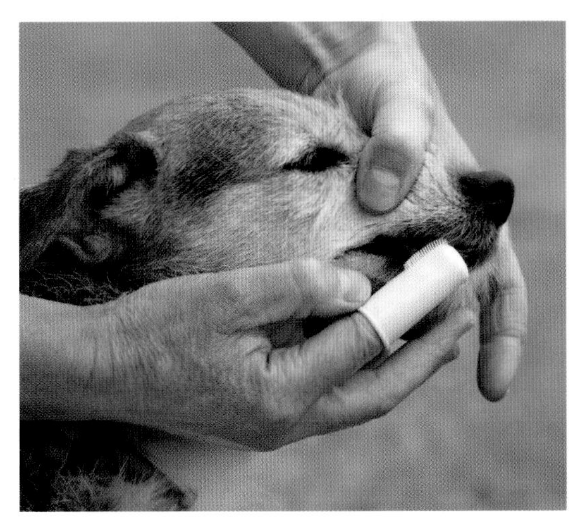

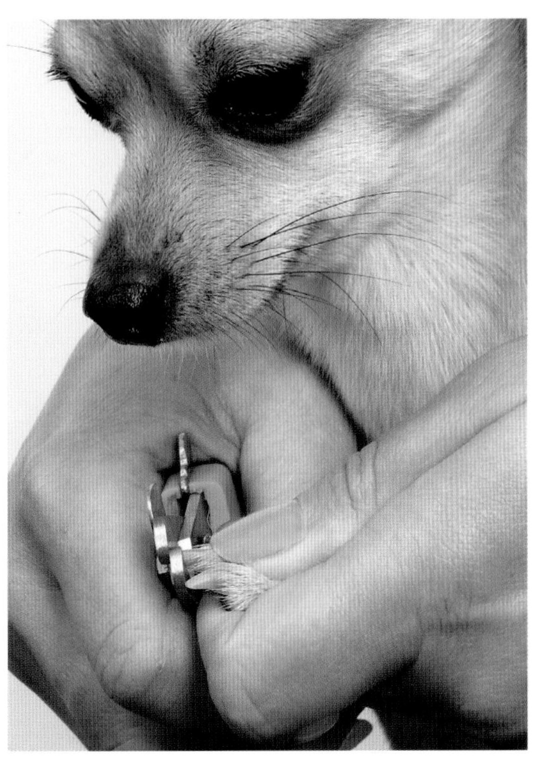

발톱 깎기
개 발톱을 깎을 때 속살 아래쪽을 잘라야 한다. 조금씩 잘라 나가면 속살을 자르는 것을 방지할 수 있다. 발에 부종, 부러지거나 갈라진 발톱이 있는지 확인한다.

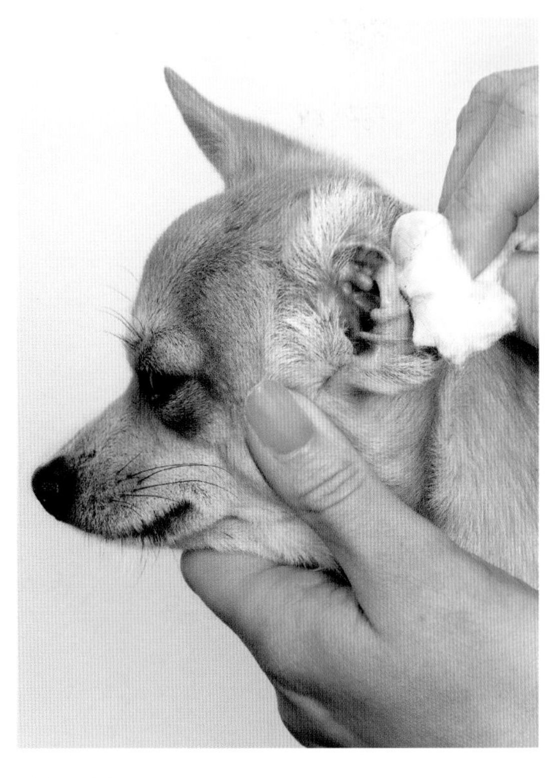

귀 청소하기
귀에 부종이나 불쾌한 냄새가 나지 않는지 확인한다. 소독용 귀 세정제를 탈지면에 적혀 눈에 보이는 부위를 닦아 낼 수 있다. 탈지면이나 다른 어떤 물체도 귓속으로 넣어서는 안 된다.

## 이빨 닦기

이빨을 닦아 주면서 개의 입안을 관찰하고 이빨을 닦아도 가만히 있도록 훈련시킬 수 있다. 우선 손으로 콧등을 덮고 엄지손가락은 턱 아래를 잡아 입을 열지 못하게 하는 느낌에 개가 익숙해지도록 한다. 이 자세가 편해지면 윗입술을 손으로 부드럽게 젖혀 이빨이 드러나도록 한다. 흰 이빨이 가장 좋지만 옅은 갈색 치석이 잇몸 경계를 따라 쌓일 수 있다. 잇몸은 촉촉하고 옅은 분홍색이며 입김은 느낌이 좋아야 한다. 개가 차분하게 있다면 칫솔을 볼 안으로 넣어 본다. 잇몸 경계와 이빨의 바깥 면을 가장 공들여 닦아야 한다. 칫솔은 양옆으로 문지르기보다 부드럽게 원을 그리며 돌려 준다.

이빨은 개 전용 제품만 사용하고 매주 닦아 주는 것이 좋다. 플라스틱 원통형 핑거브러시는 손가락에 끼워서 사용하며 칫솔이 붙어 있어 한결 편리하다. 이 제품은 개의 입 주변으로 칫솔을 움직이기 쉬워서 손에 너무 힘이 들어가는 것을 방지한다.

양치질을 처음 경험하는 개는 이상한 기분을 느낄 것이다. 단계마다 간식으로 진정시키고 이후에도 개가 잘 협조할 수 있도록 만들어 준다. 이를 닦는 중 공격성이나 불안함을 보이면 몇 분 동안 천천히 부드럽게 쓰다듬어 주고 다시 시도한다.

## 발톱 깎기

어린 시절부터 개가 자신의 발을 들어 검사하는 데 익숙해지도록 한다. 발가락 사이에 풀 까끄라기와 밝은 오렌지색 수확기 진드기가 있는지 확인한다. 발에 부은 부위가 있는지, 부러지거나 너무 긴 발톱이 있는지 확인한다. 발가락은 발에 체중을 실었을 때 가볍게 땅에 닿아야 한다.

발톱을 깎는 주기는 품종과 생활방식에 따라 달라지며 대부분 한 달에 한 번으로 충분하다. 발톱은 혈관과 신경이 있는 속살 앞까지 잘라 준다. 속살은 발톱이 검은 품종보다 흰 품종에서 확인하기 쉽다. 속살은 발톱 중앙에 색조가 다른 분홍색 부위다. 발톱을 너무 짧게 깎으면 속살이 잘려 피가 많이 날 수 있다. 발톱을 깎을 때는 개의 발을 단단히 붙잡아 움직이지 않도록 한다. 발톱깎이를 속살 바로 앞에 대고 깔끔하게 한 번에 자른다. 속살을 잘랐다면 우선 진정하고 출혈을 막도록 발톱에 지혈분말을 소량 뿌리고 피가 멈출 때까지 적절히 압박한다.

## 귀 청소하기

귀를 만졌을 때 개가 고통을 느끼면 안 된다. 귀에는 부종이 없어야 하며 기분 좋은 냄새가 나고 귓바퀴 속은 시선이 닿는 곳까지 청결해야 한다.

애견의 귀를 정기적으로 검사해서 분비물이나 불쾌한 냄새, 홍조, 염증, 귀 진드기 등이 없는지 확인한다. 이런 증상은 감염의 신호일 수 있으므로 수의사의 도움을 받아야 한다. 월 1회 귀 청소를 하면 귀 건강을 유지하고 감염을 방지한다. 이는 스패니얼 등 펜던트 모양 귀를 가진 품종에서 특히 중요하다.

# 권위를 세우기

**주인이 개와 사이가 좋아야 개의 행실을 바르게 만들 수 있다. 개가 이해할 수 있도록 분명하고 차분하게 규칙을 전달하면 개는 주인의 요청에 긍정적으로 반응해 줄 것이다.**

## 규칙 정하기

개는 사람처럼 무리를 짓는 동물로 사회적 교제를 추구하며 끈끈한 관계를 형성한다. 과거 조상들이 무리 지어 생활했던 개는 자신이 존중하고 따라갈 수 있는 리더를 우러러본다. 강한 리더가 없으면 개들은 다루기 힘들어진다. 개는 원래 말을 듣지 않는 동물이 아니라 실제로는 규칙과 본분을 갈망한다. 하지만 강아지는 규칙을 모른 채 태어났고 나이 든 개도 주인이 따라 주기를 원하는 규칙을 아직 모두 배우지 못한 상황일지도 모른다.

중요하다고 여기는 규칙을 결정하고, 보상을 주는 훈련법(pp.324-325) 등을 활용해서 지속적으로 개에게 강제한다. 규칙을 깨는 행동을 한다면 즉시 저지한다. 개는 어떤 행동이 용납되고 용납되지 않는지 금방 학습할 것이다.

주인이 힘이 세거나 우위에 있음을 보여 줄 필요는 없다. 주인이 화를 내거나 집중력을 잃어버리면 개는 겁을 먹거나 포기할 것이다. 좋은 주인은 차분하고 일관되며 호감을 준다. 이 점을 깨달으면 개가 실수를 했을 때 화를 내거나 소리를 지를 필요가 없다. 칭찬과 애정으로 올바른 행동을 하고 있음을 알리는 것이 개가 안정과 사랑을 느끼는 가장 좋은 방법이다.

개와 상호존중으로 관계를 쌓아 갈 때 서로 행복해진다. 개가 자신이 해야 할 행동을 이해하면 점차 주인의 명령에 따를 것이다. 훈련에서 발생하는 문제는 일반적으로 주인과 개 사이에 의사소통이 잘못되었기 때문이다. 개는 인간과 다른 동기와 욕구를 가지고 있으므로 개가 학습하고 어떤 신호를 따르는지 시간을 두고 이해해야 기대치를 현실적으로 설정할 수 있다.

**집중력 유지하기**
개가 주변 환경에 정신이 팔려도 화를 내지 말자. 대신 개의 관심을 주인에게 돌릴 수 있는 방법을 찾자. 간식이나 장난감, 물어 오기 게임은 개가 다시 집중하는 데 도움을 준다.

## 음성명령과 손짓명령

목소리는 훈련 도구로 좋지만 말을 못하는 개 입장에서 잊어버리기 쉽다. 개는 특정 단어의 소리와 그 소리를 들었을 때 취할 행동을 기억할 수 있지만, 이는 훈련이 반복되고 해당 단어가 늘 같은 소리로 들릴 때만 가능하다. 하루는 "앉아", 다른 날은 "앉아 봐"라고 명령하면 개는 혼란을 느끼고 훈련이 힘들어진다. 목소리의 높낮이도 중요하다. 개는 주인의 목소리 높낮이를 통해 자신이 제대로 행동하고 있는지 가늠하므로 새로운 단어를 가르칠 때 늘 밝은 목소리를 유지하는 것이 중요하다.

또한 개는 주인의 몸짓을 보고 상황을 이해하고 주인이 자신에게 어떤 명령을 내리는지 파악한다. 하지만 개는 사람의 언어를 이해하지 못하므로 주인이 손가락으로 가리키는 대상을 보라는 의미인지 알지 못한다.

개, 특히 강아지는 음성 신호를 처리하는 영역이 뇌의 일부에 불과해 음성명령보다 수신호를 더 쉽게 학습한다. 개가 수신호를 익히고 매번 확실하게 반응하면 수신호에 앞서 음성명령을 추가한다. 수많은 반복 끝에 개는 음성명령만으로도 반응할 것이다.

개는 한 번에 하나씩만 집중할 수 있음을 잊지 말자. 훈련은 인내심을 가지고 한 가지 명령을 확실히 익힌 다음 새로운 명령으로 넘어가도록 한다.

**함께 느끼는 행복**
건강한 관계에서 개는 주인이 개에게 무엇을 원하는지 이해하기 때문에 편안함을 느낀다. 그리고 주인은 그 기대를 충족시켜 주는 친구와 함께하는 즐거움을 느낀다.

**혼란을 방지하기**

음성과 손짓으로 동시에 명령을 내린다면 개는 손짓은 익히지만 음성명령은 무시하는 경향이 있다.

# 기본 훈련

**훈련할 때 주인과 개가 모두 즐거워야 한다. 앞으로 몇 장에 걸쳐 소개하는 몇 가지 기본적인 명령은 훈련을 시작하는 데 도움을 줄 것이다. 하지만 확실하지 않은 점이 있다면 전문 훈련사에게 빠른 시일 내에 도움을 구하라.**

## 훈련 시간

훈련할 때 고려 사항이 몇 가지 있지만 적당한 시간을 선택하는 것이 가장 중요하다. 훈련은 하루에 여러 번, 몇 분씩 실시하는 것을 목표로 한다. 이는 장시간의 일회성 훈련보다 성과가 더 좋다. 당신이 스트레스를 받지 않거나 바쁘지 않은 시간대를 선택하도록 한다. 개가 당신의 긴장감을 느끼면 칭찬을 받으려는 행동이 잘못된 형태로 표출될 수 있다.

강아지의 기분도 마찬가지로 중요하다. 운동을 하지 않아 심하게 흥분된 강아지는 훈련이 쉽지 않다. 또한 사료를 배불리 먹어 졸리는 강아지도 간식으로 마음이 움직이지 않을 것이다. 훈련 성공률을 높이려면 개가 잘못된 선택을 할 여지를 사전에 차단해야 한다. 훈련은 거실처럼 조용하고 시선을 끄는 요소가 없는 환경에서 시작한다. 어렵거나 새로운 명령을 가르칠 때 이는 더욱 중요하다. 실외에서 훈련한다면 조용하고 주위가 가려져 다른 개나 사람으로부터 떨어진 장소에서 시작한다. 이후 동네 공원 등 집중하기 어려운 환경에서 훈련을 진행할 수도 있지만 강아지가 충분히 연습하고 예방접종을 받기 전까지는 시도하지 않는다.

## 보상을 주는 훈련

훈련이란 개가 다른 일 대신 특정 행동을 했을 때 보상을 받는 상황을 만들어 주는 것이다. 어떤 행동으로 꾸준히 보상받으면 그 행동을 더 자주 하게 될 것이다. 달리 말하면 나쁜 행동을 했을 때 보상이 없으면 개는 보상을 주는 행동으로 곧 바꿀 것이다. 당신이 어떤 행동을 원하는지 이해시키고 싶다면 목표했던 행동이 나오는 즉시 보상을 주어야 한다. 보상은 간식, 장난감을 이용한 게임, 간단한 칭찬과 애정, 다른 개와 함께 노는 것 등이 있다. 모든 개가 같은 보상에 매력을 느끼지 않는다는 점을 명심한다. 무엇이 개를 움직이게 하는지 시간을 두고 알아내어 그것을 보상으로 활용한다.

가장 쉬운 보상을 주는 훈련은 간식으로 당신이 원하는 자세를 취하게 하는 것이다. 간식은 작고 부드럽고 냄새나는 것이 좋다. 보상은 훈련 중에 재빨리 주었을 때 효과가 좋고 다 먹는 데 몇

**앉아** 개는 자기가 원할 때 자연스럽게 앉으므로 그 순간을 포착하면 쉽게 보상을 줄 수 있다. 하지만 명령에 맞춰 앉도록 시간을 들여 가르치면 어떤 것이 눈앞에서 시선을 끌어도 재빨리 확실하게 앉을 것이다. '앉아'는 가장 가르치기 쉬운 명령이며 어떤 개라도 쉽게 학습한다.

**1 자세 잡기** 개가 당신 앞에 서 있을 때 간식을 코앞에 댄다. 간식을 머리 뒤로 움직여 개가 코를 들도록 유도한다.

**2 간식과 칭찬** 개의 몸이 뒤로 젖혀지다 앉으면 간식을 손에서 놓고 부드럽게 칭찬한다. 앉는 시간이 늘어나면 계속해서 칭찬하고 간식을 준다.

**3 수신호 추가** 개가 앉는 법을 익혔다면 명확한 수신호에 반응하는 법을 가르친다. 이때 손바닥을 위로 하여 펼치는 자세를 취한다. 몇 차례 반복했다면 수신호를 보내기 전에 "앉아"라고 말한다.

**손 내밀기**
손을 펼쳐서 간식을 얹어 주면 개가 실수로 무는 것을 방지할 수 있다. 다양한 간식은 개의 훈련 동기를 끌어올리고 보상을 더욱 특별한 존재로 만들어 준다.

분이나 시간이 걸려서는 안 된다.

더 복잡한 행동은 단계별로 나누어 보상을 주는 '점진적 접근법'을 활용한다. 개가 앉기를 원한다면 개가 바닥 쪽으로 움직일 때마다 보상을 주면 어떤 행동을 원하는지 이해시킬 수 있다. 작은 행동으로도 보상을 받는다면 개는 그 행동을 반복할 것이다.

훈련을 도와줄 목걸이, 목줄, 하네스 등 많은 장비가 있다. 당신과 개가 편하게 느끼는 장비를 선택하고 착용 및 사용법은 전문가의 도움을 구한다. 하지만 도구에 너무 의지해서는 안 된다. 장비가 없거나 망가졌을 때 올바른 훈련의 중요성을 새삼 느끼게 될 것이다.

훈련 시간은 짧게 유지하고 재미있는 게임으로 마무리해서 개가 마지막까지 집중하고 다음 시간을 고대하게 만들어 준다. 새로운 명령을 익히는 데 어려움을 보이더라도 인내심을 가져야 한다. 명령을 더 작은 단계로 나누고 개가 자신감을 얻을 때까지 다음 단계를 진행하지 않도록 한다.

## 엎드려

개가 '앉아'와 '기다려'를 완전히 익혔다면 '엎드려'로 넘어가 보자. 우선 앉은 자세에서 간식을 잡은 손을 바닥 쪽으로 내려 개가 따라오도록 유인한다. 개의 양쪽 발꿈치가 바닥에 닿으면 즉시 보상을 준다. 개가 그대로 엎드리기 시작하면 명확한 수신호를 추가한다. 이때 팔을 아래로 내리며 손바닥을 아래로 펼치고 마찬가지로 개를 아래쪽으로 유인한다. 다음 단계로 당신의 목소리에 반응하는 훈련을 시킨다. "엎드려"라고 말한 후 수신호를 보낸다.

**기다려** 개가 명령을 듣고 앉는 법을 배웠다면 손을 펴서 손바닥을 아래로 하고 '기다려'를 가르친다. '앉아'와 '기다려' 명령은 원치 않는 행동을 제어하는 데 도움이 된다. 다른 기본 훈련과 달리 '기다려'는 개가 지쳤을 때 오랜 시간 동안 기다리도록 할 수 있다. 지친 개의 입장에서도 한 가지 자세로 움직이지 않는 것을 더 좋아한다.

**1 '앉아'를 명령** '앉아'를 명령한 이후 손바닥을 아래로 펼치면서 "기다려"라고 한다. 칭찬은 즉시 하지만 간식은 천천히 준다.

**2 동작 추가** 개가 기다리는 법을 확실히 익혔다면 개로부터 한 발짝 뒤로 멀어져서 뒷발에 체중을 싣는다.

**3 거리 두기** 개가 앉아 있는 동안 주변을 돌아다닌다. 개가 당신에게 온다면 차분하게 다시 위치를 잡고 반복한다. 점점 당신과 개 사이의 거리를 늘려 나간다.

## 올바른 방식으로 훈련하기

모든 개는 안전을 위해 목줄을 하고 걸어야 할 때가 있다. 개를 잡아당기지 않고도 걷게 하는 법을 가르치면 산책이 더 즐거워질 것이다. 하지만 언제 훈련을 시작하든 원칙을 확실하게 정해야 한다. 개는 새로운 환경을 만날 때마다 새로운 도전처럼 느끼므로 훈련 시간마다 단계별로 보상을 주도록 한다. 제대로 걷는 데 성공했다면 다른 개 등 시선을 끄는 것들이 있는 곳에서 조금 더 멀리 걸어 본다. 개가 목줄을 당기거나 줄을 전혀 의식하지 않으면 아직 이 단계가 이르다는 의미다. 더 조용한 장소에서 첫 단계부터 훈련을 다시 시작한다.

개가 실수해도 절대로 화를 내지 않는다. 개가 줄을 당기지 않고 걷기까지는 시간이 걸리며 멈춰 서는 횟수만큼 산책 시간이 길어지는 것을 각오해야 한다. 늙은 구조견은 당기던 느낌에 익숙한 나머지 기초 훈련이 통하지 않을 수 있다. 이런 경우 전문 훈련사의 도움을 받는다.

개가 당길 때 목줄이 죄이는 방법은 피하도록 한다. 이는 학습에 전혀 도움이 되지 않으며 큰 부상을 당할 우려가 있다.

개가 목줄을 당기지만 않는다면 꼭 주인의 발에 정확하게 맞추어 걸을 필요는 없다. 하지만 인도에서 사람들을 지나쳐 걸을 때는 개와 발을 맞춰 걷는 것이 낫다. 목줄을 하고 걷는 법(하단)을 응용해서 개가 주인과 가까이 걸을 때 간식을 주며 가르친다. 개가 주인과 가까이 걷기 시작한다면 간식을 점점 줄이되 칭찬은 계속한다.

**새로운 장소**
새로운 환경에서 처음 훈련할 때는 개가 좋아하는 특별 간식을 사용한다.

**목줄을 하고 걷기** 목줄을 한 상태에서 당기지 않고 걷는 법은 나쁜 버릇이 있을 수 있는 성견보다 강아지에게 더 가르치기 쉽다. 개가 목줄을 당기면 즉시 걸음을 멈추고 주인의 다리 옆에 서도록 올바른 위치를 잡아 준다. 처음 이 방법을 쓸 때는 두세 걸음마다 멈추게 되어 당황스러울 수 있지만 아래의 과정을 따라 하면 주인과 개 모두 발을 맞추게 된다.

**1 위치 잡아 주기** 왼손에 쥔 간식으로 개를 제 위치로 유인한다. 간식을 낮추고 목줄을 짧게 잡아 개가 점프하거나 위치에서 이탈하지 않도록 한다.

**2 한 발짝 앞으로** 명랑한 목소리로 개의 이름을 부르고 관심을 유도하면서 간식을 주어 다리 옆에 앉거나 서도록 한다.

**3 위치를 지킬 때 간식** 한 발짝 나가서 멈춘 후 개가 올바른 위치를 지키면 간식을 준다. 개가 당신 옆을 지킬 때마다 한 발짝 더 나가고 보상을 준다.

**4 연습** 훈련 시간마다 개에게 보상을 주기 전에 이동하는 걸음 수를 점차 늘려 나간다. 개가 멀어지거나 다른 곳에 신경을 쓴다면 올바른 위치로 다시 유인한다.

## 트레이닝 교실

아무리 개를 훈련시킨 경험이 많은 사람이라도 새로 맞이한 개는 강아지, 성견, 구조견을 가리지 않고 트레이닝 교실을 권장한다. 그룹 훈련에 참여할 때 느끼는 유익함은 상당하며 당신의 훈련기술을 향상시키는 좋은 방법이기도 하다. 트레이닝 교실에서 당신과 비슷한 사람과 만나면서 그 지역에서 개를 키우는 사람들이 이용하는 시설들도 알게 될 것이다. 뿐만 아니라 노련한 트레이너의 도움으로 당신의 실수를 줄일 수 있다. 그룹으로 훈련받을 때 꾸준히 동기부여가 된다는 점도 장점이다.

트레이닝 교실은 일정이 잘 짜여 있고 참여한 주인과 개가 모두 즐거워야 한다. 즐겁고 당당한 개는 훈련을 받는 중에도 편안한 모습으로 움직일 것이다. 긴장의 징후로 몸이 굳어 있을 때는 개가 불편함을 느낀다는 경고다. 불안함을 느끼거나 사람이나 다른 개에게 공격적인 개들은 그룹 훈련에 맞지 않다. 이런 문제 행동은 트레이닝 교실에서 훈련받을 때 종종 더 악화되고 더 확연히 드러날 수 있다.

이런 개들은 그룹 훈련을 하기 전에 문제 행동 전문가를 통해 일대일 훈련으로 시작하는 것이 좋다. 궁금한 점이 있다면 등록하기 전에 상담을 요청한다. 모든 트레이닝 교실은 발 옆에서 개를 걷게 하는 기초적인 기술을 가르친다. 통제된 환경에서 개를 당신 곁에 둘 수 있다면 공공장소에서도 곧 자신감 있게 산책할 수 있을 것이다.

## 훈련 장소

주변에 여러 트레이닝 교실이 운영되고 있을 것이다. 다른 개 주인이나 수의사의 추천을 받을 수 있다. 훈련사는 아메리칸 켄넬 클럽 등 공식 기관으로부터 공인된 사람을 선택한다. 수강 여부를 정하기 앞서 시간을 내어 훈련소를 방문하고 훈련하는 모습을 지켜본다. 트레이닝 교실에 참여한 경험이 없더라도 좋은 훈련이라는 느낌을 받을 것이다. 개들이 편안하고 주인들이 즐거워하는 트레이닝 교실을 선택하고, 어수선하고 소란스러운 환경의 트레이닝 교실은 피한다. 지식이 풍부하고 노련한 트레이너는 붙임성 있고 효과적인 방법으로 개들을 이끌어 나갈 것이다.

### 트레이닝 클래스에서 확인할 사항

- 개가 적은 소규모 분반
- 개보다 트레이너가 많음
- 칭찬, 음식, 장난감을 활용한 긍정 강화 트레이닝 기법을 활용
- 목을 조이는 목줄을 쓰지 않음
- 공격적으로 훈련하지 않음
- 편안한 환경

**부를 때 오는 법** 부를 때 오는 훈련을 할 때는 개가 당신을 무시할 만한 유혹거리가 너무 많기 때문에 처음에 걸어서 오게 하면 안 된다. 하지만 가정이나 마당에서 아래의 간단한 과정을 연습하면 개는 당신에게 가는 것이 늘 최선의 선택임을 배우게 될 것이다.

**1 간식으로 관심 끌기** 개가 좋아하는 간식으로 당신에게 관심이 가도록 한다. 개가 간식 냄새를 맡도록 하고 친구는 개 목걸이를 부드럽게 잡아 간식을 먹지 못하도록 한다.

**2 불러 보기** 개의 관심을 당신에게 유지한 채로 몇 발짝 멀어진다. 그리고 개의 높이에 맞추어 쪼그려 앉아 양팔을 벌리고 열정적으로 "이리 와"라고 개를 부른다. 이때 친구는 개 목걸이를 놓아 준다.

**3 간식으로 유도하기** 개가 1m 이내로 오면 손을 뻗어 당신에게 그대로 오도록 유인한다. 간식을 먹고 그대로 가 버릴 수 있으므로 간식을 든 채 잠깐 놀아 준다.

**4 보상과 칭찬** 간식을 줄 때 다른 손으로 부드럽게 목줄을 잡고 토닥거리거나 턱을 긁어 준다. 칭찬을 하고 간식을 더 주면 개는 부를 때 오는 것이 확실히 좋은 행동임을 배운다.

# 문제 행동

**어릴 때부터 기초적인 규칙을 훈련받은 개들은 대체로 가정에 만족스럽게 적응한다. 하지만 일부 개들은 문제 있는 행동을 보이는데 이때는 추가로 훈련하거나 맞춤형 교정이 필요하다.**

## 파괴적인 행동

강아지와 개들에게 물어뜯기는 자연스러운 행동이지만 정도가 심하거나 뜯어서는 안 될 물건을 노린다면 곧 주인과 개 사이에 갈등이 형성된다. 개의 파괴적인 행동은 물리적으로 고통스럽거나, 주인의 부재로 극도의 괴로움을 느끼는 분리불안에 따른 괴로움을 발산하는 것이기도 하다. 개는 불안장애를 보이면서도 가정생활에 충실하고 즐거움을 느낄 수 있다. 당신의 개가 불안에 시달린다면 수의사의 조언을 받거나 행동 전문가의 상담을 받아야 한다.

때로는 물어뜯기나 파헤치기 같은 파괴적인 행동이 건강한 성견에서 문제가 되기도 한다. 이는 대체로 개가 충분한 자극을 받지 못하고 있다는 징후다. 모래 속에 간식을 숨겨 놓고 파게 하는 등 개 본연의 행동을 발산할 기회를 주면 도움이 될 것이다. 이 방법은 운동, 영양소 요구량, 사회적 상호작용 등 다른 모든 필요한 부분이 충족되었을 때 효과를 볼 수 있다.

훈련의 첫 단계는 특정 행동을 명령어와 연계시켜 신호에 따라 원하는 행동을 유도하는 것이 목표다. 예를 들어 가구를 물어뜯는 개에게 먹을 것이 들어 있는 특수 장난감을 대신 씹도록 가르칠 수 있다. 간식을 숨겨 둔 장난감을 주고 개가 간식을 찾기 시작하면 "잘했어, 씹어"라고 명확한 목소리로 말해 준다. 여기서 핵심은 개가 문제 행동을 할 기회를 차단하도록 일시적인 변화를 조성해야 한다는 것이다. 쓴맛이 나는 불쾌한 스프레이를 가구에 뿌려 물어뜯기를 방지할 수 있다.

**물어뜯기에 대처하기**
강아지가 입으로 물어서 주변을 조사하는 것은 특히 이빨이 자라는 동안 자연스러운 행동이다. 하지만 절대로 행동 자체를 벌주어서는 안 된다. 야단맞은 강아지는 숨어서 물어뜯는 법을 배운다.

## 과도한 짖음

정상적인 개라면 짖는다. 하지만 정도가 지나치면 가정에서 문제가 될 수 있다. 방에 가두거나 마당에 오래 둔 개는 가끔 짖는데, 조금 더 자유를 주면 짖는 횟수가 줄어드는 경우가 많다.

짖는 문제를 해결하는 가장 쉬운 방법은 명령할 때 짖게 하고 '조용히'라는 명령도 함께 가르치는 것이다. 처음에는 장난감을 흔드는 등 개가 자연스럽게 짖도록 한다. 그리고 짖기 바로 직전에 '짖어'라는 명령어를 끼워 넣는다. 개가 짖으면 칭찬하고 다가가서 간식을 코앞에 대어 그만 짖도록 한다. 이후 '조용해'라는 말과 함께 간식을 준다. 훈련 시간을 놀이와 결합해서 줄다리기 등 재밌는 놀이로 마무리한다. 하지만 이 훈련법은 공격성을 표출하며 짖는 개에게 사용해서는 안 된다. 이 경우는 행동 전문가가 지도해야 한다.

## 뛰어오르기

개를 키우는 사람이 흔하게 불평하면서도 잘못 길들였다고 자책하는 문제는 개가 사람에게 뛰어오르는 행동이다. 강아지는 사람들의 얼굴이나 손을 애정의 근원으로 인식해서 자연스럽게 다가가려 한다.

**관심을 주지 않기**
강아지가 뛰어올라도 받아 주거나 관심을 주지 않는다. 네 발을 바닥에 붙이면 칭찬하도록 한다.

강아지가 뛰어오르면 귀엽고 즐거우므로 사람들은 이런 행동을 자연스럽게 받아 준다. 하지만 성견이 되어도 이런 행동이 계속된다면 상황이 달라진다. 강아지를 집으로 데려온 첫날부터 뛰어오르지 않도록 가르치면 이를 예방할 수 있다.

하지만 사람에게 뛰어오르는 것이 이미 습관이 된 나이 든 개라면 용납할 수 없는 행동이라고 가르쳐야 한다. 해결책으로 '앉아'(p.324)를 가르치는 훈련법으로 간단하게 뛰어오르지 않게 할 수 있다. 개가 뛰어오르는 열망을 주체할 수 없다면 특별한 훈련을 준비한다. 당신은 개 목줄을 짧게 잡고 친구가 개 쪽으로 걸어오게 한다. 개가 얌전히 앉으면 친구를 가까이 오게 하고 개를 칭찬하지만, 흥분하거나 뛰어오르려 하면 친구를 뒤로 물린다. 훈련이 성과를 보인다면 목줄을 쓰지 않아도 되지만 개가 '앉아'를 숙지한 상태여야 한다. 한 사람이라도 훈련법을 지키지 않으면 실패한다는 점을 명심해야 한다. 개가 얌전히 앉기 시작한다고 거기서 만족하면 안 된다. 개는 사람들의 관심을 끌기 위해 다시 뛰어오를 가능성이 매우 높다.

### 달려나가는 개

모든 개는 자유롭게 달리며 노는 것을 좋아하므로 개가 목줄이 없어도 부를 때 돌아오도록 하는 것이 중요하다. 개가 주변에 있을 때 불편해하는 사람이나 우호적이지 않은 개를 만날 수도 있다.

돌아오는 훈련은 가정이나 마당 등 개의 시선을 끄는 것이 없는 환경에서 시작한다. 우선 가정에서 '부를 때 오는'(p.328) 훈련부터 연습한다. 개가 신속히 돌아온다면 훈련 장소를 밖으로 옮긴다. 일반 목줄을 하고 산책을 하면서 가늘고 긴 끈을 함께 묶어 주머니 속에 숨긴다. 안전한 공터에 도착하면 과장된 몸짓으로 목줄을 푼다. 개는 목줄이 풀렸다고 생각하지만 실제로는 다른 긴 줄이 당신에게 연결되어 있다. 이 줄은 땅에 끌리도록 두고 팽팽하게 당기지 않는다. 이제 일어나서 팔을 흔들며 개 이름과 함께 '이리와'라고 부른다. 개는 당신에게 돌아가면 간식이나 칭찬을 받을 수 있다는 것을 알기 때문에 매번 당신에게 돌아와야 한다. 돌아오도록 여러 번 부르거나 언제 부를지 예측하지 못하는 시점에 부르는 등 변화를 주면서 훈련한다. 돌아올 때마다 어떤 형태로든 보상을 잊지 않는다.

### 공격성

공격성은 개가 불편함을 느끼는 상황에 처했을 때 보이는 자연스러운 반응이다.

하지만 어떤 상황에서도 믿음직스러운 애완견으로 만들려면 사람이나 다른 개들에게 공격성을 보이는 것은 용납되지 않는다고 주지시켜야 한다. 좋은 주인은 개가 괴로워할 때를 기록해 두고 그 상황에서 개가 편안함을 느끼도록 돕고 공격적인 반응이 나올 위험성을 줄인다. 대체로 행복하고 사회화가 이루어진 개는 고통스럽거나 자다가 깜짝 놀란 상황을 제외하면 대부분 공격적이지 않다. 공격적인 개에게 절대 맞서지 마라. 개가 으르렁거린다면 현재 불쾌함을 느끼고 당신이 비키기를 원한다는 뜻이다. 가혹하게 다룰수록 개는 자신을 방어하려는 일념에 점점 더 공격적으로 변해 갈 것이다.

전문가의 도움 없이 공격성 문제를 해결하려 하지 마라. 우선 개에게 입마개를 하고 외출할 때 목줄을 착용하는 등 현장에서 통제할 수 있는 수단을 갖춘다. 그리고 수의사에게서 당신을 도와줄 전문성 있고 공인된 행동 전문가를 추천받아라.

**공격성의 단계**
개는 실제로 물기 전에 전방위로 신호를 보낸다. 이 신호를 무시할 때 개는 자신의 반응 강도를 높일 필요를 느낀다.

**탈주하는 개**
바깥세상은 개가 뛰쳐나가도록 부추기는 유혹으로 가득하다. 그러므로 당신이 부르면 무조건 돌아올 것을 개에게 주지시켜 놓는 것이 중요하다.

# 동물병원 방문하기

**당신의 개는 강아지 때부터 노령견이 될 때까지 평생 수의사의 검진을 받아야 한다. 정기적으로 건강검진을 받으면 숨어 있던 사소한 문제가 큰 걱정거리가 되기 전에 찾아낼 수 있다.**

### 강아지의 첫 건강검진

강아지는 여유가 될 때 최대한 빨리 수의사에게 첫 검진을 받으러 가자. 예방접종을 한 상태가 아니라면 강아지를 바닥에 내려놓지 말고 안은 상태로 진료실에 들어간다. 당신의 품에서 뛰쳐나갈 경우를 대비해 목걸이와 목줄은 착용하도록 한다. 개 이동장을 사용할 수도 있다. 대기실에 다른 동물들이 있어 소란스러울 수 있으므로 강아지를 안심시켜 주도록 하자.

수의사는 강아지를 좋아하므로 당신과 강아지를 따뜻하게 맞아 줄 것이다. 수의사는 출생 당시의 크기, 강아지를 데려온 된 경위, 기생충과 벼룩 구제 여부, 해당 품종의 스크리닝 테스트 결과 등 강아지의 초반 근황에 대해 자세하게 물어볼 것이다. 예방접종을 한 강아지라면 접종 내역을 보여 주자. 강아지의 체중을 잰 후 수의사는 검이경으로 귀를 보고 심장소리를 확인하는 등 자세하게 검사할 것이다.

수의사는 강아지에 마이크로칩의 삽입 여부도 확인할 것이다. 마이크로칩은 어깨 사이의 피부 아래 주사를 놓듯이 삽입되어 강아지를 언제나 식별할 수 있다. 칩을 읽으면 고유 번호가 뜨며 당신이 등록한 연락처를 중앙 서버에서 조회할 수 있다.

예방접종이 필요하면 그 자리에서 진행할 수 있다. 수의사가 추가 접종과 강아지 상태를 모니터링하기 위해 후속 진료를 잡아야 할 수도 있다. 자리에서 일어나기 전 수의사는 음식, 벼룩 구제, 중성화, 사회화, 훈련, 자동차 여행에 관한 조언을 해 줄 것이다. 궁금한 점이 있다면 망설이지 말고 물어보자.

### 강아지의 후속 검진

강아지가 4-5개월령이 되면 수의사는 강아지가 육체적, 정신적으로 잘 발달하고 있는지 확인하기 위해 추가 검진을 제안할 수도 있다.

**수의사 만나기**
강아지가 동물병원에 처음 가는 시간은 편안하고 즐거워야 한다. 수의사가 검진하는 동안 강아지를 안심시켜 차분하게 있도록 해 주자.

### 예방접종

당신이 애견에게 줄 수 있는 최고의 선물은 감염병으로부터 지켜 주는 것이다. 예방접종은 파보바이러스, 디스템퍼 등 주요 개 질병의 발병률을 큰 폭으로 감소시키고, 광견병, 렙토스피라 등의 감염을 예방한다. 최근까지 예방접종을 받았다고 가정할 때 임신 중인 암컷의 면역력은 강아지에게 전달된다. 이 면역효과는 출생 후 2-3주 동안 지속되므로 강아지는 새로 예방접종을 받아야 한다. 보강접종을 맞출 시기는 수의사가 알려 줄 것이다. 질병에 따라 백신효과가 3년 지속되고 이후 12개월마다 부스터를 맞는 예방접종도 있다.

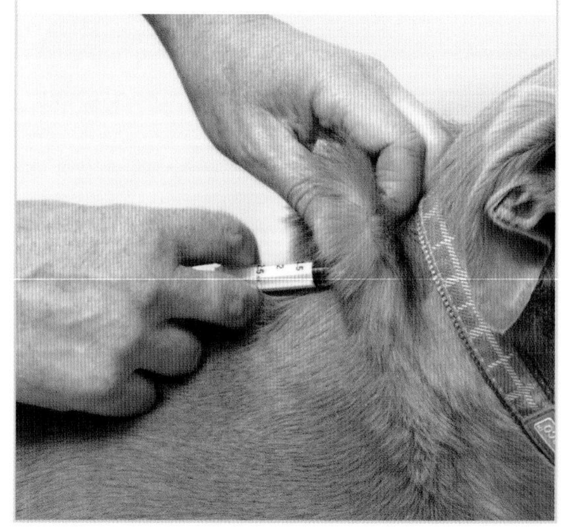

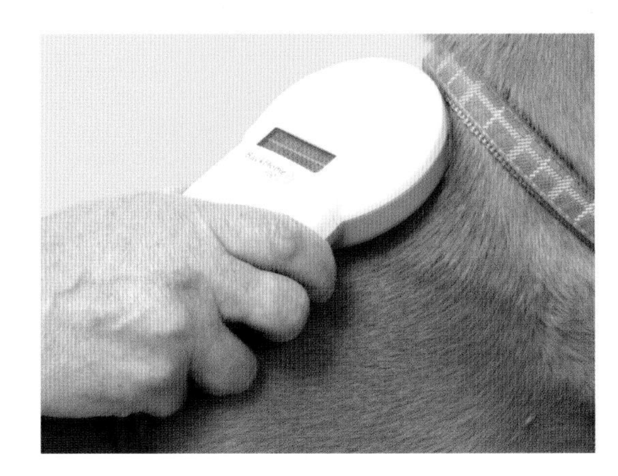

**마이크로칩 읽기**
마이크로칩이 제대로 작동하는지 스캐너로 확인하는 것이 중요하다. 마이크로칩과 연계된 당신의 정보에는 최근 연락처가 등록되어 있어야 한다.

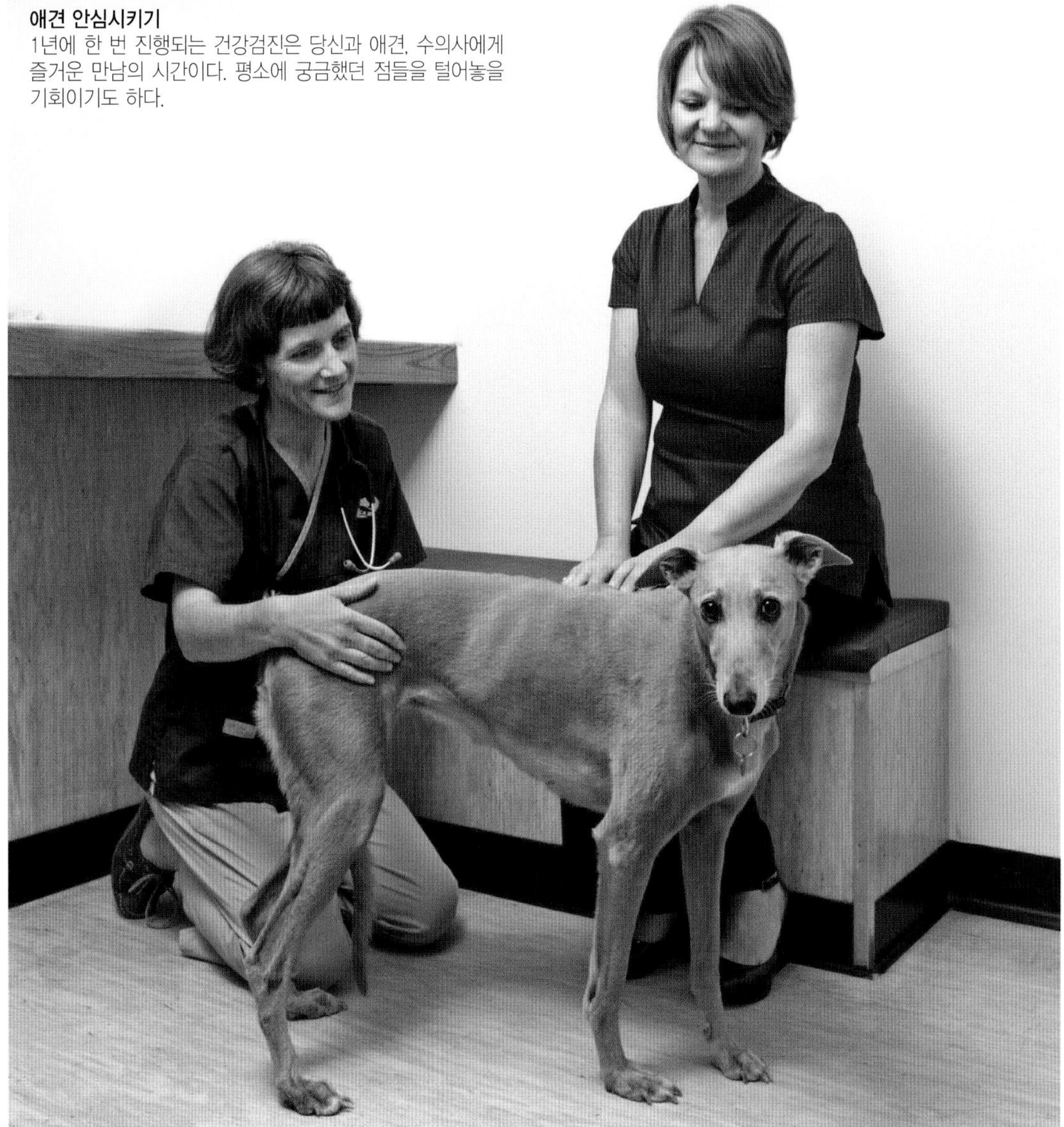

**애견 안심시키기**
1년에 한 번 진행되는 건강검진은 당신과 애견, 수의사에게 즐거운 만남의 시간이다. 평소에 궁금했던 점들을 털어놓을 기회이기도 하다.

후속 검진은 첫 진료 이후 수의사에게 더 많은 조언을 받을 수 있는 기회이기도 하다. 수의사는 후속 검진에서 영구치가 날 때 빠지지 않은 유치가 있는지 살펴볼 것이다. 이 확인 작업은 영구치가 올바른 위치에서 자라 정확한 교합을 이루기 위해 유치를 제거해야 하는 경우가 생길 수 있으므로 중요하다.

## 연 1회 검진

가정에서 하는 정기적인 검진 외에도(pp.320-321) 매년 수의사에게 검진을 받아야 한다. 수의사는 당신의 개를 머리부터 발끝까지 검사하고 갈증, 식욕, 음식, 용변 습관, 운동 등에 관해 여러 질문을 던질 것이다. 우려되는 증상이 있다면 자세한 진단 방법을 추천받을 수 있다. 오줌은 특히 노령견에서 신장과 방광에 대해 중요한 정보를 알려 주므로 수의사가 샘플을 요청할 수도 있다. 샘플은 검진 당일 아침에 적당한 용기에 채취해야 한다. 또한 수의사는 체중, 몸과 털 상태, 해충, 벼룩 외 기타 기생충 구제 등 일반적인 건강 문제에 조언을 해 줄 것이다. 그 외에 긴 발톱 깎기, 전염병 면역 유지를 위한 보강접종 등 일상적인 진료를 해 준다.

검사를 꺼리는 개도 있을 수 있다. 이런 상황에서는 수의사가 입마개를 제안하거나 주인을 내보내고 간호사의 보정을 받을 수 있다. 이는 주인이 곁에 없을 때 더 대범해지고 행실이 좋아지는 개가 간혹 있기 때문이다.

일부 동물병원에서는 체중 문제를 다루는 등 특수 클리닉을 운영한다. 당신의 개가 평소 다니는 병원에서 체중을 잿다면 체중의 증가나 감소를 초기에 확인하고 진료할 수 있다.

## 이빨 검진

구강 건강은 기분 좋은 식사 시간뿐만 아니라 애견의 행복에 전반적으로 영향을 끼치는 중요한 요소다. 충치와 잇몸 감염이 다른 질병의 원인이 될 수도 있기 때문이다. 이빨은 매년 받는 검진 외에도 병원에 들르는 틈틈이 확인받을 수 있지만 정식으로 덴탈 클리닉을 방문할 수도 있다. 해당 병원은 가정에서 할 수 있는 이빨위생 관리기법을 알려 주고 관리 상황을 모니터링한다. 또한 스케일링, 미백 등 시술이 필요하다면 도움을 준다.

## 중성화 상담

중성화를 결정했다면 주인은 강아지의 첫 건강검진을 할 때 동물병원에서 상담을 받으면 좋다. 수의사는 수컷이나 암컷의 중성화 과정과 가장 적절한 시기에 대해 설명해 줄 것이다. 이상적인 중성화 시기는 수의사들마다 생후 몇 주에서 몇 달 사이로 이견이 있는데, 성성숙 이후에 하는 수술이 가장 일반적이다. 많은 주인이 염려하는 중성화 이후의 영향에 관해서도 강아지의 첫 건강진단 때 상담받을 수 있다.

# 건강의 징후

**건강한 개는 개체 차이, 품종, 연령을 감안할 때 겉모습이나 행동으로 바로 알아차릴 수 있다. 당신이 키우는 개에 대해 잘 안다면 어떤 문제가 있는지 어렵지 않게 알 수 있다.**

기민하고 주변에 깊은 관심을 보임

잘 흔들어 주는 꼬리

매끈하고 윤기 나는 털

편안하게 선 자세

정상적인 윤곽선

**완벽한 건강**
겉모습에 나타나는 모든 요소에서 건강에 문제가 없음을 알 수 있다. 사진 속 개는 기민하고 반듯하며 건강 상태가 좋고 생활에 문제가 없다.

### 건강한 외양

반짝이는 눈, 윤기 나는 털, 차갑고 촉촉한 코는 건강한 개를 나타내는 대표적인 특징이지만 늘 그런 것은 아니다. 반짝이는 눈은 나이가 들면 완벽히 건강을 유지하는 상태에서도 흐려질 수 있다. 원래 털이 곱슬한 품종은 윤기가 나지 않을 것이다. 건강한 개도 종종 코가 따뜻하고 마르기도 한다.

건강지표로는 일정한 체형과 체중이 더 의미가 있다. 비정상적인 부종, 급격한 체중 감소, 복부 팽창은 모두 건강에 이상이 있음을 초기에 알리는 경고다. 어린 개는 매주 체중을 재고 그래프로 그려 체중 증가와 성장세를 지켜본다. 개가 성숙하기 전까지 체중을 기록하고 정기적으로 사진을 찍어 두자.

건강 상태의 변화는 배변과 배뇨 습관에서도 드러나서 다른 개체와는 확연한 차이를 보인다. 개는 정상적인 주기로 배변과 배뇨를 해야 한다. 뒷정리를 하다 보면 용변 횟수, 물성, 색상에서 애견이 정상 범주에 있는지 확실하게 알 수 있다.

건강한 개는 밝고 기민하며 가족이나 다른 개, 애완동물과 쉽게 어울린다. 개는 뻣뻣함이 없이 자유롭게 돌아다니며, 운동을 매우 좋아하고, 운동 후에도 필요 이상으로 지치지 않는다. 음식에 관심을 보이고 평소만큼 물을 마시는 점도 애견이 건강하다는 증거다.

**건강하고 튼튼하게**
건강한 개는 식욕이 왕성하고 운동을 진심으로 즐긴다. 발랄하고, 호기심 많고, 놀기 좋아함은 물론이다.

## 문제의 징후

- 운동을 꺼려 무기력하고, 산책 중 갑자기 지쳐 버림
- 방향 감각을 잃거나 사물에 몸을 부딪힘
- 호흡 패턴이 바뀌거나 호흡할 때 비정상적인 소리가 들림
- 기침이나 재채기
- 노출된 상처
- 부종이나 비정상적인 혹
- 관절 부위가 아프고 붓고 열이 남
- 눈이나 눈꺼풀에 부종
- 상처, 오줌(분홍색 또는 혈액 응고물 관찰), 분변이나 토사물에서 피가 발견됨
- 다리를 절거나 몸이 뻣뻣함
- 머리를 흔듦
- 의도치 않은 체중 감소
- 체중 증가, 특히 개의 복부가 팽창한 경우
- 식욕 저하와 섭취 거부
- 탐식 또는 먹는 음식의 변화
- 음식 섭취 직후에 구토 또는 역류
- 설사 또는 배변을 힘들어함
- 복부팽만
- 배변이나 배뇨 중 고통스럽게 울음
- 가려움증: 입과 눈, 귀를 긁음, 엉덩이를 바닥에 끌고 다니거나(스쿠팅) 해당 부위를 과도하게 씻어 냄, 전신 가려움증
- 비정상적 분비물: 평소와 달리 입, 코, 눈, 암컷 생식기, 포피, 항문 등 모든 구멍에서 분비물 배출 또는 비정상적인 냄새, 색상, 물성의 분비물
- 털 변화: 윤기가 없고 기름기 도는 질감, 또는 과하게 건조한 상태, 벼룩 먼지, 실제 벼룩, 옴, 각질 등 털에 부스러기
- 과도한 털 빠짐으로 부분 탈모
- 털색의 변화(매우 점진적으로 진행되어 과거 사진을 볼 때야 알아차림)
- 잇몸이 창백하거나 노란빛, 푸른빛이 도는 등 잇몸 색의 변화, 잇몸 경계에 회색 분비물
- 높은 체온

### 문제를 인지하기

애견에게 생긴 변화는 건강이 나쁘다는 경고일 수 있다. 눈꺼풀이 처지는 등 극히 사소한 증상이라도 중요한 문제일 수 있으므로 간과해서는 안 된다. 애견은 배탈과 같은 내과 질환이나, 털과 피부에 영향을 미치는 외과 질환, 혹은 두 가지 질환을 함께 가질 수 있다. 주인은 개가 잠을 더 자거나 덜 의욕적으로 운동하는 등 모호한 증상이나, 다리를 절거나 귀에 풀 까끄라기가 들어가 머리를 흔드는 등 확실한 이상증상을 인지할 수 있을 것이다.

보편적인 질환은 대체로 증상이 가볍고 조기 발견하면 치료가 쉽다. 어떤 형태로든 가정에서 치료한다면 꼭 수의사의 상담을 미리 받도록 한다. 사람에게는 적절한 처치가 개에게는 위험할 수 있다. 전화로 조언을 받아도 충분한 경우가 있지만 일반적으로 최선의 방책을 위해서 수의사가 직접 개를 검사해야 한다. 간단하게 설명할 수 없는 문제라면 수의사는 발생 가능성이 높은 순서에 따라 원인요소를 확인해 나간다.

개의 병력을 청취하고 검사가 모두 끝난 후에도 수의사는 혈액검사나 영상촬영 등을 추가로 수행할 수 있다. 때로는 입원이나 수술까지 받아야 하는 심각한 질병으로 진단받아 회복 기간이 길어질 수도 있지만, 흔한 증상은 실제로 흔한 질병이 원인이다. 가려움을 느끼는 개는 원인불명의 신경계 질환이라기보다 벼룩 때문일 가능성이 높다.

**경고 증상 알아차리기**
애견의 정상 상태를 이해하면 비정상일 때를 알아차릴 수 있으므로 좋다. 예를 들어 음식이나 운동에 관심이 줄어든다면 건강이 나쁠 가능성이 있다.

주인과 수의사는 애견을 최대한 오래, 건강하게 살아가도록 하는 것이 목표임을 명심해야 한다. 다른 조언이나 정보가 필요하다면 수의사도 기꺼이 도와줄 것이다.

### 비정상적인 갈증

애견이 평소보다 자주 물그릇을 찾거나 물을 마시러 밖으로 나간다면 비정상적인 갈증이 있을 수 있다. 물그릇을 완전히 비웠을 때 다시 채운 물의 양을 기록한 다음(mL 단위), 24시간 후 남아 있는 물의 양을 빼면 24시간 동안 섭취한 물의 양을 알 수 있다. 이 숫자를 개의 체중(kg 단위)으로 나누었을 때, 1kg당 50mL라면 수분 섭취량이 정상이다. 90mL가 넘어간다면 수의사에게 문의한다.

# 유전병

**유전병은 한 세대에서 다음 세대로 전달되는 증상이다. 이런 질병은 품종견에서 더 자주 발생하고 종 특이성이 있는 경우도 있다. 아래에서 자주 발생하는 질환에 대해서 살펴보자.**

### 질병의 위험

유전자 풀이 적고 근친교배가 만연했던 과거에 탄생한 품종견은 교잡육종을 한 품종보다 유전병이 더 잘 발생한다. 교잡육종은 질병의 위험성을 줄일지는 모르지만 원인 유전자는 어느 한쪽 부모에게서 물려받을 수 있다.

### 고관절/주관절 이형성증

이 두 증상은 중형견과 대형견에서 주로 발생한다. 이형성증이 있으면 골반이나 팔꿈치의 구조적 결함으로 관절이 불안정해져 고통과 절뚝거림을 유발한다. 진단은 해당 개의 병력과 관절 구동 상태, 방사선 촬영을 종합해서 이루어진다.

치료법으로 통증 완화, 운동 줄이기, 적정 체중 유지가 있다. 인공고관절치환술 등 여러 가지 수술 치료도 있다. 이형성에 취약한 품종들은 일정 연령(주로 1세 이상)이 지나면 고관절이나 주관절 이형성증을 조기 진단하기도 한다.

### 대동맥 협착증

태어날 때부터 지니는 선천성 결함으로 심장 대동맥 판막이 좁아지는 현상이다. 증상은 나타나지 않을 수 있고, 수의사가 강아지를 청진할 때 들리는 잡음으로 장애를 발견한다. 방사선 촬영, 초음파, 심전도 검사로 추가 조사를 할 수 있지만, 수술 치료가 쉽지 않아 모니터링에 치중하는 편이다. 일부 개체는 대동맥 협착증에서 울혈성 심부전으로 발전한다.

### 혈액응고 질환

사람과 동물에서 가장 흔한 혈액응고 질환은 혈우병으로 혈액응고에 필수적인 인자가 부족해서 반복성 출혈을 일으킨다. 원인이 되는 이상 유전자는 발병한 수컷이 암컷 자손에게 전달할 경우 증상이 나타나지 않지만 암컷은 유전자를 보유하게 된다. 혈우병은 품종견과 교잡종에서 모두 발생할 수 있다.

또 다른 유전성 혈액응고 질병인 폰 빌리브란트 병은 암수 무관하게 다양한 품종에서 발생한다. 일부 품종에서는 DNA 검사가 가능하다.

### 눈 질환

개에서 발생하는 유전성 눈 질환으로 비교적 흔하게 나타나는 안검내번증(우측)이 있고 그 외 특수 장비로 내과적 검사가 필요한 질환이 있다. 눈 질환 중 어떤 품종이나 교잡종에서도 발생할 수 있는 질병으로 진행성 망막위축증(PRA)이 있다. 이 질병은 눈 뒤쪽에 빛 수용세포가 분포하는 망막이 퇴행해서 시력을 상실한다. 주인은 개가 시야 문제를 보일 때 PRA를 인지해야 하며 초기에는 밤에만 증상이 나타난다. PRA는 검안경을 사용한 망막 검사로 진단하며 수의사는 더 전문성 있는 조사 방법을 제시하기도 한다. 치료법은 없으며 한번 진행된 시력 상실은 영구적이다. 일부 품종에서 DNA 검사가 가능하다.

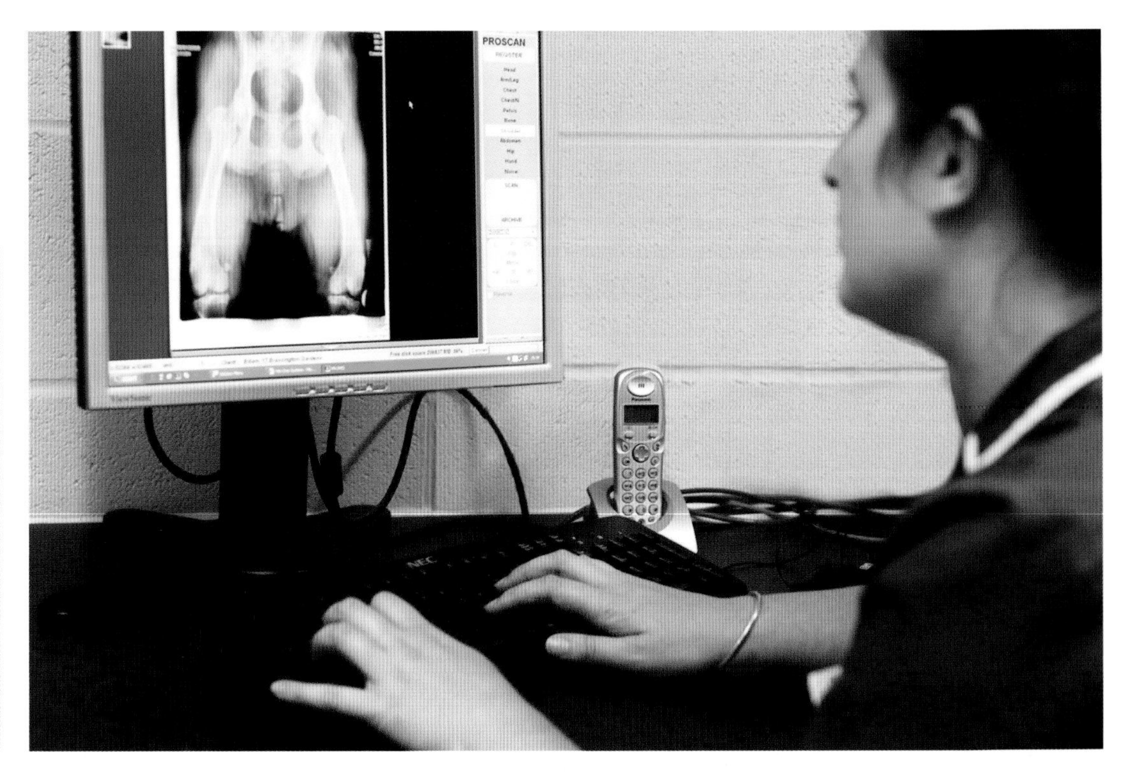


**고관절 방사선 촬영**
고관절 이형성증이 발생하는 품종이라면 번식용으로 쓰기 전에 선별이 권장된다. 이 검사에서 개의 방사선 촬영 결과를 토대로 점수를 매긴다(하단 박스 참조).

## 힙 스코어링

고관절은 개를 뒤로 눕히고 뒷다리를 쭉 뻗은 상태로 방사선 촬영을 한다. 정확하게 검사하기 위해 개에게 진정제를 투여해서 올바른 자세를 유지하기도 한다. 고관절은 여섯 가지 인자를 각각 정상에서 심함까지 평가한다. 이 방식으로 각 고관절은 최대 53점이 나오는데 점수가 낮을수록 좋다. 양쪽 고관절의 점수를 더하면 총점이 나온다. 번식용으로 선발한다면 해당 품종의 평균점보다 총점이 낮을수록 가장 좋다.

**샤페이의 눈 질환**
눈꺼풀이 안쪽으로 말려 고통을 주는 안검내번증은 샤페이에서 흔하고 매우 어린 강아지에게 주로 발생한다. 증상은 위와 아래 눈꺼풀에서 모두 나타날 수 있다.

여러 콜리 종(스무스 콜리, 보더 콜리, 셰틀랜드 쉽독, 오스트레일리언 셰퍼드)과 다른 일부 품종에서는 콜리 안구 기형(CEA)이 발생한다. 이는 눈 뒤에 있는 맥락막 조직의 이상이 원인이다. CEA는 출생 이후 확인할 수 있으므로 강아지는 3개월령이 되기 전에 검사를 받는다. 가장 경미한 CEA는 시력에 거의 영향이 없지만 중증일 경우 실명될 수도 있다. 현재 DNA 검사가 나와 있다.

**유전성 혈액 질환**
저먼 쇼트헤어드 포인터 등 많은 품종에서 유전형 혈액응고 질환인 폰 빌리브란트 병이 나타난다.

## 질병의 검사

정기적인 검사는 유전병의 발생률을 줄이는 데 중요하다. 고관절/주관절 이형성증은 방사선 촬영을 통해 해당 질환을 검사한다(p.336 박스 참조). 과거 PRA나 CEA 같은 눈 질환은 진찰을 통해서만 확인할 수 있었으나, DNA 검사법의 출현으로 PRA나 CEA 외 다른 여러 유전병을 진단할 확률이 높아졌다.

**콜리 안구 기형(CEA, collie eye anomaly)**
오스트레일리언 셰퍼드와 같은 콜리 종은 성숙함에 따라 CEA 초기 증상이 나타나지 않을 수 있으므로 강아지 때 검사를 받아야 한다.

# 기생충

**평소 털 관리가 잘된 개라도 피부 기생충에 감염될 수 있고 애완견 체내에 기생충이 사는 경우도 흔하다. 기생충 관련 질환은 증상을 치료하는 것보다 기생충을 예방하는 것이 중요하다.**

## 벼룩

벼룩은 1년 내내 예방을 목표로 잡아야 한다.
벼룩 전용 빗으로 털을 빗으면 특히 엉덩이 부위에서 벼룩이 빗에 잘 걸리며 손가락으로 눌러 죽일 수 있다. 검은 부스러기 같은 벼룩 먼지는 흔하게 발견된다. 벼룩 치료법으로 등에 바르면 몸 전체에 퍼지는 스팟온 제품과 알약, 목걸이 등이 있다. 그 외 스프레이, 세정제, 파우더 타입도 출시되어 있다. 개를 치료할 때 다른 애완동물도 함께 벼룩 처치를 해야 한다. 벼룩은 대부분을 카펫과 가구에서 살아가므로 집안의 벼룩 박멸은 별도의 제품을 써야 한다.

## 진드기

주로 봄가을에 나타나는 계절성 질환으로 진드기가 개에 붙어 질병을 전파할 수 있다. 일부 진드기는 설치류나 사슴 등의 포유류로부터 보렐리아균을 옮겨 사람과 개에게 라임병을 일으킨다.

진드기는 신속한 제거로 감염 위험을 낮출 수 있다. 족집게나 진드기 집게를 사용하면 진드기를 터트리지 않고 잡을 수 있으며, 잡은 상태로 부드럽게 돌려서 떼어 낼 수 있다. 머리를 파묻고 있는 진드기도 제거해야 한다. 남아 있는 입 부분은 피부에 자극을 일으켜 혹이 생길 수 있지만 대체로 치료가 필요하지 않으며 시간이 지나면 사라진다. 진드기가 있는지 알 수 없는 지역에 거주하거나 여행을 간다면 스팟온 치료제나 진드기 목걸이 등 예방책을 준비한다.

## 옴진드기

모낭충 진드기는 출생할 때 어미에서 강아지로 전파되는 것으로 알려져 있다. 모낭충은 머리와 눈 주변 피부 외 어디서든 나타날 수 있으며 얇은 털, 탈모, 시큼한 냄새를 유발한다. 모낭충은 건강한 개체에서도 피부 스크래핑으로 나올 수 있으나 스트레스나 질병으로 개의 면역체계가 약해진 시기에 나타나는 경우가 많다. 경미한 모낭충증은 별다른 치료 없이도 낫는다. 중증인 경우 스킨 스크래핑을 반복해도 검출되지 않을 때까지 모낭충을 죽이는 특수 치료를 해야 한다. 모낭충이 원인이 되어 피부감염이 생긴다면 항생제를 처치한다.

거미를 닮은 옴진드기는 주로 여우에서 개로 전파된다. 이것은 전염성이 높은 개선충증의 원인체로 심한 가려움증, 탈모, 피부 상처를 유발한다. 가장 적절한 치료법은 수의사의 추천을 받는다.

밝은 오렌지색인 비기생성 수확기 진드기는 여름에 들판을 뛰어다니다가 옮을 수 있다. 주로 발가락, 귀, 눈 주변 피부에서 발견된다. 이 진드기는 문지르면 쉽게 떨어지고 일반적으로 피부반응을 일으키지 않지만 계절성 개 질환이라는 심각한 질병으로 이어질 수 있다.

**가려운 피부**
벼룩은 개의 피부 가려움증을 일으키는 가장 흔한 원인이다. 가는 빗으로도 벼룩을 찾지 못했다면 어떤 질환이 원인이 될 수 있을지 수의사에게 문의한다.

건강한 가족
어미개가 임신 중에 받는 치료로 강아지들은 출생 전부터 회충 예방이 시작된다. 구충은 평생 정기적으로 해야 한다.

달팽이의 위험성
폐충은 실외에 둔 장난감이나 그릇 등에 있는 감염된 달팽이나 민달팽이를 자의로 혹은 우연히 개가 섭취했을 때 들어올 수 있다.

## 이

이가 있는 개는 몸을 자주 긁는다. 이는 털과 피부에 나타나며 털에 붙은 알을 관찰할 수 있다. 이는 기생 중인 개에서 태어나서 죽을 때까지 3주가 채 걸리지 않는다.

이는 다른 개나 털 손질 기구 등을 통해 직접 접촉으로 이동하며 사람에게는 전파되지 않는다. 치료법은 수의사에게 추천을 받는다.

## 회충

회충은 스파게티 가닥처럼 생긴 성충이 장내에서 생활하며 생성한 알이 분변을 통해 배출되어 1-3주 성숙 기간을 거치면 개와 사람에게 전염될 수 있다. 이것은 개의 분변을 버릴 때 조심해야 하는 이유이기도 하다. 회충은 개가 흙이나 회충의 매개체인 설치류를 먹을 때 감염될 수 있다. 강아지는 어미의 자궁을 통해 회충의 유충에 감염된다.

회충을 예방하려면 우선 임신한 암컷을 치료하고, 출산 이후에도 강아지와 암컷 모두 평생 주기적으로 치료를 지속해야 한다. 강아지의 성장에 따른 구충 일정과 사용 제품은 수의사에게 문의한다.

## 촌충

촌충류 중 가장 흔한 개촌충의 알은 벼룩이 전파하며 개가 털에서 벼룩을 핥아 내다 삼키는 과정에서 감염될 수 있다. 납작한 체절구조인 성충은 장내에서 성장하며 알이 차 있는 체절이 떨어져 나온다. 이 체절은 개의 항문 주변과 분변에서 꿈틀거리는 '쌀알 모양'으로 관찰된다. 촌충은 가려움증을 유발해 개가 촌충에 걸리면 엉덩이를 바닥에 끌고 가는 '스쿠팅' 자세를 취하기도 한다. 치료법은 벼룩 구제와 동시에 촌충 전용 약물을 처치한다. 개는 내장이나 생고기, 야생동물, 로드킬당한 동물 등을 섭취하는 과정에서 다양한 촌충에 감염될 수 있다. 일부 촌충은 사람 건강에도 위협적이다.

## 폐충

프랑스 심장사상충이라고도 하는 주혈선충은 유충의 매개체인 달팽이와 민달팽이의 섭취로 감염된다. 기생충은 심장의 우심실과 폐동맥에서 성장한다. 암컷이 낳는 알에서 1기 유충이 부화되며, 알은 혈류를 통해 폐로 이동한다. 폐에서 부화한 기생충은 폐 조직을 파고들어 가 손상시킨다. 개가 기침할 때 나온 기생충이 다시 입안으로 넘어가고, 이후 분변으로 빠져나와 다른 달팽이와 민달팽이에 감염을 일으키는 원천이 된다.

폐충은 진단이 어렵고 무기력증, 기침, 빈혈, 코피, 체중 감소, 식욕 저하, 구토, 설사 등 다양한 증상을 보인다. 개는 행동 변화가 일어날 수도 있다. 진단 방법으로 기관 세척과 분변 검사, 방사선 촬영, 혈액검사가 있다.

폐충 치료와 예방약은 수의사에게 추천을 받는다. 개의 분변은 (여우 분변도 보인다면 마찬가지로) 즉시 주워 담도록 한다. 폐충은 다른 애완동물이나 사람에게 직접 전파되지 않는다.

## 심장사상충

심장사상충은 감염된 모기에 개가 물려서 전파된다. 사상충은 개의 심장과 폐, 주변 혈관에서 생활하며 치료하지 않는 개체는 사망에 이른다. 심상사상충 발생 위험이 높은 지역에서 모기가 있는 계절에 개의 기침이 심해지거나 무기력해지면 즉시 수의사의 진료를 받도록 한다. 진단은 혈액검사로 이루어지며 수 주간 안정을 취해야 할 정도로 치료가 힘들다. 일반적으로 약물을 통한 연중 예방이 효과적이다.

### 기생충 예방

정기적인 구충은 기생충 감염 가능성을 줄여 준다. 강아지나 성견을 위한 가장 적절한 치료법은 수의사에게 추천을 받는다. 가장 좋은 치료 과정은 위험도의 파악에 따라 다르다. 예를 들어 공공장소에서 산책하는 개나 죽은 설치류를 잘 먹는 개, 어린아이들과 함께 지내는 개는 위험도가 올라간다. 촌충 예방은 철저한 벼룩 구제가 가장 중요하다. 약을 용량대로 정확히 복용하기 위해서 개의 체중을 재야 하며 성장 중인 개라면 특히 더욱 중요하다.

# 아픈 개 간호하기

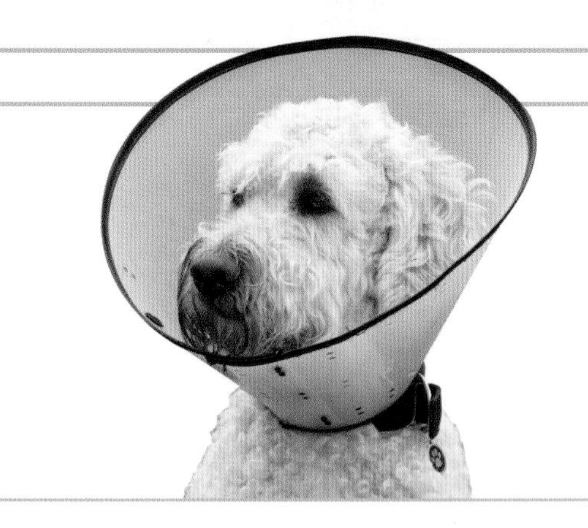

**애견이 아프거나 수술 후 회복하는 과정에서 평소 스스로 하던 행동을 하기 힘들어해서 누군가 개를 간호해야 할 때가 생길 것이다. 개를 간호할 때는 수의사의 지시를 따르고 확실하지 않은 부분은 따로 문의하도록 한다.**

## 수술 후 집에서 돌보기

중성화 같은 통상적인 수술 후 병원에서 밤을 보내는 경우는 드물다. 대부분 별도의 조치가 필요한 부분에 대해 수의사의 안내를 받은 후 진통제를 받고 퇴원한다. 개가 계속해서 불편한 기색을 보이면 수의사에게 문의한다.

일반적인 인식과 다르게 개가 드레싱을 하지 않은 상처를 핥으면 병변이 생기거나 감염이 되는 등 득보다 실이 많다. 대체로 개들은 목과 머리를 둘러 꼭 맞게 제작된 고깔 모양 플라스틱인 엘리자베스 칼라(또는 E 칼라)(우측 상단) 착용에 거부감이 없다. 핥음 방지 반창고도 불필요하게 핥는 것을 막고 개가 발과 다리로 드레싱을 벗기는 것을 방지한다.

용변을 보게 하기 위해 개를 밖으로 데리고 나갈 때는 드레싱을 부츠나 비닐 봉투로 감싸 청결하고 마른 상태를 유지하도록 한다. 개가 드레싱을 지나치게 의식하거나, 드레싱의 냄새가 심해지거나 오염되면 최대한 빨리 수의사에게 조언을 구하도록 한다.

## 약 먹이기

처방약은 수의사가 알려 준 용법대로 성인만 개에게 먹여야 한다. 다른 애완동물이 실수로 약을 삼키는 일이 없도록 하고, 음식에 섞어서 주는 경우 특히 주의한다.

항생제를 처방받았다면 전체 일정대로 섭취하는 것이 중요하다. 액상약은 해당 용량을 먹이기 전에 충분히 섞이도록 흔들어 준다.

약은 개가 삼키는 것을 확인할 수 있도록 입으로 직접 먹이는 것이 가장 좋다. 이 방법이 어렵다면 수의사와 상담한다. 일부 약물은 공복에 급여해야 하는 경우를 제외하면 음식이나 간식에 섞어도 무방하다. 맛이 괜찮은 알약이 아니라면 조각 내어 음식에 섞어서는 안 된다. 개가 음식을 거부해서 투약에 실패할 수 있다. 투약 중에 구토나 설사 같은 소화불량 증상이 나타나면 수의사에게 알리기 전까지 치료를 중단한다.

**알약과 액상약 먹이기**
약을 주는 손쉬운 방법으로 음식에 섞어 줄 수 있다. 먼저 용법을 확인한다. 일부 약은 공복에 섭취하거나 부수지 않은 채 먹여야 한다. 현탁액을 처방받았다면 용기를 흔들어 잘 섞어 준다. 1회 복용량을 덜어서 개의 입에 직접 먹이거나 음식과 함께 준다.

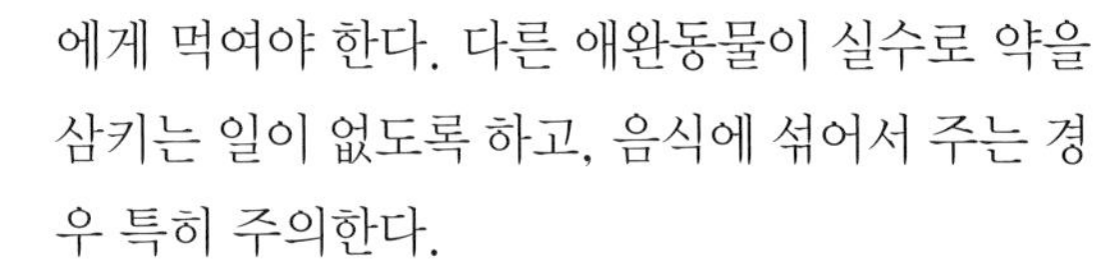

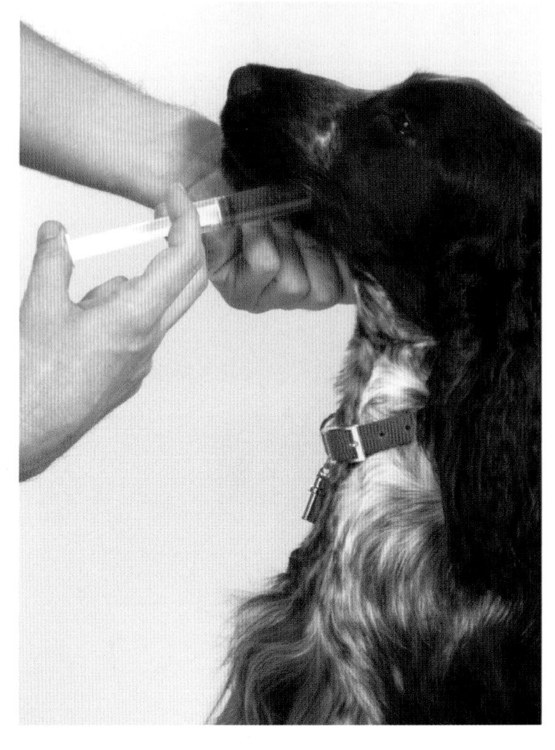

**안약 넣기**
안약을 넣을 때 용기를 엄지와 검지 사이로 잡고 눈앞에서 방울방울 짜낸다. 안약을 넣은 후 눈꺼풀을 덮은 상태로 몇 초 동안 부드럽게 잡고 있다가 개를 칭찬해 준다.

## 음식과 물

개가 음식과 물을 편안하게 먹을 수 있는지 살펴보자. 식사할 때 몸을 덜 숙이도록 그릇을 바닥에서 위로 올려 주는 방법도 있다. 회복 촉진용으로 받은 처방식 제품을 개가 먹지 않으면 대체할 만한 다른 음식을 수의사에게 물어본다. 마찬가지로 전해질 보충제가 권장되지만 개가 거부할 때도 있다. 이런 경우 시원한 물이나 따뜻한 물을 먹이도록 한다. 전혀 마시지 않는 것보다 낫다. 음식에 물을 조금 섞어 주는 방법도 있다.

## 휴식과 운동

개는 수술 후 조용하고 따뜻하지만 뜨겁지 않은 장소에서 편안한 잠자리에 누워 휴식을 취해야 한다. 이때 가족을 멀리할 수도 있고 누군가 곁에 있기를 원할 수도 있다. 수술 직후 운동은 별도의 조언이 없다면 금물이다. 마당을 천천히 도는 짧은 산책은 관절, 방광, 장 기능 유지에 중요하다.

**잠이 보약**

수술이 끝난 개는 대체로 평소보다 오래 수면을 취한다. 몸을 회복할 수 있는 아늑한 장소를 마련해 주도록 하자.

# 응급 처치

**개는 천성적으로 호기심이 많아서 자기 행동의 위험성을 이해하지 못한다. 사고를 예방하기란 불가능하므로 애견이 급작스럽게 다쳤을 때 응급 처치를 할 수 있도록 준비해야 한다.**

### 다친 개 돌보기

작은 상처는 가정에서 치료할 수 있지만 심각한 사고를 당하면 수의사의 검사가 필요하다. 응급 처치의 기본 규칙만 숙지하면 동물병원에 도착하거나 동물병원으로 이송되기 전에 돌볼 방법이 있다.

다친 개를 다룰 때는 고통스럽고 겁에 질린 개가 입질할 수 있으므로 입마개가 필요할 수 있다. 꼭 필요한 경우만 이동시키도록 한다.

출혈이 있으면 직접 압박을 시도해서 주요 상처에서 나오는 피를 멈추게 하고, 가능하면 부상 부위가 심장보다 위쪽에 위치하도록 조심스럽게 올린다.

부상당한 개가 의식이 없다면 회복 자세를 취하게 한다. 이 과정에서 목걸이를 벗기고 머리와 목이 몸과 직선을 이루게 해서 우측으로 눕힌다. 혀는 부드럽게 밖으로 잡아당겨 입 옆으로 늘어져 나오게 한다.

### 상처

절대로 상처가 저절로 치유되도록 방치해서는 안 된다. 아무리 작은 상처라도 감염될 수 있고, 개가 핥을 때 감염의 위험성이 더 높아진다. 상처가 심하면 최대한 빨리 수의사에게 도움을 받아야 한다. 마찬가지로 다른 개나 애완동물이 입힌 상처도 감염의 위험이 있으므로 최대한 빨리 동물병원으로 데려간다.

작고 깨끗한 상처는 집에서 치료할 수 있다. 상처 부위를 생리식염수(기성품 또는 따뜻한 물 두 컵에 소금 한 스푼을 녹인)로 부드럽게 세척해서 혹시 있을 먼지나 부스러기를 제거한다. 가급적 드레싱이나 붕대 처리를 해서 개가 상처를 핥는 것을 방지한다. 적절한 물건이 있으면 상처를 임시로 덮을 수 있다. 다리는 양말이나 팬티스타킹으로, 가슴이나 배는 티셔츠로 상처 부위를 감싼다.

안전핀보다는 접착테이프를 사용해서 붕대를 단단히 고정시킨다. 붕대는 너무 꽉 매지 않도록 주의하고 마른 상태를 유지하면서 상처를 관찰해서 주기적으로 교체한다. 불쾌한 냄새가 나거나 분비물이 붕대로 스며 나오면 언제든지 수의사의 조언을 구한다.

깊거나 광범위한 상처는 봉합해야 할 수 있으므로 수의사의 긴급 진료가 필요하다. 최대한 출혈을 막기 위해 임시로 붕대를 감아 준다. 다리에 상처가 난 경우 위치를 높이고 붕대나 다른 패드로 직접 압박을 가한 후 현장에서 패드째 붕대를 감는다. 지혈대는 권장되지 않는다. 상처에 이물질이 들어가 있다면 특히 조심해야 한다. 더 깊이 밀어 넣지 말고 직접 제거를 시도해서는 안 된다.

가슴에 난 상처는 따뜻한 생리 식염수나 끓인 물을 식혀서 적신 붕대를 해당 부위에 댄 후 붕대나 티셔츠로 감아 준다. 귓불에 난 상처는 개가 머리를 흔들 때 피가 흩뿌려질 수 있으므로 상처를 붕대로 덮고 귓불을 머리에 단단히 고정시킨다.

후처치는 상처의 특성에 따라 달라진다. 붕대는 수의사의 조언에 따라 2-5일마다 교체해야 한다. 모든 붕대는 마른 상태를 유지해야 하므로 개가 외출할 때는 방수성 덮개를 씌워 준다.

**응급 귀 붕대**
귀의 상처를 보호하고 개가 긁는 것을 방지하기 위해 귓불을 정수리 쪽으로 붙여서 붕대를 감아 준다. 팬티스타킹은 붕대 대용으로 좋다.

## 발에 붕대 감기

**멸균 드레싱 처치** 부드럽고 편안한 붕대를 다리 앞면으로 내려서 발을 덮으며 뒷면으로 올리고, 다시 반대로 내려와 발을 덮으며 윗면으로 올린다.

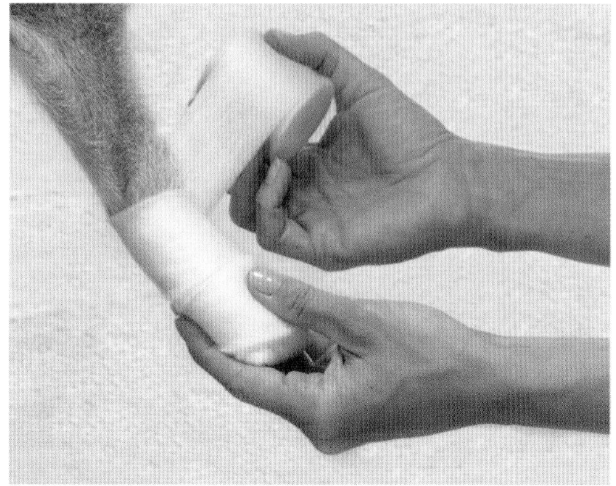

**붕대 감기** 다리에서 발까지 감아 내려온 후 다시 반대로 감아 올린다. 신축성 있는 거즈 붕대로 앞의 과정을 반복한다.

**반복 후 마무리** 접착면이 있는 붕대로 털이 난 곳까지 감아 올려서 고정한다. 드레싱 위쪽을 산화아연 테이프로 고정하는 방법도 있다.

### 화상

열, 전기, 화학 물질에 닿으면 고통스럽고 심각한 피부 손상까지 동반할 수 있다. 불이나 다리미, 뜨거운 액체 등 뜨거운 물체가 원인인 화상은 처치 방법이 동일하다. 본인에게 안전한 방법으로 부상의 원인인 물체를 개에게서 치운다. 그 후 수의사에게 조언을 구한다. 타거나 데인 상처는 눈에 보이지 않는 심부 조직까지 손상이 심각할 수 있다. 동물병원으로 이동하는 동안 개가 따뜻함을 유지하고 움직이지 않도록 해 준다. 광범위한 부위를 다쳤다면 진통제 처치나 쇼크 치료가 필요할 수도 있다.

## 교통사고

교통사고를 예방하기 위해서 모든 조치를 취해야 한다. 도로 혹은 도로 근처에서는 꼭 목줄을 착용한다. 사고를 당했다면 구조자가 도착할 때까지 몸을 따뜻하게 유지한다. 개를 돌보는 과정에서 스스로 위험한 상황에 빠지지 않도록 한다.

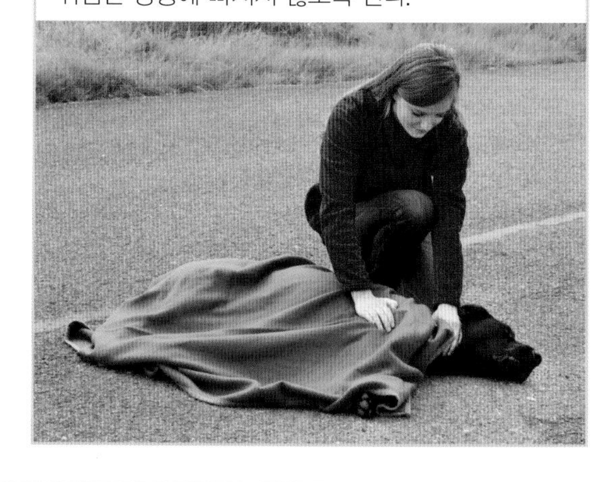

전기화상은 전력 케이블을 입으로 물어서 발생하는 경우가 흔하다. 개를 잡기 전에 전원부터 내린다. 진통제가 필요할 수 있으며 전기 쇼크는 위험한 합병증을 일으킬 수 있어 수의사의 진료가 시급하다.

화학 물질에 의한 화상일 경우 개를 핸들링하는 과정에서 본인이 다치지 않도록 조심해야 한다. 화상을 일으킨 물질을 확인해서 기록한 후 즉시 수의사에게 연락한다.

### 소생법

인공호흡이 필요한 상황에서는 일단 진정하는 것이 중요하다. 동물병원에 전화해서 조언을 구하거나, 가능하면 당신이 개를 회복 자세를 취하게 하는 동안 다른 사람이 전화를 걸도록 부탁하면 가장 좋다.

개가 숨을 쉬지 않으면 인공호흡을 실시한다. 양손을 겹쳐 어깨 바로 뒤 흉벽 위에 놓는다. 3-5초마다 한 번씩 아래로 강하게 누르고 압박 사이에는 흉벽 원래 위치로 돌아오기를 기다린다. 압박은 스스로 호흡하기 전까지 실시한다.

개의 혈행은 맥박(허벅지 안쪽)과 심장 박동(앞다리 무릎 바로 뒤 가슴)을 짚어 확인한다. 심장이 멈추었다면 심장 마사지를 실시한다. 소형견은 한쪽 손의 손가락과 엄지로 앞다리 무릎 바로 뒤 흉부를 붙잡고 초당 2회 속도로 짜내며 다른 한 손으로 척추를 받쳐 준다.

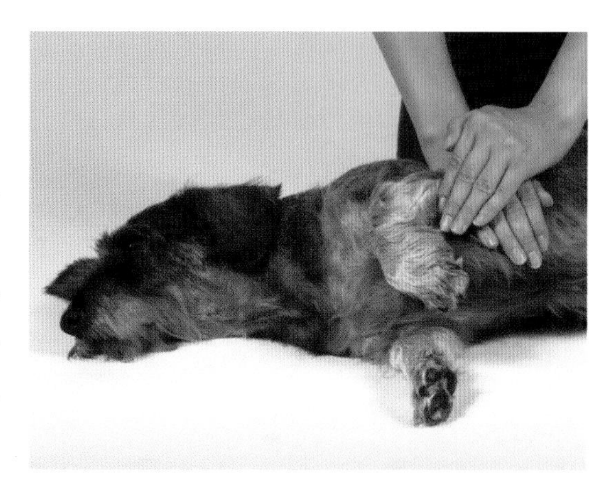

**소생술**
개의 심장박동이 멈추었다면 회복 확률은 몇 분 내에 실시하는 소생술에 달려 있다. 심장 마사지를 통한 혈액순환 유지는 생명을 살릴 수도 있는 기본 테크닉이다.

중형견은 손목으로 이어지는 손바닥을 개의 앞다리 무릎 바로 뒤 가슴에 위치시킨 후 다른 한 손을 위에 놓고 가슴을 분당 80-100회 정도로 압박한다.

대형견이나 과체중인 경우 가급적 머리가 몸보다 살짝 아래에 위치하도록 등으로 눕힌다.

한 손은 아래쪽 흉골이 끝나는 부분 위 가슴에 위치시키고 다른 한 손을 그 위에 겹친 후 개의 머리 방향으로 분당 80-100회 정도 압박한다.

압박 15초마다 맥박을 확인한다. 심장이 뛰지 않으면 맥박이 느껴질 때까지 심장 마사지를 계속한다. 도와줄 사람이 곁에 있다면 인공호흡을 동시에 실시한다.

### 폐색과 중독

개는 마음에 드는 것이 보이면 본능적으로 물어 뜯거나 먹어 위험에 처할 수 있으며 이런 상황이 발생하면 신속히 행동을 취해야 한다. 뼈, 생가죽으로 만든 개껌, 아이들 장난감 등 모든 것이 폐색을 일으킬 수 있다. 물체가 입안에 끼면 개는 침을 흘리거나 발로 입 주변을 격렬하게 긁을 수 있으며 기도가 막히면 호흡 곤란을 겪기도 한다.

개에게 물리지 않거나 물체가 기도 안쪽으로 더 밀려 들어갈 위험성이 없는 경우에만 직접 개의 입에서 원인체 제거를 시도하도록 한다. 물체를 빼는 데 방해가 되지 않는다면 입을 닫지 못하도록 턱 사이에 무언가를 집어넣는 것도 좋은 방법이다. 이때 고무 제품이나 패드를 사용하면 이빨 손상을 방지하는 데 좋다. 입마개는 절대 씌워서는 안 된다.

직접 원인체를 빼낼 수 없거나 개의 입이 손상되었다고 우려되면 즉시 동물병원으로 데려가도록 한다.

개가 삼켜서는 안 될 물건을 삼키는 광경을 본다면 수의사에게 연락해서 조언을 구한다. 매우 작은 물체라면 별다른 문제없이 위장관을 통과하기도 한다. 큰 물체라면 가급적 장으로 넘어가기 전 위장에서 꺼내야 한다.

개는 자기 음식이 아닌 것을 주워 먹을 때 중독되는 경우가 가장 흔하다. 몸에 해로운 물질을 먹었다는 의심이 들거나 지속적으로 구토나 설사를 하면 제품 포장지를 챙기고 즉시 수의사에게 조언을 구한다.

이를 예방하기 위해서 먹을 만한 대상은 모두 개가 접근할 수 없는 곳에 보관해야 한다. 대상 물건에는 모든 동물용 · 사람용 약물, 달콤한 맛이 나지만 신부전을 일으키는 부동액(에틸렌글리콜), 마당에서 흔히 보이는 제초제와 민달팽이 제거제, 가정용 세척제(수납장에 잘 보관하더라도 세척제가 포함된 변기의 물을 내릴 때 개가 마시는 경우도 있음) 등이 있다.

쥐덫용 미끼는 개가 접근할 수 없는 곳에 설치, 보관해야 한다. 살서제 중 다수는 혈액응고 작용에 필수적인 비타민 K의 작용을 차단한다. 이로 유발되는 내출혈은 즉각적인 증상이 나타나지 않는다. 개가 살서제 혹은 살서제로 죽은 설치류를 먹었거나 먹은 것으로 추정되면 제품 포장지를 챙겨 즉시 동물병원으로 데리고 간다.

개는 초콜릿을 매우 좋아하지만 코코아 고형분 함량이 높다면 독성이 나타난다. 부추속 식물인 양파, 부추, 마늘, 샬롯 등도 독성을 지니고 있다. 일반적으로 소형견일수록 적은 독소로도 독성효과가 나타난다. 하지만 예외적으로 포도는 신선 포도와 말린 포도(건포도류) 모두 잠재적인 독성이 있는 것으로 본다.

### 물림과 쏘임

개는 본디 호기심이 많아 냄새를 맡으며 여기저기 돌아다니다가 독을 가진 동물이나 곤충에게 머리와 다리를 집중적으로 물리거나 쏘인다.

벌과 말벌은 실내와 실외 가릴 것 없이 개에게 흔한 위험요소로 작용한다. 개가 벌에 쏘이면 더 쏘이지 않도록 즉시 그 자리에서 옮긴다. 곤충이 개의 털에 갇혀 있는지 확인하고 쏘인 상처를 찾는다. 벌에 쏘인 곳은 벌침이 남아 있으므로 독주머니를 터트리지 않고 제거할 수 있다면 족집게로 조심스럽게 빼낸다. 말벌은 여러 번 침을 쏠 수 있다. 쏘인 부위는 베이킹소다(벌인 경우)나 식초(말벌인 경우)를 섞은 물로 씻어 낸 후 항히스타민 연고를 발라 준다. 해당 부위는 덮어서 개가 핥는 것을 방지한다. 개가 고통스러워하거나 상태가 나빠진다면 동물병원으로 데려간다. 개가 혀에 쏘였거나 심한 알레르기 반응(p.345)이 나타나면 응급 상황이다.

개는 피부의 분비선에서 독을 분비하는 독두꺼비를 만날 수도 있다. 개가 두꺼비를 핥거나 물면

**쓰레기 뒤지기**
개의 식이 문제 중 하나로 쓰레기통 뒤지기가 있다. 페달 혹은 기계식으로 열리는 쓰레기통을 사용하면 개가 호기심을 가져도 쉽게 열리지 않는다.

**위험한 뼈**
뼈는 폐색의 원인이 될 수 있다. 뼈가 입천장을 가로지르거나, 이빨에 박힐 정도로 작거나, 뼛조각을 삼켜 식도에 걸리는 경우가 대표적이다.

**땅속에 숨은 것들**
곤충, 독뱀, 그 외 다른 위험한 요소들이 숨어 있는 풀 속을 개가 코로 헤집다가 건드리게 된다. 개가 쏘이거나 물린다면 재빨리 돌보면서 안정시킨다.

### 아나필락틱 쇼크

가끔 개는 벌의 독 등에 여러 번 쏘인 후 급성으로 민감하게 작용하는 물질로 인해 격렬한 반응을 보일 수 있다. 이런 극심한 알레르기 반응을 아나필락틱 쇼크라고 하며 이는 생명을 위협할 수도 있다. 아나필락틱 쇼크는 구토와 흥분 등 초기 증상을 보이다가 급격한 호흡곤란, 쓰러짐, 혼수상태, 죽음으로 이어진다. 생존을 위해서는 동물병원에서 즉각적인 치료가 필요하다.

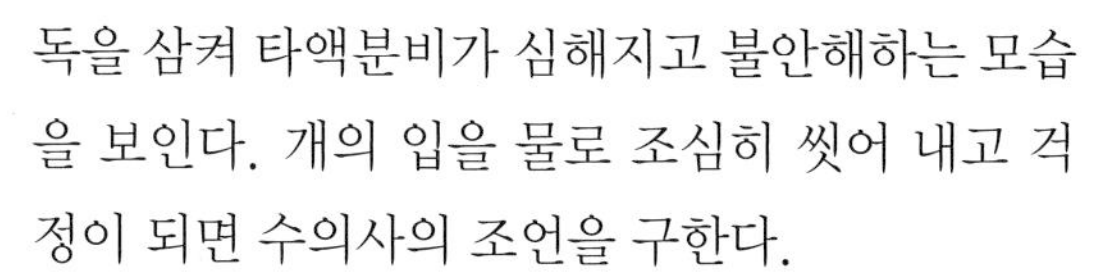

독을 삼켜 타액분비가 심해지고 불안해하는 모습을 보인다. 개의 입을 물로 조심히 씻어 내고 걱정이 되면 수의사의 조언을 구한다.

독뱀은 전 세계에 분포한다. 독성은 뱀의 종류, 개의 체격 대비 주입된 독의 양, 물린 부위에 따라 상이하다. 뱀에 물린 경우 효과는 2시간 이내에 급격히 나타난다. 물린 부위에는 구멍 난 상처와 고통스러운 부종이 관찰된다. 뱀에 물린 개는 무기력하고 중독 증상으로 심박수와 헐떡임 증가, 과열, 창백한 점막, 과도한 타액분비, 구토 등을 보인다. 심한 경우 쇼크나 혼수상태에 빠질 수 있다. 응급 상황이므로 지체 없이 개를 동물병원으로 데려가야 한다.

## 열사병과 저체온증

개는 인간과 달리 과열된 열을 땀을 흘려서 다시 낮출 수 없다. 더운 날 차에 두거나 집 안에서 햇빛이 드는 방에 갇힌 상태에서 특히 마실 물이 없다면 개는 순식간에 열사병이 발생할 수 있다. 이는 체온조절 기능이 작동하지 않는 위험한 상황으로 수의사에게 긴급히 치료받지 못할 경우 개는 20분이면 사망할 수 있다. 증상은 헐떡임, 괴로움, 잇몸 홍조에 이어 급격히 쓰러지고 혼수상태를 거쳐 죽음에 이른다. 개를 뜨거운 장소에서 시원한 곳으로 옮기는 것이 무엇보다 급선무다. 또한 물에 적신 종이나 수건을 덮어 주거나, 찬물이 담긴 욕조에 넣거나, 정원용 호스로 물을 계속 뿌려 준다. 아이스 팩이나 선풍기도 좋다.

열사병은 개를 차에 남겨 둘 때 자주 발생한다. 차를 그늘에 주차하고 창문을 열어 두는 것만으로는 한계가 있다. 차에 개가 여러 마리 있거나 운동 후 몸이 덥고 헐떡이는 상황이라면 위험성이 더 높아진다.

열사병의 반대는 저체온증으로 몸의 중심부 온도가 위험한 수준까지 떨어진다.

개는 외풍이 있는 켄넬에 넣어 두거나, 난방이 없는 차나 실내에 두거나, 겨울에 연못이나 호수로 들어갈 때 저체온증이 일어날 수 있다. 강아지와 노령견은 저체온증에 가장 취약하다. 저체온증이 발생한 개는 몸을 떨거나 뻣뻣하게 무기력함을 보인다. 동물병원으로 데리고 가는 동안 개의 몸을 담요 등으로 감싸 서서히 따뜻하게 해야 한다. 이후 수의사는 따뜻한 수액을 정맥에 주사해서 쇼크를 치료한다.

**과열의 위험성**
적당히 따뜻한 날씨에 창문을 내린 차라도 내부 온도는 오븐처럼 급격히 상승한다. 사진 속 개처럼 차에 갇히면 열사병의 위험이 크다.

## 발작

발작은 뇌의 비정상적인 활동이 원인이 되어 발생한다. 어린 개는 뇌전증이 원인인 경우가 많으며 노령견은 뇌종양 등 다양한 원인이 있다. 개가 발작을 한다면, 발작이 일어난 시간과 함께 TV가 켜져 있었는지, 식사 혹은 산책을 다녀온 직후였는지 등 관련된 사소한 사항을 함께 기록해 둔다.

발작은 개가 잠시 수면을 취할 때 발생하는 경우가 많고, 떨림과 경련, 옆으로 누워 달리기를 하듯 다리를 휘젓는 증상 등이 나타난다. 경련은 짧게는 수 초에서 수 분 동안 지속된다. 경련 중이거나 회복 중일 때 공격성을 보이는 개체도 있다.

개는 몇 시간 내 또는 며칠 간격으로 한 번 이상 경련을 일으킬 수 있다. 더욱 우려되는 상태로는 경련 후 개가 의식을 완전히 회복하지 못한 채 다음 경련이 진행될 수 있다. 이를 간질중첩증이라고 하며 이때는 수의사의 긴급한 진료가 필요하다.

뇌전증에는 다양한 치료약이 있으며, 약이 발작을 통제할 수 있는 올바른 용량으로 사용되는지 확인하기 위해 주기적인 모니터링이 필요하다.

# 번식

**애견을 번식에 쓰는 일은 가볍게 결정할 일이 아니다. 번식하는 데 비용과 시간이 들고 번식의 결과 살 집이 없는 개가 늘어날 수도 있다.**

애견으로 번식을 하기 전에 강아지를 낳기 원하는 이유를 심사숙고해야 한다. 귀여운 강아지가 집에서 뛰어노는 상상에 휩쓸리기 쉽지만 강아지 사육은 현실적으로 무척 힘든 과정이다. 조사를 많이 하고 모든 사항을 조심스럽게 계획하고 유명한 전문 브리더와 이야기를 해 본다. 애견으로 번식하기를 원치 않는다면 중성화가 최선이다.

## 임신과 출산 전 관리

개의 임신기간은 63일이지만 출산일은 며칠 차이가 날 수 있다. 당신이 키우는 암컷이 교배를 했다면 수의사에게 일찌감치 알리도록 한다. 임신 기간 동안 수의사는 귀중한 조언과 함께 강아지에게 기생충을 전달하지 않도록 암컷을 구충하는 방법을 알려 줄 것이다.

임신 초기에는 암컷이 먹는 식사량을 늘릴 필요가 없다. 하지만 임신 6주경부터 매주 10% 정도 식사를 늘려 준다. 이 시기에 개의 운동량에도 변화가 있다. 너무 힘든 활동을 피하고 짧게 더 자주 산책하는 것이 가장 좋다.

## 출산

출산 예정일이 되기 오래전부터 출산 장소를 준비하자. 장소 선정은 매우 중요하며, 실내에서 개가 편안함을 느끼고 집 안에서 나는 소리에 강아지가 익숙해질 수 있는 곳이어야 한다. 하지만 강아지가 태어난 후에 사람들의 발길이 적은 조금 떨어진 장소이기도 해야 한다. 따뜻하고, 마르고, 조용하고, 외풍이 없어야 한다. 분만 상자는 기성품이나 수제품 모두 무방하다.

출산 과정이 걱정되겠지만 대체로 별다른 문제없이 진행된다. 출산이 매끄럽게 진행되기 위해서 철저한 준비가 필요하므로 유사시에 일어날 만한 일과 대비책을 숙지해야 한다.

암컷의 행동은 개체별로 큰 차이를 보이지만 출산이 임박했음을 나타내는 징후가 몇 가지 있다. 출산 약 24시간 전 암컷은 자궁에서 강아지가 나올 것 같은 느낌에 불안함을 느껴 안절부절못할 것이다. 또한 식사를 거부하고 헐떡임이 깊어지며 분만 상자의 깔개를 긁거나 파헤치려 한다. 이때 암컷이 찢을 만한 종이를 넣어 줄 수도 있다. 암컷은 첫 강아지가 나오기 직전에 눈에 띄게 차분해지며 강아지를 밀어내기 위해 복부 주변 근육이 수축하는 모습을 볼 수 있다. 강아지가 나오는 간격은 큰 차이가 날 수 있다. 그동안은 태어난 강아지에게 젖을 물려야 하고 암컷은 강아지를 보살피려 한다. 시간이 다소 지나서 암컷이 안정을 찾으며 강아지를 돌보는 데 집중하면 출산 과정이 끝난 것이다.

## 출산 후 관리

무사히 출산했으면 암컷에게 다른 필요한 것은 없는지, 강아지가 세상 빛을 본 이후 모든 것이 순조로운지에 집중해야 한다.

수유할 때 엄청난 에너지를 소모하므로 암컷은 출산 전에 평소 칼로리의 2배가 필요하며 식사는

**자연 분만**
출산 후 암컷은 양막의 점막을 벗겨 내고 이빨로 탯줄을 끊을 것이다. 암컷이 탯줄을 너무 짧게 물거나 세게 당길 때만 개입하도록 한다.

**출산 장소**
개가 출산 장소에서 안정감을 느끼고 당신이 함께 들어가는 데 익숙해지는 시간을 만들어라. 개가 좋아하는 장난감이나 담요를 상자 속에 두어 더 있고 싶은 장소로 만들자.

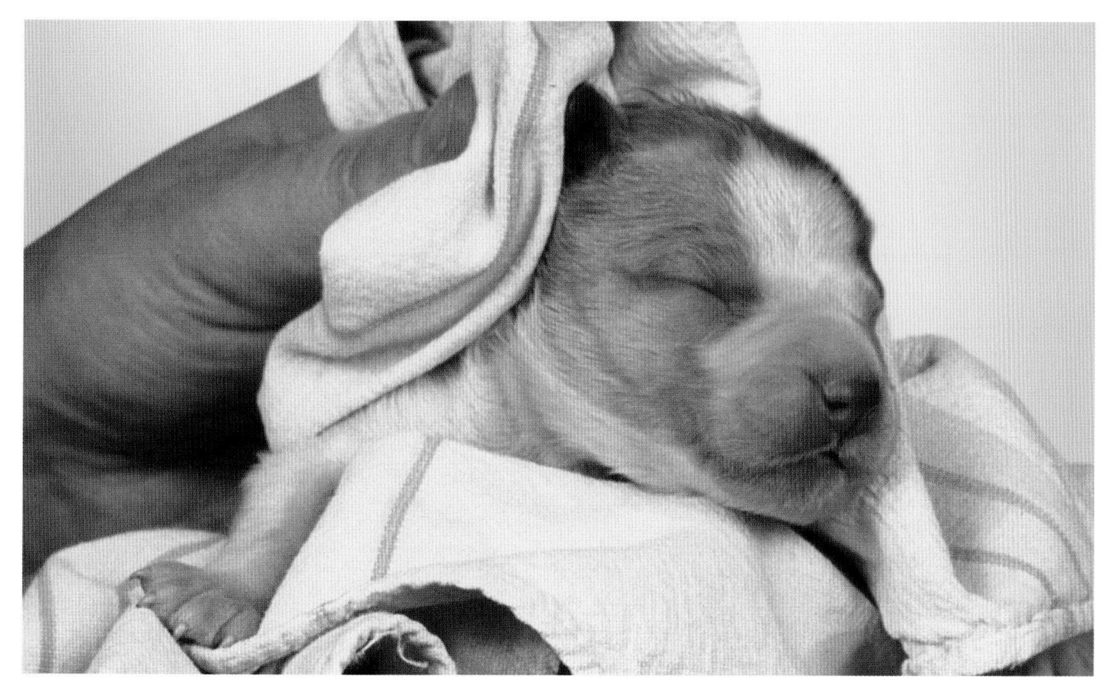

갓 태어난 강아지 다루기
갓 태어난 강아지를 잠깐 동안 확인하고 깨끗한 수건으로 문질러 말려 준 후 즉시 어미에게 강아지를 되돌려 준다.

조금씩 자주 주도록 한다. 물 섭취량도 함께 늘어난다. 암컷이 강아지 곁을 떠나려고 하지 않을 것이므로 분만 상자에서 급여하기를 권장한다. 암컷은 별도의 운동이 필요 없고 하루 두세 번 숨을 돌리기 위해 잠깐씩 나가면 된다.

암컷의 타고난 본능으로 처음에 주인이 강아지에게 해 줄 일은 없다. 암컷과 강아지가 모두 건강한지 확인하거나, 체중을 재거나, 처음 암컷의 수유를 확인할 때 외에는 귀찮게 해서는 안 된다. 처음 나오는 젖인 초유는 강아지에게 필수적인 항체를 공급하므로 건강에 매우 중요하다. 2-3주가 지나면 강아지의 발톱을 잘라 젖을 빠는 동안 어미의 배에 상처를 내지 않도록 한다.

## 초기 강아지 관리

출생 후 몇 주 지나면 강아지를 수시로 관리해 주어야 한다. 이 시기는 강아지의 일생에 중요한 시기로 준비해야 할 부분이 많다.

강아지는 곧 이빨이 자라는데 이때 이빨이 나오는 과정을 돕는 개껌 타입 장난감을 충분히 제공하고 먹는 음식에 고형식을 첨가해 주어야 한다. 처음에는 고형식을 천천히 적은 양씩 먹여 강아지가 소화에 익숙해지도록 한다. 사료는 에너지 함량이 높고 영양소 균형이 맞춰진 강아지용으로 구입한다.

강아지가 태어난 가정에서 간단한 규칙을 가르치는 것만으로도 문제 행동을 보이지 않고 당당하고 정서가 안정된 강아지로 만들 수 있다. 강아지가 새로운 가정으로 가기 전에 신문지만 있으면 볼일을 볼 수 있도록 누구나 훈련시킬 수 있다. 이 방법을 쓰면 새 주인은 대소변 가리기 훈련을 훨씬 쉽게 시킬 수 있다. 뿐만 아니라 매일 강아지와 몇 분씩 시간을 보냄으로써 사람 손길에 익숙해지고 '앉아'와 같은 몇 가지 기본 명령에 따르도록 훈련시킬 수 있다.

훈련에서 가장 중요한 요소는 강아지를 일상의 다양한 경험에 노출시키는 것이다. 가족 활동을 강아지와 함께 하고 다양한 연령대의 사람들과 사회화시키는 것이 중요하다. 대체로 강아지가 가정환경에 녹아드는 초반 몇 주 동안 가족들이 드나드는 광경과 소음에 익숙해지는 일은 꼭 필요한 과정이다. 생후 몇 주가 지나지 않은 강아지는 조금만 안심시켜도 새로운 경험을 기꺼이 받아들일 것이다. 브리더와 함께 초기 사회화가 잘 이루어진 강아지는 당당한 개로 자라나게 된다.

대소변 가리기
강아지가 신문지 위에 볼일을 보도록 길들여 두자. 실수는 많겠지만 당신의 노력으로 새로운 주인은 훈련이 쉬워질 것이다.

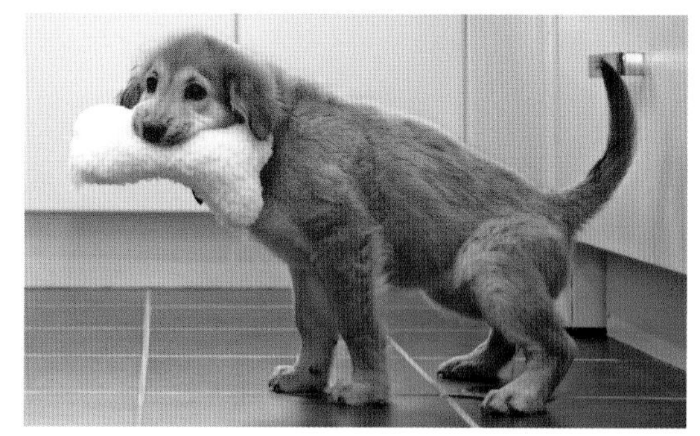

### 강아지를 위한 새로운 가정

오랜 시간 공을 들여 돌보았던 강아지에게 정이 많이 들었을 것이다. 이제 강아지를 좋은 가정으로 무사히 보내야 한다.

- 브리더 협회, 아메리칸 켄넬 클럽, 동물병원 등에 광고를 올린다. 또는 다니고 있는 동물병원에 광고를 낼 수도 있다.
- 강아지의 새 주인이 어떤 사람인지 알아보고, 강아지가 새로운 생활에 적응하도록 준비한다.
- 강아지를 원하는 사람에게 해당 품종의 기본 정보, 돌보는 방법, 훈련법 등을 알려 준다.

# 용어 해설

**개의 신체 구조**
여러 세기 동안 선택교배로 극적인 변화가 생겼으나 모든 품종의 기본적인 신체 구조는 동일하다.

- **갈기털(ruff)**: 목 주위로 길고 빽빽하게 뻗쳐 나온 털
- **걸음걸이(gait)**: 이동 또는 움직임
- **검은색에 황갈색(black and tan)**: 검은색과 황갈색인 부위가 확연히 구분되는 털색. 검은색은 주로 몸통에, 황갈색은 주로 몸 하부, 주둥이, 눈 위에 점으로 많이 나타난다. 이 패턴은 적갈색에 황갈색(liver and tan), 청색에 황갈색(blue and tan)으로도 나타난다.
- **겉털(topcoat)**: 보호털의 바깥 털
- **견종/품종(breed)**: 공통되는 독특한 외모를 얻기 위해 선택적으로 교배된 가축화된 개. 품종협회가 정한 견종표준에 맞아야 하며 켄넬 클럽, 세계애견연맹, 아메리칸 켄넬 클럽 등 국제 공인 단체가 승인한다.
- **견종표준(breed standard)**: 해당 품종의 외양, 허용되는 색상과 무늬, 체고/체중의 범위를 정확히 명시하는 상세 기술서
- **고랑(furrow)**: 일부 품종에서 보이는 얕은 주름으로 정수리에서 스톱으로 이어진다.
- **고양이 모양 발(catlike feet)**: 발가락이 오무려진 둥글고 탄탄한 발
- **관모(topknot)**: 정수리에 다발로 난 긴 털
- **그룹(group)**: 품종은 켄넬 클럽, 세계애견연맹, 아메리칸 켄넬 클럽에서 여러 그룹으로 분류된다. 그룹은 용도에 따라 대략적으로 묶여 있지만 분류법이 일치하지는 않는다. 그룹명과 그룹 번호는 공인된 기관에 따라 차이가 있다.
- **그리즐(grizzle)**: 일반적으로 검은색과 흰색이 섞여 청회색 또는 철회색을 띠는 털. 일부 테리어 종에서 볼 수 있다.
- **그리퐁(griffon)**: 프랑스어로 거친 털 혹은 뻣뻣한 털을 지칭한다.
- **기갑(withers)**: 어깨에서 가장 높은 부위로 목과 등이 만나는 지점. 개의 높이는 지면에서 기갑까지 수직으로 측정한다.
- **기질(temperament)**: 개의 성격
- **껑충걸음(hackney gait)**: 미니어처 핀셔 등의 품종은 다리 아랫부분을 특별히 높이 드는 걸음걸이를 보인다.
- **낫 모양 꼬리(sickle tale)**: 등 위로 반원을 그리는 꼬리
- **늘어진 귀(drop ears)**: 뿌리에서부터 늘어진 귀. 펜던트 모양 귀는 심하게 늘어진 형태로 더 길고 무겁다.
- **단두형 머리(brachycephalic head)**: 주둥이가 짧아 머리 길이만큼 넓은 두상. 불독과 보스턴 테리어가 이 두상을 가진 대표적인 품종이다.
- **단미(docked tail)**: 견종표준에 맞춰 일정한 길이로 잘라 낸 꼬리. 일반적으로 강아지가 출생한 지 2-3일 되었을 때 진행된다. 이 시술은 저먼 포인터 등 사역견을 제외하면 유럽 일부 국가에서 불법이다.
- **단이(cropped ears)**: 수술로 귀 연골 일부를 절제하여 쫑긋하고 뾰족하게 만든 귀. 이 시술은 일반적으로 10-16주령 강아지에게 이루어지며, 여러 국가에서 법으로 금지하고 있다.
- **담요 무늬(blanket marking)**: 검은색이 몸 위와 옆으로 넓게 퍼진 형태로 하운드에 있는 무늬를 묘사할 때 주로 사용한다.
- **대플(dapple)**: 밝은 색 바탕에 짙은 색이 점점이 박힌 털. 일반적으로 단모종을 묘사할 때만 쓰이는 표현으로 장모종에서는 멀(merle, 얼룩무늬)이라고 표현한다.
- **두 가지 색 혼합(bicolor)**: 특정 색 바탕에 흰색 반점이 있다.
- **마스크(mask)**: 얼굴에서 주둥이와 눈을 중심으로 털색이 짙은 부위
- **망토(cape)**: 어깨를 덮는 숱이 많은 털
- **멀(merle)**: 대리석 무늬 바탕에 짙은 색 점이 있는 털. 블루 멀이 가장 흔한 패턴이다.
- **며느리발톱(dewclaw)**: 발 안쪽에 나 있는 체중이 실리지 않는 발가락. 노르위전 룬데훈드 등 일부 품종은 이중 며느리발톱을 가지고 있다.
- **목주름(dewlap)**: 블러드하운드 등 일부 품종

의 턱, 목줄기, 목에서 느슨하게 늘어져 주름을 형성한 피부
- 반쯤 접힌 귀(button ears): 반쯤 선 귀의 윗부분이 눈 쪽으로 접혀 입구를 덮는 형태. 스무스 폭스 테리어, 와이어 폭스 테리어 등의 품종에서 볼 수 있다.
- 반쯤 쫑긋한 귀(semierect ears): 쫑긋한 귀의 끝부분만 앞으로 기울어진 형태며 러프 콜리 등에서 볼 수 있다.
- 발목(pastern): 다리 아래 부위로 앞다리는 발목뼈 아래, 뒷다리는 비절 아래를 의미한다.
- 발정기(oestrus): 생식주기 중 암컷이 교미가 가능한 3주 내외의 기간. 원시견은 늑대처럼 1년에 한 번 발정기가 온다. 다른 품종은 연 2회가 일반적이다.
- 벨턴(belton): 흰색과 다른 색이 섞여 얼룩처럼 보이기도 하는 털 패턴의 하나
- 브라케(bracke): 토끼나 여우 같은 작은 사냥감을 찾는 데 특화된 유럽산 하운드를 지칭하는 용어
- 브리치(breeches): 허벅지에 난 긴 장식 털로 퀄로트(culottes) 또는 팬츠(pants)라고도 한다.
- 브린들(brindle): 황갈색, 금색, 회색 갈색 등 밝은 색 바탕에서 짙은 색 털이 줄무늬 패턴을 형성하는 색상 조합(얼룩무늬)
- 비듬(dander): 몸에서 떨어져 나온 작은 비늘 같은 죽은 피부
- 비절(hock): 뒷다리에 있는 관절로 사람의 발뒤꿈치에 대응되는 부위. 개는 발가락으로 걷기 때문에 비절이 높이 들려 있다.
- 세 가지 색 혼합(tricolor): 점이 뚜렷한 세 가지 색 털로 주로 검은색에 황갈색, 흰색이다.
- 세이블(sable): 밝은 바탕에 털 끄트머리가 검은색 오버레이된 털색
- 속털(undercoat): 아래층에 난 털로 주로 짧고 빽빽하며 때로는 복슬복슬하여 겉털과 피부 사이에서 방한 기능을 한다.
- 수달 꼬리(otter tail): 털이 빽빽한 동그란 꼬리가 뿌리가 넓고 끝으로 갈수록 좁아지는 형태. 아랫부분은 털이 가르마가 나 있다.
- 수염 털(beard): 얼굴 아래에 숱이 많고 때로는 거칠고 풍성한 털이 난 부위. 와이어 타입 품종에서 종종 보인다.
- 숟가락 모양 발(spoonlike feet): 고양이 발과 유사하지만 가운데 발가락이 길어 더 타원형을 보인다.
- 스톱(stop): 눈 사이에서 주둥이와 정수리를 연결한 선이 들어간 부위. 스톱은 보르조이 등 장두형 머리에는 거의 없으며, 코커 스패니얼과 치와와 등 단두형과 돔형 머리에서 매우 두드러진다.
- 아몬드 모양 눈(almond-shaped eyes): 쿠이커혼제와 잉글리시 스프링거 스패니얼 등의 품종에서 보이는 타원형 눈으로 가장자리가 납작하다.
- 안장(saddle): 털색이 짙은 부위가 등 위로 퍼진 무늬
- 앞가슴(brisket): 흉골 부위
- 앞머리(forelock): 귀 사이로 떨어지는 이마에 난 털
- 엉덩이(croup): 등에서 꼬리가 시작되는 지점 바로 윗부분
- 연골무형성증(achondroplasia): 사지의 장골에 발생하는 왜소증의 한 형태로 다리가 바깥쪽으로 휘어진다. 이 질환은 선택교배에 따른 유전자 돌연변이로 닥스훈트 등 다리가 짧은 품종에서 발생한다.
- 열육치(carnassial teeth): 가위처럼 고기, 가죽, 뼈를 잘라 내는 어금니(상악 네 번째 작은 어금니와 하악 첫 번째 큰어금니)
- 윗입술(flews): 개의 입술. 일반적으로 마스티프 타입 품종의 두툼하게 늘어진 윗입술을 지칭하는 데 쓰인다.
- 이사벨라(Isabella): 베르가마스코와 도베르만 등 일부 품종에서 볼 수 있는 황갈색
- 이중모(double coat): 숱이 많고 따뜻한 속털과 방한성 겉털로 이루어진 털
- 장두형 머리(dolichocephalic head): 길고 좁은 두상에 거의 눈에 띄지 않는 스톱을 가졌으며 보르조이 등에서 볼 수 있다.
- 장미 모양 귀(rose ears): 귀가 바깥쪽, 뒤쪽으로 접혀 외이도의 일부가 노출된 작게 늘어진 귀. 휘핏에서 나타난다.
- 중두형 머리(mesaticephalic head): 길이와 폭이 중간 비율인 두상. 래브라도 리트리버와 보더 콜리가 대표적이다.
- 중성화(neutering): 번식을 방지하는 수술. 수컷은 6개월령 무렵에 거세하고 암컷은 첫 발정기 후 약 3개월이 지나 난소를 적출한다.
- 쫑긋한 귀(erect ears): 똑바로 서 있는 귀로 끝이 둥글거나 뾰족하다. 촛불 모양 귀는 쫑긋한 귀가 더 극단적인 형태다.
- 참깨색(sesame): 검은색과 흰색이 동일 비율로 섞인 색. 검은 참깨색은 검은색이 더 많고, 붉은 참깨색은 적색과 검은색이 혼합된 것이다.
- 처진 입술(pendulous lips): 전체가 느슨하게 늘어진 윗입술 혹은 아랫입술
- 촛불 모양 귀(candle flame ears): 길고 좁은 쫑긋한 귀가 촛불처럼 생긴 형태. 잉글리시 토이 테리어 등에서 볼 수 있다.
- 톱라인(topline): 귀에서 꼬리까지 개의 윗부분 윤곽선
- 팩(pack): 무리 지어 사냥하는 후각 하운드 또는 시각 하운드 무리 단위를 주로 일컫는 말
- 페더링(feathers, feathering): 귀 가장자리, 배, 다리 뒤, 꼬리 아래쪽에 나타나는 긴 장식 털
- 펜던트 모양 귀(pendant ears): 뿌리에서 아래로 심하게 늘어진 귀
- 하악돌출(undershot): 하악이 상악보다 돌출된 얼굴 형태로 불독 등에서 관찰된다.
- 하악돌출교합(undershot bite): 불독 등 단두형 품종 머리에서 정상적으로 나타난다. 하악이 상악보다 돌출되어 아래 송곳니가 위 송곳니와 맞물리지 않고 앞쪽에 위치한다.
- 할리퀸(harlequin): 흰 바탕에 불규칙적인 크기의 검은색 점이 있는 패턴으로 그레이트 데인에서만 나타난다.
- 협상교합(scissors bite): 상악의 앞니가 하악의 앞니보다 조금 앞에서 맞물리는 교합
- 형태(conformation): 개별 특징의 발달과 다른 특징과의 연계로 형성된 통상적인 개의 모습
- 홀쭉한 배(tucked up): 그레이하운드, 휘핏 등에서 특징적으로 보이는 배로, 복부에서 뒤쪽으로 위를 향하는 곡선을 그린다.
- 흰 줄무늬(blaze): 정수리 근처에서 주둥이까지 이어지는 넓은 흰색 무늬

# 찾아보기

찾아보기에 실린 품종은 켄넬 클럽(KC, Kennel Club), 세계애견연맹(FCI, Federation Cynologique Internationale-the World Canine Organization), 아메리칸 켄넬 클럽(AKC, American Kennel Club)이 이니셜로 함께 표기된다. 이는 이니셜로 표기된 국제기관이 해당 품종을 공인함을 나타낸다. 간혹 KC, FCI, AKC에서 인정하는 품종이 동일하지만 이 책에 실린 명칭과 다른 품종명을 사용하는 경우 해당 품종명을 공인하는 기관의 이니셜과 함께 수록했다. FCI의 임시 승인을 받은 일부 품종은 FCI*로 표기했다.

이니셜이 함께 표기되지 않은 품종은 원산국가의 켄넬 클럽에서 공인을 받고 상기 기관 중 한 곳에서 승인이 진행 중일 수 있다.

주 표제어가 있는 페이지 번호는 굵게 표기했다.

## ㄱ

## ㄴ



## ㄷ

# ㄹ



# ㅁ



# ㅂ

## ㅇ

## ㅈ

## ㅍ



## ㅎ

# 기타

# 감사의 말

**이 책의 출간에 도움을 주신 이하 모든 분들에게 감사드립니다.**

Vanessa Hamilton, Namita, Dheeraj Arora, Pankaj Bhatia, Priyabrata Roy Chowdhury, Shipra Jain, Swati Katyal, Nidhi Mehra, Tanvi Nathyal, Gazal Roongta, Vidit Vashisht, Neha Wahi for design assistance; Anna Fischel, Sreshtha Bhattacharya, Vibha Malhotra for editorial assistance; Caroline Hunt for proofreading; Margaret McCormack for the index; Richard Smith (Antiquarian Books, Maps and Prints) www.richardsmithrarebooks.com, for providing images of "Les Chiens Le Gibier et Ses Ennemis", published by the directors of La Manufacture FranÅaise d'Armes et Cycles, Saint-Etienne, in May 1907; C.K. Bryan for scanning images from Lydekker, R. (Ed.) The Royal Natural History vol 1 (1893) London: Frederick Warne.

**애견의 사진촬영을 허락해 주신 이하 모든 주인분들에게 감사드립니다.**
**품종: 주인 이름/등록된 이름 "애견 이름"**

Chow Chow: Gerry Stevens/Maychow Red Emperor at Shifanu "Aslan"; English Pointers: Wendy Gordon/Hawkfield Sunkissed Sea "Kelt" (orange and white) and Wozopeg Sesame Imphun "Woody" (liver and white); Grand Bleu de Gascognes: Mr and Mrs Parker "Alfie" and "Ruby"; Irish Setters: Sandy Waterton/Lynwood Kissed by an Angel at Sandstream "Blanche" and Lynwood Strands of Silk at Sandstream "Bronte"; Irish Wolfhound: Carole Goodson/CH Moralach The Gambling Man JW "Cookson"; Pug: Sue Garrand from Lujay/Aspie Zeus "Merlin"; Puggles: Sharyn Prince/"Mario" and "Peach"; Tibetan Mastiffs: J.Springham and L.Hughes from Icebreaker Tibetan Mastiffs/Bheara Chu Tsen "George" and Seng Khri Gunn "Gunn". Tibetan Mastiff puppies: Shirley Cawthorne from Bheara Tibetan Mastiffs.

**PICTURE CREDITS**

사진을 사용할 수 있게 허락해 주신 이하 모든 분들에게 감사드립니다.
(기호: a-above, b-below/bottom, c-centre, f-far, l-left, r-right, t-top)

**1 Dreamstime.com**: Cynoclub. **2-3 Ardea:** John Daniels. **4-5 Getty Images:** Hans Surfer / Flickr. **6-7 FLPA:** Mark Raycroft / Minden Pictures. **8 Alamy Images**: Jaina Mishra / Danita Delimont (tr). **Getty Images:** Jim and Jamie Dutcher / National Geographic (cr); Richard Olsenius / National Geographic (bl). **9 Dorling Kindersley:** Scans from Jardine, W. (Ed.) **(1840)** The Naturalist's Library vol **19** **(2)**. **Chatto and Windus:** London (br); Jerry Young (tr/Grey Wolf). **14 Dreamstime.com**: Edward Fielding (cra). **16 Dreamstime.com**: Isselee (tr). **20 Alamy Images**: Mary Evans Picture Library (bl). **Dorling Kindersley:** Judith Miller (tr). **21 Alamy Images**: Susan Isakson (tl); Moviestore collection Ltd (bl, crb). **22 Alamy Images**: Melba Photo Agency (cl). **Corbis:** Bettmann (tr). **Getty Images:** M. Seemuller / De Agostini (bl); George Stubbs / The Bridgeman Art Library (crb). **23 Alamy Images**: Kumar Sriskandan (br). **Getty Images:** Imagno / Hulton Archive (tl). **24 Dreamstime.com**: Vgm (bl). **Getty Images:** Philippe Huguen / AFP (tr); L. Pedicini / De Agostini (c). **25 Getty Images:** Danita Delimont / Gallo Images (t). **26-27 Getty Images:** E.A. Janes / age fotostock. **28 Alamy Images**: F369 / Juniors Bildarchiv GmbH. **31 Alamy Images**: Mary Evans Picture Library (cra). **Fotolia:** Farinoza (br). **34 Alamy Images**: T. Musch / Tierfotoagentur (cr). **36 Corbis:** Kevin Schafer (cr). **37 The Bridgeman Art Library:** Meredith J. Long (cr). **38 Corbis:** Alexandra Beier / Reuters. **43 Getty Images:** Hulton Archive / Archive Photos (cra). **46 Fotolia:** rook76 (cr). **47 Corbis:** Bettmann (cl). **51 Alamy Images**: Greg Vaughn (cra). **52 Alamy Images**: Moviestore Collection (bc). **53 Alamy Images**: Petra Wegner (tl). **54 Corbis:** Havakuk Levison / Reuters (cl). **56** The Advertising Archives: (cl). **59 Corbis:** Bettmann (cr). **Fotolia:** Oleksii Sergieiev (c). **63 Getty Images:** Jeffrey L. Jaquish ZingPix / Flickr (br). **66 Dreamstime.com**: Anna Utekhina (clb). **67 Corbis:** National Geographic Society (cr). **68 Dreamstime.com**: Erik Lam (tr). **70 Corbis:** Gianni Dagli Orti (cl). **73 Alamy Images**: Juniors Bildarchiv GmbH (cr). **74 Alamy Images**: Rainer / blickwinkel (br); Steimer, C. / Arco Images GmbH (crb). **75 Animal Photography**: Eva-Maria Kramer (cra, cla). **76 Alamy Images**: Glenn Harper (bc). **77 Dreamstime.com**: Isselee (cla). **81 Corbis:** REN JF / epa (cr). **83 Fotolia:** cynoclub (cr). **84 The Bridgeman Art Library:** Eleanor Evans Stout and Margaret Stout Gibbs Memorial Fund in Memory of Wilbur D. Peat (bc). **Dreamstime.com**: Dmitry Kalinovsky (clb). **86 Alamy Images**: elwynn / YAY Media AS (bc). **Flickr.com:** Yugan Talovich (bl). **87 Alamy Images**: Tierfotoagentur / J. Hutfluss (c). **Animal Photography**: Eva-Maria Kramer (cla). Jessica Snäcka: Sanna Södergren (br). **88 Alamy Images**: eriklam / YAY Media AS (bc). **Animal Photography**: Eva-Maria Kramer (bl). **90 Alamy Images**: Juniors Bildarchiv GmbH (cb). **Getty Images:** David Hannah / Photolibrary (bc). **92 Alamy Images**: AlamyCelebrity (cl). **93 Getty Images:** Eadweard Muybridge / Archive Photos (cr). **95 Alamy Images**: Mary Evans Picture Library (cr). **97 Dorling Kindersley:** Lights, Camera, Action / Judith Miller (cra). **Fotolia:** biglama (cl). **98 Corbis:** Alaska Stock. **100 Getty Images:** Universal Images Group (cra). **101 Corbis:** Lee Snider / Photo Images (cra). **103 Alamy Images**: North Wind Picture Archives (cr). **Fotolia:** Alexey Kuznetsov (clb). **104** Brian Kravitz: http://www.flickr.com/photos/trpnblies7/6831821382 (cl). **106 Corbis:** Peter Guttman (bc). **Fotolia:** Eugen Wais (cb). **109 Alamy Images**: imagebroker (cra). Photoshot: Imagebrokers (ca). **111 Alamy Images**: Alex Segre (cr). **113 Dreamstime.com**: Waldemar Dabrowski (cl). **Getty Images:** Imagno / Hulton Archive (cr). **114 Jongsoo Chang "Ddoli":** Korean Jindo (tr). **115 Corbis:** Mitsuaki Iwago / Minden Pictures (fcla). Photoshot: Biosphoto / J.-L. Klein & M (cla). **116 akg-images:** (cr). **118 Alamy Images**: D. Bayes / Lebrecht Music and Arts Photo Library (bc). **Dreamstime.com**: Linncurrie (c). **123 The Bridgeman Art Library:** Giraudon (br). **124 Dreamstime.com**: Nico Smit. **126 Corbis:** Hulton-Deutsch Collection (cra). **127 Alamy Images**: Personalities / Interfoto (cr). **128 TopFoto.co.uk:** (bl). **129 Alamy Images**: Petra Wegner (cl). **130 Dorling Kindersley:** T. Morgan **Animal Photography** (cb, bl, br). **131 Dorling Kindersley:** Scans from Lydekker, R. Ed.)The Royal Natural History vol **1** (1893) London: Frederick Warne. (cra). **132 Corbis:** (cl). **135 Alamy Images**: Wegner, P. / Arco Images GmbH (cl); Robin Weaver (cr). **136 Corbis:** Seoul National University / Handout / Reuters (cl). **138 Alamy Images**: Edward Simons. **141 Alamy Images**: Mary Evans Picture Library (cr). **142 Dorling Kindersley:** Scans from Lydekker, R. Ed.)The Royal Natural History vol **1** (1893) London: Frederick Warne. (bl). **144 Dorling Kindersley:** Scans from "Les Chiens Le Gibier et Ses Ennemis", published by the directors of La Manufacture Française d'Armes et Cycles, Saint-Etienne, in May 1907. (cl). **146 Alamy Images**: Antiques & Collectables (cr). **147 Fotolia:** Eugen Wais. **150 Alamy Images**: K. Luehrs / Tierfotoagentur (bc). Photoshot: Imagebrokers (bl). **151 Alamy Images**: Lebrecht Music and Arts Photo Library (cl). **152 Alamy Images**: Interfoto (bc). **Dreamstime.com**: Isselee (cb). **158 TopFoto.co.uk:** Topham Picturepoint (cl). **159 Getty Images:** Edwin Megargee / National Geographic (cl). **165 Dorling Kindersley:** Scans from "Les Chiens Le Gibier et Ses Ennemis", published by the directors of La Manufacture Française d'Armes et Cycles, Saint-Etienne, in May 1907 (cr). **168 Corbis:** Hulton-Deutsch Collection (cl). **169 Animal Photography**: Eva-Maria Kramer (bc, bl, cra). Photoshot: NHPA (cla). **170 Getty Images:** Anthony Barboza / Archive Photos (cr). **171 Fotolia:** Gianni. **172 Animal Photography**: Sally Anne Thompson (tr, cra, ca). **173 Dorling Kindersley:** Scans from Jardine, W. (Ed.) **(1840)** The Naturalist's Library vol **19** **(2)**. **Chatto and Windus:** London (cr). **176 Fotolia:** Kerioak (cr). **TopFoto.co.uk:** Topham / Photri (bc). **181 Dreamstime.com**: Joneil (cb). **183 Corbis:** National Geographic Society (cr). **184 Alamy Images**: R. Richter / Tierfotoagentur. **186 Alamy Images**: DBI Studio (bc). **188 Alamy Images**: Lebrecht Music and Arts Photo Library (cl). **190 Corbis:** Bettmann (bl). **194 The Bridgeman Art Library:** Bonhams, London, UK (bc). **Getty Images:** Life On White / Photodisc (c). **197 Alamy Images**: K. Luehrs / Tierfotoagentur (bc). **Fotolia:** CallallooAlexis (cla). **199 Alamy Images**: Juniors Bildarchiv GmbH (cr). **Getty Images:** Fox Photos / Hulton Archive (cra). **201 Dreamstime.com**: Marlonneke (bl). **203 The Bridgeman Art Library:** (cra). **Fotolia:** Eric Isselée (br). **204 Alamy Images**: B. Seiboth / Tierfotoagentur (cr). **205 The Bridgeman Art Library:** Christie's Images (cr). **207 Dreamstime.com**: Marcel De Grijs (cl/BG). **Getty Images:** Jim Frazee / Flickr (cl/Search Dog). **208 Alamy Images**: tbkmedia.de. **209 Dreamstime.com**: Isselee (c). Photoshot: Picture Alliance (cl). **211 The Bridgeman Art Library:** Museum of London, UK (cl). **213 Corbis:** Eric Planchard / prismapix / ès (bc); Mark Raycroft / Minden Pictures (bl). **215 Alamy Images**: Paul Gregg / African Images (cra). **216 Alamy Images**: Juniors Bildarchiv GmbH (cl). **219 Alamy Images**: S. Schwerdtfeger / Tierfotoagentur (cl). **220 Getty Images:** Nick Ridley / Oxford Scientific. **223** Pamela O. Kadlec: (cra). **224 Alamy Images**: Vmc / Shout (bc). **Fotolia:** Eric Isselée (cb). **227 Dorling Kindersley:** Scans from Lydekker, R. Ed.)The Royal Natural History vol 1 (1893) London: Frederick Warne. (cl). **231 Alamy Images**: Grossemy Vanessa (cr). **232 Alamy Images**: Sami Osenius (bc); Tim Woodcock (cb). **234 Dorling Kindersley:** Scans from "Les Chiens Le Gibier et Ses Ennemis", published by the directors of La Manufacture Française d'Armes et Cycles, Saint-Etienne, in May 1907. (cl). **236 Dorling Kindersley:** Scans from "Les Chiens Le Gibier et Ses Ennemis", published by the directors of La Manufacture Française d'Armes et Cycles, Saint-Etienne, in May 1907. (bl). **238 Corbis:** Francis G. Mayer (cl). **241 Corbis:** Swim Ink 2, LLC (cl). **243 Alamy Images**: AF Archive (cra). **Fotolia:** glenkar (clb). **244 Alamy Images**: D. Geithner / Tierfotoagentur (cl). **245 Corbis:** Dale Spartas (cl). **246 Fotolia:** biglama (bc). **Getty Images:** Dan Kitwood / Getty Images News (bl). **248 Corbis:** Christopher Felver (cl). **250 Dorling Kindersley:** Scans from "Les Chiens Le Gibier et Ses Ennemis", published by the directors of La Manufacture Française d'Armes et Cycles, Saint-Etienne, in May 1907. (bc). **Fotolia:** quayside (c). **252 Dorling Kindersley:** Scans from "Les Chiens Le Gibier et Ses Ennemis", published by the directors of La Manufacture Française d'Armes et Cycles, Saint-Etienne, in May 1907. (cl). **255 Alamy Images**: R. Richter / Tierfotoagentur (cl). **Getty Images:** Hablot Knight Browne / The Bridgeman Art Library (cra). **259 Getty Images:** Image Source (cl). **260** The Advertising Archives: (bl). **263 Corbis:** C / B Productions (cl). **264 Corbis:** Yoshihisa Fujita / MottoPet / amanaimages. **266 Mary Evans Picture Library:** Grenville Collins Postcard Collection (cra). **267 Alamy Images**: Farlap (cla). **269 Dorling Kindersley:** Scans from Lydekker, R. Ed.)The Royal Natural History vol **1** (1893) London: Frederick Warne. (cr). **Dreamstime.com**: Isselee (cl). **270 Mary Evans Picture Library:** (cr). **272 Dreamstime.com**: Isselee (c). **Mary Evans Picture Library:** Thomas Fall (bc). **275 Dreamstime.com**: Metrjohn (cl). **276 Alamy Images**: Petra Wegner. **277 Alamy Images**: Petra Wegner (bl, br). **Dorling Kindersley:** Scans from Lydekker, R. Ed.)The Royal Natural History vol **1** (1893) London: Frederick Warne. (cr). **Fotolia:** Dixi_ (cl). **279 akg-images:** Erich Lessing (cl). **280 Dreamstime.com**: Petr Kirillov. **281 Corbis:** Bettmann (cl). **282 Getty Images:** Vern Evans Photo / Getty Images Entertainment (cr). **286-287 Getty Images:** Datacraft Co Ltd (c). **286 Alamy Images**: Moviestore collection Ltd (bl). **Getty Images:** Datacraft Co Ltd (tr). **287 Getty Images:** Datacraft Co Ltd (br, fbr). **288 Getty Images:** Photos by Joy Phipps / Flickr Open. **291 TopFoto.co.uk:** Topham Picturepoint (cl). **293 Getty Images:** Reg Speller / Hulton Archive (cr). **294 Fotolia:** Carola Schubbel (cl). **295 Getty Images:** AFP (cl). **297 Alamy Images**: Donald Bowers / Purestock (cl). **Getty Images:** John Shearer / WireImage (cr). **298 Dorling Kindersley:** Benjy courtesy of The Mayhew Animal Home (cr). **Dreamstime.com**: Aliaksey Hintau (br); Isselee (cl, c). **299 Dreamstime.com**: Adogslifephoto (cl); Isselee (tr, bl); Vitaly Titov & Maria Sidelnikova (c); Erik Lam (cr, br). **300 Dreamstime.com**: Cosmin - Constantin Sava (cr); Kati1313 (tc); Isselee (tr, c, bl); Erik Lam (bc, crb, br). **301 Alamy Images**: Daniela Hofer / F1online digitale Bildagentur GmbH. **302-303 FLPA:** Ramona Richter / Tierfotoagentur. **304 Getty Images:** L. Heather Christenson / Flickr Open. **306 Dreamstime.com**: Hdconnelly (cb). **Fotolia:** Eric Isselee (tr). **309 Fotolia:** Comugnero Silvana (br). **Getty Images:** PM Images / The Image Bank (tr). **310 Getty Images:** Arco Petra (tr). **311 Alamy Images**: Ken Gillespie Photography. **312 Alamy Images**: Wayne Hutchinson (br). **Getty Images:** Andersen Ross / Photodisc (ca). **313 Corbis:** Alan Carey. **314 Alamy Images**: F314 / Juniors Bildarchiv GmbH (tr). **316 Getty Images:** Datacraft Co Ltd (bl). **318 Alamy Images**: Diez, O. / Arco Images GmbH (bl). **Fotolia:** ctvvelve (cb/Clipper). **Getty Images:** Jamie Grill / Iconica (cr). **330 Dreamstime.com**: Moswyn (tr). **Getty Images:** Fry Design Ltd / Photographer's Choice (bl). **331 FLPA:** Erica Olsen (tr). **332 Fotolia:** Alexander Raths (tr). **335 Getty Images:** Anthony Brawley Photography / Flickr (cr). **337 Corbis:** Cheryl Ertelt / Visuals Unlimited (cb). **Getty Images:** Mitsuaki Iwago / Minden Pictures (c); Hans Surfer / Flickr (br). **338 Fotolia:** pattie (br). **339 Corbis:** Akira Uchiyama / Amanaimages (tr). **Getty Images:** Created by Lisa Vaughan / Flickr (cla). **341 Getty Images:** R. Brandon Harris / Flickr Open. **346 Dreamstime.com**: Lunary (tr). **347 FLPA:** Gerard Lacz (tl). **Getty Images:** Datacraft Co Ltd (br)